科学出版社“十四五”普通高等教育本科规划教材
江苏省高等学校重点教材
（编号：2021-2-023）

气象计算方法

主　编　张建伟　卢长娜　薛艳梅
副主编　高骏强　陈允杰　陈文兵　雷金贵

科学出版社
北　京

内 容 简 介

本书为江苏省高等学校重点教材，着重介绍数值计算方法的基本概念、基本理论、基本方法及其在大气科学中的应用. 主要内容包括误差分析、多项式插值、函数逼近、数值积分与数值微分、非线性方程数值解法、线性方程组数值解法、矩阵的特征值与特征向量计算、常微分方程数值解. 每章最后附有气象示例，最后一章专门介绍了计算方法在气象中的应用实例.

本书可作为理工科大学各专业本科生和研究生开设“计算方法”的教材或教学参考书，也可供从事科学计算的科技工作者参考.

图书在版编目(CIP)数据

气象计算方法/张建伟，卢长娜，薛艳梅主编. —北京：科学出版社，2023.8
科学出版社“十四五”普通高等教育本科规划教材　江苏省高等学校重点教材

ISBN 978-7-03-076054-8

I.①气…　II.①张…　②卢…　③薛…　III.①气象-数值计算-计算方法-高等学校-教材　IV.①P4

中国国家版本馆 CIP 数据核字(2023) 第 138915 号

责任编辑：张中兴　梁　清　孙翠勤／责任校对：彭珍珍
责任印制：赵　博／封面设计：无极书装

科学出版社出版
北京东黄城根北街 16 号
邮政编码：100717
http://www.sciencep.com
中煤（北京）印务有限公司印刷
科学出版社发行　各地新华书店经销
*
2023 年 8 月第　一　版　开本：720 × 1000　1/16
2025 年 1 月第三次印刷　印张：24
字数：484 000

定价：79.00 元

前言 Preface

科学计算是科学研究和工程技术中不可或缺的重要方法之一. 掌握数值计算方法的基本知识, 熟练运用计算机解决科学与工程计算问题, 是理工科学生必备的专业素养, 更是大气科学类学生从事科学研究和气象业务的重要基础.

计算方法是大气科学类专业必修基础课程, 也是数值天气预报、天气诊断分析等相关课程的重要前导课程. 本书立足计算方法课程的基本内容, 通过大量气象科学中的科学计算实例, 对一些基本科学与工程问题的数值方法和理论基础进行了系统阐述, 使学生在掌握基本数值分析和计算技术的同时, 了解计算方法在具体实践中的应用, 有助于读者巩固、拓展所学的基本理论和方法, 积累应用经验, 提高理论联系实际和分析问题与解决问题的能力. 虽然本书大部分实例是大气科学中的科学计算问题, 对于其他专业的读者, 也有触类旁通的效果. 本书可以作为高等院校大气科学类、计算数学类专业开设计算方法课程的教材, 也可供高等院校大气科学类、计算数学及相关专业师生或者从事数值计算工作的科技人员参阅.

本书是编者多年来从事教学工作的经验总结. 全书共分 10 章. 前 9 章简要介绍了计算方法的基本理论、经典算法, 并用气象实例展示方法的应用. 为了让大气科学类学生更好地了解计算方法在大气科学中的综合应用, 卫星资料同化领域国际著名教授、国家特聘专家邹晓蕾教授应邀为本书撰写了第 10 章 (气象应用), 让读者有机会领略计算方法在大气科学研究中的作用, 更深层次地理解计算方法在科学研究中的地位和价值.

本书的编写得到了江苏省高等学校重点教材项目、国家级一流本科课程 (线下)、江苏省首批一流课程 “计算方法”(线下)、科学出版社 “十四五” 普通高等教育本科规划教材和南京信息工程大学教材建设基金的资助. 本书在编写过程中, 得到了南京信息工程大学数学与统计学院、大气科学学院及其他高校同仁许多有益的意见与建议. 在编写过程中, 我们参考了不少国内外有关书籍和论文. 我们将它们一一列在本书最后的参考文献中. 本书中部分章节的内容、例题和习题都并非编者原创, 而是取材于这些参考文献, 在此一并致谢.

由于水平所限, 书中难免有疏漏与不妥之处, 恳请读者批评指正.

编　者

2022 年 12 月

目录 Contents

第 1 章 Chapter 绪论

本章重点介绍数值计算方法的基础知识, 包括误差的概念与估计、有效数字与机器数系的基本理论、数值计算过程中误差形成、传播的机制及算法设计要注意的问题等.

1.1 计算方法概述

1.1.1 科学计算与计算方法

计算数学是一门随着计算机的发展而形成的新兴学科, 是数学、计算机科学与其他学科交叉的产物. 它是专门研究如何利用计算机有效地求解科学研究和工程设计中各类计算问题的有关方法和理论的一门学科, 也称这门学科为科学计算. 在计算机产生以前, 人类主要基于理论分析和实验研究两种手段进行科学研究. 随着计算机的诞生以及计算机技术的快速发展, 科学计算已经成为人类从事科学活动和解决科学问题不可缺少的手段. 科学计算与实验、理论分析并驾齐驱, 已成为当今科学活动的三种主要方式.

科学计算作为数学与计算机有机结合的结果, 表现出了强大的生命力, 成为计算机仿真的基石. 一方面, 计算机具有强大的运算能力, 它能帮助我们在可接受的时间内完成大量的数据计算. 对于一个科学问题, 在短时间内得到结果与在较长时间后才能得到结果, 有着完全不同的实践意义: 我们研究的范围会因此而改变. 例如, 数值天气预报需要用到地面与空中、陆面与海洋、卫星、雷达、飞机、探空气球等各种观测数据, 只有在几分钟或几小时内模拟出一天或几天的天气情况时, 这项研究才具有实际意义. 这就需要强大的计算能力. 另一方面, 在科学研究中, 有些现象不能或需要巨大代价做真实实验, 而科学计算可以替代或者极大地降低实验代价. 例如, 火箭的发射与飞行控制、卫星或载人空间站的运行控制, 在其设计过程中需要研究所设计的飞行器在各种条件下的负载和安全情况, 如果对于所有情况都进行实验, 显然人力和财力都难以承受. 科研人员可以通过科学计算对飞行器在各种条件下的负载情况进行计算, 这样可以极大地节省飞行器研制过程中所需的人力、物力, 并大大加快研发进度. 再如, 2021 年建成的国之重器——我国地球系统数值模拟装置 "寰", 把地球装进了实验室, 通过数值模拟构建了一个理论上的地球. 在其中做模拟实验, 来了解天气和气候是怎样发生的, 未来会如何变化以及会有什么样的影响. 也可以通过其中的实验来模拟温室气体排放对人类生存环境的影响, 以及极端天气气候过程对人类生活的影响等, 从而得以用较低代价模拟物理地球并取得科学研究结果, 进而探索地球运动变化规律、人与地球的关系等.

利用计算机解决具体科学问题一般有以下三个环节:

第一, 适当简化实际问题, 建立数学模型; 第二, 根据数学模型选择或设计数值计算方法, 再通过编程计算, 给出数值结果; 第三, 将数值结果与理论分析和实验结果相结合给出实际问题的答案, 或对模型提出修正方案.

上述第二个环节是科学计算的核心, 也是计算方法课程的主要内容.

计算方法 (又称**数值计算方法、数值分析**) 是数学的一个分支, 研究用计算机解决科学与工程问题的数值方法及其理论. 从国防尖端科技, 到日常生活生产, 计算方法的应用极为广泛. 例如, 数值天气预报、气候诊断与分析、地震监测预报、火箭和卫星的设计与控制、飞机与汽车的优化设计、尖端数控机床、地质勘探与油气开发、人工智能、图像处理、网络搜索等方面, 都有计算方法的应用.

1.1.2 计算方法的研究对象与特点

不同的学科, 不同的工程应用会提出不同的问题, 其中多数可归结为若干典型的数学模型. 给出这些典型问题的数值计算方法, 就为多数实际问题的解决提供了手段. 为此, 本课程着重介绍几类典型问题的数值计算方法. 主要包括误差理论、线性与非线性方程 (组) 的数值解、矩阵的特征值与特征向量计算、曲线拟合与函数逼近、插值方法、数值积分与数值微分、常微分方程与偏微分方程数值解等.

计算方法是一门与计算机使用密切结合的实用性很强的数学课程, 它既有纯数学的高度抽象性与严密科学性的特点, 又有应用广泛性与实际试验的高度技术性的特点. 它把所需求解的数学模型简化成由一系列算术运算和逻辑运算构成的算法, 以便在计算机上求出问题的解, 并对算法的收敛性、稳定性和误差进行分析、计算.

选定合适的算法是整个数值计算中非常重要的一环. 例如, 用克拉默 (Cramer) 法则求解一个 20 阶的线性方程组, 需要约 9.7×10^{20} 次乘除运算, 即使用每秒运算 1 万亿次的超级计算机计算也要 30 年. 而用高斯 (Gauss) 消元法求解, 只需要 3060 次乘除运算. 可见算法选择的重要性. 然而, 很多算法不可能事先确知其计算量, 故对数值方法除理论分析外, 还必须通过数值试验检验其复杂性. 另外,求解这类方程还应根据方程的特点, 研究适合计算机使用的满足精度要求的, 计算时间少的有效算法及其相关理论. 在算法编程实现时往往还要根据计算机容量、字长、速度等指标, 研究具体求解步骤和程序设计技巧. 有的方法在理论上虽不够严密, 但通过实际计算、对比分析等手段, 证明是行之有效的方法, 也应该采用. 这些都是数值计算方法应有的特点, 概括起来有四点:

第一, 面向计算机, 要根据计算机特点提供实际可行的有效算法, 即算法只能包括算术运算 (加、减、乘、除运算) 和逻辑运算, 是计算机可以直接处理的.

第二, 有可靠的理论分析, 能任意逼近并达到精度要求. 对近似算法不仅要对误差进行分析, 而且要保证收敛性和数值稳定性.

第三, 要有可接受的计算复杂性. 时间复杂性与空间复杂性也是设计数值计算的算法要考虑的问题, 它直接关系到算法是否有效, 能否在计算机上实现.

第四, 要有数值试验, 即任何一个算法除了要满足上述三点外, 还要通过数值试验验证其有效性.

根据上述特点, 在学习计算方法时应注意以下三点. 首先, 要掌握设计算法的原理、思想, 理解所给出的数值方法为什么能够收敛到问题的解, 并能够分析算法的误差, 给出精度估计; 其次, 注重算法的效率和适用范围, 针对不同情况学会选择和设计优秀的算法; 最后, 要重视实践, 只有动手将算法在计算机上进行实现, 才能真正理解算法, 进而针对具体问题设计出更优秀的算法.

1.2 误差的基本理论

1.2.1 浮点数与机器数系

根据 IEEE 的标准, 一个 β 进制的**规格化浮点数**可以表示为

$$x = \pm w \times \beta^J = \pm 0.\ \alpha_1\alpha_2\cdots\alpha_t \times \beta^J, \quad L \leqslant J \leqslant U$$

其中, β 称为数 x 的基, 对于二进制、八进制、十六进制和十进制数而言, β 分别取值为 2, 8, 16 和 10; J 称为**阶或阶码**, 是一个整数, 取正整数、负整数或零; $w = 0.\ \alpha_1\alpha_2\cdots\alpha_t$ 称为**尾数**, α_i 为整数, $\alpha_1 \neq 0$, $0 \leqslant \alpha_i \leqslant \beta - 1$, $i = 1, 2, \cdots, t$; 数字 t 称为**字长**.

若一个计算机中能够表示的所有浮点数的集合加上**机器零**称为**机器数系**, 记为 F:

$$\begin{aligned} F =& \{x \mid x = \pm 0.\alpha_1\alpha_2\cdots\alpha_t \times \beta^J, 0 \leqslant \alpha_i \leqslant \beta - 1, \alpha_1 \neq 0, \\ & i = 1, 2, \cdots, t, L \leqslant J \leqslant U\} \cup \{0\} \end{aligned}$$

集合 F 可以用四个元素的数组 (β, t, L, U) 来刻画. 不同的计算机系统, 这四个值不一定相同. 对于一个特定的计算机系统, 尾数的位数 t 是固定的, 也称其精度有 t 个 β 进位数. 阶码 $J(L \leqslant J \leqslant U)$ 的取值范围 L 和 U 决定着 x 的绝对值大小.

易见, 机器数系 F 是一个分布不均匀的、不连续的有限数集. 事实上, 集合 F 包含 $2(\beta-1)\beta^{t-1}(U-L+1)+1$ 个实数, 这些数分布在区间 $[m, M], [-M, -m]$ 和 $\{0\}$ 中, 其中

$$m = \beta^{L-1}, \quad M = \beta^U(1-\beta^{-t})$$

这些数在 $[m, M]$, $[-M, -m]$ 中的分布是不等距的, 阶码 J 越小的地方表示的数越稠密, 阶码 J 越大的地方表示的数越稀疏, 示意如图 1.1.

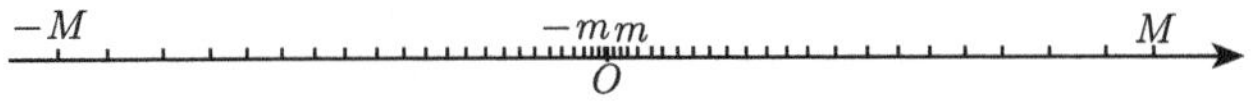

图 1.1 机器数系中实数在数轴上的分布示意图

F 既然是个有限集, 它就不可能将 $[m, M]$ 和 $[-M, -m]$ 中的任意实数表示出来. 这就决定了计算机中的浮点运算是无法精确进行的.

当一个数的值大于数 M 或者小于 $-M$ 时, 则称为**上溢**. 当有上溢现象产生时, 计算机通常会报错或在输出结果中输出一个明确的错误提示. 当一个非零浮点数的数值介于 $-m$ 与 m 之间时, 则产生**下溢**. 当下溢发生后, 该浮点数将被计算机当作数值 0 来处理, 如果该数在计算中作为分母出现, 则发生上溢. 上溢和下溢统称为**溢出**, 利用计算机进行数值计算, 防止运算量的数值产生溢出是一项异常艰巨而又不得不执行的任务.

1.2.2 误差的来源及分类

误差是描述数值计算中近似值精确度的一个基本概念, 在计算方法中十分重要. 通常, 按误差的来源可分为观测误差、模型误差、截断误差和舍入误差四类.

观测误差 数学模型中的一些物理参数通常是通过观测、测量、实验得到的, 往往受到设备精度等条件影响, 它与实际值之间的误差称为观测误差.

模型误差 对实际问题进行数学建模时, 一般总是依据主要因素, 忽略次要因素, 简化后建立问题的数学描述, 即数学模型. 这种简化必然会有误差, 称为模型误差.

截断误差 求解数学模型所用的数值方法通常是一种近似计算方法, 这种因方法产生的误差称为截断误差或方法误差.

舍入误差 用计算机求解问题时必然涉及数值在计算机上的表示, 实数用机器数表示也会存在误差, 称为舍入误差.

例如, 数值天气预报问题. 简而言之, 如果假设所考虑的是某地区短时的天气预报问题, 且所研究气体介质是有黏性可压缩斜压大气系统, 则天气预报在数学上可简单描述为: 以某一个时刻大气状态为初始值的, 以纳维-斯托克斯 (Navier-Stokes, N-S) 方程组

$$\begin{cases} \dfrac{\mathrm{d}\boldsymbol{V}}{\mathrm{d}t} = -\dfrac{1}{\rho}\nabla p - 2\boldsymbol{\Omega} \times \boldsymbol{V} + \boldsymbol{F} \\ \dfrac{\mathrm{d}\rho}{\mathrm{d}t} + \rho\nabla \cdot \boldsymbol{V} = 0 \\ c_p\dfrac{\mathrm{d}T}{\mathrm{d}t} - \dfrac{ART}{p}\dfrac{\mathrm{d}p}{\mathrm{d}t} = Q \\ p = \rho RT \end{cases}$$

为控制方程的一个初边值问题.

由于天气运动的复杂性, 涉及陆面、海洋、地理、生态、大气、太阳运动等众多复杂因素, 这是一个典型的简化模型, 存在模型误差.

目前尚无法用解析方法直接求得上述初边值问题的精确解, 实践中天气预报的问题只能通过数值方法来求解. 实际的情况是, 日常天气预报中的气象要素数值, 一般是通过气象观测得到 (必然含有观测误差), 再通过某种气象学模式, 如 WRF 模式或 MM5 模式等, 这些模式都是由微分方程组的差分格式和参数设置软件打包而成的软件包, 用差分代替导数计算, 就产生了截断误差, 代入某时刻的大气状态值作为初值, 用气象模式在计算机上进行数值计算得到的. 计算时, 众多参数和中间值的存储、表示及运算, 必然含有舍入误差.

由此, 从误差的来源可以看出, 用计算机求解实际问题时, 误差的产生是不可避免的. 计算方法的任务就是尽可能地减少误差, 寻找到满足精度要求的数值解.

例 1.2.1 为了计算函数 $f(x) = \mathrm{e}^x$ ($|x| < 1$) 的值, 我们利用泰勒 (Taylor) 公式展开, 用

$$P_n(x) = 1 + x + \frac{x^2}{2!} + \cdots + \frac{x^n}{n!}$$

近似代替 e^x, 此时的方法误差 (截断误差) 为

$$R_n(x) = \mathrm{e}^x - P_n(x) = \frac{x^{n+1}\mathrm{e}^\xi}{(n+1)!}, \quad |\xi| < 1$$

例 1.2.2 取 π 的近似值 3.14159, 所产生的误差

$$R = \pi - 3.14159 = 0.0000026\cdots$$

即舍入误差.

1.2.3 绝对误差与相对误差

误差是衡量某个数量的精确值与近似值之间接近程度的度量. 通常用绝对误差 (限)、相对误差 (限) 和有效数字来描述近似值的精确度.

1. 绝对误差与绝对误差限

设 x^* 是精确值 x 的一个近似值, 称 $e(x) = x - x^*$ 为近似值 x^* 的**绝对误差**.

通常我们不知道精确值 x, 因而近似值的绝对误差也无法得到, 但可以根据实际情况给出绝对误差的一个上界 ε, 即满足

$$|e(x)| = |x - x^*| \leqslant \varepsilon$$

称 ε 为近似值 x^* 的**绝对误差限**. 此时

$$x^* - \varepsilon \leqslant x \leqslant x^* + \varepsilon$$

工程技术上, 常用 $x = x^* \pm \varepsilon$ 表示近似值的精度或精确值的范围.

2. 相对误差与相对误差限

绝对误差不能完全反映近似值的精确程度, 它还依赖于其本身的大小. 为此引入相对误差的概念.

称绝对误差与精确值之比

$$e_r(x) = \frac{e(x)}{x} = \frac{x - x^*}{x}$$

为近似值 x^* 的**相对误差**.

由于精确值 x 未知, 实际使用时总是将 x^* 的相对误差取为

$$e_r(x) = \frac{e(x)}{x^*} = \frac{x - x^*}{x^*}$$

若存在非负实常数 ε_r, 使之满足不等式

$$|e_r(x)| \leqslant \varepsilon_r$$

则称 ε_r 为近似值 x^* 的一个**相对误差限**.

近似值 x^* 对精确值 x 的绝对误差、绝对误差限与 x^* 有相同的量纲, 而近似值 x^* 对精确值 x 的相对误差、相对误差限是无量纲的, 工程应用中常以百分数来表示.

例 1.2.3 国际大地测量学协会建议光速采用

$$c = 299792458 \pm 1.2(\mathrm{m/s})$$

其含义为绝对误差限 $\varepsilon = 1.2\mathrm{m/s}$, 从而其相对误差限为

$$\frac{\varepsilon}{c^*} = \frac{1.2}{299792458} \leqslant 0.41 \times 10^{-9}$$

例 1.2.4 “四舍五入”的绝对误差限.

设 $x = \pm 0.\, a_1 a_2 \cdots a_n a_{n+1} \cdots \times 10^m$, $a_1 \neq 0$. 四舍五入得 x 的近似值:

$$x^* = \begin{cases} \pm 0.\, a_1 a_2 \cdots a_n \times 10^m, & 若 a_{n+1} \leqslant 4 \\ \pm 0.\, a_1 a_2 \cdots (a_n + 1) \times 10^m, & 若 a_{n+1} \geqslant 5 \end{cases}$$

此时, 总有 $|e| = |x - x^*| \leqslant 0.\underbrace{00\cdots0}_{n}5 \times 10^m = \dfrac{1}{2} \times 10^{m-n}$, 即 x 的一个绝对误差限为 $\varepsilon = \dfrac{1}{2} \times 10^{m-n}$, 它不超过 x^* 小数点后第 n 位的半个单位.

3. 有效数字

绝对误差或相对误差只能表示近似数的精确程度, 不能反映数本身的大小. 为此, 引入有效数字的概念, 它既能表示数的大小, 又能表示其精确程度.

在实际计算中, 当准确值 x 有很多位数时, 我们通常按四舍五入得到 x 的近似值 x^*. 例如无理数 $\pi = 3.1415926\cdots$, 若按四舍五入原则分别取二位和四位小数时, 则得

$$\pi \approx 3.14, \quad \pi \approx 3.1416$$

由例 1.2.4 知, 不管取几位小数得到的近似数, 其绝对误差不会超过末位数的半个单位, 即

$$|\pi - 3.14| \leqslant \frac{1}{2} \times 10^{-2}, \quad |\pi - 3.1416| \leqslant \frac{1}{2} \times 10^{-4}$$

设数 x^* 是数 x 的近似值, 如果 x^* 的绝对误差限是它的某一数位的半个单位, 并且从 x^* 左起第一个非零数字到该数位共有 n 位, 则称这 n 个数字为 x^* 的**有效数字**, 也称用 x^* 近似 x 时具有 n **位有效数字**.

一般地, 任何一个实数 x 经过四舍五入后得到的近似值 x^* 都可以写成如下十进制浮点数的标准形式

$$x^* = \pm 0.\, a_1 a_2 \cdots a_n \times 10^m$$

其中, m 为整数, $a_i, i=1,2,\cdots,n$ 为 0 到 9 之间的整数, $a_1 \neq 0$. 如果绝对误差限满足

$$|x-x^*| \leqslant \frac{1}{2} \times 10^{m-n}$$

则称近似值 x^* 具有 n **位有效数字**.

例如, $x=\pi=3.1415926\cdots$, 取 $x^*=3.141$, 则 $|x^*-x|=0.00059265\cdots \leqslant 0.005=\frac{1}{2}\times 0.01=\frac{1}{2}\times 10^{-2}$, 故有 3 位有效数字 (3, 1, 4. 最后一位 1 不是有效数字). 若取 $x^*=3.142$, 则 $|x^*-x|=0.0004073\cdots \leqslant 0.0005=\frac{1}{2}\times 10^{-3}$, 则有 4 位有效数字 (3, 1, 4, 2 都是有效数字).

对于有效数字与绝对误差、相对误差的关系, 有如下结论.

定理 1.1 若数 x 的近似值 $x^*=\pm 0.\,a_1a_2\cdots a_n \times 10^m$ 有 n 位有效数字, 则其相对误差限

$$|\varepsilon_r(x)| \leqslant \frac{1}{2a_1} \times 10^{-(n-1)}$$

证明 由 $x^*=\pm 0.a_1a_2\cdots a_n \times 10^m$ 可知

$$a_1 \times 10^{m-1} \leqslant |x^*| \leqslant (a_1+1)\times 10^{m-1}$$

故

$$|\ \varepsilon_r(x)\ | = \frac{|x-x^*|}{|x^*|} \leqslant \frac{\frac{1}{2}\times 10^{m-n}}{a_1 \times 10^{m-1}} = \frac{1}{2a_1} \times 10^{-(n-1)}$$

即, 定理 1.1 结论成立.

由此可见, 当 m 一定时, n 越大 (即有效位数越多), 其绝对误差越小.

定理 1.2 若近似数 $x^*=\pm 0.\,a_1a_2\cdots a_n \times 10^m$ 的相对误差限

$$|\ \varepsilon_r(x)\ | = \frac{1}{2(a_1+1)} \times 10^{-(n-1)}$$

则 x^* 至少具有 n 位有效数字.

证明 由于

$$|x-x^*| = |x^*| \times |\ \varepsilon_r(x)\ | \leqslant (a_1+1)\times 10^{m-1} \times \frac{1}{2(a_1+1)} \times 10^{-(n-1)} = \frac{1}{2}\times 10^{m-n}$$

故 x^* 至少具有 n 位有效数字.

例 1.2.5 求 $\sqrt{6}$ 的近似值, 使其相对误差不超过 0.1%.

解 因为 $\sqrt{6} = 10 \times 0.24494\cdots$, 设其近似值 x^* 具有 n 位有效数字, 第一位非零数字为 2, 则由定理 1.1 知其相对误差满足

$$|\varepsilon_r| \leqslant \frac{1}{2\times 2} \times 10^{-n+1} \leqslant \frac{0.1}{100}$$

解之得 $n > 3$. 故取 $n = 4$, 即 $x^* = 2.449$ 即可满足要求. 也就是说, 只要 $\sqrt{6}$ 的近似值具有 4 位有效数字, 就能保证 $\sqrt{6} \approx 2.449$ 的相对误差不超过 0.1%.

例 1.2.6 确定圆周率 π 的近似值 $\dfrac{355}{113}$ 的绝对误差、相对误差及有效位数.

解 因为 $\pi^* = \dfrac{355}{113} = 3.141592920\cdots$, $\pi = 3.141592653589793\cdots$, 所以, $|\pi^* - \pi| = 0.00000026\cdots$,

$$\frac{|\pi - \pi^*|}{\pi} \leqslant \frac{0.00000027}{3.14159292} \leqslant 10^{-7} \times 0.82761 \leqslant \frac{1}{2\times(3+1)} \times 10^{-6}$$

由定理 1.2 知, π^* 至少有 7 位有效数字. 由有效数字定义, π^* 的绝对误差

$$|e| = |\pi - \pi^*| = 0.00000026\cdots \leqslant 0.0000005$$

所以 π^* 仅仅具有 7 位有效数字. π^* 的相对误差限

$$|\ \varepsilon_r(\pi^*)\ | \leqslant \frac{1}{2\times 3} \times 10^{-(7-1)} = \frac{1}{6} \times 10^{-6}$$

355/113 称为密率, 是我国南朝宋齐时期大科学家祖冲之 (429—500) 在数学史上作出的杰出贡献. 祖冲之在宋大明五年 (461 年) 任南徐州从事史时, 在前人研究成果的基础上使用更开密法算出圆周率的过剩和不足近似值是 8 位有效数字, 圆周率的真值在朒数和盈数之间, 即 $3.1415926 < \pi < 3.1415927$. 祖冲之因此成为世界上第一个把 π 数值推算到小数点后第 7 位数字的人. 祖冲之还给出 π 的两个近似分数值: 密率 =355/113(≈3.14159292, 精确到小数点后第 6 位), 约率 =22/7(≈3.14285714, 精确到小数点后第 2 位). 在西方, 直到 15 世纪阿拉伯数学家卡西和 16 世纪法国数学家韦达才算得 355/113 这一数值, 比祖冲之晚 1000 多年. 因此, 后人将 355/113 用他的名字命名为“祖冲之圆周率”, 简称为“祖率”.

例 1.2.7 已知近似数 x^* 的相对误差限为 0.0001. 问 x^* 至少有几位有效数字?

解 由于 x^* 首位数 a_1 未知, 但必有 $1 \leqslant a_1 \leqslant 9$, 则由定理 1.2 有

$$|\ \varepsilon_r(x)\ | = \frac{1}{2(a_1+1)} \times 10^{-(n-1)} = 0.0001$$

得

$$10^{n-1} = \frac{1}{2(a_1+1)} \times 10^4$$

解之得

$$n = 5 - \lg 2 - \lg(a_1+1)$$

由于 $1 \leqslant a_1 \leqslant 9$, 故 $3.6990 \leqslant n \leqslant 4.3979$, 即 x^* 至少有 3 位有效数字, 在某些情形可达到 4 位有效数字 (取决于 a_1 的值).

1.2.4 算术运算中误差的传播与分析

数值计算中误差产生与传播的情况非常复杂, 参与运算的数据往往都是近似数, 它们都有误差. 而这些数据的误差在多次运算中又会进行传播, 使计算结果产生一定的误差, 这就是误差的传播问题. 以下介绍利用函数的 Taylor 公式来估计误差的一种常用方法.

对二元函数 $y = f(x_1, x_2)$, x_1^*, x_2^* 分别表示函数 $f(x_1, x_2)$ 两个自变量 x_1, x_2 的近似值, y^* 是函数值 y 的近似值. 则 y^* 的误差为

$$e(y) = y - y^* = f(x_1, x_2) - f(x_1^*, x_2^*)$$

将二元函数 $f(x_1, x_2)$ 在点 (x_1^*, x_2^*) 处 Taylor 展开到一阶导数项, 略去二阶及以上项, 得二元函数的误差

$$e(y) \approx \frac{\partial f(x_1^*, x_2^*)}{\partial x_1} e(x_1) + \frac{\partial f(x_1^*, x_2^*)}{\partial x_2} e(x_2)$$

上式说明: 自变量 x_i 的误差 $e(x_i)$ 对因变量误差 $e(y)$ 的贡献值是 $\dfrac{\partial f(x_1^*, x_2^*)}{\partial x_i} e(x_i)$, 其中偏导数 $\dfrac{\partial f(x_1^*, x_2^*)}{\partial x_i}$ 是 x_i 方向绝对误差 $e(x_i)$ 的放大系数, $i = 1, 2$.

而 y^* 的相对误差为

$$e_r(y) = \frac{e(y)}{y^*} \approx \frac{\partial f(x_1^*, x_2^*)}{\partial x_1} \frac{x_1}{y^*} e_r(x_1) + \frac{\partial f(x_1^*, x_2^*)}{\partial x_2} \frac{x_2}{y^*} e_r(x_2)$$

由此可得二元算术运算和、差、积、商的绝对误差和相对误差的估计式. 两个自变量 x_1 与 x_2 的误差表达式参见表 1.1.

表 1.1 x_1 与 x_2 的和、差、积、商的绝对误差和相对误差

绝对误差 $e(y)$	相对误差 $e_r(y)$
$e(x_1+x_2)\approx e_1+e_2$	$e_r(x_1+x_2)\approx \frac{x_1}{x_1+x_2}e_{1r}+\frac{x_2}{x_1+x_2}e_{2r}, x_1+x_2\neq 0$
$e(x_1-x_2)\approx e_1-e_2$	$e_r(x_1-x_2)\approx \frac{x_1}{x_1-x_2}e_{1r}-\frac{x_2}{x_1-x_2}e_{2r}, x_1-x_2\neq 0$
$e(x_1x_2)\approx x_2e_1+x_1e_2$	$e_r(x_1x_2)\approx e_{1r}+e_{2r}$
$e\left(\frac{x_1}{x_2}\right)\approx \frac{e_1}{x_2}-\frac{x_1e_2}{x_2^2}, x_2\neq 0$	$e_r\left(\frac{x_1}{x_2}\right)\approx e_{1r}-e_{2r}, x_2\neq 0$

注: 表中记 $e_{1r}=e_r(x_1), e_{2r}=e_r(x_2)$.

例 1.2.8 经过四舍五入, 可得某圆锥的底半径和高分别为 80.15m 和 30.5m, 试求圆锥体积的一个绝对误差限和一个相对误差限.

解 令 r 和 h 分别表示圆锥的底半径与高, 由于 r 和 h 均是四舍五入得到的, 所以由例 1.2.4 得 r 和 h 的绝对误差满足如下不等式:

$$|e(r)| \leqslant \frac{1}{2}\times 10^{-2}, \quad |e(h)| \leqslant \frac{1}{2}\times 10^{-1}$$

利用公式 $V=\frac{\pi r^2h}{3}$, 取 $\pi\approx 3.1415926$ 得圆锥体积为 205180.2344, 由表 1.1 得

$$|e(V)|\leqslant \frac{\pi}{3}\left[\,2rh\cdot|e(r)|+r^2\cdot|e(h)|\,\right]\leqslant 361.9606(\mathrm{m})$$

即圆锥体积的一个绝对误差限为 361.9606(m). 其相对误差

$$|e_r(V)|=\left|\frac{e(V)}{V}\right|\leqslant 0.0018$$

例 1.2.9 设近似数 $x_1=1.21, x_2=3.65, x_3=9.81$ 均有 3 位有效数字, 试估计表达式 $x_1x_2+x_3$ 的相对误差限.

解 令 $u=x_1x_2, v=u+x_3$, 因为 $x_1=1.21$, $x_2=3.65$, $x_3=9.81$ 均有 3 位有效数字, 所以有

$$|\,e(x_i)\,|\leqslant \frac{1}{2}\times 10^{-2}, \quad i=1,2,3$$

再由表 1.1 知

$$e_r(u)=e_r(x_1x_2)\approx e_r(x_1)+e_r(x_2)$$

从而

$$e_r(v)=e_r(u+x_3)\approx \frac{x_1x_2}{x_1x_2+x_3}[e_r(x_1)+e_r(x_2)]+\frac{x_3}{x_1x_2+x_3}e_r(x_3)$$

即函数 $x_1x_2+x_3$ 的相对误差限满足

$$|e_r(v)| \leqslant \frac{x_1x_2}{x_1x_2+x_3}(|e_r(x_1)|+|e_r(x_2)|)+\frac{x_3}{x_1x_2+x_3}|e_r(x_3)| \quad \leqslant 0.00206$$

即所求的一个相对误差限是 0.00206.

例 1.2.10 一元函数的误差估计.

设 $y=f(x)$ 在 (a,b) 内连续可微, x 的近似值为 x^*, 对应的函数值的近似值为 $y^*=f(x^*)$, 利用 Taylor 展式得

$$e(y)=y-y^*=f(x)-f(x^*)=f'(x^*)(x-x^*)+O(x-x^*)^2$$

略去 $O(x-x^*)^2$, 得

$$e(y)\approx f'(x^*)e(x)$$

特别地, 设 $y=\ln x$, 若把 x^* 的误差看作是 x 的微分

$$e(x)=x-x^*\approx \mathrm{d}x$$

则有

$$e(y)=e(\ln x)\approx \mathrm{d}\ln x=\frac{1}{x}e(x)=e_r(x)$$

亦即, 自变量的相对误差是其对数函数的微分. 以此验证表 1.1 的乘法和除法的相对误差:

$$\begin{aligned}e_r(x_1x_2)&\approx \mathrm{d}(\ln(x_1x_2))=\mathrm{d}(\ln x_1+\ln x_2)\\&=\mathrm{d}(\ln x_1)+\mathrm{d}(\ln x_2)=e_r(x_1)+e_r(x_2)\end{aligned}$$

$$\begin{aligned}e_r\left(\frac{x_1}{x_2}\right)&\approx \mathrm{d}\left(\ln\left(\frac{x_1}{x_2}\right)\right)=\mathrm{d}(\ln x_1-\ln x_2)\\&=\mathrm{d}(\ln x_1)-\mathrm{d}(\ln x_2)=e_r(x_1)-e_r(x_2),\quad x_2\neq 0\end{aligned}$$

1.3 算法设计的注意事项

数值计算中, 为减少舍入误差, 需要设计出好的算法. 算法设计的基本要求是“快”“准”“稳”. “快” 是指尽可能减少运算次数, 提高算法效率; “准” 是指运算过程中尽可能减少舍入误差对结果的影响; “稳” 是指数值算法必须是稳定的.

1.3.1 减少运算步骤, 加快运算速度

1. 简化计算步骤, 减少运算次数

对于一个计算问题, 计算步骤越多, 误差累积与扩散的程度就可能越大. 减少运算次数不但可以节省计算时间, 提高计算精度, 而且能够减少舍入误差的积累.

例如, 计算 x^{255} 的值, 如果将 x 逐个相乘要用 254 次乘法. 但若写成

$$x^{255} = x \cdot x^2 \cdot x^4 \cdot x^8 \cdot x^{16} \cdot x^{32} \cdot x^{64} \cdot x^{128}$$

只要做 14 次乘法运算即可.

又如, 计算多项式

$$P_n(x) = a_0x^n + a_1x^{n-1} + \cdots + a_{n-1}x + a_n$$

在 x_0 处的值的问题. 若直接计算 a_ix^{n-i} 再逐项相加, 一共需做

$$n + (n-1) + \cdots + 2 + 1 = \frac{n(n+1)}{2} = O(n^2)$$

次乘法和 n 次加法. 然而, 若采用

$$P_n(x) = (\cdots(a_0x + a_1)x + \cdots + a_{n-1})x + a_n$$

它可表示为

$$\begin{cases} b_0 = a_0 \\ b_i = b_{i-1}x_0 + a_i, \quad 1 \leqslant i \leqslant n \end{cases}$$

则 $b_n = P_n(x_0)$ 即为所求.

此算法称为**秦九韶算法**. 用它计算 n 次多项式 $P_n(x)$ 的值只用 n 次乘法和 n 次加法, 乘法次数由 $O(n^2)$ 降为 $O(n)$, 且只用 $n+2$ 个存储单元, 这是多项式计算的最优算法, 是我国南宋数学家秦九韶于 1247 年提出的. 国外称此算法为 Horner 算法, 是 1819 年给出的, 比秦九韶算法晚 500 多年.

例 1.3.1 利用公式

$$\ln(1+x) = \sum_{n=1}^{\infty}(-1)^{n+1}\frac{x^n}{n}$$

的前 N 项和, 可计算 $\ln 2$ 的近似值 (令 $x=1$). 若要精确到 10^{-5}, 需要对 $N=100000$ 项求和, 不但计算量很大, 其舍入误差积累也很严重. 但若改用

$$\ln\frac{1+x}{1-x} = 2\left(x + \frac{x^3}{3} + \frac{x^5}{5} + \cdots + \frac{x^{2n+1}}{2n+1} + \cdots\right)$$

取 $x = 1/3$, 只要计算前 10 项之和, 其截断误差便小于 10^{-10}.

减少乘除法运算次数是算法设计中十分重要的一个原则. 另一典型例子是离散傅里叶 (Fourier) 变换 (DFT), 如点数太多其计算量太大, 即使高速计算机也难以广泛使用, 直至 20 世纪 60 年代提出 DFT 的快速算法 FFT 才使它得以广泛使用. FFT 算法是快速算法的一个典范.

2. 优化迭代技术, 提高逼近速度

数值计算中, 许多问题都可归结为无限逼近精确值的过程. 如果逼近过程的规模 (适当定义) 按某个比例常数一致地缩减, 那么, 适当提供某个精度即可控制计算过程的终止. 这样设计出的算法通常称为迭代法. 迭代法及其校正技术是数值计算中十分重要的方法.

在实际迭代计算中常常可以获得目标值 T^* 的两个相伴随的近似值 T_0 与 T_1, 如何将它们加工成更高精度的结果呢? 改善精度的一种简便而有效的办法是, 取两者的某种加权平均作为近似值, 即令

$$\begin{aligned}\hat{T} &= (1-\omega)T_0 + \omega T_1 \\ &= T_0 + \omega(T_1 - T_0)\end{aligned}$$

也就是说, 适当选取权系数 ω 来调整校正量 $\omega(T_1 - T_0)$, 以将近似值 T_0, T_1 加工成更高精度的结果 $\hat{T}$. 正是基于校正量的调整与松动, 故这种方法称作**松弛技术**, 权系数 ω 称作**松弛因子**.

如果所提供的一对近似值有优劣之分, 如 T_1 优于 T_0, 这时往往采取如下松弛方式:

$$\hat{T} = (1+\omega)T_1 - \omega T_0, \quad \omega > 0$$

这种设计策略称作**超松弛**.

超松弛技术仅利用数据的加权平均, 几乎不需要耗费计算量, 然而超松弛的结果却能显著地提高精度. 这种方法在精度不同的两个近似值进行松弛时, 能最大限度地扬优避劣, 从而获得高精度的松弛值. 超松弛技术实现提高精度的效果的关键在于松弛因子 ω 的选择, 这是件极其困难的工作. 不可思议的是, 早在两千年以前, 智慧的中华先贤已掌握了这门精湛的算法设计技术.

在数学史上, 圆周率这个奇妙的数字牵动着一代又一代数学家的心, 不少人为之耗费了毕生精力. 据现存文献记载, 在这方面作出过突出贡献的, 当首推古希腊的阿基米德 (Archimedes, 前 287—前 212). 公元前 3 世纪, 他用圆内接与外切正 96 边形逼近圆周, 得出 π 的近似值为 3.14. 这是公元前最好的结果.

关于圆周率计算问题, 我国古代数学家也作出过杰出的贡献. 魏晋大数学家刘徽 (约 225—295) 曾提出过所谓 "割圆术"——用圆内接正多边形面积来逼近圆

面积, 他从内接正 6 边形割到正 12 边形, 再割到正 24 边形, 直至割到内接正 3072 边形, 得出 π 的近似值 3.1416. 这是当时最好的结果.

刘徽不但提供了一种圆周率计算的迭代算法, 而且还给出了一个加速逼近公式. 他用内接正 n 边形的面积 S_n 来逼近圆面积 S, 并取半径 $r=10$ 进行实际计算. 这时 $S=100\pi$. 他利用 $S_{96}=313\dfrac{584}{625}$ 与 $S_{192}=314\dfrac{64}{625}$ 两个粗糙的数据进行加工, 并提供了如下加工过程:

$$S_{192}+\frac{36}{105}(S_{192}-S_{96})=314\frac{64}{625}+\frac{36}{105}\times\frac{105}{625}=314\frac{100}{625}=314\frac{4}{25}\approx S_{3072}$$

据此获知 $\pi=3.1416$.

就这样, 刘徽利用两个粗糙的近似值 S_{96}, S_{192} 进行松弛, 结果获得了高精度的近似值 S_{3072}, 从而实现了圆周率计算的一次革命性飞跃.

刘徽的"割圆术"在数学史上占有重要的地位, 它开创了加速算法设计的先河. 直到 1700 多年后的 20 世纪, 西方数学家才基于所谓余项展开式获知逼近过程的加速方法.

附带指出, 如果继续施行上述割圆手续, 进一步从 192 边形割到 384 边形, 并设法算出 S_{192} 与 S_{384} 的值, 同时将松弛因子 $\omega=\dfrac{36}{105}$ 修正为 $\dfrac{35}{105}=\dfrac{1}{3}$, 那么, 不难验证, 这时松弛值

$$S_{384}+\frac{1}{3}(S_{384}-S_{192})\approx S_{24576}=3.1415926$$

这就是说, 只要计算稍许准确一点, 运用刘徽的割圆术就能获得 $\pi=3.1415926$ 这项千年称雄的数学成就. 然而差之毫厘, 失之千里, 刘徽将这个千古辉煌留给了两百年后的祖冲之.

1.3.2 选用稳定算法, 避免误差扩散

数值计算中, 对于某一问题选用不同的算法, 所得到的结果往往不相同, 有时甚至大不相同. 这主要是由于初始数据的误差或计算时的舍入误差在计算过程中的传播因算法的不同而异. 对某一算法, 如果初始数据的误差或舍入误差对计算结果的影响较小, 则称该算法是数值稳定的; 否则, 称为数值不稳定算法.

例 1.3.2 在四位十进制计算机上计算 8 个积分:

$$I_n=\int_0^1 x^n\mathrm{e}^{x-1}\mathrm{d}x,\quad n=0,1,\cdots,7$$

解　利用分部积分公式

$$I_n = \frac{1}{\mathrm{e}}\left[x^n \mathrm{e}^x\big|_0^1 - n\int_0^1 x^{n-1}\mathrm{e}^x \mathrm{d}x\right] = 1 - nI_{n-1}$$

可得递推关系:

$$I_n = 1 - nI_{n-1}$$

注意到 $I_0 = 1 - \mathrm{e}^{-1} \approx 0.6321$ 及

$$I_n = \int_0^1 x^n \mathrm{e}^{x-1}\mathrm{d}x < \int_0^1 x^n \mathrm{d}x = \frac{1}{n+1} \to 0 \quad (n \to \infty)$$

可得两种算法.

算法 I　令 $I_0 = 0.6321$, 再算 $I_n = 1 - nI_{n-1}$, $n = 0, 1, 2, \cdots, 7$;

算法 II　令 $I_{11} = 0$, 再算 $I_{n-1} = (1 - I_n)/n$, $n = 11, 10, \cdots, 1$.

按算法 I 和算法 II 分别计算得到 8 个积分的近似值, 如表 1.2 所示.

表 1.2　算法 I 和算法 II 的计算结果

	I_0	I_1	I_2	I_3	I_4	I_5	I_6	I_7
算法 I	0.6321	0.3679	0.2642	0.2074	0.1704	0.1480	0.1120	0.2160
算法 II	0.6321	0.3679	0.2642	0.2073	0.1709	0.1455	0.1268	0.1124

算法 II 中的结果均准确到 4 位小数, 而算法 I 中的 I_7 没有一位数字是准确的.

算法 I 发生这个现象的原因是 I_0 带有不超过 $\frac{1}{2} \times 10^{-4}$ 的误差, 但这个初始数据的误差在以后的每次计算时顺次乘以 $n = 1, \cdots, 7$ 而传播积累到 I_n 中, 使得算到 I_7 就完全不准确了.

算法 II 这样计算的结果如此精确的原因是 I_{11} 的误差传播到 I_{10} 时要乘以 $\frac{1}{11}$, 直到 I_0 时, I_{11} 的误差已缩小为原来的 $\frac{1}{11!}$.

这个例子说明, 在确定算法时应该选用数值稳定性好的计算公式.

1.3.3　遵循几个原则, 提高计算精度

1. 避免两个相近数相减

两个相近的近似数相减, 将会严重损失结果的有效数字.

例如, 两个具有五位有效数字的数相减, $12.058 - 12.056 = 0.002$, 结果只有一位有效数字.

一般地, 相近的两数 x_1 与 x_2 相减, x_1-x_2 的相对误差为

$$e_r(x_1-x_2)\approx\frac{x_1}{x_1-x_2}e_r(x_1)-\frac{x_2}{x_1-x_2}e_r(x_2)$$

因 $x_1-x_2\approx 0$, 尽管两变量的相对误差 $e_r(x_1)$ 与 $e_r(x_2)$ 可能比较小, 但是上式中, 比值 $\dfrac{x_1}{x_1-x_2}$ 与 $\dfrac{x_2}{x_1-x_2}$ 的绝对值可能会很大, 因此两数差 x_1-x_2 的相对误差 $|e_r(x_1-x_2)|$ 可能比

$$|e_r(x_1)|+|e_r(x_2)|$$

的值大得多, 计算精度很低.

当计算中出现两个相近的数相减时, 恒等变形是一种常用的方法. 如

$$\sqrt{x+1}-\sqrt{x}=\frac{1}{\sqrt{x+1}+\sqrt{x}}\quad (x\text{ 为很大的正数})$$

$$\frac{1-\cos x}{\sin x}=\frac{\sin x}{1+\cos x}\quad (x\ll 1)$$

$$\ln x_1-\ln x_2=\ln\frac{x_1}{x_2}\quad (x_1,x_2\text{很接近})$$

一般情况, 当 $f(x)\approx f(x^*)$, 即 $f(x)$ 与 $f(x^*)$ 相近时, 可用 Taylor 展开

$$f(x)-f(x^*)=f'(x^*)(x-x^*)+\frac{f''(x^*)}{2!}(x-x^*)^2+\cdots$$

取右端的有限项近似左端.

如果无法改变算式, 则采用增加有效位数进行运算. 在计算机上则采用双倍字长运算, 但这要增加机器计算时间且多占内存单元.

2. 防止“大数吃小数”

计算机在进行加减运算时, 首先要把参加运算的数对阶, 即把两数都写成绝对值小于 1 而阶码相同的数. 如若在十进制计算机 (阶码为 9) 中表示 $a=10^8+1$, 则必须将它改写成

$$a=0.1\times 10^9+0.000000001\times 10^9$$

如果计算机只能表示 8 位小数, 则 0.000000001 在该计算机中表示为机器数 0, 于是算出 $a=0.1\times 10^9$, 大数“吃”了小数.

例 1.3.3 在五位十进制计算机上, 计算

$$A=52125+\sum_{i=1}^{1000}\delta_i,\quad 0.1\leqslant\delta_i\leqslant 0.9$$

把运算的数写成规格化形式

$$A = 0.52125 \times 10^5 + \sum_{i=1}^{1000} \delta_i$$

由于在计算机内计算时要对阶, 若取 $\delta_i = 0.9$, 对阶时 $\delta_i = 0.000009 \times 10^5$, 在五位的计算机中表示为机器 0, 因此实际计算时

$$\begin{aligned} A &= 0.52125 \times 10^5 + \underbrace{0.000009 \times 10^5 + \cdots + 0.000009 \times 10^5}_{1000\ \text{个相加}} \\ &\triangleq 0.52125 \times 10^5 \quad (\text{符号} \triangleq \text{表示机器中相等}) \end{aligned}$$

结果显然不可靠, 这是由于运算中出现了大数 52125 “吃掉” 小数 δ_i 造成的. 如果计算时先把数量级相同的 1000 个 δ_i 相加, 最后再加 52125, 就不会出现大数 “吃” 小数现象. 这时

$$0.1 \times 10^3 \leqslant \sum_{i=1}^{1000} \delta_i \leqslant 0.9 \times 10^3$$

于是

$$0.001 \times 10^5 + 0.52125 \times 10^5 \leqslant A \leqslant 0.009 \times 10^5 + 0.52125 \times 10^5$$

$$52225 \leqslant A \leqslant 53025$$

3. 避免绝对值太小的数做除数

数值计算过程中, 遇到除法运算时, 应避免用绝对值太小的数做除数. 这是因为

一方面, 由于除数很小, 商将很大, 有可能发生溢出现象而停机.

另一方面, 由绝对误差公式

$$e\left(\frac{x_1}{x_2}\right) \approx \frac{1}{x_2} e(x_1) - \frac{x_1}{x_2^2} e(x_2)$$

可知, 当 $x_2 \to 0$ 时, 应有 $\frac{1}{x_2} \to \infty, \frac{x_1}{x_2^2} \to \infty$. 因此商 $\frac{x_1}{x_2}$ 的绝对误差 $\left|e\left(\frac{x_1}{x_2}\right)\right| \to \infty$ 的可能性非常大. 也就是绝对值很小的除数稍有一点误差, 就可能会对计算结果产生很大影响.

习 题 1

1. 设 $x(x>0)$ 的相对误差限为 δ, 求 $\ln x$ 的误差限.

2. 下列各数都是经过四舍五入得到的近似数, 指出它们有几位有效数字.

$$x_1 = 1.2021, \quad x_2 = 0.031, \quad x_3 = 385.6, \quad x_4 = 7\times 1.0$$

3. 对第 2 题中的近似值, 求下列函数值的误差限.

(1) $x_1+x_2+x_3$; (2) $x_1\times x_2\times x_3$; (3) $\dfrac{x_1}{x_2}$.

4. 若近似数 x 具有 n 位有效数字, 且表示为

$$x = \pm(a_1.a_2\cdots a_n)\times 10^m, \quad a_1 \neq 0$$

证明其相对误差限为

$$\varepsilon_r \leqslant \frac{1}{2a_1}\times 10^{-(n-1)}$$

并指出近似数 $x_1 = 86.7341$ 和 $x_2 = 0.0754$ 的相对误差限分别是多少.

5. 若记 $e_r = \dfrac{e(x)}{x}, \tilde{e}_r = \dfrac{e(x)}{x^*}$, 证明 $\tilde{e}_r - e_r = \dfrac{\tilde{e}_r^2}{1+\tilde{e}_r} = \dfrac{e_r^2}{1-e_r}$.

6. 设 $y_0 = 8.01$, 按照递推公式 $y_n = y_{n-1} - \dfrac{1}{100}\sqrt{65}, n = 1,2,\cdots$, 若取 $\sqrt{65}\approx 8.062$(4 位有效数字) 计算到 y_{100}, 试问将会产生多大的误差?

7. 序列 $\{y_k\}$ 满足递推关系 $y_n = 5y_{n-1} - 2, n = 1,2,\cdots$, 若取 $y_0 = 1.73$, 试问, 计算到 y_{10} 时, 将产生多大的误差? 这个数值稳定吗?

8. 推导出求积分

$$I_n = \int_0^1 \frac{x^2}{27+x^2}\mathrm{d}x, \quad n = 0,1,\cdots,10$$

的递推公式, 并讨论该递推公式的稳定性, 若不稳定, 请构造一个稳定的递推公式.

9. 用秦九韶算法计算多项式 $f(x) = 14x^6 + 7x^4 + 3x^3 + x + 2$ 在 $x_0 = 2$ 处的值.

10. 利用 Taylor 定理的误差项, 证明若 $x - \sin x = x - \left(x - \dfrac{x^3}{3!} + \dfrac{x^5}{5!} - \dfrac{x^7}{7!} + \cdots\right) = \dfrac{x^3}{3!} - \dfrac{x^5}{5!} + \dfrac{x^7}{7!} + \cdots$ 的误差不超过 10^{-9}, 则其级数至少需要 7 项.

11. 为了减少损失有效数字, 当 x 很大时应如何计算

(1) $\ln(x-\sqrt{x^2-1})$; (2) $\dfrac{\sin x}{x-\sqrt{x^2-1}}$.

12. 当 x 很大时, 解释 $\sqrt{x+1}-\sqrt{x}$ 用等价公式 $\dfrac{1}{\sqrt{x+1}+\sqrt{x}}$ 来计算时结果精度较高. 并以 $\sqrt{201}\approx 14.18$, $\sqrt{200}\approx 14.14$ 为例, 按两种公式计算 $\sqrt{201}-\sqrt{200}$, 并与精确解进行比较.

第 2 章 Chapter 插值法

在科学研究和工程中, 常常会遇到函数值的近似计算问题. 然而, 函数关系有时十分复杂, 有时甚至没有显式的解析表达式. 例如, 根据测量或实验得到一系列的数据对, 这些数据对确定了自变量在某些点相应的函数值, 现在需要计算自变量在未观测到的点的函数值. 为此, 我们可以根据观测数据对构造一个适当简单的函数近似地代替要寻找的函数, 本章要介绍的**插值法**就是构造这样的近似函数的一种古老且常用的方法, 它是许多数值方法 (数值积分、微分、非线性方程数值解和微分方程数值解等) 的理论基础.

2.1 插值问题与气象应用

2.1.1 插值问题

设 $y=f(x)$ 在点 $x_0, x_1, \cdots, x_n$ 处的函数值分别为$y_0=f(x_0), y_1=f(x_1), \cdots, y_n=f(x_n)$, 若能构造一个简单函数 $p(x)$, 使得

$$p(x_i)=f(x_i), \quad i=0,1,\cdots,n \tag{2.1.1}$$

成立, 这类问题称为**插值问题**. 函数 $f(x)$ 称为**被插值函数**, $x_0, x_1, \cdots, x_n$ 称为**插值节点**, 式 (2.1.1) 称为**插值条件**, 简单函数 $p(x)$ 称为 $f(x)$ 的**插值函数**. 求插值函数 $p(x)$ 的方法称为**插值法**.

若 $p(x)$ 是三角多项式时, 称为**三角插值法**.

若 $p(x)$ 是次数不超过 n 次的代数多项式时, 称为**多项式插值法**. 相应地, 称 $p(x)$ 为**插值多项式**. 在各种函数中, 多项式函数具有形式简单、方便计算等特点, 因此, 本章主要研究在给定 $n+1$ 个插值条件下寻找 n 次插值多项式 $p(x)$ 的插值问题.

2.1.2 插值多项式的存在唯一性

插值问题的研究目标是在给定 $n+1$ 个点 $(x_i, y_i), i=0,1,2,\cdots,n$, 且插值节

点互异时, 构造一个不超过 n 次的多项式

$$p_n(x) = a_0 + a_1 x + \cdots + a_n x^n \tag{2.1.2}$$

使式 (2.1.2) 满足插值条件 (2.1.1), 即

$$\begin{cases} a_0 + a_1 x_0 + a_2 x_0^2 + \cdots + a_n x_0^n = y_0 \\ a_0 + a_1 x_1 + a_2 x_1^2 + \cdots + a_n x_1^n = y_1 \\ \cdots\cdots \\ a_0 + a_1 x_n + a_2 x_n^2 + \cdots + a_n x_n^n = y_n \end{cases} \tag{2.1.3}$$

线性方程组 (2.1.3) 的系数行列式是 $n+1$ 阶范德蒙德 (Vandermonde) 行列式

$$V = \begin{vmatrix} 1 & x_0 & x_0^2 & \cdots & x_0^n \\ 1 & x_1 & x_1^2 & \cdots & x_1^n \\ 1 & x_2 & x_2^2 & \cdots & x_2^n \\ \vdots & \vdots & \vdots & & \vdots \\ 1 & x_n & x_n^2 & \cdots & x_n^n \end{vmatrix} \tag{2.1.4}$$

且当 $i \neq j$ 时有 $x_i \neq x_j$, 故 $n+1$ 阶 Vandermonde 行列式

$$V = \prod_{0 \leqslant i < j \leqslant n} (x_j - x_i) \neq 0$$

因此, 线性方程组 (2.1.3) 有唯一解, 从而得到如下定理 2.1.

定理 2.1 当 $x_0, x_1, \cdots, x_n$ 是互不相同的节点时, 满足插值条件式 (2.1.1) 的 n 次多项式 $p_n(x)$ 存在且唯一.

理论上, n 次多项式 $p_n(x)$ 可通过解上述线性方程组 (2.1.3) 得到, 但此方法在数值计算上运算量大, 因此不具有数值计算上的意义.

2.1.3 气象应用

每天的天气预报涉及世界各地成千上万的观察者和气象学家的工作. 现代计算机使天气预报比以往任何时候都更加准确, 环绕地球运行的气象卫星从太空拍摄云层照片. 预报员利用地面和太空的观测, 以及基于过去经验的公式和规则, 然后作出预测. 实际上, 气象学家是结合诸如持续预报、天气图预报、统计预报、计算机预报等几种不同的方法来进行每日天气预报的. 这些不同方法的预报, 预报员首先需要利用大量的观测数据通过各种方法建立预报模型并通过将当前气象参数输入模型预报未来几天或一段时期内的天气状况, 其中建立模型的插值方法是预报气象学家及预报人员用来建模的基本数学工具.

2.2 Lagrange 插值

2.2.1 Lagrange 插值多项式

本节由直线及二次曲线的几何意义导出 $n \gg 2$ 时插值多项式的一般构造形式, 即所谓的拉格朗日 (Lagrange) 插值法.

如图 2.1 所示, 已知过被插函数 $f(x)$ 上的两点 $p_0(x_0, y_0)$, $p_1(x_1, y_1)$, 经过这两点可唯一地作一直线 $L_1(x)$.

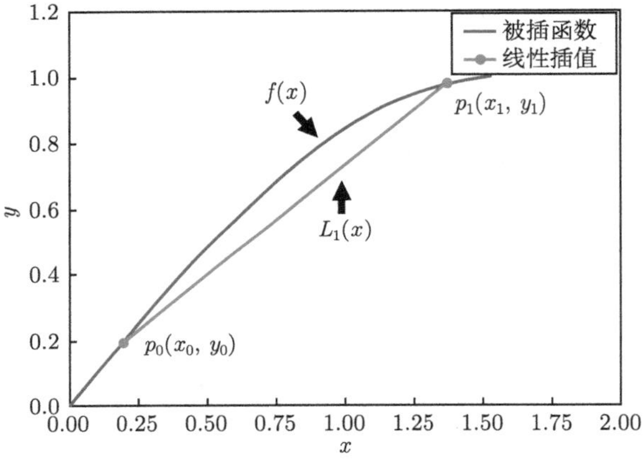

图 2.1 线性插值的几何意义

由点斜式可求直线 $L_1(x)$ 的表达式为

$$y = L_1(x) = y_0 + \frac{y_1 - y_0}{x_1 - x_0}(x - x_0)$$

将上式表示成 y_0, y_1 的线性组合, 即

$$L_1(x) = \frac{x - x_1}{x_0 - x_1}y_0 + \frac{x - x_0}{x_1 - x_0}y_1$$

记 $l_0(x) = \dfrac{x - x_1}{x_0 - x_1}$, $l_1(x) = \dfrac{x - x_0}{x_1 - x_0}$, 则上式可表示为

$$L_1(x) = l_0(x)y_0 + l_1(x)y_1 \tag{2.2.1}$$

分析 $l_0(x)$, $l_1(x)$, 它们满足下述条件:

$$l_0(x_0) = 1, \quad l_0(x_1) = 0$$

$$l_1(x_0)=0,\quad l_1(x_1)=1$$

函数 $L_1(x)$ 被称为函数 $f(x)$ 的线性插值多项式, 以上插值方法被称为线性插值法.

类似地, 当 $n=2$ 时, 即给定 $(x_0,y_0),(x_1,y_1),(x_2,y_2)$ 时, 仿照线性插值多项式 (2.2.1) 构造二次插值多项式 $L_2(x)$:

$$L_2(x)=l_0(x)y_0+l_1(x)y_1+l_2(x)y_2 \tag{2.2.2}$$

式 (2.2.2) 满足插值条件, 则 $l_0(x),l_1(x),l_2(x)$ 应满足下述条件:

$$l_0(x_0)=1,\quad l_0(x_1)=0,\quad l_0(x_2)=0$$

$$l_1(x_0)=0,\quad l_1(x_1)=1,\quad l_1(x_2)=0$$

$$l_2(x_0)=0,\quad l_2(x_1)=0,\quad l_2(x_2)=1$$

由 $l_0(x_1)=0,\ l_0(x_2)=0$ 可知

$$l_0(x)=\lambda_0(x-x_1)(x-x_2),\quad \text{其中 } \lambda_0 \text{ 为待定常数} \tag{2.2.3}$$

又由 $l_0(x_0)=1$, 即

$$1=l_0(x_0)=\lambda_0(x_0-x_1)(x_0-x_2) \tag{2.2.4}$$

从式 (2.2.4) 解得

$$\lambda_0=\frac{1}{(x_0-x_1)(x_0-x_2)}$$

将 λ_0 代入式 (2.2.3) 得

$$l_0(x)=\frac{(x-x_1)(x-x_2)}{(x_0-x_1)(x_0-x_2)}$$

以此类推, 可求得

$$l_1(x)=\frac{(x-x_0)(x-x_2)}{(x_1-x_0)(x_1-x_2)}$$

$$l_2(x)=\frac{(x-x_0)(x-x_1)}{(x_2-x_0)(x_2-x_1)}$$

$l_0(x),l_1(x),l_2(x)$ 称为**插值基函数**.

由此可得, 二次 Lagrange 插值多项式 $L_2(x)$:

$$L_2(x)=\frac{(x-x_1)(x-x_2)}{(x_0-x_1)(x_0-x_2)}y_0+\frac{(x-x_0)(x-x_2)}{(x_1-x_0)(x_1-x_2)}y_1+\frac{(x-x_0)(x-x_1)}{(x_2-x_0)(x_2-x_1)}y_2$$

$$= \sum_{i=0}^{2} \prod_{\substack{j=0 \\ j\neq i}}^{2} \frac{x - x_j}{x_i - x_j} y_i$$

一般地, 在已知 $n+1$ 个互异节点 $x_0, x_1, \cdots, x_n$ 处的函数值分别为

$$y_0, y_1, y_2, \cdots, y_n$$

则经过这 $n+1$ 个节点的 n 次插值多项式可仿照一、二次 Lagrange 插值多项式方法进行构造, 即令

$$L_n(x) = l_0(x)y_0 + l_1(x)y_1 + l_2(x)y_2 + \cdots + l_n(x)y_n \tag{2.2.5}$$

式 (2.2.5) 中的 $n+1$ 个插值基函数满足如下条件:

$$l_i(x_j) = \delta_{ij} = \begin{cases} 1, & \text{当 } i = j \text{ 时}, \\ 0, & \text{当 } i \neq j \text{ 时}, \end{cases} \quad i, j = 0, 1, 2, \cdots, n \tag{2.2.6}$$

根据插值基函数应满足的条件 (2.2.6), 可以确定 $n+1$ 个节点下的 Lagrange 插值基函数

$$l_i(x) = \prod_{\substack{j=0 \\ j\neq i}}^{n} \frac{x - x_j}{x_i - x_j}, \quad i = 0, 1, 2, \cdots, n \tag{2.2.7}$$

进一步地, 可以确定 $n+1$ 个互异节点下的 n 次 Lagrange 插值多项式的一般形式

$$\begin{aligned} L_n(x) &= l_0(x)y_0 + l_1(x)y_1 + l_2(x)y_2 + \cdots + l_n(x)y_n \\ &= \sum_{i=0}^{n} \left(\prod_{\substack{j=0 \\ j\neq i}}^{n} \frac{x - x_j}{x_i - x_j} \right) y_i \end{aligned} \tag{2.2.8}$$

2.2.2 插值余项

多项式 $L_n(x)$ 作为 $f(x)$ 的一种近似, 在插值节点处满足 $L_n(x_i) = f(x_i) = y_i$, $i = 0, 1, 2, \cdots, n$, 即在插值节点处是准确的, 但在插值节点之外这种近似的误差有多大? 本节对 Lagrange 插值多项式的误差进行估计.

记 $f(x)$ 与 n 次 Lagrange 插值多项式 $L_n(x)$ 之间的误差为 $R_n(x)$, 显然

$$R_n(x) = f(x) - L_n(x)$$

称 $R_n(x)$ 为 $f(x)$ 与 n 次 Lagrange 插值多项式 $L_n(x)$ 之间的**截断误差**, 又称为**插值余项**. 关于插值余项 $R_n(x)$ 有如下定理.

定理 2.2 设 $f(x), f'(x), f''(x), \cdots, f^{(n)}(x)$ 在区间 $[a,b]$ 上连续，$f^{(n+1)}(x)$ 在区间 (a,b) 内存在，节点 $a \leqslant x_0 < x_1 < x_2 < \cdots < x_{n-1} < x_n \leqslant b$，$L_n(x)$ 是满足插值条件 $L_n(x_i) = f(x_i) = y_i, i = 0,1,2,\cdots,n$ 的插值多项式，则对任何 $x \in [a,b]$，插值余项 $R_n(x)$ 为

$$R_n(x) = f(x) - L_n(x) = \frac{f^{(n+1)}(\xi)}{(n+1)!}(x-x_0)(x-x_1)\cdots(x-x_n) \tag{2.2.9}$$

式中，$\xi \in (a,b)$ 且依赖于 x.

证明 因为 $R_n(x)$ 在节点 $x_0, x_1, \cdots, x_n$ 误差为零，即

$$R_n(x_i) = f(x_i) - L_n(x_i) = 0, \quad i = 0,1,2,\cdots,n$$

故节点 $x_0, x_1, \cdots, x_n$ 是余项 $R_n(x)$ 的 $n+1$ 个零点，因此，$R_n(x)$ 具有以下形式：

$$R_n(x) = g(x)(x-x_0)(x-x_1)\cdots(x-x_n) \tag{2.2.10}$$

式中，$g(x)$ 为待定函数.

作辅助函数 $\varphi(t) = f(t) - L_n(t) - g(x)(t-x_0)(t-x_1)\cdots(t-x_n)$，$t \in [a,b]$，由辅助函数 $\varphi(t)$ 的定义可知，$x_0, x_1, \cdots, x_n$ 及 x 是它的 $n+2$ 个零点，由罗尔 (Rolle) 定理，$\varphi'(t)$ 在区间 (a,b) 内至少有 $n+1$ 个零点，$\varphi''(t)$ 在区间 (a,b) 内至少有 n 个零点，依次类推，$\varphi^{(n+1)}(t)$ 在区间 (a,b) 内至少有一个零点，设该零点为 ξ，使得

$$\varphi^{(n+1)}(\xi) = f^{(n+1)}(\xi) - (n+1)!g(x) = 0$$

可以解得

$$g(x) = \frac{f^{(n+1)}(\xi)}{(n+1)!}, \quad \xi \in (a,b)\text{且依赖于}x \tag{2.2.11}$$

将式 (2.2.11) 代入式 (2.2.10)，即得余项 $R_n(x)$ 的估计式 (2.2.9).

由于 ξ 在区间 (a,b) 内的具体位置不能确切地给出，则当 $f^{(n+1)}(x)$ 在区间 $[a,b]$ 上连续且有界，并记 $M_{n+1} = \max\limits_{\xi \in (a,b)} \left|f^{(n+1)}(\xi)\right|$ 时，余项 $R_n(x)$ 通常可估计如下：

$$\begin{aligned} |R_n(x)| &= \left|\frac{f^{(n+1)}(\xi)}{(n+1)!}(x-x_0)(x-x_1)\cdots(x-x_n)\right| \\ &\leqslant \frac{M_{n+1}}{(n+1)!}\left|\omega_{n+1}(x)\right| \end{aligned} \tag{2.2.12}$$

式 (2.2.12) 中 $\omega_{n+1}(x)=(x-x_0)(x-x_1)\cdots(x-x_n)$.

式 (2.2.12) 表明, 由于 $|R_n(x)|$ 与 M_{n+1} 及 $|\omega_{n+1}(x)|$ 直接相关, 从而余项 $|R_n(x)|$ 与节点 $x_0,x_1,\cdots,x_n$ 及 x 直接有关, 为使 $|R_n(x)|$ 尽可能地小, 应尽可能选择与 x 靠近的节点 $x_0,x_1,\cdots,x_n$ 作为插值节点以减少误差.

例 2.2.1 确定通过点 $(2,4)$ 及 $(5,1)$ 的线性 Lagrange 插值多项式.

解 记 $x_0=2$, $x_1=5$, 于是有基函数

$$l_0(x)=\frac{x-x_1}{x_0-x_1}=\frac{x-5}{2-5}=-\frac{x-5}{3},\quad l_1(x)=\frac{x-x_0}{x_1-x_0}=\frac{x-2}{5-2}=\frac{x-2}{3}$$

因此, 两点 Lagrange 插值多项式为

$$\begin{aligned}L_1(x)&=l_0(x)f(x_0)+l_1(x)f(x_1)=-\frac{x-5}{3}\times 4+\frac{x-2}{3}\times 1\\&=-\frac{4}{3}x+\frac{20}{3}+\frac{1}{3}x-\frac{2}{3}=-x+6\end{aligned}$$

例 2.2.2 利用节点 $x_0=2,x_1=2.75$ 及 $x_2=4$, 求函数 $f(x)=\dfrac{1}{x}$ 的二次 Lagrange 插值多项式; 利用二次 Lagrange 插值多项式求 $f(3)=\dfrac{1}{3}$ 的近似值.

解 首先, 计算三个插值节点处的插值基函数

$$l_0(x)=\frac{(x-x_1)(x-x_2)}{(x_0-x_1)(x_0-x_2)}=\frac{(x-2.75)(x-4)}{(2-2.75)(2-4)}=\frac{2}{3}(x-2.75)(x-4)$$

$$l_1(x)=\frac{(x-x_0)(x-x_2)}{(x_1-x_0)(x_1-x_2)}=\frac{(x-2)(x-4)}{(2.75-2)(2.75-4)}=-\frac{16}{15}(x-2)(x-4)$$

$$l_2(x)=\frac{(x-x_0)(x-x_1)}{(x_2-x_0)(x_2-x_1)}=\frac{(x-2)(x-2.75)}{(4-2)(4-2.75)}=\frac{2}{5}(x-2)(x-2.75)$$

而 $f(x_0)=f(2)=\dfrac{1}{2}, f(x_1)=f(2.75)=\dfrac{1}{2.75}=\dfrac{4}{11}, f(x_2)=f(4)=\dfrac{1}{4}$, 故二次 Lagrange 插值多项式为

$$\begin{aligned}L_2(x)&=l_0(x)f(x_0)+l_1(x)f(x_1)+l_2(x)f(x_2)\\&=\frac{2}{3}\times(x-2.75)\times(x-4)\times\frac{1}{2}-\frac{16}{15}\times(x-2)\times(x-4)\\&\quad\times\frac{4}{11}+\frac{2}{5}\times(x-2)\times(x-2.75)\times\frac{1}{4}\\&=\frac{1}{22}x^2-\frac{35}{88}x+\frac{49}{44}\end{aligned}$$

利用该 Lagrange 插值多项式计算 $f(3)=\frac{1}{3}$ 的近似值为

$$f(3)\approx L_2(3)=\frac{1}{22}3^2-\frac{35}{88}3+\frac{49}{44}=\frac{29}{88}\approx 0.32955$$

例 2.2.3 确定例 2.2.2 建立的 Lagrange 插值多项式的插值余项并估计该余项在区间 $[2,4]$ 上的最大值.

解 由于函数 $f(x)=\frac{1}{x}$, 故有

$$f'(x)=-\frac{1}{x^2},\quad f''(x)=\frac{2}{x^3},\quad f'''(x)=-\frac{6}{x^4}$$

因此, 函数 $f(x)=\frac{1}{x}$ 的二次 Lagrange 插值多项式的插值余项为

$$R_2(x)=\frac{f'''(\xi)}{3!}(x-x_0)(x-x_1)(x-x_2)=-\frac{1}{\xi^4}(x-2)(x-2.75)(x-4),\quad \xi\in(2,4)$$

$\frac{1}{\xi^4}$ 在区间 $[2,4]$ 上最大值为 $\frac{1}{16}$, 而函数 $\omega_3(x)=(x-2)(x-2.75)(x-4)=x^3-\frac{35}{4}x^2+\frac{49}{2}x-22$ 在该区间上的一阶导数为

$$\omega_3'(x)=3x^2-\frac{35}{2}x+\frac{49}{2}=\frac{1}{2}(3x-7)(2x-7)$$

可见, 有极值点 $x=\frac{7}{3}$ 及 $x=\frac{7}{2}$, 且 $\omega_3\left(\frac{7}{3}\right)=\frac{25}{108},\omega_3\left(\frac{7}{2}\right)=-\frac{9}{16}$, 因此, $|R_2(x)|$ 的最大值为

$$\begin{aligned}\max_{x\in[2,4]}|R_2(x)|&=\max_{x\in[2,4]}\left|\frac{f'''(\xi)}{3!}(x-x_0)(x-x_1)(x-x_2)\right|\\&=\left|-\frac{1}{16}\left(\frac{7}{2}-2\right)\left(\frac{7}{2}-2.75\right)\left(\frac{7}{2}-4\right)\right|\\&=\frac{9}{256}\approx 0.03515625\end{aligned}$$

2.3 差商与 Newton 插值

Lagrange 插值多项式 $L_n(x)$ 能用来近似原函数, 但在增加插值节点时存在严重的缺陷. 研究 $n+1$ 个插值节点 $x_0,x_1,\cdots,x_n$ 对应的 n 次 Lagrange 插值多项

式 $L_n(x)$ 及 $n+2$ 个插值节点 $x_0, x_1, \cdots, x_n, x_{n+1}$ 对应的 $n+1$ 次 Lagrange 插值多项式之间的关系, 通过比较基函数, 不难发现: ① $L_n(x)$ 中的基函数在 $L_{n+1}(x)$ 中不具有信息的继承性, 在添加一个节点后后者的每个基函数都需要重新计算; ② $L_{n+1}(x)$ 与 $L_n(x)$ 之间缺少递推关系. 本节将研究牛顿 (Newton) 插值法以解决 Lagrange 插值法的上述缺陷.

2.3.1 Lagrange 多项式的递推形式

设 $L_{n-1}(x), L_n(x)$ 分别表示插值节点 $x_0, x_1, \cdots, x_{n-1}$ 及 $x_0, x_1, \cdots, x_{n-1}, x_n$ 对应的 Lagrange 多项式, 考虑将节点 $x_0, x_1, \cdots, x_{n-1}$ 拓展到 $x_0, x_1, \cdots, x_{n-1}, x_n$ 后 n 次 Lagrange 插值多项式 $L_n(x)$ 与 $n-1$ 次 Lagrange 插值多项式 $L_{n-1}(x)$ 之间的差函数 $d_n(x)$:

$$d_n(x) = L_n(x) - L_{n-1}(x) \tag{2.3.1}$$

$d_n(x)$ 是一个次数不高于 n 次的多项式. 若再增加一个节点 x_n 后能够确定函数 $d_n(x)$, 那么即可得到 Lagrange 多项式的递推形式

$$L_n(x) = L_{n-1}(x) + d_n(x) \tag{2.3.2}$$

由于 $L_{n-1}(x)$ 及 $L_n(x)$ 都是 Lagrange 插值多项式, 因此, 满足给定的插值条件, 即在前 n 个节点 $x_0, x_1, \cdots, x_{n-1}$ 上, 有

$$L_n(x_i) = L_n(x_i), \quad i = 0, 1, 2, \cdots, n-1$$

由此可知, $x_0, x_1, \cdots, x_{n-1}$ 是多项式 $d_n(x)$ 的零点. 另一方面, 由于该多项式次数不大于 n, 所以多项式 $d_n(x)$ 具有如下形式:

$$d_n(x) = a_n(x - x_0)(x - x_1)\cdots(x - x_{n-1}) \tag{2.3.3}$$

式 (2.3.3) 中的 a_n 是待定常系数.

在节点个数只有 1 个, 即 $n = 0$ 时, Lagrange 插值多项式为

$$L_0(x) = a_0 = f(x_0)$$

是零次多项式, 即为常数.

在节点个数为 2 个, 即 $n = 1$ 时, 根据递推式 (2.3.2) 及式 (2.3.3) 可知

$$L_1(x) = L_0(x) + a_1(x - x_0)$$

这里, a_1 为待定系数.

以此类推, 在已知 $L_{n-1}(x)$ 时, 增加节点 x_n 后根据递推式 (2.3.2) 及函数 $d_n(x)$ 的形式 (2.3.3), 可知 $L_{n-1}(x)$ 及 $L_n(x)$ 的递推形式

$$L_n(x)=L_{n-1}(x)+a_n(x-x_0)(x-x_1)\cdots(x-x_{n-1}) \tag{2.3.4}$$

由递推式 (2.3.4) 可知, 在前 n 个节点 $x_0,x_1,\cdots,x_{n-1}$ 对应的 $n-1$ 次插值多项式 $L_{n-1}(x)$ 已经确定之后, 再增加一个节点 x_n 后的 n 次插值多项式 $L_n(x)$ 仅需要在多项式 $L_{n-1}(x)$ 后增添一项 $a_n(x-x_0)(x-x_1)\cdots(x-x_{n-1})$, 该项中 a_n 是唯一需要确定的系数. 由于 Lagrange 插值多项式 $L_n(x)$ 在增加的节点 x_n 处满足插值条件, 即

$$f(x_n)=L_n(x_n)=L_{n-1}(x_n)+a_n(x_n-x_0)(x_n-x_1)\cdots(x_n-x_{n-1}) \tag{2.3.5}$$

由式 (2.3.5) 解得

$$\begin{aligned}a_n&=\frac{f(x_n)-L_{n-1}(x_n)}{(x_n-x_0)(x_n-x_1)\cdots(x_n-x_{n-1})}\\&=\frac{f(x_n)-\sum\limits_{i=0}^{n-1}\left(\prod\limits_{\substack{j=0\\j\neq i}}^{n-1}\dfrac{x_n-x_j}{x_i-x_j}\right)f(x_i)}{(x_n-x_0)(x_n-x_1)\cdots(x_n-x_{n-1})}\end{aligned} \tag{2.3.6}$$

对式 (2.3.6) 整理, 进一步可以化为

$$a_n=\sum_{i=0}^{n}\frac{f(x_i)}{\prod\limits_{\substack{j=0\\j\neq i}}^{n}(x_i-x_j)} \tag{2.3.7}$$

然而, 式 (2.3.7) 在计算上仍然具有复杂性, 以下通过定义差商来建立 a_n 与差商之间的关系, 进而简化其在计算上的复杂性.

2.3.2 差商

定义 2.1 设函数 $y=f(x)$ 在节点 x_i,x_j 处的函数值分别为 $f(x_i),f(x_j)$, 则称

$$\frac{f(x_j)-f(x_i)}{x_j-x_i}$$

为函数 $f(x)$ 关于 x_i,x_j 的**一阶差商或均差**, 记作 $f[x_i,x_j]$. 称一阶差商

$f[x_j,x_k]$, $f[x_i,x_j]$ 的差商为函数 $f(x)$ 关于节点 x_i,x_j,x_k 的**二阶差商**, 即

$$f[x_i,x_j,x_k]=\frac{f[x_j,x_k]-f[x_i,x_j]}{x_k-x_i}$$

一般地, 称 $n-1$ 阶差商的差商为 n 阶差商, 即

$$f[x_0,x_1,\cdots,x_n]=\frac{f[x_1,x_2,\cdots,x_n]-f[x_0,x_1,\cdots,x_{n-1}]}{x_n-x_0} \tag{2.3.8}$$

称为函数 $f(x)$ 在节点 $x_0,x_1,\cdots,x_{n-1},x_n$ 处的 n **阶差商**. 为统一记号, 规定: $f[x_i]=f(x_i)$, 并称为零阶差商. 不难理解, 差商是导数的近似计算.

利用差商表容易实现差商的递归式定义及计算. 表 2.1 给出了一至四阶差商的计算过程, 表中第 1 列为节点, 第 2 至 6 列分别表示零至四阶差商.

表 2.1　差商表

x_i	$f(x_i)$	一阶差商	二阶差商	三阶差商	四阶差商
x_0	$f(x_0)$				
x_1	$f(x_1)$	$f[x_0,x_1]$			
x_2	$f(x_2)$	$f[x_1,x_2]$	$f[x_0,x_1,x_2]$		
x_3	$f(x_3)$	$f[x_2,x_3]$	$f[x_1,x_2,x_3]$	$f[x_0,x_1,x_2,x_3]$	
x_4	$f(x_4)$	$f[x_3,x_4]$	$f[x_2,x_3,x_4]$	$f[x_1,x_2,x_3,x_4]$	$f[x_0,x_1,x_2,x_3,x_4]$

一阶差商

$$f[x_0,x_1]=\frac{f[x_1]-f[x_0]}{x_1-x_0},f[x_1,x_2]=\frac{f[x_2]-f[x_1]}{x_2-x_1},f[x_2,x_3]=\frac{f[x_3]-f[x_2]}{x_3-x_2},\cdots$$

二阶差商

$$f[x_0,x_1,x_2]=\frac{f[x_1,x_2]-f[x_0,x_1]}{x_2-x_0},\quad f[x_1,x_2,x_3]=\frac{f[x_2,x_3]-f[x_1,x_2]}{x_3-x_1}$$

如上所述, 利用差商表在计算出一阶差商后计算二阶差商, 在计算出二阶差商后计算三阶差商, 以此类推.

记 $f[x_0,x_1,\cdots,x_k]$ 为函数 $f(x)$ 在 $x_0,x_1,\cdots,x_k$ 处的 k 阶差商, 则差商具有以下基本性质.

性质 2.1　k 阶差商 $f[x_0,x_1,\cdots,x_k]$ 可以表示为函数值

$$f(x_0),f(x_1),\cdots,f(x_k)$$

的线性组合, 即

$$f[x_0,x_1,\cdots,x_k]=\sum_{i=0}^{k}\frac{f(x_i)}{\prod\limits_{\substack{j=0\\j\neq i}}^{k}(x_i-x_j)} \tag{2.3.9}$$

这个性质可用数学归纳法证明.

从性质 2.1 可以看出, 一方面 2.3.1 节中 Lagrange 插值多项式递推形式中的待定系数 a_n 与 n 阶差商 $f[x_0,x_1,\cdots,x_n]$ 具有形式上的一致性, 换言之, 即有 $a_n=f[x_0,x_1,\cdots,x_n]$; 另一方面, 通过观察式 (2.3.9) 可以看出, 差商与节点的顺序无关, 从而有下面的性质 2.2.

性质 2.2 差商具有对称性, 即交换节点顺序差商值 $f[x_0,x_1,\cdots,x_k]$ 不变.

性质 2.3 k 阶差商与 k 阶导数之间有关系

$$f[x_0,x_1,\cdots,x_k]=\frac{f^{(k)}(\xi)}{k!} \tag{2.3.10}$$

式中, ξ 介于 $x,x_0,x_1,\cdots,x_k$ 的最小值和最大值之间 (证明见 2.3.3 节 Newton 插值多项式与 Lagrange 插值多项式之间的关系).

性质 2.4 若函数 $f(x)$ 是 n 次多项式, 考虑 k 阶差商 $f[x,x_0,x_1,\cdots,x_{k-1}]$, 当 $k<n$ 时它是 $n-k$ 次多项式, 而当 $k>n$ 时其值恒等于零.

性质 2.4 是性质 2.3 的直接推论.

2.3.3 Newton 插值多项式

本节将给出 Newton 插值多项式的形式. 事实上, Newton 插值多项式就是 Lagrange 插值多项式的递推式. 通过 2.3.2 节差商的性质, 已经得到差商与 Lagrange 插值多项式递推式系数 a_n 之间的关系, 即

$$a_n=f[x_0,x_1,\cdots,x_n]$$

由 Lagrange 多项式的递推关系推得

$$L_0(x)=a_0=f[x_0]$$

$$L_1(x)=L_0(x)+a_1(x-x_0)=f[x_0]+f[x_0,x_1](x-x_0)\quad (a_1=f[x_0,x_1])$$

$$\begin{aligned}L_2(x)&=L_1(x)+a_2(x-x_0)(x-x_1)\\&=f[x_0]+f[x_0,x_1](x-x_0)+f[x_0,x_1,x_2](x-x_0)(x-x_1)\\&(a_2=f[x_0,x_1,x_2])\end{aligned}$$

$$\cdots\cdots$$

$$\begin{aligned}L_n(x) &= L_{n-1}(x) + a_n(x-x_0)(x-x_1)\cdots(x-x_{n-1}) \\ &= f[x_0] + f[x_0,x_1](x-x_0) + \cdots \\ &\quad + f[x_0,x_1,\cdots,x_n](x-x_0)(x-x_1)\cdots(x-x_{n-1}) \quad (a_n = f[x_0,x_1,\cdots,x_n])\end{aligned}$$

这里 $L_n(x)$ 的递推展开式就是 Newton 插值多项式, 为方便与 Lagrange 插值多项式区分, 将 Newton 插值多项式记作 $N_n(x)$, 即

$$N_n(x) = f[x_0] + f[x_0,x_1](x-x_0) + \cdots + f[x_0,x_1,\cdots,x_n](x-x_0)(x-x_1)\cdots(x-x_{n-1}) \tag{2.3.11}$$

以下分析 Newton 插值多项式的插值余项, 给定函数 $y=f(x)$ 的 $n+2$ 个节点 $x_0,x_1,\cdots,x_{n-1},x_n,x$ 及其对应的函数值, 由差商的定义

$$f[x,x_0] = \frac{f(x)-f(x_0)}{x-x_0}$$

将函数 $f(x)$ 展开成差商的形式

$$f(x) = f[x_0] + f[x,x_0](x-x_0) \tag{2.3.12}$$

由于差商 $f[x,x_0,x_1] = \dfrac{f[x,x_0]-f[x_0,x_1]}{x-x_1}$, 故可将差商 $f[x,x_0]$ 展开成二阶差商 $f[x,x_0,x_1]$ 的表达形式, 即

$$f[x,x_0] = f[x_0,x_1] + f[x,x_0,x_1](x-x_1) \tag{2.3.13}$$

将式 (2.3.13) 代入式 (2.3.12), 得

$$f(x) = f[x_0] + f[x_0,x_1](x-x_0) + f[x,x_0,x_1](x-x_0)(x-x_1) \tag{2.3.14}$$

进一步地, 将二阶差商 $f[x,x_0,x_1]$ 展开成三阶差商 $f[x,x_0,x_1,x_2]$ 的表达形式, 由 $f[x,x_0,x_1,x_2] = \dfrac{f[x,x_0,x_1]-f[x_0,x_1,x_2]}{x-x_2}$ 得

$$f[x,x_0,x_1] = f[x_0,x_1,x_2] + f[x,x_0,x_1,x_2](x-x_2) \tag{2.3.15}$$

将式 (2.3.15) 代入式 (2.3.14) 得

$$f(x) = f[x_0] + f[x_0,x_1](x-x_0) + f[x_0,x_1,x_2](x-x_0)(x-x_1)$$

$$+ f[x, x_0, x_1, x_2](x - x_0)(x - x_1)(x - x_2)$$

以此类推, 不难看出

$$\begin{aligned} f(x) &= f[x_0] + f[x_0, x_1](x - x_0) + \cdots + f[x_0, x_1, \cdots, x_n] \\ &\quad \cdot (x - x_0)(x - x_1)\cdots(x - x_{n-1}) \\ &\quad + f[x, x_0, x_1, \cdots, x_n](x - x_0)(x - x_1)\cdots(x - x_n) \\ &= N_n(x) + f[x, x_0, x_1, \cdots, x_n](x - x_0)(x - x_1)\cdots(x - x_n) \end{aligned} \tag{2.3.16}$$

记 $\tilde{R}_n(x) = f[x, x_0, x_1, \cdots, x_n](x - x_0)(x - x_1)\cdots(x - x_n)$, 则式 (2.3.16) 化为

$$f(x) = N_n(x) + \tilde{R}_n(x) \tag{2.3.17}$$

称 $\tilde{R}_n(x)$ 为函数 $f(x)$ 的 n 次 Newton 插值多项式 $N_n(x)$ 的**插值余项.**

事实上, Newton 插值是 Lagrange 插值的递推形式, 换言之, 在相同插值条件下的 Newton 插值多项式 $N_n(x)$ 等价于 Lagrange 插值多项式 $L_n(x)$, 故由

$$f(x) = N_n(x) + f[x, x_0, x_1, \cdots, x_n](x - x_0)(x - x_1)\cdots(x - x_n) \tag{2.3.18}$$

及

$$f(x) = L_n(x) + \frac{f^{(n+1)}(\xi)}{(n+1)!}(x - x_0)(x - x_1)\cdots(x - x_n) \tag{2.3.19}$$

比较可知: 在相同插值条件下的 Newton 插值多项式 $N_n(x)$ 与 Lagrange 插值多项式 $L_n(x)$ 具有相同的余项, 即

$$\begin{aligned} & f[x, x_0, x_1, \cdots, x_n](x - x_0)(x - x_1)\cdots(x - x_n) \\ = & \frac{f^{(n+1)}(\xi)}{(n+1)!}(x - x_0)(x - x_1)\cdots(x - x_n) \end{aligned} \tag{2.3.20}$$

式中, ξ 介于定义域 (a, b) 内. 由式 (2.3.20) 同时得到

$$f[x, x_0, x_1, \cdots, x_n] = \frac{f^{(n+1)}(\xi)}{(n+1)!}, \quad \xi \in (a, b)$$

这和差商性质 2.3 是一致的.

例 2.3.1 完成数据表 2.2 的差商表, 然后用这些数据构造 Newton 插值多项式.

表 2.2 例 2.3.1 数据表

x	1.0	1.3	1.6	1.9	2.2
$f(x)$	0.7651977	0.6200860	0.4554022	0.2818186	0.1103623

解 涉及 x_0, x_1 的一阶差商是

$$f[x_0, x_1] = \frac{f(x_1) - f(x_0)}{x_1 - x_0} = \frac{0.6200860 - 0.7651977}{1.3 - 1.0}$$
$$\approx -0.4837057$$

其余的一阶差商以类似的方式求解, 并在表 2.3 的第 4 列中显示.

涉及 x_0, x_1, x_2 的二阶差商是

$$f[x_0, x_1, x_2] = \frac{f[x_1, x_2] - f[x_0, x_1]}{x_2 - x_0}$$
$$= \frac{-0.5489460 - (-0.4837057)}{1.6 - 1.0} \approx -0.1087339$$

其余的二阶差商以同样的方法进行计算并显示在表 2.3 的第 5 列, 涉及 x_0, x_1, x_2, x_3 的三阶及涉及所有数据点 x_0, x_1, x_2, x_3, x_4 的四阶差商分别为

$$f[x_0, x_1, x_2, x_3] = \frac{f[x_1, x_2, x_3] - f[x_0, x_1, x_2]}{x_3 - x_0}$$
$$= \frac{-0.0494433 - (-0.1087339)}{1.9 - 1.0}$$
$$\approx 0.0658784$$

及

$$f[x_0, x_1, x_2, x_3, x_4] = \frac{f[x_1, x_2, x_3, x_4] - f[x_0, x_1, x_2, x_3]}{x_4 - x_0}$$
$$= \frac{0.0680685 - 0.0658784}{2.2 - 1.0}$$
$$\approx 0.0018251$$

表 2.3 数据表 2.2 的差商表

i	x_i	$f[x_i]$	$f[x_i, x_{i+1}]$	$f[x_i, x_{i+1}, x_{i+2}]$	$f[x_i, x_{i+1}, x_{i+2}, x_{i+3}]$	$f[x_i, x_{i+1}, x_{i+2}, x_{i+3}, x_{i+4}]$
0	1.0	**0.7651977**				
1	1.3	0.6200860	**−0.4837057**			
2	1.6	0.4554022	−0.5489460	**−0.1087339**		
3	1.9	0.2818186	−0.5786120	−0.0494433	**0.0658784**	
4	2.2	0.1103623	−0.5715210	0.0118183	0.0680685	**0.0018251**

表 2.3 显示了各阶差商. Newton 插值多项式各项系数由对角线上各阶差商构成. Newton 插值多项式为

$$
\begin{aligned}
N_4(x) = {} & 0.7651977 - 0.4837057(x-1.0) - 0.1087339(x-1.0)(x-1.3) \\
& + 0.0658784(x-1.0)(x-1.3)(x-1.6) \\
& + 0.0018251(x-1.0)(x-1.3)(x-1.6)(x-1.9)
\end{aligned}
$$

例 2.3.2 已知 $f(x)=\sqrt{x}$ 在点 $x=2.0, 2.1, 2.2$ 的值, 试作二次 Newton 插值多项式. 若增加一个点 $x=2.3$, 再求三次 Newton 多项式.

解 作差商表 2.4.

表 2.4 例 2.3.2 差商表

x_i	$f(x_i)$	$f[x_i, x_{i+1}]$	$f[x_i, x_{i+1}, x_{i+2}]$	$f[x_i, x_{i+1}, x_{i+2}, x_{i+3}]$
2.0	1.414214			
2.1	1.449138	0.34924		
2.2	1.483240	0.34102	−0.04110	
2.3	1.516575	0.33335	−0.03835	0.009167

于是二次 Newton 插值多项式为

$$
N_2(x) = 1.414214 + 0.34924(x-2.0) - 0.04110(x-2.0)(x-2.1)
$$

而三次 Newton 插值多项式为

$$
\begin{aligned}
N_3(x) &= N_2(x) + 0.009167(x-2.0)(x-2.1)(x-2.2) \\
&= 1.414214 + 0.34924(x-2.0) - 0.04110(x-2.0)(x-2.1) \\
&\quad + 0.009167(x-2.0)(x-2.1)(x-2.2)
\end{aligned}
$$

可见, 当增加一个插值节点时, 插值多项式的次数增加一次, Newton 插值多项式只要在原来的插值多项式后面增加一个次数更高的项即可.

2.4 差分与等距节点插值

Newton 插值法虽然增强了插值多项式的灵活性, 但在构造多项式过程中, 差商表的计算涉及除法运算, 另一方面, 有时待求点 x 位于插值节点 (或插值区间) 的某一侧, 为了更好地提高插值的精度, 需要对 Newton 插值方法进行改进. 为此, 引入差分的概念并导出基于等距节点的 Newton 前插公式及 Newton 后插公式.

2.4.1 差分及其性质

定义 2.2 给定等距节点 $x_i = x_0 + ih$, $i = 0, 1, 2, \cdots, n$, 其中 $h = \dfrac{b-a}{n}$ 称作节点的步长, $x_0 = a$ 及 $x_n = b$ 分别是区间 $[a, b]$ 的左、右端点, 函数 $y = f(x)$ 在这 $n+1$ 个互异点

$$x_0, x_1, x_2, \cdots, x_n$$

处的函数值分别为

$$f(x_0), f(x_1), f(x_2), \cdots, f(x_n)$$

为了方便表示, 将它们分别记作 $f_0, f_1, f_2, \cdots, f_n$.

我们称 $f_{k+1} - f_k$ 为 x_k 处以 h 为步长的一阶向前差分, 简称为一阶差分, 并记作 Δf_k, 即

$$\Delta f_k = f_{k+1} - f_k$$

定义在 x_k 处的二阶向前差分

$$\Delta^2 f_k = \Delta f_{k+1} - \Delta f_k = (f_{k+2} - f_{k+1}) - (f_{k+1} - f_k) = f_{k+2} - 2f_{k+1} + f_k \quad (2.4.1)$$

递推地, x_k 处的 m 阶向前差分为

$$\Delta^m f_k = \Delta^{m-1} f_{k+1} - \Delta^{m-1} f_k$$

特别地, 规定 x_k 处的**零阶差分**为

$$\Delta^0 f_k = f_k, \quad k = 0, 1, 2, \cdots, n$$

向前差分与差商之间有如下关系:

$$f[x_0, x_1, \cdots, x_m] = \frac{\Delta^m f_0}{m! h^m} \quad (2.4.2)$$

事实上,

$$f[x_0, x_1] = \frac{f[x_1] - f[x_0]}{h} = \frac{\Delta f_0}{h}$$

且

$$f[x_0, x_1, x_2] = \frac{f[x_1, x_2] - f[x_0, x_1]}{x_{k+2} - x_k} = \frac{\dfrac{\Delta f_1}{h} - \dfrac{\Delta f_0}{h}}{2h} = \frac{\Delta^2 f_0}{2! h^2}$$

一般地, 由数学归纳法可以证明式 (2.4.2).

观察式 (2.4.1) 可以发现 2 阶向前差分可以表示为每个节点函数值的线性组合. 事实上, 利用归纳法还可以证明高阶向前差分与函数值之间的这种线性关系

$$\Delta^m f_k = \sum_{i=0}^{m} (-1)^i \mathrm{C}_m^i f_{k+m-i} \tag{2.4.3}$$

式中, $\mathrm{C}_m^i = \dfrac{m!}{i!(m-i)!}$.

向前差分的计算类似于差商表的计算, 表 2.5 对角线上的值即为函数 $f(x)$ 在点 x_0 处的 0 至 4 阶向前差分.

表 2.5 差分表

x_i	f_i	Δf_i	$\Delta^2 f_i$	$\Delta^3 f_i$	$\Delta^4 f_i$
x_0	f_0				
x_1	f_1	Δf_0			
x_2	f_2	Δf_1	$\Delta^2 f_0$		
x_3	f_3	Δf_2	$\Delta^2 f_1$	$\Delta^3 f_0$	
x_4	f_4	Δf_3	$\Delta^2 f_2$	$\Delta^3 f_1$	$\Delta^4 f_0$
$\vdots$	$\vdots$	$\vdots$	$\vdots$	$\vdots$	$\vdots$

类似地, 可定义向后差分, 函数 $y = f(x)$ 在 x_k 处的一阶向后差分定义为

$$\nabla f_k = f_k - f_{k-1}$$

函数 $f(x)$ 在 x_k 处的 m 阶向后差分为

$$\nabla^m f_k = \nabla^{m-1} f_k - \nabla^{m-1} f_{k-1}, \quad m = 2, 3, \cdots \tag{2.4.4}$$

而向后差分的计算, 如表 2.5 所示, 最下面一行 $f_4, \Delta f_3, \Delta^2 f_2, \Delta^3 f_1, \Delta^4 f_0$ 即分别表示函数 $f(x)$ 在点 x_4 处的 0 至 4 阶向后差分. 向后差分与差商之间有如下关系:

$$f[x_0, x_1, \cdots, x_m] = \frac{\Delta^m f_m}{m! h^m}$$

类似地, $f(x)$ 在点 x_k 处各阶中心差分可分别表示为

$$\delta f_k = f_{k+\frac{1}{2}} - f_{k-\frac{1}{2}}$$

和

$$\delta^m f_k = \delta^{m-1} f_{k+\frac{1}{2}} - \delta^{m-1} f_{k-\frac{1}{2}}, \quad m = 2, 3, \cdots$$

式中, $f_{k-\frac{1}{2}}, f_{k+\frac{1}{2}}$ 分别表示 $f(x)$ 在 $x_k - \dfrac{h}{2}, x_k + \dfrac{h}{2}$ 处的函数值.

2.4.2 等距节点插值公式

将 Newton 插值多项式 (2.3.11) 中各阶差商分别用相应的差分代替, 就可以得到等距节点的插值多项式. 但考虑到节点的选取方法与近似的效果有密切联系, 故应视节点的不同选取分别进行讨论.

1. Newton 向前插值公式

在区间 $[a,b]$ 上, 已知等距节点 $x_i = x_0 + ih$, $i = 0,1,2,\cdots,n$, 其中 $h = \dfrac{b-a}{n}$, 现需要利用这 $n+1$ 个插值节点构造的插值多项式, 近似估计节点 $x_0 = a$ 附近点 x 的函数值 $f(x)$, 在这样的条件下, 利用向前差分可以提高 Newton 插值多项式的计算精度. 根据差分与差商之间的关系式 (2.4.2), 将 Newton 插值多项式进行如下变换:

$$
\begin{aligned}
N_n(x) = & f[x_0] + f[x_0,x_1](x-x_0) + \cdots + f[x_0,x_1,\cdots,x_n] \\
& \times (x-x_0)(x-x_1)\cdots(x-x_{n-1}) \\
= & f_0 + \frac{\Delta f_0}{1!}(x-x_0) + \frac{\Delta^2 f_0}{2!h^2}(x-x_0)(x-x_1) \\
& + \cdots + \frac{\Delta^n f_0}{n!h^n}(x-x_0)(x-x_1)\cdots(x-x_{n-1})
\end{aligned}
$$

作线性变换

$$x = x_0 + th, \quad 0 \leqslant t \leqslant n$$

则

$$x - x_i = (t-i)h, \quad i = 0,1,2,\cdots,n$$

于是 **Newton 前插公式为**

$$N_n(x) = N_n(x_0+th) = f_0 + \frac{\Delta f_0}{1}t + \frac{\Delta^2 f_0}{2!}t(t-1) + \cdots + \frac{\Delta^n f_0}{n!}t(t-1)\cdots(t-n+1) \tag{2.4.5}$$

相应的余项可表示为

$$R_n(x) = R_n(x_0+th) = \frac{h^{n+1}f^{(n+1)}(\xi)}{(n+1)!}t(t-1)\cdots(t-n) \tag{2.4.6}$$

式中 $\xi \in (a,b) = (x_0,x_n)$.

2. Newton 向后插值公式

已知等距节点 $x_i = x_0 + ih$, $i = 0, 1, 2, \cdots, n$, 其中 $h = \dfrac{b-a}{n}$, 现需要利用这 $n+1$ 个插值节点构造的插值多项式, 近似估计靠近节点 $x_n = b$ 附近 x 的函数值 $f(x)$. 在这样的条件下, 利用向后差分可以提高 Newton 插值多项式的精度. 再次根据差分与差商之间的关系式 (2.4.2), 将 Newton 插值多项式按节点逆向 $x_n, x_{n-1}, \cdots, x_0$ 进行调整, 将 x_n 看作 x_0, 将 x_{n-1} 看作 x_1, 以此类推进行替代, 即得

$$\begin{aligned}N_n(x) &= f[x_n] + f[x_n, x_{n-1}](x - x_n) + \cdots + f[x_n, x_{n-1}, \cdots, x_0]\\&\quad \times (x - x_n)(x - x_{n-1})\cdots(x - x_1)\\&= f_n + \frac{\nabla f_n}{1!h}(x - x_n) + \frac{\nabla^2 f_n}{2!h^2}(x - x_n)(x - x_{n-1}) + \cdots\\&\quad + \frac{\nabla^n f_n}{n!h^n}(x - x_n)(x - x_{n-1})\cdots(x - x_1)\end{aligned} \tag{2.4.7}$$

作变换

$$x = x_n + th, \quad -n \leqslant t \leqslant 0$$

则

$$\begin{aligned}x - x_{n-i} &= (x_n + th) - (x_n - ih)\\&= (t + i)h, \quad i = 0, 1, 2, \cdots, n\end{aligned}$$

再由

$$f[x_n, x_{n-1}, \cdots, x_{n-i}] = \frac{\nabla^i f_n}{i!h^i}, \quad k = 0, 1, 2, \cdots, n$$

代入式 (2.4.7) 得 **Newton 后插公式**

$$N_n(x_n + th) = f_n + \frac{\nabla f_n}{1!}t + \frac{\nabla^2 f_n}{2!}t(t+1) + \cdots + \frac{\nabla^n f_n}{n!}t(t+1)\cdots(t+n-1) \tag{2.4.8}$$

相应地, 插值余项为

$$R_n(x_n + th) = \frac{h^{n+1} f^{(n+1)}(\xi)}{(n+1)!}t(t+1)\cdots(t+n) \tag{2.4.9}$$

式中 $\xi \in (a, b) = (x_0, x_n)$.

例 2.4.1 已知数据表 2.6:

表 2.6 数据表

x_i	0	1	2	3
$f(x_i)$	1.0000	1.6487	2.7183	4.4817

试用 Newton 前插公式求三次插值多项式, 并用二阶 Newton 后插公式计算 $f(2.8)$ 的近似值.

解 由数据表 2.6 可作差分表 2.7.

表 2.7 差分表

x_i	f_i	Δf_i	$\Delta^2 f_i$	$\Delta^3 f_i$
0	1.0000			
1	1.6487	0.6487		
2	2.7183	1.0696	0.4209	
3	4.4817	1.7634	0.6938	0.2729

这里步长 $h=1$, 令 $x=x_0+th=0+t\times 1$, 即 $x=t$, 则三次 Newton 前插多项式为

$$\begin{aligned}
N_3(x)=N_3(t)&=1.0000+\frac{0.6487}{1!}t+\frac{0.4209}{2!}t(t-1)+\frac{0.2729}{3!}t(t-1)(t-2)\\
&=1.0000+\frac{0.6487}{1!}x+\frac{0.4209}{2!}x(x-1)+\frac{0.2729}{3!}x(x-1)(x-2)\\
&=1.0000+0.5292x+0.074x^2+0.0455x^3
\end{aligned}$$

令 $x=x_n+th=3+t$, 即 $t=x-3$, 二次 Newton 后插公式为

$$\begin{aligned}
N_2(x)=N_2(3+t)&=4.4817+\frac{1.7634}{1!}t+\frac{0.6938}{2!}t(t+1)\\
&=4.4817+\frac{1.7634}{1!}(x-3)+\frac{0.6938}{2!}(x-3)(x-2)\\
&=1.2729+0.0289x+0.3469x^2
\end{aligned}$$

所以

$$f(2.8)\approx N_2(2.8)=4.0735$$

当插值节点为等距节点时, 利用差分表构造插值多项式可以减少计算量. 另外从差分表的结构可以发现, 当测量数据 $f_0, f_1, \cdots, f_n$ 中某个数据有较大误差时, 可以用差分表寻查和修正这种误差.

2.5 分段插值

2.5.1 高次插值 Runge 现象

对于足够光滑的函数 $f(x)$, 当其插值多项式的次数逐渐增高时, 是否能使逼近的程度也得到逐渐改善呢?

例 2.5.1 考察函数

$$f(x)=\frac{1}{1+(5x)^2},\quad x\in[-1,1]$$

把 $[-1,1]$ 区间 10 等分, 取等分点 $x_k=-1+\frac{1}{5}k,\ k=0,1,2,\cdots,10$ 为插值节点, 则可构造十次插值多项式 $p_{10}(x)$. 分别将 $f(x)$ 与 $p_{10}(x)$ 在区间 $[0.8,1]$ 上一些点值列于表 2.8.

表 2.8 $f(x)$ 与 $p_{10}(x)$ 部分点取值比较

x	0.80	0.86	0.90	0.96	1.00
$f(x)$	0.05882	0.05131	0.04706	0.04160	0.03846
$p_{10}(x)$	0.05882	0.88808	1.57872	1.80438	0.03846

从表 2.8 及图 2.2 可以看出, $f(x)$ 与 $p_{10}(x)$ 除在插值节点 $x=0.8,1$ 外, 在其余各节点处误差很大, 如 $|f(0.96)-p_{10}(0.96)|=|0.04160-1.80438|=1.76278$. 这说明, 依靠增加插值节点个数不能保证更精确地逼近被插函数 $f(x)$, 相反地, 在某些点处插值多项式次数越高, 其与被插函数的偏差反而越大, 这种现象被称为

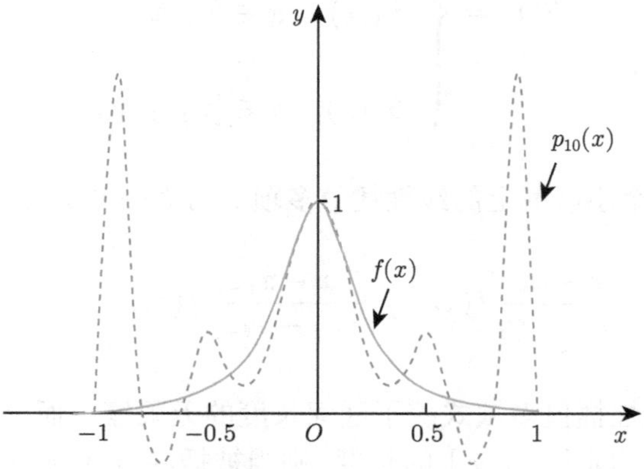

图 2.2 高次插值多项式的 Runge 现象

龙格 (Runge) 现象. 由于存在 Runge 现象, 当插值节点很多时, 通常不采用高次插值, 而采用分段低次插值, 常见的有分段线性插值及分段二次插值.

2.5.2 分段插值

为了提高插值多项式的精度, 避免 Runge 现象, 分段插值是简便且有效的途径. 在插值节点很多时, 通常采用分段低次插值. 由于插值多项式必须通过给定点, 故分段插值仍可保持插值多项式的整体连续性.

例如, 分段线性插值: 通过插值点 $(x_0, f(x_0)), (x_1, f(x_1)), \cdots, (x_n, f(x_n))$ 用折线段连起来, 如图 2.3 所示.

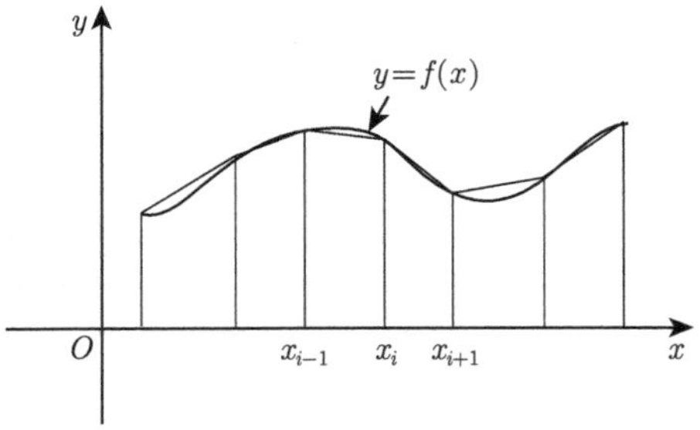

图 2.3 分段插值示意图

此时, 分段线性插值多项式 $S(x)$ 由 n 个线性插值多项式构成, 即

$$S(x) = \begin{cases} S_1(x), & x \in [x_0, x_1] \\ S_2(x), & x \in [x_1, x_2] \\ S_3(x), & x \in [x_2, x_3] \\ & \cdots\cdots \\ S_n(x), & x \in [x_{n-1}, x_n] \end{cases} \tag{2.5.1}$$

式 (2.5.1) 中第 i 个小区间上的线性插值多项式 $S_i(x)$ 可由 Lagrange 多项式求得

$$S_i(x) = \frac{x - x_i}{x_{i-1} - x_i} f(x_{i-1}) + \frac{x - x_{i-1}}{x_i - x_{i-1}} f(x_i), \quad i = 1, 2, \cdots, n$$

显然, 分段线性插值多项式随子区间长度的无限缩小而无限逼近被插值函数 $f(x)$. 记 h_i 为小区间 $[x_{i-1}, x_i]$ 的长度, 则当被插函数 $f(x)$ 在区间 $[a, b]$ 上具有二阶连续导数时, 这里假设 $a = x_0, b = x_n$, 分段线性插值多项式 $S(x)$ 与被插函

数 $f(x)$ 的余项可估计如下:

$$|R_1(x)| = \max_{1\leqslant i\leqslant n}\left|\frac{f''(\xi_i)}{2!}(x-x_{i-1})(x-x_i)\right| = \left|\frac{f''(\xi_i)}{2!}\frac{h_i^2}{4}\right| \leqslant \frac{M_2}{8}\max_{1\leqslant i\leqslant n}h_i^2 \tag{2.5.2}$$

其中, $\xi_i\in(x_{i-1},x_i)$, $M_2=\max\limits_{a\leqslant x\leqslant b}|f''(x)|$.

分段插值多项式有较好的局部性质, 可由于分段原因, 虽然在连接处能连续但常常不够光滑, 即导数或高阶导数不连续. 因此如果既要克服高次插值多项式的不足, 又要有一定的光滑性, 就需要样条插值来实现.

2.6 Hermite 插值

在讨论 Lagrange 插值法时, 仅要求多项式的插值条件在 $n+1$ 个插值节点 $x_i, i=0,1,\cdots,n$ 上满足插值条件, 即 $f(x_i)=L_n(x_i)$, 对 Newton 插值及分段插值多项式的插值条件也是如此. 然而, 为了增加插值多项式的光滑性, 有时插值条件不仅要求在每个插值节点上满足函数值相等, 而且还要求插值多项式的导数在这些节点上与被插函数的导数相等, 即要求满足插值条件

$$H_{2n+1}(x)=f(x_i),\quad H'_{2n+1}(x_i)=f'(x_i),\quad i=0,1,\cdots,n \tag{2.6.1}$$

式 (2.6.1) 中 $H_{2n+1}(x)$ 是次数不超过 $2n+1$ 的多项式, 求多项式 $H_{2n+1}(x)$ 的方法被称为埃尔米特 (Hermite) 插值法.

类似于 Lagrange 插值多项式的构造方法, 假设 Hermite 插值多项式

$$H_{2n+1}(x)=\sum_{i=0}^{n}\alpha_i(x)f(x_i)+\sum_{i=0}^{n}\beta_i(x)f'(x_i) \tag{2.6.2}$$

式 (2.6.2) 中, Hermite 插值基函数 $\alpha_i(x)$, $\beta(x_i)$ 均为 $2n+1$ 次多项式并满足

$$\begin{aligned}
&\alpha_i(x_j)=\begin{cases}1, & i=j,\\ 0, & i\neq j,\end{cases} && \alpha_i'(x_j)=0,\ j=0,1,\cdots,n\\
&\beta_i(x_j)=0,\ j=0,1,\cdots,n, && \beta_i'(x_j)=\begin{cases}1, & i=j\\ 0, & i\neq j\end{cases}
\end{aligned} \tag{2.6.3}$$

根据基函数 $\alpha_i(x)$ 应满足的条件 (2.6.3), 点 $x_0,x_1,\cdots,x_{i-1},x_{i+1},\cdots,x_n$ 是 $\alpha_i(x)$ 的零点, 并且是二重零点. 利用 Lagrange 插值基函数 $l_i(x)$, 基函数 $\alpha_i(x)$ 可表示为

$$\alpha_i(x)=(a_i+b_ix)l_i^2(x) \tag{2.6.4}$$

式 (2.6.4) 中的 a_i, b_i 为待定常系数. 由式 (2.6.3) 在 x_i 处的插值条件知

$$\alpha_i(x_i) = (a_i + b_i x_i) l_i^2(x_i) = (a_i + b_i x_i) = 1 \tag{2.6.5}$$

对函数 $\alpha_i(x)$ 求导, 由 $l_i(x_i) = 1$ 及 $a_i + b_i x_i = 1$, 可得

$$\alpha_i'(x_i) = b_i l_i^2(x_i) + 2(a_i + b_i x_i) l_i(x_i) l_i'(x_i) = b_i + 2l_i'(x_i) = 0 \tag{2.6.6}$$

式 (2.6.6) 中 $l_i'(x_i)$ 为

$$l_i'(x_i) = \frac{\left.\left(\prod\limits_{j=0, j\neq i}^{n} (x - x_j)\right)'\right|_{x=x_i}}{\prod\limits_{j=0, j\neq i}^{n} (x_i - x_j)} = \sum_{\substack{k=0 \\ k\neq i}}^{n} \frac{1}{x_i - x_k} \tag{2.6.7}$$

由式 (2.6.6) 可解得

$$b_i = -2l_i'(x_i) = -2\sum_{\substack{k=0 \\ k\neq i}}^{n} \frac{1}{x_i - x_k}$$

再将 b_i 代入式 (2.6.5) 可解得

$$a_i = 1 - b_i x_i = 1 + 2\sum_{\substack{k=0 \\ k\neq i}}^{n} \frac{x_i}{x_i - x_k} \tag{2.6.8}$$

将 a_i, b_i 代入式 (2.6.4) 中, 可得基函数 $\alpha_i(x)$ 为

$$\begin{aligned}\alpha_i(x) &= \left(1 + 2\sum_{\substack{k=0 \\ k\neq i}}^{n} \frac{x_i}{x_i - x_k} - 2\sum_{\substack{k=0 \\ k\neq i}}^{n} \frac{x}{x_i - x_k}\right) l_i^2(x) \\ &= \left(1 - 2\sum_{\substack{k=0 \\ k\neq i}}^{n} \frac{x - x_i}{x_i - x_k}\right) l_i^2(x)\end{aligned}$$

根据基函数 $\beta(x_i)$ 应满足的条件 (2.6.3), 则有 $\beta_i(x) = (c_i + d_i x) l_i^2(x)$, 式中的 c_i, d_i 为待定常系数, 又根据 x_i 的插值条件

$$\beta_i(x_i) = (c_i + d_i x_i) l_i^2(x_i) = c_i + d_i x_i = 0 \tag{2.6.9}$$

且 $\beta_i'(x)$ 满足

$$\begin{aligned}\beta_i'(x)\,|_{x=x_i} &= \left[(c_i+d_ix)l_i^2(x)\right]'\,|_{x=x_i} = \left[d_il_i^2(x)+2(c_i+d_ix)l_i(x)l_i'(x)\right]|_{x=x_i}\\ &= d_il_i^2(x_i)+2(c_i+d_ix_i)l_i(x_i)l_i'(x_i)\\ &= d_i = 1\end{aligned} \tag{2.6.10}$$

将 $d_i=1$ 代入式 (2.6.9) 解得参数 $c_i=-x_i$, 所以基函数 $\beta_i(x)$ 为

$$\beta_i(x)=(c_i+d_ix)l_i^2(x)=(x-x_i)l_i^2(x)$$

将基函数 $\alpha_i(x)$, $\beta_i(x)$ 代入式 (2.6.2), 得到满足插值条件 (2.6.1) 的 $2n+1$ 次 Hermite 插值多项式 $H_{2n+1}(x)$ 的一般构造形式

$$H_{2n+1}(x)=\sum_{i=0}^{n}\left[\left(1-2\sum_{\substack{k=0\\k\neq i}}^{n}\frac{x-x_i}{x_i-x_k}\right)l_i^2(x)\right]f(x_i)+\sum_{i=0}^{n}\left[(x-x_i)l_i^2(x)\right]f'(x_i) \tag{2.6.11}$$

特别地, 当 $n=1$ 时, 满足插值条件

$$\begin{aligned}H_3(x_0)=f(x_0),\quad H_3(x_1)=f(x_1)\\ H_3'(x_0)=f'(x_0),\quad H_3'(x_1)=f'(x_1)\end{aligned}$$

的三次 Hermite 插值多项式

$$\begin{aligned}H_3(x)= &\left(1-2\frac{x-x_0}{x_0-x_1}\right)\left(\frac{x-x_1}{x_0-x_1}\right)^2 f(x_0)\\ &+\left(1-2\frac{x-x_1}{x_1-x_0}\right)\left(\frac{x-x_0}{x_1-x_0}\right)^2 f(x_1)\\ &+(x-x_0)\left(\frac{x-x_1}{x_0-x_1}\right)^2 f'(x_0)+(x-x_1)\left(\frac{x-x_0}{x_1-x_0}\right)^2 f'(x_1)\end{aligned} \tag{2.6.12}$$

是最常用的 Hermite 插值多项式.

当 $f(x), f'(x), \cdots, f^{(2n+1)}(x)$ 在区间 $[a,b]$ 上连续, $f^{(2n+2)}(x)$ 在区间 (a,b) 内存在, 且 $x_i, i=0,1,\cdots,n$ 是区间 $[a,b]$ 上的互异节点时, 对任何 $x\in[a,b]$, 类似于 Lagrange 插值多项式余项的推导, 可以导出 $2n+1$ 次 Hermite 插值多项式的余项为

$$R_{2n+1}(x)=f(x)-H_{2n+1}(x)=\frac{f^{(2n+2)}(\xi)}{(2n+2)!}[(x-x_0)(x-x_1)\cdots(x-x_n)]^2 \tag{2.6.13}$$

式中 $\xi \in (a,b)$.

对于不同的插值条件, Hermite 插值问题的形式是多样的, 对一个具体问题的解法也往往不唯一, 如能充分利用问题的特点, 那么求解的过程就有可能简化.

例 2.6.1 设 $a \leqslant x_0 < x_1 < x_2 \leqslant b$, $f(x)$ 在区间 $[a,b]$ 上具有连续的四阶导数. 试求满足条件

$$p(x_i) = f(x_i), \quad i = 0,1,2$$
$$p'(x_1) = f'(x_1)$$

的插值多项式 $p(x)$, 并估计误差.

解 显然由插值条件可以确定一个次数不超过三次的插值多项式 $p(x)$. 由于此多项式通过点 $(x_0, f(x_0)), (x_1, f(x_1)), (x_2, f(x_2))$, 故设其形式为

$$\begin{aligned} p(x) = {} & f(x_0) + f[x_0,x_1](x-x_0) + f[x_0,x_1,x_2](x-x_0)(x-x_1) \\ & + A(x-x_0)(x-x_1)(x-x_2) \end{aligned} \tag{2.6.14}$$

式中, A 为待定系数, 可由插值条件 $p'(x_1) = f'(x_1)$ 来确定.

为了确定 A, 对式 (2.6.14) 两边求导数, 得

$$\begin{aligned} p'(x) = {} & f[x_0,x_1] + f[x_0,x_1,x_2](2x - x_0 - x_1) \\ & + A\left((x-x_1)(x-x_2) + (x-x_0)(x-x_2) + (x-x_0)(x-x_1)\right) \end{aligned}$$

令 $x = x_1$, 并利用 $p'(x_1) = f'(x_1)$, 得

$$f'(x_1) = f[x_0,x_1] + f[x_0,x_1,x_2](x_1-x_0) + A(x_1-x_0)(x_1-x_2)$$

于是

$$A = \frac{f'(x_1) - f[x_0,x_1] - f[x_0,x_1,x_2](x_1-x_0)}{(x_1-x_0)(x_1-x_2)}$$

代入式 (2.6.14) 即得插值多项式 $p(x)$.

为了求出余项表达式, 设

$$R(x) = f(x) - p(x)$$

由插值条件知 x_0, x_1, x_2 都是 $R(x)$ 的零点 (其中 x_1 是二重零点), 故令

$$R(x) = k(x)(x-x_0)(x-x_1)^2(x-x_2)$$

式中, $k(x)$ 是待定函数. 为求得 $k(x)$, 把 x 看成 $[a,b]$ 上任意固定点, 且异于 $x_i(i = 0,1,2)$, 作辅助函数

$$\varphi(t) = f(t) - p(t) - k(x)(t-x_0)(t-x_1)^2(t-x_2)$$

则 $\varphi(t)$ 在区间 $[a,b]$ 上至少有 5 个零点 x, x_1, x_2, x_3(x_1 是二重零点).

反复对 $\varphi(t)$ 应用 Rolle 定理, 得 $\varphi^{(4)}(t)$ 在区间 (a,b) 内至少有一个零点, 即存在 $\xi \in (a,b)$, 使

$$\varphi^{(4)}(\xi) = f^{(4)}(\xi) - 4!k(x) = 0$$

于是得

$$k(x) = \frac{1}{4!} f^{(4)}(\xi)$$

从而有余项

$$R(x) = \frac{f^{(4)}(\xi)}{4!}(x-x_0)(x-x_1)^2(x-x_2), \quad \xi \in (a,b)$$

2.7 三次样条插值

一些科学与工程实际问题中对插值函数曲线的光滑性要求较高, 如飞机机翼轮廓线、小轿车及船体放样型线等, 最常见的分段多项式逼近是在每一对相邻节点之间使用三次多项式, 称为三次样条插值. 一般的三次多项式涉及四个常数, 因此三次样条方法有足够的灵活性, 以确保插值函数不仅在区间上是连续可微的, 而且具有连续的二阶导数. 然而, 三次样条插值的构造并不假设插值多项式的导数与被插函数的导数一致, 即使是在插值节点处也没有这样的要求.

2.7.1 三次样条插值问题定义

定义 2.3 在区间 $[a,b]$ 上基于节点 $a \leqslant x_0 < x_1 < \cdots < x_n \leqslant b$, 函数 $f(x)$ 的三次样条逼近 $S(x)$ 是满足下述条件的函数.

(1) $S(x)$ 是一个分段三次多项式, 在每一个子区间 $[x_{i-1}, x_i]$ 上记作 $S_i(x)$, 其中 $i = 1, 2, \cdots, n$;

(2) $S_i(x_{i-1}) = y_{i-1} = f(x_{i-1})$ 及 $S_i(x_i) = y_i = f(x_i)$, $i = 1, 2, \cdots, n$; (2.7.1)

(3) $S_i(x_i) = S_{i+1}(x_i)$, $i = 1, 2, \cdots, n-1$; (2.7.2)

(4) $S_i'(x_i) = S_{i+1}'(x_i)$, $i = 1, 2, \cdots, n-1$; (2.7.3)

(5) $S_i''(x_i) = S_{i+1}''(x_i)$, $i = 1, 2, \cdots, n-1$; (2.7.4)

(6) 满足下列常用边界条件之一.

则称 $S(x)$ 为 $f(x)$ 在区间 $[a,b]$ 上的**三次样条插值函数**.

常用的边界条件有

(1) 已知两端的一阶导数值, 即

$$S'(x_0)=y_0'=f'(x_0),\quad S'(x_n)=y_n'=f'(x_n) \tag{2.7.5}$$

(2) 已知两端的二阶导数值, 即

$$S''(x_0)=y_0''=f''(x_0),\quad S''(x_n)=y_n''=f''(x_n) \tag{2.7.6}$$

特别地, $S''(x_0)=S''(x_n)=0$ 时, 称之为**自然边界条件**. 满足自然边界条件的样条函数称为**自然样条函数**.

(3) 设 $f(x)$ 为周期函数, 且周期 $T=x_n-x_0$, 即 $S(x_0)=S(x_n)$, 则有

$$S'(x_0)=S'(x_n),\quad S''(x_0)=S''(x_n) \tag{2.7.7}$$

2.7.2 三次样条插值函数的构造方法

由于 $S_i(x)$ 在每个子区间 $[x_{i-1},x_i]$ 上是一个三次多项式, 即

$$S_i(x)=a_i+b_ix+c_ix^2+d_ix^3,\quad x\in[x_{i-1},x_i],\quad i=1,2,\cdots,n \tag{2.7.8}$$

式 (2.7.8) 中 a_i,b_i,c_i,d_i 为 4 个待定系数. 要确定三次样条插值函数 $S(x)$, 必须确定 n 个子区间上的每个 $S_i(x)$ 的 4 个待定系数, 共计 $4n$ 个待定系数.

根据已知定义 2.3 中 (2) 的 $n+1$ 个条件及 (3)、(4)、(5) 的各 $n-1$ 个条件, 可建立 $4n-2$ 个等式, 再加上 (6) 的两个边界条件, 进而可建立 $4n$ 个关于待定系数 a_i,b_i,c_i,d_i 的方程并解出这些待定系数, 这表明满足上述条件的插值问题是可解的.

由于样条函数 $S(x)$ 在区间 $[x_{i-1},x_i]$ 上为三次多项式, 故可利用两点三次 Hermite 插值多项式构造. 设 $m_{i-1}=S'(x_{i-1}),m_i=S'(x_i)$ 分别为该区间两个端点上的一阶导数, $h_i=x_i-x_{i-1}$ 为该区间的长度, 则由 2.6 节的两点三次 Hermite 插值公式可得

$$\begin{aligned}S_i(x)=&\frac{(x-x_i)^2[2(x-x_{i-1})+h_i]}{h_i^3}y_{i-1}+\frac{(x-x_{i-1})^2[2(x_i-x)+h_i]}{h_i^3}y_i\\&+\frac{(x-x_i)^2(x-x_{i-1})}{h_i^2}m_{i-1}+\frac{(x-x_{i-1})^2(x-x_i)}{h_i^2}m_i\end{aligned} \tag{2.7.9}$$

式 (2.7.9) 中 $m_{i-1},m_i(i=1,2,\cdots,n)$ 实际上未知. 为了确定 m_{i-1},m_i, 利用 $S(x)$ 二阶导数在节点 $x_i(i=1,2,\cdots,n-1)$ 处的连续性, 即 $S_i''(x_i)=S_{i+1}''(x_i)$.

对式 (2.7.9) 求二次导数, 即有

$$S_i''(x)=\frac{6x-2x_{i-1}-4x_i}{h_i^2}m_{i-1}+\frac{6x-4x_{i-1}-2x_i}{h_i^2}m_i$$

$$+\frac{6(x_{i-1}+x_i-2x)}{h_i^3}(y_i-y_{i-1}) \tag{2.7.10}$$

于是, $S_i(x)$ 在区间 $[x_{i-1},x_i]$ 右端点上的二阶导数为

$$S_i''(x_i)=\frac{2}{h_i}m_{i-1}+\frac{4}{h_i}m_i-\frac{6}{h_i^2}(y_i-y_{i-1}) \tag{2.7.11}$$

由式 (2.7.10) 容易导出区间 $[x_i,x_{i+1}]$ 上 $S_{i+1}''(x)$:

$$\begin{aligned}S_{i+1}''(x)=&\frac{6x-2x_i-4x_{i+1}}{h_{i+1}^2}m_i+\frac{6x-4x_i-2x_{i+1}}{h_{i+1}^2}m_{i+1}\\&+\frac{6(x_i+x_{i+1}-2x)}{h_{i+1}^3}(y_{i+1}-y_i)\end{aligned} \tag{2.7.12}$$

由式 (2.7.12) 可求得 $S_{i+1}''(x)$ 在区间 $[x_i,x_{i+1}]$ 左端点上的二阶导数为

$$S_{i+1}''(x_i)=-\frac{4}{h_{i+1}}m_i-\frac{2}{h_{i+1}}m_{i+1}+\frac{6}{h_{i+1}^2}(y_{i+1}-y_i) \tag{2.7.13}$$

再由 $S_i''(x_i)=S_{i+1}''(x_i)$ 得方程

$$\frac{2}{h_i}m_{i-1}+\frac{4}{h_i}m_i-\frac{6}{h_i^2}(y_i-y_{i-1})=-\frac{4}{h_{i+1}}m_i-\frac{2}{h_{i+1}}m_{i+1}+\frac{6}{h_{i+1}^2}(y_{i+1}-y_i) \tag{2.7.14}$$

整理方程 (2.7.14) 进一步可得

$$\frac{2}{h_i}m_{i-1}+4\left(\frac{1}{h_i}+\frac{1}{h_{i+1}}\right)m_i+\frac{2}{h_{i+1}}m_{i+1}=6\left(\frac{y_{i+1}-y_i}{h_{i+1}^2}+\frac{y_i-y_{i-1}}{h_i^2}\right) \tag{2.7.15}$$

用 $2\left(\frac{1}{h_i}+\frac{1}{h_{i+1}}\right)$ 除式 (2.7.15) 两边, 并记

$$\lambda_i=\frac{h_{i+1}}{h_i+h_{i+1}},\quad \mu_i=\frac{h_i}{h_i+h_{i+1}}$$

$$g_i=3(\mu_i f[x_i,x_{i+1}]+\lambda_i f[x_{i-1},x_i])$$

上式中的 $f[x_{i-1},x_i],f[x_i,x_{i+1}]$ 为一阶差商, 式 (2.7.15) 变换为

$$\lambda_i m_{i-1}+2m_i+\mu_i m_{i+1}=g_i \tag{2.7.16}$$

式 (2.7.16) 中 $i=1,2,\cdots,n-1$, 构成 $n-1$ 阶的线性方程组, 该方程组中含有 $m_0,m_1,\cdots,m_n$ 共计 $n+1$ 个未知数, 要使方程组有唯一解, 需要添加两个边界条件.

(1) 已知两端的一阶导数值. 即已给定 $S(x)$ 在区间端点处的一阶导数值

$$m_0=y_0',\quad m_n=y_n'$$

这样方程组 (2.7.16) 可改写成

$$\begin{bmatrix} 2 & \mu_1 & & & \\ \lambda_2 & 2 & \mu_2 & & \\ & \ddots & \ddots & \ddots & \\ & & \lambda_{n-2} & 2 & \mu_{n-2} \\ & & & \lambda_{n-1} & 2 \end{bmatrix}\begin{bmatrix} m_1 \\ m_2 \\ \vdots \\ m_{n-2} \\ m_{n-1} \end{bmatrix}=\begin{bmatrix} g_1-\lambda_1 y_0' \\ g_2 \\ \vdots \\ g_{n-2} \\ g_{n-1}-\mu_{n-1}y_n' \end{bmatrix}\tag{2.7.17}$$

(2) 已知两端的二阶导数值. 由于已知

$$S''(x_0)=y_0'',\quad S''(x_n)=y_n''$$

由式 (2.7.10) 可知 $S''(x)$ 在 $[x_0,x_1]$ 上的表达式为

$$S_1''(x)=\frac{6x-2x_0-4x_1}{h_1^2}m_0+\frac{6x-4x_0-2x_1}{h_1^2}m_1+\frac{6(x_0+x_1-2x)}{h_1^3}(y_1-y_0)$$

于是, 由条件 $S''(x_0)=y_0''$, 即得

$$y_0''=-\frac{4}{h_1}m_0-\frac{2}{h_1}m_1+\frac{6}{h_1^2}(y_1-y_0)$$

故有

$$2m_0+m_1=3\frac{(y_1-y_0)}{h_1}-\frac{h_1}{2}y_0''\tag{2.7.18}$$

同理, 由条件 $S''(x_n)=y_n''$ 得

$$m_{n-1}+2m_n=3\frac{y_n-y_{n-1}}{h_n}+\frac{h_n}{2}y_n''\tag{2.7.19}$$

结合式 (2.7.17)、(2.7.18) 和 (2.7.19) 可得能够唯一确定 $m_0,m_1,\cdots,m_n$ 的线性

方程组

$$\begin{bmatrix} 2 & 1 & & & \\ \lambda_1 & 2 & \mu_1 & & \\ & \ddots & \ddots & \ddots & \\ & & \lambda_{n-1} & 2 & \mu_{n-1} \\ & & & 1 & 2 \end{bmatrix} \begin{bmatrix} m_0 \\ m_1 \\ \vdots \\ m_{n-1} \\ m_n \end{bmatrix} = \begin{bmatrix} g_0 \\ g_1 \\ \vdots \\ g_{n-1} \\ g_n \end{bmatrix} \tag{2.7.20}$$

式中

$$g_0 = 3\frac{f(x_1)-f(x_0)}{h_1} - \frac{h_1}{2}y_0'', \quad g_n = 3\frac{f(x_n)-f(x_{n-1})}{h_n} + \frac{h_n}{2}y_n''$$

由于线性方程组 (2.7.17) 和 (2.7.20) 的系数矩阵是非奇异的, 故两方程组均有唯一解. 上述方程组被称为三对角方程组, 可利用后续章节的**追赶法**求解. 将求得的 $m_0, m_1, \cdots, m_n$ 值代入式 (2.7.9) 即得三次样条插值函数在各子区间上的表达式.

例 2.7.1 已知插值点数据如表 2.9,

表 2.9 插值点数据

x_i	0	1	2	3
$f(x_i)$	0	2	3	6
$f'(x_i)$	1			0

求满足上述数据表的三次样条插值函数, 并计算 $f(0.3)$ 和 $f(2.4)$ 的近似值.

解 这是已知两端一阶导数的插值问题, 且 $n=3$, 故确定 m_1, m_2 的方程形如式 (2.7.17), 其中系数 λ_i, μ_i 与 g_i 可按下面步骤进行计算:

$$h_i : h_1 = 1, \quad h_2 = 1, \quad h_3 = 1$$

$$\lambda_1 = \frac{1}{2}, \quad \lambda_2 = \frac{1}{2}$$

$$\mu_1 = \frac{1}{2}, \quad \mu_2 = \frac{1}{2}$$

$$g_1 = 3(\mu_1 f[x_1, x_2] + \lambda_1 f[x_0, x_1]) = \frac{9}{2}$$

$$g_2 = 3(\mu_2 f[x_2, x_3] + \lambda_2 f[x_1, x_2]) = 6$$

即有

$$g_1 - \lambda_1 f'(x_0) = 4, \quad g_2 - \mu_2 f'(x_3) = 6$$

故确定 m_1, m_2 的方程组为

$$\begin{bmatrix} 2 & \frac{1}{2} \\ \frac{1}{2} & 2 \end{bmatrix} \begin{bmatrix} m_1 \\ m_2 \end{bmatrix} = \begin{bmatrix} 4 \\ 6 \end{bmatrix}$$

解之得

$$m_1 = \frac{4}{3}, \quad m_2 = \frac{8}{3}$$

于是由公式 (2.7.9) 知, $S(x)$ 在区间 $[0,1]$ 上的表达式为

$$\begin{aligned} S_1(x) &= \frac{(x-x_1)^2[2(x-x_0)+h_1]}{h_1^3} f(x_0) + \frac{(x-x_0)^2[2(x_1-x)+h_1]}{h_1^3} f(x_1) \\ &\quad + \frac{(x_1-x)^2(x-x_0)}{h_1^2} m_0 + \frac{(x-x_0)^2(x-x_1)}{h_1^2} m_1 \\ &= 2x^2(3-2x) + x(x-1)^2 + \frac{4}{3}x^2(x-1) \\ &= -\frac{5}{3}x^3 + \frac{8}{3}x^2 + x \end{aligned}$$

同理可得, $S(x)$ 在区间 $[1,2]$ 与 $[2,3]$ 上的表达式分别为

$$S_2(x) = 2x^3 - \frac{25}{3}x^2 + 12x - \frac{11}{3}, \quad S_3(x) = -\frac{10}{3}x^3 + \frac{71}{3}x^2 - 52x + 39$$

故所求三次样条插值函数 $S(x)$ 在所讨论的区间 $[0,3]$ 上的表达式为

$$S(x) = \begin{cases} -\frac{5}{3}x^3 + \frac{8}{3}x^2 + x, & x \in [0,1] \\ 2x^3 - \frac{25}{3}x^2 + 12x - \frac{11}{3}, & x \in [1,2] \\ -\frac{10}{3}x^3 + \frac{71}{3}x^2 - 52x + 39, & x \in [2,3] \end{cases}$$

利用 $S(x)$ 的表达式, 容易计算 $f(0.3)$ 与 $f(2.4)$ 的近似值. 由于 $0.3 \in [0,1]$, 故用 $S_1(x)$ 计算得到

$$f(0.3) \approx S_1(0.3) = 0.495$$

同理可得

$$f(2.4) \approx S_3(2.4) = 4.44$$

下面给出求三次样条插值问题满足边界条件 (2) 的样条函数 $S(x)$ 的计算步骤:

(1) 输入初始数据 $x_i, f(x_i)(i=0,1,\cdots,n)$ 及其两端的二阶导数值 $f''(x_0)$, $f''(x_n)$;

(2) 计算

$$h_i = x_i - x_{i-1}, \quad f[x_{i-1},x_i] = \frac{f(x_i)-f(x_{i-1})}{h_i}, \quad i=1,2,\cdots,n$$

(3) 计算

$$\lambda_i = \frac{h_{i+1}}{h_i+h_{i+1}}, \quad \mu_i = 1-\lambda_i$$

$$g_i = 3(\mu_i f[x_i,x_{i+1}] + \lambda_i f[x_{i-1},x_i]), \quad i=1,2,\cdots,n-1$$

$$g_0 = 3f[x_0,x_1] - \frac{h_1}{2}f''(x_0)$$

$$g_n = 3f[x_{n-1},x_n] + \frac{h_n}{2}f''(x_n)$$

(4) 解方程组 (2.7.20), 求出 $m_i, i=0,1,\cdots,n$;

(5) 算出 $S(x)$ 的系数或计算 $S(x)$ 在指定点上的值;

(6) 输出结果.

2.7.3 三次样条插值余项估计

定理 2.3 设 $f(x)\in C^4[a,b]$, $S(x)$ 是 $f(x)$ 的满足插值条件和前两类边界条件之一的三次样条插值函数, 则

$$\max_{a\leqslant x\leqslant b}\left|f^{(m)}(x)-S^{(m)}(x)\right| \leqslant C_m h^{4-m}\max_{a\leqslant x\leqslant b}\left|f^{(4)}(x)\right|, \quad m=0,1,2$$

式中

$$C_0=\frac{5}{384}, \quad C_1=\frac{1}{24}, \quad C_2=\frac{3}{8}, \quad h=\max_i h_i$$

证明 略.

可以看出, 只要 $h\to 0$, 便能保证 $S^{(m)}(x)\to f^{(m)}(x)$, $m=0,1,2$.

2.7.4 样条函数的统一表示形式

上面得到的三次样条插值函数是以分段形式表示的, 即

$$S(x)=\begin{cases}S_1(x), & x\in[x_0,x_1]\\ S_2(x), & x\in[x_1,x_2]\\ & \cdots\cdots \\ S_n(x), & x\in[x_{n-1},x_n]\end{cases}$$

当这种表示方法在分析使用不方便时, 我们可把它们写成另一种统一表达形式.

事实上, 以分两段情形为例, 设

$$S(x)=\begin{cases}S_1(x), & x\in[x_0,x_1]\\ S_2(x), & x\in[x_1,x_2]\end{cases}$$

由于

$$S_1(x_1)=S_2(x_1),\quad S_1'(x_1)=S_2'(x_1),\quad S_1''(x_1)=S_2''(x_1),$$

则 x_1 是 $P(x)=S_2(x)-S_1(x)$ 的三重零点. 即

$$S_2(x)-S_1(x)=b_1(x-x_1)^3,\quad b_1\text{为确定常数}.$$

所以

$$S\,(x)=\begin{cases}S_1(x), & x\in[x_0,x_1]\\ S_1(x)+b_1(x-x_1)^3, & x\in[x_1,x_2]\end{cases}$$

记作

$$S(x)=S_1(x)+b_1(x-x_1)_+^3$$

式中

$$(x-x_1)_+^3=\begin{cases}0, & x<x_1\\ (x-x_1)^3, & x\geqslant x_1\end{cases}$$

称为**截断幂函数**.

一般地, $n+1$ 个节点的三次样条插值函数形式上可表示为

$$S(x)=S_1(x)+b_1(x-x_1)_+^3+\cdots+b_{n-1}(x-x_{n-1})_+^3$$

式中

$$S_1(x)=a_0+a_1x+a_2x^2+a_3x^3$$

$$(x-x_i)_+^3=\begin{cases}0, & x<x_i,\\ (x-x_i)^3, & x\geqslant x_i,\end{cases}\qquad i=1,2,\cdots,n-1$$

2.8 气象案例

案例 1 针对日最高温度问题, 双线性插值是一种简洁而有效的降尺度计算方法 (徐振亚等, 2012). 如图 2.4 给出 Gauss 网格某区域的若干格点, 已知站点 $p_1(x_1,y_1)$, $p_2(x_2,y_1)$, $p_3(x_1,y_2)$, $p_4(x_2,y_2)$ 处的日最高温度分别为 t_1,t_2,t_3,t_4, 需要估计位置 $p(x,y)$ 的日最高温, x 为经度, y 为纬度.

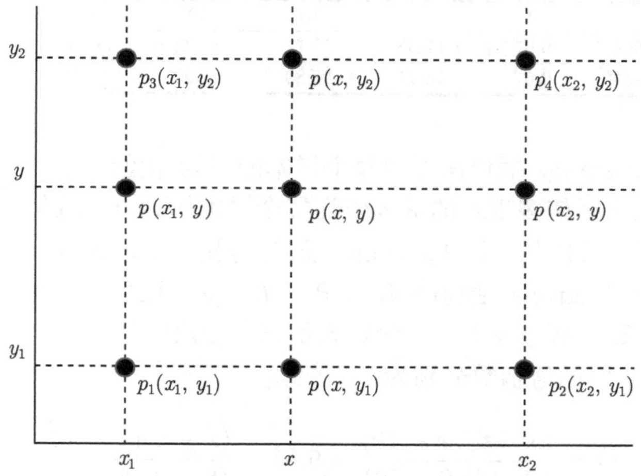

图 2.4 Gauss 网格某区域的若干格点

解 固定纬度 $y=y_1$, 沿 x 方向线性插值计算点 $p(x,y_1)$ 日最高温度, 并记该日最高温度为 t_{x1}, 则

$$t_{x1}=\frac{x-x_2}{x_1-x_2}t_1+\frac{x-x_1}{x_2-x_1}t_2 \tag{2.8.1}$$

固定纬度 $y=y_2$, 沿 x 方向线性插值计算点 $p(x,y_2)$ 日最高温度, 并记该日最高温度为 t_{x2}, 则

$$t_{x2}=\frac{x-x_2}{x_1-x_2}t_3+\frac{x-x_1}{x_2-x_1}t_4 \tag{2.8.2}$$

固定经度 x, 沿 y 方向线性插值计算点 $p(x,y)$ 日最高温度, 并记该日最高温度为 t_{xy}, 则

$$t_{xy}=\frac{y-y_2}{y_1-y_2}t_{x1}+\frac{y-y_1}{y_2-y_1}t_{x2} \tag{2.8.3}$$

上述计算过程也可以先固定经度 $x=x_1,x=x_2$, 沿着 y 方向线性插值分别计算点 $p(x_1,y)$, $p(x_2,y)$ 日最高温度, 再沿 x 方向线性插值计算点 $p(x,y)$ 日最高温度 t_{xy}.

案例 2 人们怀疑在成熟的橡树叶子中单宁酸的高含量会抑制冬蛾幼虫的生长, 这些冬蛾幼虫在某些年份会对这些树木造成严重破坏 (Burden et al., 2015). 表 2.10 列举了在出生后的前 28 天里不同时间点的两个幼虫样本的平均体重, 第一个是在嫩橡树叶上饲养的幼虫样本, 而第二个样本是来自同一棵树成熟树叶上饲养的幼虫样本.

表 2.10 样本 1 和 2 的原始体重分布

天数	0	6	10	13	17	20	28
样本 1 平均体重/毫克	6.67	17.33	42.77	37.33	30.10	29.31	28.74
样本 2 平均体重/毫克	6.67	16.11	18.89	15.00	10.56	9.44	8.89

(1) 利用 Lagrange 插值法近似每个样本的平均体重曲线;

(2) 通过确定插值多项式的最大值为每个样本找到一个近似的最大平均体重.

解 (1) 利用分段的二次 Lagrange 插值, 分别取分段区间 $[0,10]$, $[10,17]$, $[17,28]$, 相应区间上 Lagrange 插值多项式记作 $L_{2,j}^{(i)}(x)$, 这里, 上标 $i=1,2$ 分别表示样本 1 及样本 2, 下标 $j=1,2,3$ 分别表示三个分段区间.

样本 1 的分段插值函数分别为

$$L_{2,1}^{(1)}(x)=\frac{(x-6)(x-10)}{(0-6)(0-10)}\times 6.67+\frac{(x-0)(x-10)}{(6-0)(6-10)}\times 17.33+\frac{(x-0)(x-6)}{(10-0)(10-6)}\times 42.77$$

$$L_{2,2}^{(1)}(x)=\frac{(x-13)(x-17)}{(10-13)(10-17)}\times 42.77+\frac{(x-10)(x-17)}{(13-10)(13-17)}\times 37.33+\frac{(x-10)(x-13)}{(17-10)(17-13)}\times 30.10$$

$$L_{2,3}^{(1)}(x)=\frac{(x-20)(x-28)}{(17-20)(17-28)}\times 30.10+\frac{(x-17)(x-28)}{(20-17)(20-28)}\times 29.31+\frac{(x-17)(x-20)}{(28-17)(28-20)}\times 28.74$$

样本 2 的分段插值函数分别为

$$L_{2,1}^{(2)}(x)=\frac{(x-6)(x-10)}{(0-6)(0-10)}\times 6.67+\frac{(x-0)(x-10)}{(6-0)(6-10)}\times 16.11+\frac{(x-0)(x-6)}{(10-0)(10-6)}\times 18.89$$

$$L_{2,2}^{(2)}(x)=\frac{(x-13)(x-17)}{(10-13)(10-17)}\times 18.89+\frac{(x-10)(x-17)}{(13-10)(13-17)}\times 15.00+\frac{(x-10)(x-13)}{(17-10)(17-13)}\times 10.56$$

$$L_{2,3}^{(2)}(x)=\frac{(x-20)(x-28)}{(17-20)(17-28)}\times 10.56+\frac{(x-17)(x-28)}{(20-17)(20-28)}\times 9.44+\frac{(x-17)(x-20)}{(28-17)(28-20)}\times 8.89$$

分别取 $x=3,8,11,15,18,22,24,26$ 并通过两样本的分段插值函数分别计算求得的近似分布如表 2.11 所示.

表 2.11 样本 1 和 2 的增加节点后的体重分布

天数	0	3	6	8	10	11	13	15
样本 1 平均体重/毫克	6.67	7.90	17.33	28.17	42.77	40.90	37.33	33.73
样本 2 平均体重/毫克	6.67	12.18	16.11	17.85	18.89	17.54	15.00	12.77
天数	17	18	20	22	24	26	28	
样本 1 平均体重/毫克	30.10	29.80	29.31	28.96	28.75	28.67	28.74	
样本 2 平均体重/毫克	10.56	10.13	9.44	8.97	8.72	8.69	8.89	

根据表 2.11 利用 MATLAB 点绘的样本平均体重曲线如图 2.5.

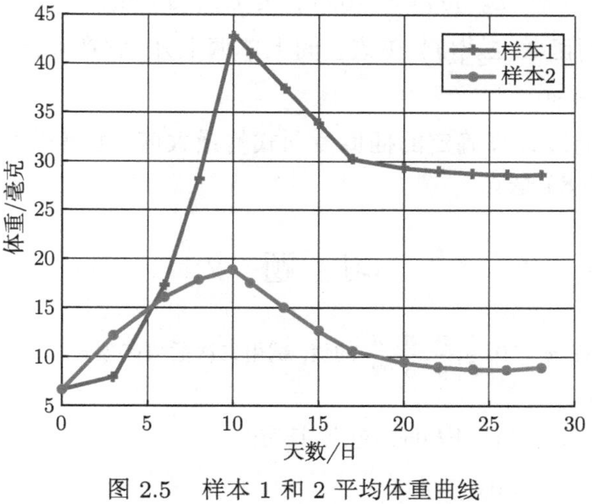

图 2.5 样本 1 和 2 平均体重曲线

(2) 为每个样本找到一个近似的最大平均体重.

针对样本 1 通过分别对分段函数 $L_{2,1}^{(1)}(x)$, $L_{2,2}^{(1)}(x)$, $L_{2,3}^{(1)}(x)$ 求导, 求得其对应的分段插值函数的导数为

$L_{2,1}^{(1)'}(x)=0.91667x-0.95833$ 在 $x>2$ 时, $L_{2,1}^{(1)'}(x)>0$, 故函数在区间 $[2,10]$ 内单调增加, 并在区间端点 $x=10$ 上取得最大值 42.77.

$L_{2,2}^{(1)'}(x)=-0.0079x-1.696<0$, 当 $x\in[10,17]$ 时, 这表明它在区间端点 $x=10$ 上取得最大值 42.77.

$L_{2,3}^{(1)'}(x)=0.0349x-0.9094$ 几乎在整个 $[17,28]$ 区间上小于 0, 且在整个区间上的函数均小于 42.77.

由此可见, 样本 1 一个近似的最大平均体重应为 42.77 毫克.

针对样本 2 通过分别对分段函数 $L_{2,1}^{(2)}(x)$, $L_{2,2}^{(2)}(x)$, $L_{2,3}^{(2)}(x)$ 求导, 求得其对应的分段插值函数的导数为

因 $L_{2,1}^{(2)'}(x)=-0.1757x+2.1003$ 在整个区间 $[0,10]$ 上恒大于 0, 表明函数 $L_{2,1}^{(2)}(x)$ 在区间 $[0,10]$ 上单调上升, 故其在区间右端点 $x=10$ 处取到最大值, 即 $L_{2,1}^{(2)}(10)=18.89$.

又 $L_{2,2}^{(2)'}(x)=0.0533x-1.910$ 在 $[10,17]$ 上函数值均小于 0, 这表明函数 $L_{2,2}^{(2)}(x)$ 在区间 $[10,17]$ 上单调下降, 故其在左端点 $x=10$ 处取得最大值 18.89.

同理, 由于函数 $L_{2,3}^{(2)}(x)$ 的一阶导数 $L_{2,3}^{(2)'}(x)=0.0577x-1.3978$ 在区间 $[17,24.22]$ 上函数值均小于 0, 表明函数 $L_{2,3}^{(2)}(x)$ 在该区间上单调下降, 故在端点 $x=17$ 处取到最大值 $L_{2,3}^{(2)}(17)=10.56$; 又 $L_{2,3}^{(2)'}(x)$ 在区间 $[24,22,28]$ 上的函数值均大于 0, 表明函数 $L_{2,3}^{(2)}(x)$ 在该区间上单调上升, 它在端点 $x=28$ 处取到最大值 $L_{2,3}^{(2)}(28)=8.89$.

综上可见, 通过计算确定的插值多项式的最大值, 可得样本 2 的一个近似最大平均体重是 18.89 毫克.

习题 2

1. 已知 $\sin x$ 在 $x=0,\dfrac{\pi}{6},\dfrac{\pi}{4},\dfrac{\pi}{3},\dfrac{\pi}{2}$ 的值, 试用二次插值多项式求 $\sin x$ 在 $x=\dfrac{\pi}{5}$ 的近似值, 并估计误差.

2. 设 $x_0,x_1,\cdots,x_n$ 为互不相同的节点, 证明:

(1) $\sum\limits_{k=0}^{n}l_k(x)=1,k=0,1,\cdots,n$;

(2) $\sum\limits_{k=0}^{n}l_k(x)g(x_k)=g(x_k),g(x_k)$ 为不超过 n 次的多项式.

3. 在 $1 \leqslant x \leqslant 10$ 上给出 $f(x)=\ln x$ 的等距节点函数表, 若用二次插值多项式求 $\ln x$ 的近似值, 要使截断误差不超过 10^{-6}, 问该函数表的步长 h 应取多少?

4. 利用适当的一次、二次及三次 Lagrange 插值多项式, 求各点的近似值:

(1) 如果 $f(0)=1, f(0.25)=1.64872, f(0.5)=2.71828, f(0.75)=4.48169$, 求 $f(0.43)$ 的近似值;

(2) 如果 $f(-0.5)=1.93750, f(-0.25)=1.33203, f(0,25)=0.800781, f(0.5)=0.687500$, 求 $f(0)$ 的近似值;

(3) 如果 $f(0.1)=-0.29004986, f(0.2)=-0.56079734, f(0.3)=-0.81401972, f(0.4)=-1.05263020$, 求 $f(0.18)$ 的近似值.

5. 第 4 题中的数据可由下面的函数生成, 请利用插值余项估计误差, 并比较一次和二次插值多项式的误差限与实际误差.

(1) $f(x)=\mathrm{e}^{2x}$;

(2) $f(x)=x^4-x^3+x^2-x+1$;

(3) $f(x)=x^2\cos x-3x$.

6. 设 $f(x)$ 在区间 $[a,b]$ 上有连续的二阶导数, 且 $f(a)=f(b)=0$, 证明

$$\max_{a\leqslant x\leqslant b}|f(x)| \leqslant \frac{1}{8}(b-a)^2 \max_{a\leqslant x\leqslant b}|f''(x)|$$

7. 设 $f(x)=x^5+3x^3+x+1$, 试求差商 $f[1,2,3,4,5,6]$ 及 $f\left[1,\frac{1}{2},\frac{1}{3},\frac{1}{4},\frac{1}{5},\frac{1}{6},\frac{1}{7}\right]$ 的值.

8. 已知数据表

x_i	0.2	0.4	0.6	0.8
$f(x_i)$	0.19956	0.39646	0.58813	0.77210

试分别用二次、三次 Newton 插值多项式求 $f(0.45)$ 的近似值.

9. 如果 $f(x)$ 是 m 次多项式, 记 $\Delta f(x)=f(x+h)-f(x)$, 证明 $f(x)$ 的 k 阶差分 $\Delta^k f(x)(0\leqslant k<m)$ 是 $m-k$ 次多项式.

10. 已知数据表

x_i	0.4	0.5	0.6	0.7
$f(x_i)$	0.38942	0.47943	0.56464	0.64422

(1) 用二次 Newton 前插公式求 $f(0.45)$ 的近似值.

(2) 用二次 Newton 后插公式求 $f(0.65)$ 的近似值.

11. 求满足条件

x_i	1	2
$f(x_i)$	2	3
$f'(x_i)$	1	-1

的 Hermite 插值多项式.

12. 求一个次数不高于 4 次的多项式 $P(x)$, 使它满足

$$P(0)=P'(0)=0,\quad P(1)=P'(1)=1,\quad P(2)=1$$

并估计误差.

13. 设 $x_0,x_1,\cdots,x_n$ 为互不相同的节点, 证明

$$\sum_{i=0}^{n} x_i h_i(x)+\sum_{i=0}^{n}\bar{h}_i(x)=x$$

式中, $h_i(x)=(1-2l_i(x_i)(x-x_i))(l_i(x))^2, \bar{h}_i(x)=(x-x_i)(l_i(x))^2$, 而 $l_i(x)$ 是 Lagrange 插值基函数.

14. 已知数据表

x_i	0	1	2	3
$f(x_i)$	1	3	6	5
$f'(x_i)$	2			-1

在区间 [0,3] 上求三次样条插值函数.

15. 已知数据表

x_i	1	2	4	5
$f(x_i)$	1	3	4	2
$f'(x_i)$	0			0

在区间 [1,5] 上求三次样条插值函数 (自然样条插值函数).

16. 设 $x_0,x_1,\cdots,x_n$ 为互不相同的节点, 函数 $y=f(x)$ 在节点处的取值分别为 $f(x_0)$, $f(x_1),\cdots,f(x_n)$, 若取函数

$$P_n(x)=\sum_{k=0}^{n} a_k \mathrm{e}^{kx}$$

使得 $P_n(x_i)=f(x_i), i=0,1,\cdots,n$ 成立，证明 $a_0,a_1,\cdots,a_n$ 是唯一确定的.

17. 证明

$$f[x_0,x_1,\cdots,x_n]=\sum_{i=0}^{n}\frac{f(x_i)}{\omega'_{n+1}(x_i)}$$

式中 $\omega_{n+1}(x)=\prod\limits_{j=0}^{n}(x-x_j)$.

第 3 章 Chapter 函数逼近

在科学研究过程中，当研究人员所面对的问题是还未能有较深刻认识的实际问题时，一种常用的有效手段，就是通过大量的科学实验去一步步揭示客观事物的内在规律. 实验过程中，研究人员常常可以采集到大量的观测数据

$$(x_i, f(x_i)), \quad i = 0, 1, 2, \cdots, m$$

并且他们要从这些数据中分析出事物内在的变化过程，或者利用这些数据预测发展趋势. 就数学意义而言，即是要寻找一个函数 $y = p(x)$ 使其能够较确切地拟合这些观测数据的分布规律.

对于函数 $p(x)$ 的确定，理论上我们可以用插值方法. 插值思想给出了一种能够求出所研究问题的近似函数的方法，虽然插值函数的理论比较完备，操作也比较简单，但插值方法在某些应用场合也有一定的局限性. 特别是当观测数据的量很大时，插值方法的不足是显然的. 这种不足主要表现在两个方面：① 大量的实验数据难以保证每个数据值都能有好的精确性，而当某些数据存在一定的误差时，由于插值条件的要求，其误差将完全被插值函数进一步继承. ② 即使所有的观测数据都较精确，为了避免插值多项式次数过高而产生 Runge 现象，必须进行过多的分段处理，而分段插值函数的光滑性较差，且不能较好地体现数据反映出的整体变化趋势. 三次样条插值函数虽有好的光滑性，然而样条函数繁杂的表达式又在一定程度上限制了它进一步的分析与应用.

本章讨论的函数逼近，是指 "对函数类 A 中给定的函数 $f(x)$，记作 $f(x) \in A$，要求在另一类简单的便于计算的函数类 B 中求 $p(x) \in B$，使得 $p(x)$ 与 $f(x)$ 的误差在某种度量意义下最小". 函数类 A 通常是区间 $[a, b]$ 上的连续函数，记作 $C[a, b]$，称为连续函数空间. 而由于多项式便于计算，容易求其微分、积分，因此函数类 B 通常取为 n 次多项式，即函数 $p(x)$ 常取为多项式.

3.1 函数逼近的基本概念

3.1.1 函数逼近和函数空间

线性代数中, 将所有实 n 维向量构成的集合, 按照向量加法和向量与数的乘法运算构成实数域上的线性空间, 记作欧氏空间 $\mathbf{R}^n$, 称为 n 维向量空间. 类似地, 对次数不超过 n(n 为正整数) 的所有实系数多项式, 按照多项式加法和多项式与数的乘法运算也构成线性空间, 记作 H_n, 称为多项式空间. 所有定义在 $[a,b]$ 上的连续函数的集合, 按照函数加法和函数与数的乘法运算构成线性空间, 记作 $C[a,b]$, 称为连续函数空间. 与线性代数中向量线性相关、线性无关的定义类似, 这里给出函数空间中函数线性相关、线性无关的定义.

定义 3.1 设 V 是 $C[a,b]$ 上的一个线性子空间, 函数 $\varphi_0(x),\varphi_1(x),\cdots,\varphi_n(x)\in V\subset C[a,b], c_i\in\mathbf{R}, i=0,1,\cdots,n$. 如果关系式

$$c_0\varphi_0(x)+c_1\varphi_1(x)+\cdots+c_n\varphi_n(x)=0,\quad \forall x\in\mathbf{R}$$

当且仅当 $c_0=c_1=\cdots=c_n=0$ 时成立, 则称 $\varphi_0(x),\varphi_1(x),\cdots,\varphi_n(x)$ 线性无关; 否则, 称 $\varphi_0(x),\varphi_1(x),\cdots,\varphi_n(x)$ 线性相关.

类似线性代数中向量空间的基和坐标的定义, 若线性子空间 V 是由 $n+1$ 个线性无关的函数 $\varphi_0(x),\varphi_1(x),\cdots,\varphi_n(x)$ 所构成, 即 $\forall p(x)\in V$ 都有

$$p(x)=c_0\varphi_0(x)+c_1\varphi_1(x)+\cdots+c_n\varphi_n(x)$$

则称 $\varphi_0(x),\varphi_1(x),\cdots,\varphi_n(x)$ 是线性子空间 V 的一组基函数, 称 V 是由 $\varphi_0(x)$, $\varphi_1(x),\cdots,\varphi_n(x)$ 生成的线性子空间, 记作

$$V=\mathrm{span}\{\varphi_0(x),\varphi_1(x),\cdots,\varphi_n(x)\}$$

并称 V 是一个 $n+1$ 维空间, 系数 $c_0,c_1,\cdots,c_n$ 称为 $p(x)$ 在基函数$\varphi_0(x),\varphi_1(x),\cdots,\varphi_n(x)$ 下的坐标.

特别地, 考虑前文提到的次数不超过 n 次的多项式集合 H_n. 取 $\varphi_i(x)=x^i$, $i=0,1,\cdots,n$, 显然 $\varphi_i(x)\in C[a,b]$ 且 $\varphi_i(x), i=0,1,\cdots,n$ 线性无关. H_n 中任取元素 $p(x)$ 可表示为

$$p(x)=a_0+a_1x+a_2x^2+\cdots+a_nx^n$$

因此 $\varphi_i(x)=x^i, i=0,1,\cdots,n$ 是 H_n 的一组基, $H_n=\mathrm{span}\{1,x,x^2,\cdots,x^n\}$, 且 $a_0,a_1,\cdots,a_n$ 是 $p(x)$ 在这组基下的坐标, H_n 是 $n+1$ 维的.

显然 $C[a,b]$ 是无限维的, 因为不能用有限个线性无关的函数去线性表示连续函数 $f(x) \in C[a,b]$. 但是 1885 年, 数学家魏尔斯特拉斯 (Weierstrass) 给出如下定理, 证明了 $C[a,b]$ 中的任一元素 $f(x)$ 均可用 $p(x) \in H_n$ 逼近.

定理 3.1 设 $f(x)$ 是区间 $[a,b]$ 上的连续函数, 则对于任意给定的 $\varepsilon > 0$, 存在一个多项式 $p_\varepsilon(x)$, 使不等式

$$|f(x) - p_\varepsilon(x)| < \varepsilon$$

对所有 $x \in [a,b]$ 一致成立.

1912 年, 数学家伯恩斯坦 (Bernstein) 给出了 Weierstrass 定理的一个构造性证明, 首先用线性变换

$$x = a + (b-a)t$$

把函数 $f(x)$ 的定义区间由 $[a,b]$ 变为 $[0,1]$, 将函数 $f(x)$ 变为

$$g(t) = f(a + (b-a)t), \quad t \in [0,1]$$

接下来, 可构造函数 $g(t)$ 的 **Bernstein 多项式**:

$$B_n(g,t) = \sum_{k=0}^{n} g\left(\frac{k}{n}\right) \mathrm{C}_n^k t^k (1-t)^{n-k}$$

并规定此多项式满足边界条件

$$B_n(g,0) = g(0), \quad B_n(g,1) = g(1)$$

可以证明：Bernstein 多项式 $B_n(g,t)$ 在 $[0,1]$ 上一致收敛到 $g(t)$, 将其反变换后即得 n 次多项式 $B_n\left(g\left(\frac{x-a}{b-a}\right), \frac{x-a}{b-a}\right)$ 在 $[a,b]$ 上一致收敛到函数 $f(x)$. 但是令人遗憾的是：Bernstein 多项式收敛到 $f(x)$ 的速度太慢, 实际问题中很少使用.

通常情况下, 我们采用待定系数法求解函数逼近问题, 即假设逼近函数 $\varphi(x)$ 为如下形式：

$$\varphi(x) = a_0\varphi_0(x) + a_1\varphi_1(x) + \cdots + a_n\varphi_n(x) \tag{3.1.1}$$

其中 $\{\varphi_i(x)\}_{i=0}^n$ 为一个线性无关的函数系, 若能够求出式 (3.1.1) 中的待定系数 $a_i, i = 0, 1, \cdots, n$, 使函数 $\varphi(x)$ 与被逼近函数 $f(x)$ 在上述一种度量下的误差最小, 则函数 $\varphi(x)$ 就是我们要求的逼近函数.

3.1.2 范数和内积

为了对线性空间中元素大小进行度量, 需要引入范数的定义, 它是 $\mathbf{R}^n$ 中向量长度概念的直接推广.

首先给出 n 维空间 $\mathbf{R}^n$ 上向量范数的定义.

定义 3.2 任意一个从 $\mathbf{R}^n \to \mathbf{R}$ 上的实函数, 如果同时满足下列 3 个条件:

(1) **非负性** $\forall \boldsymbol{x} \in \mathbf{R}^n$, $\|\boldsymbol{x}\| \geqslant 0$, 其中 $\|\boldsymbol{x}\| = 0$ 当且仅当 $\boldsymbol{x} = \mathbf{0}$;

(2) **齐次性** 对任意 $\lambda \in \mathbf{R}$, 任意向量 $\boldsymbol{x} \in \mathbf{R}^n$, 满足 $\|\lambda \boldsymbol{x}\| = |\lambda| \cdot \|\boldsymbol{x}\|$;

(3) **三角不等式性** 对任意向量 $\boldsymbol{x}, \boldsymbol{y} \in \mathbf{R}^n$, 不等式 $\|\boldsymbol{x}+\boldsymbol{y}\| \leqslant \|\boldsymbol{x}\| + \|\boldsymbol{y}\|$ 成立, 则称该函数为定义在空间 $\mathbf{R}^n$ 上的一个向量范数, 记为 $\|\cdot\|$, 此时称 $\|\boldsymbol{x}\|$ 为向量 $\boldsymbol{x}$ 的范数, 并称 $\mathbf{R}^n$ 为赋范线性空间.

向量的范数是不唯一的, 事实上: 对 $\forall p \in [1, \infty)$, 实函数

$$f_p(\boldsymbol{x}) = \left(\sum_{i=1}^{n} |x_i|^p \right)^{\frac{1}{p}}$$

均满足定义3.2, 因而$f_p(\boldsymbol{x})$ 是空间$\mathbf{R}^n$ 上的一种范数, 称之为 p-范数或 l_p-范数, 记为

$$\|\boldsymbol{x}\|_p = \left(\sum_{i=1}^{n} |x_i|^p \right)^{\frac{1}{p}} \tag{3.1.2}$$

特别地, 在式 (3.1.2) 中令 $p = 1$ 时, 则 l_p-范数变为

$$\|\boldsymbol{x}\|_1 = \sum_{i=1}^{n} |x_i|$$

上式中定义的向量范数 $\|\boldsymbol{x}\|_1$ 称为向量 $\boldsymbol{x}$ 的 l_1-范数, 简称 1-范数; 在式 (3.1.2) 中令 $p = 2$ 时, 得

$$\|\boldsymbol{x}\|_2 = \sqrt{\sum_{i=1}^{n} |x_i|^2}$$

上式中定义的范数称为 l_2-范数, 即向量的欧氏范数或 2-范数; 在式 (3.1.2) 中令 $p = \infty$ 时, 则 l_p-范数变为

$$\|\boldsymbol{x}\|_\infty = \lim_{p \to \infty} \|\boldsymbol{x}\|_p = \max_{1 \leqslant i \leqslant n} |x_i|$$

上式中, 范数 $\|\boldsymbol{x}\|_\infty$ 称为 l_∞-范数, 简称 ∞-范数.

类似地, 将 n 维空间 $\mathbf{R}^n$ 上向量范数的定义推广至连续函数空间 $C[a,b]$, 对于定义在区间 $[a,b]$ 上的连续函数 $f(x)$, 可以定义如下三种常用范数:

$\|f\|_1=\int_a^b|f(x)|\mathrm{d}x$, 称为 1-范数;

$\|f\|_2=\left(\int_a^b f^2(x)\mathrm{d}x\right)^{\frac{1}{2}}$, 称为 2-范数;

$\|f\|_\infty=\max\limits_{a\leqslant x\leqslant b}|f(x)|$, 称为 ∞-范数.

下面给出定义在区间 $[a,b]$ 上的连续函数和定义在点集 $X=\{x_0,x_1,\cdots,x_m\}$ 上的列表函数内积的定义.

定义 3.3 给定 $f,g\in C[a,b]$, $\rho(x)$ 是区间 $[a,b]$ 上的权函数, 则

$$(f,g)=\int_a^b\rho(x)f(x)g(x)\mathrm{d}x$$

称为函数 f 和 g 在区间 $[a,b]$ 上关于权函数 $\rho(x)$ 的内积.

其中, 权函数 $\rho(x)$ 是区间 $[a,b]$ 上的非负函数, 且需满足如下两个条件:

(1) $\int_a^b x^k\rho(x)\mathrm{d}x, k=0,1,\cdots$ 存在且为有限值;

(2) 对 $[a,b]$ 上的非负连续函数 $g(x)$, 如果 $\int_a^b g(x)\rho(x)\mathrm{d}x=0$, 则

$$g(x)\equiv 0.$$

定义 3.4 已知函数 $f(x),g(x)$ 在点集 $X=\{x_0,x_1,\cdots,x_m\}$ 上的函数值 $f(x_i),g(x_i)$ 和权系数 $\omega(x_i)(i=0,1,\cdots,m)$, 权系数 $\omega(x_i)>0$, 则

$$(f,g)=\sum_{i=0}^{m}\omega(x_i)f(x_i)g(x_i)$$

称为函数 f 和 g 在点集 $X=\{x_0,x_1,\cdots,x_m\}$ 上关于权系数 $\omega(x_i)$ 的内积.

后文中若未给出权系数 $\omega(x_i)$ 或权函数 $\rho(x)$, 均默认为 $\omega(x_i)\equiv 1$ 或者 $\rho(x)\equiv 1$.

容易验证上述两种内积的定义方式均满足内积的基本性质:

(1) **对称性** $(f,g)=(g,f), \forall f,g\in C[a,b]$;

(2) **线性性** $(\alpha f,g)=\alpha(f,g), \forall\alpha\in\mathbf{R}, \forall f,g\in C[a,b]$,

$(f+h,g)=(f,g)+(h,g), \forall f,g,h\in C[a,b]$;

(3) **正定性** $(f,f)\geqslant 0$, 当且仅当 $f\equiv 0$ 时, $(f,f)=0$.

3.1.3 最佳逼近

接下来介绍最佳逼近的几个定义.

定义 3.5 设 $f(x)\in C[a,b]$, 如果函数 $P^*(x)\in\Phi=\operatorname{span}\{\varphi_0,\varphi_1,\cdots,\varphi_n\}$ 满足

$$\|f(x)-P^*(x)\|=\min_{P\in\Phi}\|f(x)-P(x)\|$$

则称 $P^*(x)$ 是 $f(x)$ 在区间 $[a,b]$ 上的**最佳逼近函数**. 特别地, 如果 n 次多项式 $P^*(x)\in H_n$ 满足

$$\|f(x)-P^*(x)\|=\min_{P\in H_n}\|f(x)-P(x)\|$$

则称 $P^*(x)$ 是 $f(x)$ 在区间 $[a,b]$ 上的**最佳逼近多项式**.

定义 3.6 设 $f(x)\in C[a,b]$, $\Phi=\operatorname{span}\{\varphi_0,\varphi_1,\cdots,\varphi_n\}$, $P^*(x)\in\Phi$, 若

$$\|f(x)-P^*(x)\|_\infty=\min_{P\in\Phi}\|f(x)-P(x)\|_\infty=\min_{P\in\Phi}\max_{a\leqslant x\leqslant b}|f(x)-P(x)|$$

则称 $P^*(x)$ 是 $f(x)$ 在区间 $[a,b]$ 上的**最佳一致逼近函数**.

若 $\|f(x)-P^*(x)\|_2^2=\min\limits_{P\in\Phi}\|f(x)-P(x)\|_2^2=\min\limits_{P\in\Phi}\int_a^b[f(x)-P(x)]^2\mathrm{d}x$, 则称 $P^*(x)$ 是 $f(x)$ 在区间 $[a,b]$ 上的**最佳平方逼近函数**.

特别地, 若 $P^*(x)\in H_n$ 且 $\|f(x)-P^*(x)\|_\infty=\min\limits_{P\in H_n}\|f(x)-P(x)\|_\infty=\min\limits_{P\in H_n}\max\limits_{a\leqslant x\leqslant b}|f(x)-P(x)|$, 则称 $P^*(x)$ 是 $f(x)$ 在区间 $[a,b]$ 上的**最佳一致逼近多项式**.

若 $P^*(x)\in H_n$ 且

$$\|f(x)-P^*(x)\|_2^2=\min_{P\in H_n}\|f(x)-P(x)\|_2^2=\min_{P\in H_n}\int_a^b[f(x)-P(x)]^2\mathrm{d}x,$$

则称 $P^*(x)$ 是 $f(x)$ 在区间 $[a,b]$ 上的**最佳平方逼近多项式**.

若 $f(x)$ 是 $[a,b]$ 区间上的一个列表函数, 在 $a\leqslant x_0\leqslant x_1\leqslant\cdots\leqslant x_m\leqslant b$ 上给出 $f(x_i), i=0,1,\cdots,m$, 且满足

$$\|f(x)-P^*(x)\|_2^2=\min_{P\in\Phi}\|f(x)-P(x)\|_2^2=\min_{P\in\Phi}\sum_{i=0}^m[f(x_i)-P(x_i)]^2$$

则称 $P^*(x)$ 是 $f(x)$ 在区间 $[a,b]$ 上的**最小二乘拟合函数**. 若满足

$$\|f(x)-P^*(x)\|_2^2=\min_{P\in H_n}\|f(x)-P(x)\|_2^2=\min_{P\in H_n}\sum_{i=0}^{m}[f(x_i)-P(x_i)]^2$$

则称 $P^*(x)$ 是 $f(x)$ 在区间 $[a,b]$ 上的**最小二乘拟合多项式**.

由上述定义可以看出, 范数通常采用 2-范数的定义方式, 这是为了计算、应用、分析过程的方便. 本章也将着重讨论实际应用较多且计算简便的最佳平方逼近和最小二乘拟合.

3.2 正交多项式

正交多项式在数据拟合、函数逼近以及数值积分公式构造等一系列问题中有着重要应用, 为此, 本节简单介绍正交多项式的概念与性质、构造方法与应用等相关的内容.

3.2.1 正交多项式的概念和性质

定义 3.7 设函数 $f(x)$ 与 $g(x)$ 在区间 $[a,b]$ 上连续, $\rho(x)$ 是区间 $[a,b]$ 上的权函数, 且满足

$$(f(x),g(x))=\int_a^b\rho(x)f(x)g(x)\mathrm{d}x=0 \tag{3.2.1}$$

则称函数 $f(x)$ 与 $g(x)$ 在区间 $[a,b]$ 上是带权 $\rho(x)$ **正交的**. 设函数族 $\varphi_0(x)$, $\varphi_1(x),\cdots,\varphi_n(x),\cdots$ 满足关系

$$(\varphi_j(x),\varphi_k(x))=\begin{cases}0, & j\neq k,\\ A_k, & j=k,\end{cases}\qquad j,k=0,1,2,\cdots \tag{3.2.2}$$

则称 $\{\varphi_n(x)\}$ 是 $[a,b]$ 上带权 $\rho(x)$ 的**正交函数族**; 特别地, 当 $A_k\equiv 1$, **称为标准正交函数族**.

例如三角函数族 $1,\cos x,\sin x,\cos 2x,\sin 2x,\cdots$ 就是区间 $[-\pi,\pi]$ 上的正交函数族. 因为很容易验证 $(1,1)=2\pi,(\cos kx,\cos kx)=(\sin kx,\sin kx)=\pi$, 而其他不同函数内积都是 0.

定义 3.8 设 $p_n(x)$ 是区间 $[a,b]$ 上首项系数 $a_n \neq 0$ 的 n 次多项式, $\rho(x)$ 是 $[a,b]$ 上的权函数. 多项式序列 $\{p_n(x)\}_0^\infty$ 满足式 (3.2.2) 所定义的正交性, 则称 $\{p_n(x)\}_0^\infty$ 为以 $\rho(x)$ 为权函数的区间 $[a,b]$ 上的**正交多项式序列**, 称 $p_n(x)$ 为以 $\rho(x)$ 为权函数的 n **次正交多项式**.

事实上, 只要给定 $[a,b]$ 上的权函数 $\rho(x)$, 就可以将序列 $\{1, x, \cdots, x^n, \cdots\}$ 进行逐个正交化, 得到对应的正交多项式序列 $\{p_n(x)\}_0^\infty$:

$$
\begin{aligned}
&p_0(x) = 1 \\
&p_n(x) = x^n - \sum_{j=0}^{n-1} \frac{(x^n, p_j(x))}{(p_j(x), p_j(x))} p_j(x), \quad n = 1, 2, \cdots
\end{aligned} \tag{3.2.3}
$$

这里的 $(x^n, p_j(x))$ 和 $(p_j(x), p_j(x))$ 均表示内积, 即

$$
(x^n, p_j(x)) = \int_a^b \rho(x) x^n p_j(x) \mathrm{d}x, (p_j(x), p_j(x)) = \int_a^b \rho(x) p_j(x) p_j(x) \mathrm{d}x.
$$

正交多项式具有如下的基本性质.

定理 3.2 设 $\{p_n(x)\}_0^\infty$ 是正交多项式, 则 $p_0(x), p_1(x), \cdots, p_n(x)$ 在区间 $[a,b]$ 上线性无关.

证明 设存在常数 $c_0, c_1, \cdots, c_n$ 使得

$$
c_0 p_0(x) + c_1 p_1(x) + \cdots + c_n p_n(x) = 0 \tag{3.2.4}
$$

式 (3.2.4) 等号两端用 $p_j(x)$ 作内积, 即乘以 $\rho(x) p_j(x)$ 并做区间 $[a,b]$ 上积分, 得到

$$
\begin{aligned}
&c_0 \int_a^b \rho(x) p_0(x) p_j(x) \mathrm{d}x + c_1 \int_a^b \rho(x) p_1(x) p_j(x) \mathrm{d}x + \cdots \\
&+ c_j \int_a^b \rho(x) p_j(x) p_j(x) \mathrm{d}x + \cdots + c_n \int_a^b \rho(x) p_n(x) p_j(x) \mathrm{d}x = 0
\end{aligned} \tag{3.2.5}
$$

由于 $\{p_n(x)\}_0^\infty$ 是正交多项式, 式 (3.2.5) 左端除了 $c_j \int_a^b \rho(x) p_j(x) p_j(x) \mathrm{d}x$, 其他项都是 0. 又因为 $(p_j, p_j) = \int_a^b \rho(x) p_j^2(x) \mathrm{d}x > 0$, 得到 $c_j = 0$, 且对 $j = 0, 1, \cdots, n$ 都成立.

因此 $p_0(x), p_1(x), \cdots, p_n(x)$ 在区间 $[a,b]$ 上线性无关.

推论 3.1 任意 $Q(x) \in H_n$ 均可表示为 $p_0(x), p_1(x), \cdots, p_n(x)$ 的线性组合, 即 $Q(x) = \sum\limits_{j=0}^{n} c_j p_j(x)$.

推论 3.2 任意低于 n 次的多项式 $q_k(x)(k<n)$ 与多项式 $p_n(x)$ 正交.

证明 因为 $p_0(x), p_1(x), \cdots, p_k(x)$ 线性无关, 由推论 3.1 可知, $q_k(x)$ 可由 $p_0(x), p_1(x), \cdots, p_k(x)$ 线性表示, 即 $q_k(x)=c_0p_0(x)+c_1p_1(x)+\cdots+c_kp_k(x)$. 所以

$$(q_k, p_n)=\left(\sum_{j=0}^{k} c_j p_j, p_n\right)=\sum_{j=0}^{k} c_j (p_j, p_n)=0, \quad k<n \tag{3.2.6}$$

证毕.

定理 3.3 设 $\{p_n(x)\}_0^{\infty}$ 是区间 $[a,b]$ 上带权函数 $\rho(x)$ 的正交多项式, 则对 $n \geqslant 0$ 成立如下递推关系:

$$p_{n+1}(x)=(x-\alpha_n)p_n(x)-\beta_n p_{n-1}(x), \quad n=0,1,2,\cdots \tag{3.2.7}$$

其中,

$$p_0(x)=1, \quad p_{-1}(x)=0$$

$$\left.\begin{array}{l}\alpha_n=(xp_n, p_n)/(p_n, p_n), \\ \beta_n=(p_n, p_n)/(p_{n-1}, p_{n-1}),\end{array}\right. \quad n=1,2,\cdots$$

这里 $(xp_n, p_n)=\int_a^b \rho(x) x p_n^2(x) \mathrm{d}x$.

该定理可用数学归纳法证明, 证明过程略.

定理 3.4 设 $\{p_n(x)\}_0^{\infty}$ 是区间 $[a,b]$ 上带权函数 $\rho(x)$ 的正交多项式, 则 $p_n(x)(n \geqslant 1)$ 在区间 $[a,b]$ 上存在 n 个互异实根.

证明 由推论 3.2 知: 当 $n \geqslant 1$ 时, $p_n(x)$ 与 $p_0(x)$ 正交, 于是有等式

$$(p_n, p_0)=\int_a^b \rho(x) p_n(x) p_0(x) \mathrm{d}x=0 \tag{3.2.8}$$

式 (3.2.8) 说明: 函数 $p_n(x)$ 必在 (a,b) 内变号, 因而必存在奇数重的零点. 不妨设 $p_n(x)$ 在 (a,b) 内共存在 r 个奇数重的零点: $c_1, \cdots, c_r$, 显然有 $r \leqslant n$. 令函数

$$g_r(x)=(x-c_1)(x-c_2)\cdots(x-c_r)$$

则函数 $p_n(x) \cdot g_r(x)$ 在 (a,b) 内不变号, 于是得不等式

$$\left|\int_a^b \rho(x) p_n(x) g_r(x) \mathrm{d}x\right|>0 \tag{3.2.9}$$

假设 $r<n$, 根据推论 3.2, 则应有 $\int_a^b \rho(x)g_r(x)p_n(x)\mathrm{d}x=0$, 与式 (3.2.9) 矛盾, 因此得 $r \geqslant n$.

综上所述, 有 $r=n$, 即 $p_n(x)$ 在区间 $[a,b]$ 上存在 n 个互异实根.

3.2.2 Chebyshev 多项式

Chebyshev 多项式是一种常用的正交多项式, 接下来介绍切比雪夫 (Chebyshev) 多项式的概念、性质.

定义 3.9 取权函数为 $\rho(x)=\dfrac{1}{\sqrt{1-x^2}}$, 区间为 $[-1,1]$, 由序列 $\{1,x,\cdots,x^n,\cdots\}$ 进行逐个正交化, 得到对应的正交多项式序列就是 Chebyshev 多项式. 可表示为

$$T_n(x)=\cos(n\arccos x),\quad |x|\leqslant 1, n=0,1,2,\cdots \tag{3.2.10}$$

Chebyshev 多项式 $T_n(x)$ 是一种特殊的正交多项式, 具有一般正交多项式的性质 (参见 3.2.1 节). 除此之外, Chebyshev 多项式还具有如下性质.

(1) **递推关系** n 次 Chebyshev 多项式 $T_n(x)$ 满足如下递推关系:

$$T_{n+1}(x)=2xT_n(x)-T_{n-1}(x),\quad n=1,2,\cdots \tag{3.2.11}$$

其中 $T_0(x)=1, T_1(x)=x$.

证明 在式 (3.2.10) 中分别令 $n=0$ 和 1, 易得 0 次和 1 次 Chebyshev 多项式:

$$T_0(x)=1,\quad T_1(x)=x$$

为证明递推公式 (3.2.11) 成立, 只需验证

$$T_{n+1}(x)+T_{n-1}(x)=2xT_n(x),\quad n=1,2,\cdots$$

事实上, 若记 $\theta=\arccos x$, 即 $x=\cos\theta$, 则由式 (3.2.10) 得

$$\begin{aligned}T_{n+1}(x)+T_{n-1}(x)&=\cos(n+1)\theta+\cos(n-1)\theta\\&=2\cos n\theta\cos\theta\\&=2xT_n(x)\end{aligned}$$

证毕.

根据递推公式 (3.2.11), 可计算出前几项低次 Chebyshev 多项式, 见表 3.1.

表 3.1 低次 Chebyshev 多项式

$T_0(x)=1$	$T_1(x)=x$
$T_2(x)=2x^2-1$	$T_3(x)=4x^3-x$
$T_4(x)=8x^4-8x^2+1$	$T_5(x)=16x^5-20x^3+5x$
$T_6(x)=32x^6-48x^4+18x^2-1$	$\cdots$

易见, 一次 Chebyshev 多项式 $T_1(x)$ 的首项 (最高次项) 系数为 1, 2 次 Chebyshev 多项式 $T_2(x)$ 的首项系数为 2, 利用式 (3.2.11) 进行归纳证明, 可得 n 次 Chebyshev 多项式 $T_n(x)$ 的如下性质:

(2) **首项系数** n 次 Chebyshev 多项式 $T_n(x)(n \geqslant 1)$ 是 n 次多项式, 且首项系数为 2^{n-1}.

(3) **零点** n 次 Chebyshev 多项式 $T_n(x)(n \geqslant 1)$ 在区间 $[-1,1]$ 上有 n 个不同的实零点

$$x_k=\cos\frac{2k-1}{2n}\pi, \quad k=1,2,\cdots,n \tag{3.2.12}$$

证明 令 $T_n(x)=0$, 即成立方程

$$\cos(n\arccos x)=0$$

根据余弦函数的周期性, 可得

$$n\arccos x=k\pi-\frac{\pi}{2}, \quad k=1,2,\cdots,n$$

于是有

$$\arccos x=\frac{2k-1}{2n}\pi, \quad k=1,2,\cdots,n$$

又由于当 $k=1,2,\cdots,n$ 时, x 的取值互不相同, 且都在区间 $[-1,1]$ 内, 故 $T_n(x)$ 的零点为

$$x_k=\cos\frac{2k-1}{2n}\pi, \quad k=1,2,\cdots,n$$

证毕.

该性质与 3.2.1 节中一般正交多项式的定理 3.4 相吻合, 即 n 次 Chebyshev 多项式 $T_n(x)$ 在定义区间上存在 n 个互异的零点.

(4) **最大值最小值** n 次 Chebyshev 多项式 $T_n(x)(n \geqslant 1)$ 在区间 $[-1,1]$ 内的 $n+1$ 个点

$$x_k'=\cos\left(\frac{k}{n}\pi\right), \quad k=0,1,\cdots,n$$

处轮流取最大值 1 和最小值 -1.

事实上：$T_n(x'_k) = \cos\left(n\arccos\left(\cos\left(\frac{k}{n}\pi\right)\right)\right) = \cos(k\pi) = (-1)^k.$

(5) **奇偶性** 由于

$$\begin{aligned}T_n(-x) &= \cos(n\arccos(-x)) = \cos(n(\pi - \arccos x)) \\ &= \cos n\pi \cos(n\arccos x) \\ &= (-1)^n T_n(x)\end{aligned}$$

因此 Chebyshev 多项式 $T_n(x)$ 的奇偶性与 n 相关, 即当 n 为偶数时, $T_n(x)$ 是偶函数; 当 n 为奇数时, $T_n(x)$ 是奇函数.

在图 3.1 中, 我们将 Chebyshev 多项式 $T_0(x) \sim T_6(x)$ 的图像绘制在一个坐标平面上, 可见：Chebyshev 多项式 $T_n(x)(0 \leqslant n \leqslant 6)$ 在区间 $[-1,1]$ 上的最大值为 1, 最小值为 -1, 且当 $n = 2m$ 时, Chebyshev 多项式 $T_n(x)$ 为偶函数, 当 $n = 2m+1$ 时, Chebyshev 多项式 $T_n(x)$ 为奇函数.

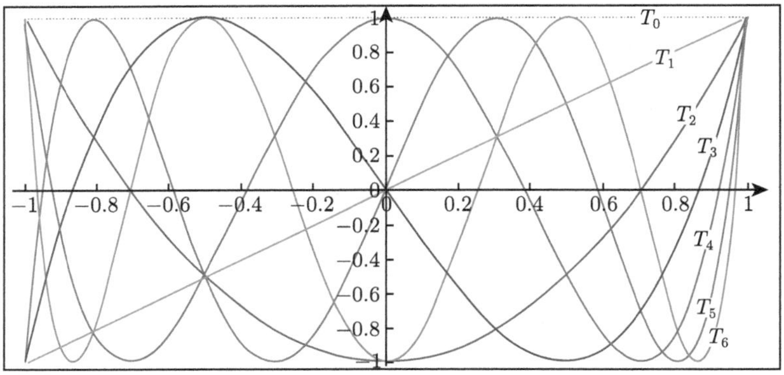

图 3.1 Chebyshev 多项式 $T_n(x)$, $0 \leqslant n \leqslant 6$

(6) **正交性** Chebyshev 多项式系 $\{T_i(x)\}_{i=0}^n$ 是区间 $[-1,1]$ 上带权函数 $\rho(x) = \frac{1}{\sqrt{1-x^2}}$ 的正交的多项式系, 且有如下正交性:

$$\int_{-1}^{1} \rho(x) T_m(x) T_n(x) \mathrm{d}x = \begin{cases} 0, & m \neq n \\ \pi, & m = n = 0 \\ \dfrac{\pi}{2}, & m = n \neq 0 \end{cases} \tag{3.2.13}$$

证明 由于积分

$$
\begin{aligned}
\int_{-1}^{1}\rho(x)T_m(x)T_n(x)\mathrm{d}x &= \int_{-1}^{1}\frac{1}{\sqrt{1-x^2}}T_m(x)T_n(x)\mathrm{d}x \\
&\xlongequal{x=\cos\theta} \int_{\pi}^{0}\frac{1}{\sin\theta}\cos(m\theta)\cos(n\theta)\mathrm{d}\cos\theta \\
&= \int_{0}^{\pi}\cos(m\theta)\cos(n\theta)\mathrm{d}\theta \\
&= \begin{cases} 0, & m\neq n \\ \pi, & m=n=0 \\ \dfrac{\pi}{2}, & m=n\neq 0 \end{cases}
\end{aligned}
$$

即函数系 $\{T_i(x)\}_{i=0}^{n}$ 是区间 $[-1,1]$ 上带权函数 $\rho(x)=\dfrac{1}{\sqrt{1-x^2}}$ 的正交多项式系.

定义 3.10 设 $f(x)\in C[a,b], g(x)\in H_n$, 称下式

$$
\max_{a\leqslant x\leqslant b}|f(x)-g(x)| \tag{3.2.14}
$$

为函数 $f(x)$ 与 $g(x)$ 在区间 $[a,b]$ 上的**偏差**. 若存在一个 n 次多项式 $P_n^*(x)$ 满足等式

$$
\max_{a\leqslant x\leqslant b}|P_n^*(x)-0| = \inf_{P_n(x)\in H_n}\max_{a\leqslant x\leqslant b}|P_n(x)-0| \tag{3.2.15}
$$

则 $P_n^*(x)$ 称为**最小零偏差多项式**.

定理 3.5 定义在区间 $[-1,1]$ 上的所有首项系数为 1 的 n 次多项式中, 多项式

$$
\tilde{T}_n(x)=\frac{T_n(x)}{2^{n-1}} \tag{3.2.16}
$$

是首项系数为 1 的最小零偏差多项式, 且其偏差为 $\dfrac{1}{2^{n-1}}$.

证明 [反证法] 根据 Chebyshev 正交多项式 $T_n(x)$ 的性质 (2) 知: 多项式 $\tilde{T}_n(x)$ 为一个首项系数为 1 的 n 次多项式, 再由 Chebyshev 正交多项式 $T_n(x)$ 的极值为 ±1, 可知首项系数为 1(首一) 的多项式 $\tilde{T}_n(x)$ 与函数 0 的偏差为 $\dfrac{1}{2^{n-1}}$.

假设 $\tilde{T}_n(x)$ 不是所有首一的 n 次多项式中与函数 0 的偏差最小者, 则必然存在一个首一的 n 次零偏差多项式 $Q(x)$, 满足如下不等式:

$$\max_{-1\leqslant x\leqslant 1}|Q(x)| \leqslant \max_{-1\leqslant x\leqslant 1}\left|\frac{T_n(x)}{2^{n-1}}-0\right| = \frac{1}{2^{n-1}}$$

也就是说 $Q(x)$ 满足下列不等式:

$$|Q(x)| \leqslant \frac{1}{2^{n-1}}, \quad x\in[-1,1]$$

即有不等式

$$-\frac{1}{2^{n-1}} \leqslant Q(x) \leqslant \frac{1}{2^{n-1}}, \quad x\in[-1,1]$$

令

$$x_k' = \cos\left(\frac{k\pi}{n}\right)$$

则 x_k' 为 n 次 Chebyshev 多项式 $T_n(x)$ 在区间 $[-1,1]$ 内的 $n+1$ 个极值点, 这里 $k=0,1,\cdots,n$.

下面, 考察函数 $Q(x)-\dfrac{T_n(x)}{2^{n-1}}$ 在节点 $x_k', k=0,1,\cdots,n$ 处的符号. 由于

$$Q(x_0')-\frac{T_n(x_0')}{2^{n-1}} = Q(x_0')-\frac{1}{2^{n-1}} \leqslant 0$$

$$Q(x_1')-\frac{T_n(x_1')}{2^{n-1}} = Q(x_1')+\frac{1}{2^{n-1}} \geqslant 0$$

$$Q(x_2')-\frac{T_n(x_2')}{2^{n-1}} = Q(x_2')-\frac{1}{2^{n-1}} \leqslant 0$$

$$\cdots\cdots$$

$$Q(x_n')-\frac{T_n(x_n')}{2^{n-1}} = \begin{cases} Q(x_n')-\dfrac{1}{2^{n-1}} \leqslant 0, & \text{当 } n=2m \\ Q(x_n')+\dfrac{1}{2^{n-1}} \geqslant 0, & \text{当 } n=2m+1 \end{cases}$$

因此, 多项式 $Q(x)-\dfrac{T_n(x)}{2^{n-1}}$ 在开区间 $(-1,1)$ 内 $n+1$ 个不同点 x_k' 处轮流变号, 这里, $k=0,1,\cdots,n$. 由多项式函数 $Q(x)-\dfrac{T_n(x)}{2^{n-1}}$ 的连续性知：函数 $Q(x)-\dfrac{T_n(x)}{2^{n-1}}$ 在区间 $(-1,1)$ 上至少有 n 个零点.

再由 $Q(x)$ 为首一的多项式知：两个多项式的差 $Q(x)-\tilde{T}_n(x)$ 为一个次数不超过 $n-1$ 次的多项式. 这与多项式 $Q(x)-\dfrac{T_n(x)}{2^{n-1}}$ 至少有 n 个零点矛盾. 因此假设错误, 即多项式 $\dfrac{T_n(x)}{2^{n-1}}$ 为首一的最小零偏差多项式, 且最小偏差为 $\dfrac{1}{2^{n-1}}$. 证毕.

接下来考虑 **Chebyshev 多项式的零点插值问题**：特别地, 当 $f^{(n)}(x)$ 在闭区间 $[-1,1]$ 上有界时, 若考虑用 Chebyshev 多项式 $T_n(x)$ 的 n 个零点

$$x_k=\cos\frac{2k+1}{2n}\pi,\quad k=0,1,\cdots,n-1$$

作为插值节点, 则可得函数 $f(x)$ 的一个 $n-1$ 次的 Lagrange 插值多项式 $L_{n-1}(x)$, 而其插值余项可表示为

$$f(x)-L_{n-1}(x)=\frac{f^{(n)}(\xi)}{n!}\omega_n(x),\quad \xi\in(-1,1) \tag{3.2.17}$$

这里, 函数 $\omega_n(x)=(x-x_0)(x-x_1)\cdots(x-x_{n-1})=\dfrac{T_n(x)}{2^{n-1}}$.

根据定理 3.5 的结论得：式 (3.2.17) 中的 n 次多项式 $\omega_n(x)$ 是区间 $[-1,1]$ 上的首一的最小零偏差多项式, 且满足不等式

$$\max_{-1\leqslant x\leqslant 1}|f(x)-L_{n-1}(x)|\leqslant\frac{M_n}{n!}\max_{-1\leqslant x\leqslant 1}|\omega_n(x)|=\frac{M_n}{2^{n-1}n!} \tag{3.2.18}$$

这里, $M_n=\max\limits_{-1\leqslant x\leqslant 1}\left|f^{(n)}(x)\right|$.

于是得如下结论：当 $f^{(n)}(x)$ 在区间 $[-1,1]$ 上有界时, 为了使插值余项 $\dfrac{f^{(n)}(x)}{n!}\cdot\omega_n(x)$ 的最大值最小化, 可以用以 Chebyshev 多项式 $T_n(x)$ 的 n 个零点作为插值节点构造函数 $f(x)$ 的 $n-1$ 次插值多项式 $L_{n-1}(x)$, 这就是 **Chebyshev 多项式零点插值**问题.

一般地, 当插值区间不是 $[-1,1]$, 而是一般的区间 $[a,b]$ 时, 可做如下变换:

$$x=\frac{a+b}{2}+\frac{b-a}{2}t \tag{3.2.19}$$

即可将被插函数 $f(x)$ 变为自变量 t 的函数, 且新自变量 $t\in[-1,1]$, 于是式 (3.2.17) 中等号右边的 n 次多项式 $\omega_n(x)$ 相应地变为

$$\omega_n(x)=\omega_n\left(\frac{a+b}{2}+\frac{b-a}{2}t\right)\triangleq\tilde{\omega}_n(t)$$

它的最高项系数为 $\left(\frac{b-a}{2}\right)^n$, 且有

$$\tilde{\omega}_n(t)=\left(\frac{b-a}{2}\right)^n(t-t_0)(t-t_1)\cdots(t-t_{n-1})\triangleq\left(\frac{b-a}{2}\right)^n\cdot\frac{T_n(t)}{2^{n-1}}$$

此时, 为了使多项式 $\frac{T_n(t)}{2^{n-1}}$ 为一个首一的最小零偏差多项式, 根据前面的讨论可知, 应选择插值节点

$$t_k=\cos\frac{2k+1}{2n}\pi,\quad k=0,1,\cdots,n-1$$

相应地, 关于变量 x, 应取插值节点为

$$x_k=\frac{a+b}{2}+\frac{b-a}{2}\cos\frac{2k+1}{2n}\pi,\quad k=0,1,\cdots,n-1 \tag{3.2.20}$$

也就是说, 用式 (3.2.20) 中 $x_k, k=0,1,\cdots,n-1$ 作为插值节点, 在闭区间 $[a,b]$ 上构造的 $n-1$ 次 Lagrange 插值多项式 $L_{n-1}(x)$, 其插值余项满足如下不等式:

$$\begin{aligned}\max_{a\leqslant x\leqslant b}|f(x)-L_{n-1}(x)|&\leqslant\frac{\tilde{M}_n}{n!}\max_{a\leqslant x\leqslant b}|\omega_n(x)|=\frac{\tilde{M}_n}{n!}\max_{-1\leqslant t\leqslant 1}|\tilde{\omega}_n(t)|\\&=\frac{\tilde{M}_n}{n!}\left(\frac{b-a}{2}\right)^n\max_{-1\leqslant t\leqslant 1}\left|\frac{T_n(t)}{2^{n-1}}\right|\\&\leqslant\frac{\tilde{M}_n}{2^{n-1}n!}\left(\frac{b-a}{2}\right)^n\end{aligned}$$

这里, $\frac{T_n(t)}{2^{n-1}}$ 为一个首一的最小零偏差多项式, $\tilde{M}_n=\max_{a\leqslant x\leqslant b}\left|f^{(n)}(x)\right|$, 因此这样构造的插值多项式 $L_{n-1}(x)$ 是最优的.

综上所述: 当 $f^{(n)}(x)$ 在区间 $[a,b]$ 上有界时, 用式 (3.2.20) 中的 x_k 做插值节点, 在区间 $[a,b]$ 上构造函数 $f(x)$ 的 $n-1$ 次 Lagrange 插值多项式 $L_{n-1}(x)$, 其余项接近最优化. 事实证明, Chebyshev 多项式零点插值可避免 Runge 现象, 可保证整个区间上收敛.

3.2.3 其他常用正交多项式

一般来说, 如果区间 $[a,b]$ 以及权函数 $\rho(x)$ 不同, 得到的正交多项式也不同. 一般情况下, 称 3.2.2 节中介绍的 Chebyshev 正交多项式为**第一类 Chebyshev 多项式**. 除了第一类 Chebyshev 正交多项式外, 常用的正交多项式还有 4 种, 分

别称为: **第二类 Chebyshev 正交多项式**、**勒让德 (Legendre) 正交多项式**、**拉盖尔 (Laguerre) 正交多项式**、**Hermite 正交多项式**等. 这 5 类常用正交多项式的重要参数详见表 3.2.

表 3.2 正交多项式的关键参数

正交多项式	定义区间	权函数	表达式	首项系数
第一类 Chebyshev	$[-1,1]$	$\frac{1}{\sqrt{1-x^2}}$	$T_n(x)=\cos(n\arccos x)$	2^{n-1}
第二类 Chebyshev	$[-1,1]$	$\sqrt{1-x^2}$	$U_n(x)=\frac{\sin[(n+1)\arccos x]}{\sqrt{1-x^2}}$	2^n
Legendre	$[-1,1]$	1	$P_n(x)=\frac{1}{2^n n!}\frac{\mathrm{d}^n}{\mathrm{d}x^n}(x^2-1)^n$	$\frac{(2n)!}{2^n(n!)^2}$
Laguerre	$[0,+\infty)$	e^{-x}	$L_n(x)=\mathrm{e}^x\frac{\mathrm{d}^n}{\mathrm{d}x^n}(x^n\mathrm{e}^{-x})$	$(-1)^n$
Hermite	$(-\infty,+\infty)$	e^{-x^2}	$H_n(x)=(-1)^n\mathrm{e}^{x^2}\frac{\mathrm{d}^n}{\mathrm{d}x^n}\left(\mathrm{e}^{-x^2}\right)$	2^n

1. 第二类 Chebyshev 正交多项式

在区间 $[-1,1]$ 上带权 $\rho(x)=\sqrt{1-x^2}$ 的正交多项式称为**第二类 Chebyshev 正交多项式**, 其表达式为

$$U_n(x)=\frac{\sin[(n+1)\arccos x]}{\sqrt{1-x^2}}$$

该多项式具有正交性, 满足

$$\int_{-1}^{1}U_m(x)U_n(x)\sqrt{1-x^2}\mathrm{d}x=\begin{cases}0, & m\neq n\\ \frac{\pi}{2}, & m=n\end{cases}$$

递推关系式为 $U_{n+1}(x)=2xU_n(x)-U_{n-1}(x)$, 其中 $U_0(x)=1$, $U_1(x)=2x$.

2. Legendre 正交多项式

在区间 $[-1,1]$ 上带权 $\rho(x)=1$ 的正交多项式称为 Legendre 正交多项式, 其表达式为

$$P_n(x)=\frac{1}{2^n n!}\frac{\mathrm{d}^n}{\mathrm{d}x^n}(x^2-1)^n$$

该多项式具有正交性, 满足

$$\int_{-1}^{1}P_m(x)P_n(x)\mathrm{d}x=\begin{cases}0, & m\neq n\\ \frac{2}{2n+1}, & m=n\end{cases}$$

递推关系式为 $P_{n+1}(x) = \dfrac{2n+1}{n+1}xP_n(x) - \dfrac{n}{n+1}P_{n-1}(x)$，其中 $P_0(x) = 1$, $P_1(x) = x$.

3. Laguerre 正交多项式

在区间 $[0,+\infty)$ 上带权 $\rho(x) = \mathrm{e}^{-x}$ 的正交多项式称为 Laguerre 正交多项式, 其表达式为

$$L_n(x) = \mathrm{e}^x \frac{\mathrm{d}^n}{\mathrm{d}x^n}(x^n \mathrm{e}^{-x})$$

该多项式具有正交性, 满足

$$\int_0^{+\infty} L_m(x)L_n(x)\mathrm{e}^{-x}\mathrm{d}x = \begin{cases} 0, & m \neq n \\ (n!)^2, & m = n \end{cases}$$

递推关系式为 $L_{n+1}(x) = (2n+1-x)L_n(x) - n^2 L_{n-1}(x)$, 其中 $L_0(x) = 1$, $L_1(x) = -x+1$.

4. Hermite 正交多项式

在区间 $(-\infty,+\infty)$ 上带权 $\rho(x) = \mathrm{e}^{-x^2}$ 的正交多项式称为 Hermite 正交多项式, 其表达式为

$$H_n(x) = (-1)^n \mathrm{e}^{x^2} \frac{\mathrm{d}^n}{\mathrm{d}x^n}\left(\mathrm{e}^{-x^2}\right)$$

该多项式具有正交性, 满足

$$\int_{-\infty}^{+\infty} H_m(x)H_n(x)\mathrm{e}^{-x^2}\mathrm{d}x = \begin{cases} 0, & m \neq n \\ 2^n(n!)\sqrt{\pi}, & m = n \end{cases}$$

递推关系式为 $H_{n+1}(x) = 2xH_n - 2nH_{n-1}(x)$, 其中 $H_0(x) = 1$, $H_1(x) = 2x$.

3.3 最佳平方逼近

3.3.1 最佳平方逼近及其计算

定义 3.11 设 $f(x)$ 在区间 $[a,b]$ 上连续, 集合 $\{\varphi_i(x)\}_{i=0}^n$ 为一个线性无关的函数系, 且 $\Phi = \mathrm{span}\{\varphi_0, \varphi_1, \cdots, \varphi_n\}$ 是 $C[a,b]$ 的一个子集, 令 $\varphi(x) = a_0\varphi_0(x) + a_1\varphi_1(x) + \cdots + a_n\varphi_n(x)$, 求出参数 $a_i^*, i = 0,1,\cdots,n$, 代入

$\varphi(x)$ 得到 $\varphi^*(x)=a_0^*\varphi_0(x)+a_1^*\varphi_1(x)+\cdots+a_n^*\varphi_n(x)$, 使得

$$\int_a^b \rho(x)\left|f(x)-\varphi^*(x)\right|^p \mathrm{d}x=\min_{\varphi(x)\in\Phi}\int_a^b \rho(x)\left|f(x)-\varphi(x)\right|^p \mathrm{d}x \tag{3.3.1}$$

的问题, 称为**最佳 L_p 逼近**问题, 这里 $p\geqslant 1$, $\rho(x)$ 是权函数, $\varphi^*(x)$ 称为函数 $f(x)$ 在区间 $[a,b]$ 上的**最佳 L_p 逼近**. 特别地, 当 $p=2$ 时, 式 (3.3.1) 变为

$$\int_a^b \rho(x)\left|f(x)-\varphi^*(x)\right|^2 \mathrm{d}x=\min_{\varphi(x)\in\Phi}\int_a^b \rho(x)\left|f(x)-\varphi(x)\right|^2 \mathrm{d}x \tag{3.3.2}$$

称问题 (3.3.2) 的解 $\varphi^*(x)$ 为函数 $f(x)$ 在区间 $[a,b]$ 上的**最佳平方逼近 (函数) 或最小二乘逼近 (函数)**.

接下来, 介绍最佳平方逼近函数的求法, 令函数

$$\begin{aligned}r(a_0,a_1,\cdots,a_n)&=\int_a^b \rho(x)\left[f(x)-\varphi(x)\right]^2 \mathrm{d}x\\&=\int_a^b \rho(x)\left[f(x)-\sum_{i=0}^n a_i\varphi_i(x)\right]^2 \mathrm{d}x\end{aligned} \tag{3.3.3}$$

上式表示在闭区间 $[a,b]$ 上用函数 $\varphi(x)$ 去逼近 $f(x)$ 的误差, 显然函数 $r(a_0,a_1,\cdots,a_n)$ 是参数 $a_i(i=0,1,\cdots,n)$ 的二次函数.

为了使函数 $r(a_0,a_1,\cdots,a_n)$ 在点 $(a_0^*,a_1^*,\cdots,a_n^*)$ 处取极小值, 则由多元函数求极值的必要条件, 可令

$$\frac{\partial r(a_0,a_1,\cdots,a_n)}{\partial a_k}\Big|_{(a_0^*,a_1^*,\cdots,a_n^*)}=0,\quad k=0,1,\cdots,n \tag{3.3.4}$$

式 (3.3.4) 实际上是待定参数 $a_i^*, i=0,1,\cdots,n$ 所满足的方程组, 求解该方程组, 并将这些系数代入 $\varphi(x)=a_0\varphi_0(x)+a_1\varphi_1(x)+\cdots+a_n\varphi_n(x)$, 即可得所求的最佳平方逼近函数 $\varphi^*(x)$.

事实上, 由

$$\begin{aligned}\frac{\partial r(a_0,a_1,\cdots,a_n)}{\partial a_k}\bigg|_{(a_0^*,a_1^*,\cdots,a_n^*)}&=-2\int_a^b \rho(x)\left[f(x)-\varphi(x)\right]\frac{\partial\varphi(x)}{\partial a_k}\mathrm{d}x\bigg|_{(a_0^*,a_1^*,\cdots,a_n^*)}\\&=-2\int_a^b \rho(x)\left[f(x)\varphi_k(x)-\varphi^*(x)\varphi_k(x)\right]\mathrm{d}x\end{aligned}$$

将上式右端代入方程组 (3.3.4), 得如下方程组:

$$\sum_{i=0}^{n} a_i^* \cdot \int_a^b \rho(x)\varphi_i(x)\varphi_k(x)\mathrm{d}x = \int_a^b \rho(x)f(x)\varphi_k(x)\mathrm{d}x, \quad k=0,1,\cdots,n \tag{3.3.5}$$

若记

$$(\varphi_i,\varphi_k) = \int_a^b \rho(x)\varphi_i(x)\varphi_k(x)\mathrm{d}x, \quad i,k=0,1,\cdots,n$$

$$(\varphi_k,f) = \int_a^b \rho(x)f(x)\varphi_k(x)\mathrm{d}x, \quad k=0,1,\cdots,n$$

则可将方程组 (3.3.5) 变为

$$\begin{bmatrix} (\varphi_0,\varphi_0) & (\varphi_0,\varphi_1) & \cdots & (\varphi_0,\varphi_n) \\ (\varphi_1,\varphi_0) & (\varphi_1,\varphi_1) & \cdots & (\varphi_1,\varphi_n) \\ \vdots & \vdots & & \vdots \\ (\varphi_n,\varphi_0) & (\varphi_n,\varphi_1) & \cdots & (\varphi_n,\varphi_n) \end{bmatrix} \begin{bmatrix} a_0^* \\ a_1^* \\ \vdots \\ a_n^* \end{bmatrix} = \begin{bmatrix} (\varphi_0,f) \\ (\varphi_1,f) \\ \vdots \\ (\varphi_n,f) \end{bmatrix} \tag{3.3.6}$$

方程组 (3.3.6) 称为最佳平方逼近问题 (3.3.2) 的**法方程组 (正规方程组)**.

定理 3.6 设 X 是一个内积空间, $u_0,u_1,\cdots,u_n \in X$, 则矩阵

$$\boldsymbol{G} = \begin{bmatrix} (u_0,u_0) & (u_0,u_1) & \cdots & (u_0,u_n) \\ (u_1,u_0) & (u_1,u_1) & \cdots & (u_1,u_n) \\ \vdots & \vdots & & \vdots \\ (u_n,u_0) & (u_n,u_1) & \cdots & (u_n,u_n) \end{bmatrix}$$

称为**格拉姆 (Gram) 矩阵**, 矩阵 $\boldsymbol{G}$ 非奇异的充分必要条件是 $u_0,u_1,\cdots,u_n$ 线性无关.

证明 $\boldsymbol{G}$ 非奇异等价于 $\det(\boldsymbol{G}) \neq 0$, 其充要条件是关于 $a_0,a_1,\cdots,a_n$ 的齐次线性方程组

$$\left(\sum_{j=0}^{n} a_j u_j, u_k\right) = \sum_{j=0}^{n}(u_j,u_k)a_j = 0, \quad k=0,1,\cdots,n \tag{3.3.7}$$

只有零解. 而

$$\sum_{j=0}^{n} a_j u_j = a_0u_0 + a_1u_1 + \cdots + a_nu_n = 0 \tag{3.3.8}$$

$$
\begin{aligned}
&\Leftrightarrow \left(\sum_{j=0}^{n} a_j u_j, \sum_{j=0}^{n} a_j u_j\right) = 0 \\
&\Leftrightarrow \left(\sum_{j=0}^{n} a_j u_j, u_k\right) = 0, \quad k = 0, 1, \cdots, n
\end{aligned}
$$

从以上等价关系可知, $\det(\boldsymbol{G}) \neq 0$ 等价于从方程组 (3.3.7) 推出 $a_0 = a_1 = \cdots = a_n = 0$, 而后者等价于从方程 (3.3.8) 推出 $a_0 = a_1 = \cdots = a_n = 0$, 即 $u_0, u_1, \cdots, u_n$ 线性无关.

显然, 方程组 (3.3.6) 的系数行列式是线性无关函数系 $\{\varphi_i(x)\}_{i=0}^{n}$ 的 Gram 矩阵, 因而非奇异, 于是方程组 (3.3.6) 的解存在且唯一.

由于上述求解过程只是求极值的必要条件, 因此需要进一步说明这样得到的 $\varphi^*(x)$ 满足式 (3.3.2). 用反证法, 设存在另一个函数 $\tilde{\varphi}^*(x) = \tilde{a}_0^* \varphi_0(x) + \tilde{a}_1^* \varphi_1(x) + \cdots + \tilde{a}_n^* \varphi_n(x)$ 使得

$$
r(\tilde{a}_0^*, \tilde{a}_1^*, \cdots, \tilde{a}_n^*) < r(a_0^*, a_1^*, \cdots, a_n^*)
$$

显然

$$
\begin{aligned}
& r(\tilde{a}_0^*, \tilde{a}_1^*, \cdots, \tilde{a}_n^*) - r(a_0^*, a_1^*, \cdots, a_n^*) \\
= & \int_a^b \rho(x) \left[f(x) - \tilde{\varphi}^*(x)\right]^2 \mathrm{d}x - \int_a^b \rho(x) \left[f(x) - \varphi^*(x)\right]^2 \mathrm{d}x \\
= & \int_a^b \rho(x) \left[\tilde{\varphi}^*(x) - \varphi^*(x)\right]^2 \mathrm{d}x + 2\int_a^b \rho(x) \left[\tilde{\varphi}^*(x) - \varphi^*(x)\right] \left[\varphi^*(x) - f(x)\right] \mathrm{d}x
\end{aligned}
$$

由于 $\varphi^*(x)$ 的系数是方程组 (3.3.5) 的解, 因此

$$
\begin{aligned}
& \int_a^b \rho(x) \left[\tilde{\varphi}^*(x) - \varphi^*(x)\right] \left[\varphi^*(x) - f(x)\right] \mathrm{d}x \\
= & \sum_{k=0}^{n} (\tilde{a}_i^* - a_i^*) \int_a^b \rho(x) \left[\varphi^*(x) - f(x)\right] \varphi_k(x) \mathrm{d}x \\
= & \, 0
\end{aligned}
$$

因此, 误差函数满足不等式

$$
r(\tilde{a}_0^*, \tilde{a}_1^*, \cdots, \tilde{a}_n^*) - r(a_0^*, a_1^*, \cdots, a_n^*) = \int_a^b \rho(x) \left[\tilde{\varphi}^*(x) - \varphi^*(x)\right]^2 \mathrm{d}x \geqslant 0
$$

多元函数 $r(a_0, a_1, \cdots, a_n)$ 在点 $(a_0^*, a_1^*, \cdots, a_n^*)$ 处取极小值, 函数 $\varphi^*(x)$ 满足式 (3.3.2).

例 3.3.1 选取常数 a, b 使 $\int_0^{\frac{\pi}{2}} (a + bx - \sin x)^2 \mathrm{d}x$ 取最小值.

解 根据问题的提法, 本题是求 $\sin x$ 在 $\left[0, \frac{\pi}{2}\right]$ 上的最佳平方逼近多项式 $a + bx$, 且函数

$$r(a, b) = \int_0^{\frac{\pi}{2}} (a + bx - \sin x)^2 \mathrm{d}x$$

表示逼近函数 $a + bx$ 与 $\sin x$ 的平方误差, 由多元函数取极值的必要条件得

$$\frac{\partial r}{\partial a} = 2\int_0^{\frac{\pi}{2}} (a + bx - \sin x)x\mathrm{d}x = 0, \quad \frac{\partial r}{\partial b} = 2\int_0^{\frac{\pi}{2}} (a + bx - \sin x)\mathrm{d}x = 0$$

整理, 得法方程组

$$\begin{bmatrix} \frac{\pi}{2} & \frac{\pi^2}{8} \\ \frac{\pi^2}{8} & \frac{\pi^3}{24} \end{bmatrix} \begin{bmatrix} a \\ b \end{bmatrix} = \begin{bmatrix} 1 \\ 1 \end{bmatrix} \tag{3.3.9}$$

解之得 $a \approx 0.1148$, $b \approx 0.6644$.

当然, 上述求解过程也可以直接套用公式 (3.3.6) 求解. 即若令 $\varphi_0(x) = 1$, $\varphi_1(x) = x$, 被逼近函数为 $f(x) = \sin x$, 权函数 $\rho(x) = 1$, 于是可直接计算函数的内积:

$$(\varphi_0, \varphi_0) = \int_0^{\frac{\pi}{2}} 1\mathrm{d}x = \frac{\pi}{2}, \quad (\varphi_1, \varphi_0) = (\varphi_0, \varphi_1) = \int_0^{\frac{\pi}{2}} x\mathrm{d}x = \left.\frac{x^2}{2}\right|_0^{\frac{\pi}{2}} = \frac{\pi^2}{8}$$

$$(\varphi_1, \varphi_1) = \int_0^{\frac{\pi}{2}} x^2\mathrm{d}x = \left.\frac{x^3}{3}\right|_0^{\frac{\pi}{2}} = \frac{\pi^3}{24}, \quad (\varphi_0, f) = \int_0^{\frac{\pi}{2}} \sin x\mathrm{d}x = \left.-\cos x\right|_0^{\frac{\pi}{2}} = 1$$

$$(\varphi_1, f) = \int_0^{\frac{\pi}{2}} x\sin x\mathrm{d}x = \left.-x\cos x\right|_0^{\frac{\pi}{2}} + \int_0^{\frac{\pi}{2}} \cos x\mathrm{d}x = \left.\sin x\right|_0^{\frac{\pi}{2}} = 1$$

代入式 (3.3.6), 即得正规方程组 (3.3.9). 然后求解即得 a 与 b 的值.

例 3.3.2 设 $f(x) = x^4, x \in [-1, 1]$, 求不超过二次的多项式 $P(x)$ 使 $\int_{-1}^{1} (f(x) - P(x))^2 \mathrm{d}x$ 的值最小.

解 设 $P(x)=a_0+a_1x+a_2x^2$, 即取基函数与权函数分别为

$$\varphi_0(x)=1,\quad \varphi_1(x)=x,\quad \varphi_2(x)=x^2,\quad \rho(x)\equiv 1$$

于是基函数的系数 a_0,a_1,a_2 应满足正规方程组

$$\begin{bmatrix}(\varphi_0,\varphi_0) & (\varphi_0,\varphi_1) & (\varphi_0,\varphi_2)\\ (\varphi_1,\varphi_0) & (\varphi_1,\varphi_1) & (\varphi_1,\varphi_2)\\ (\varphi_2,\varphi_0) & (\varphi_2,\varphi_1) & (\varphi_2,\varphi_2)\end{bmatrix}\begin{bmatrix}a_0\\ a_1\\ a_2\end{bmatrix}=\begin{bmatrix}(\varphi_0,f)\\ (\varphi_1,f)\\ (\varphi_2,f)\end{bmatrix}$$

式中

$$(\varphi_0,\varphi_0)=\int_{-1}^{1}1\mathrm{d}x=2,\quad (\varphi_1,\varphi_0)=(\varphi_0,\varphi_1)=\int_{-1}^{1}x\mathrm{d}x=0$$

$$(\varphi_2,\varphi_0)=(\varphi_0,\varphi_2)=\int_{-1}^{1}x^2\mathrm{d}x=\frac{2}{3},\quad (\varphi_2,\varphi_1)=(\varphi_1,\varphi_2)=\int_{-1}^{1}x^3\mathrm{d}x=0$$

$$(\varphi_1,\varphi_1)=\int_{-1}^{1}x^2\mathrm{d}x=\frac{2}{3},\quad (\varphi_2,\varphi_2)=\int_{-1}^{1}x^4\mathrm{d}x=\frac{2}{5}$$

$$(\varphi_0,f)=\int_{-1}^{1}x^4\mathrm{d}x=\frac{2}{5},\quad (\varphi_1,f)=\int_{-1}^{1}x^5\mathrm{d}x=0,\quad (\varphi_2,f)=\int_{-1}^{1}x^6\mathrm{d}x=\frac{2}{7}$$

于是得方程组

$$\begin{cases}2a_0+\dfrac{2}{3}a_2=\dfrac{2}{5}\\ \dfrac{2}{3}a_1=0\\ \dfrac{2}{3}a_0+\dfrac{2}{5}a_2=\dfrac{2}{7}\end{cases}$$

解之得

$$a_0=-\frac{3}{35},\quad a_1=0,\quad a_2=\frac{6}{7}$$

所以得

$$P(x)=-\frac{3}{35}+\frac{6}{7}x^2$$

3.3.2 正交函数族最佳平方逼近

若取线性无关的函数族 $\{\varphi_k(x)\}_{k=0}^n$ 中的 $\varphi_k(x) = x^k$, $\rho(x) \equiv 1$, $f(x) \in C[0,1]$, 求 $f(x)$ 在 H_n 中的最佳平方逼近多项式. 此时

$$(\varphi_j(x), \varphi_k(x)) = \int_0^1 x^{k+j}\mathrm{d}x = \frac{1}{k+j+1}$$

用 $\boldsymbol{H}$ 表示线性方程组 (3.3.6) 的系数矩阵, 即

$$\boldsymbol{H} = \begin{bmatrix} 1 & 1/2 & \cdots & 1/(n+1) \\ 1/2 & 1/3 & \cdots & 1/(n+2) \\ \vdots & \vdots & & \vdots \\ 1/(n+1) & 1/(n+2) & \cdots & 1/(2n+1) \end{bmatrix} \tag{3.3.10}$$

称 $\boldsymbol{H}$ 为**希尔伯特** (Hilbert) **矩阵**.

Hilbert 矩阵是著名的病态矩阵 (参见第 6 章). 即若用 $\{1, x, \cdots, x^n\}$ 作基, 求最佳平方逼近多项式, 当 n 较大时, 对应的法方程组的系数矩阵是高度病态的, 直接求解该线性方程组是相当困难的. 为了避免解病态的法方程组, 采用的办法之一就是取区间 $[a,b]$ 上带权 $\rho(x)$ 正交的函数系 $\{\varphi_k(x)\}_{k=0}^n$ 作为基函数, 由于函数族的正交性, $\int_a^b \rho(x)\varphi_j(x)\varphi_k(x)\mathrm{d}x = 0(j \neq k)$, 这时法方程组 (3.3.6) 的系数矩阵化简成对角矩阵, 法方程组就简化为

$$a_k \int_a^b \rho(x)\varphi_k^2(x)\mathrm{d}x = \int_a^b \rho(x)f(x)\varphi_k(x)\mathrm{d}x, \quad k = 0, 1, \cdots, n \tag{3.3.11}$$

则

$$a_k = \frac{\displaystyle\int_a^b \rho(x)f(x)\varphi_k(x)\mathrm{d}x}{\displaystyle\int_a^b \rho(x)\varphi_k^2(x)\mathrm{d}x} = \frac{(f, \varphi_k)}{(\varphi_k, \varphi_k)}, \quad k = 0, 1, \cdots, n \tag{3.3.12}$$

该情形下, 我们称 a_k 为 $f(x)$ 关于正交系 $\{\varphi_k(x)\}_{k=0}^n$ 的**广义 Fourier 系数**, 而级数

$$\sum_{k=0}^{\infty} a_k\varphi_k(x) \tag{3.3.13}$$

称为 $f(x)$ 的**广义 Fourier 级数**, 它是 Fourier 级数的推广.

例 3.3.3 设 $f(x)=x^4, x\in[-1,1]$, 求二次多项式 $P(x)$, 使 $\int_{-1}^{1}(f(x)-P(x))^2\mathrm{d}x$ 的值最小. (考虑使用 Legendre 多项式)

解 设 $P(x)=a_0\varphi_0(x)+a_1\varphi_1(x)+a_2\varphi_2(x)$ 为二次多项式. 原问题的积分区间为 $[-1,1]$, 又可将式 $\int_{-1}^{1}[f(x)-P(x)]^2\mathrm{d}x$ 看作权函数 $\rho(x)\equiv 1$, 与 Legendre 多项式的积分区间和权函数一致. 因此取基函数

$$\varphi_k(x)=P_k(x),\quad k=0,1,2$$

这里, $P_k(x)$ 为 k 次的 Legendre 多项式, 即

$$\varphi_0(x)=1,\quad \varphi_1(x)=x,\quad \varphi_2(x)=\frac{1}{2}(3x^2-1)$$

又由 Legendre 多项式的正交性, 得

$$\int_{-1}^{1}P_n(x)P_m(x)\mathrm{d}x=\begin{cases}0, & m\neq n\\ \dfrac{2}{2n+1}, & m=n\end{cases}$$

于是有

$$(\varphi_0,\varphi_0)=2,\quad (\varphi_1,\varphi_1)=\frac{2}{3},\quad (\varphi_2,\varphi_2)=\frac{2}{5}$$

而且

$$(\varphi_0,f)=\int_{-1}^{1}x^4\mathrm{d}x=\frac{2}{5},\quad (\varphi_1,f)=\int_{-1}^{1}x^5\mathrm{d}x=0,$$
$$(\varphi_2,f)=\int_{-1}^{1}\frac{1}{2}(3x^2-1)x^4\mathrm{d}x=\frac{8}{35}$$

又由式 (3.3.11) 得

$$a_0=\frac{(\varphi_0,f)}{(\varphi_0,\varphi_0)}=\frac{1}{5},\quad a_1=\frac{(\varphi_1,f)}{(\varphi_1,\varphi_1)}=0,\quad a_2=\frac{(\varphi_2,f)}{(\varphi_2,\varphi_2)}=\frac{4}{7}$$

因此所求函数为

$$P(x)=\frac{1}{5}+\frac{4}{7}\times\frac{1}{2}(3x^2-1)=-\frac{3}{35}+\frac{6}{7}x^2$$

由上可见, 把 $P(x)$ 取成正交函数系 $\{\varphi_k(x)\}_{k=0}^n$ 的线性组合时, 求解过程更为简便. 但值得提出的是, 在应用此方法的过程中选取的正交函数系 $\{\varphi_k(x)\}_{k=0}^n$ 的定义区间和所带的权函数必须与最佳平方逼近问题中的积分区间以及相应的权函数完全一致. 而最佳平方逼近问题中的权函数 $\rho(x)\equiv 1$ 时, 对一般的积分区间 $[a,b]$, 仍然可以通过变量替换

$$t=\frac{2x-a-b}{b-a}\quad\left(\text{变换 } x=\frac{a+b}{2}+\frac{b-a}{2}t \text{ 的反变换}\right)$$

将它转化为区间 $[-1,1]$ 上的情形处理, 其结果与用 $\{1,x,\cdots,x^n\}$ 作基求最佳平方逼近多项式一致.

3.3.3 最佳一致逼近

最佳一致逼近函数和最佳一致逼近多项式的定义已经在定义 3.6 中给出. 本小节主要探讨最佳一致逼近多项式.

定义 3.12 设 $f(x)\in C[a,b]$, 多项式 $\varphi(x)\in H_n$, 若点 $x_0\in[a,b]$ 满足

$$|f(x_0)-\varphi(x_0)|=\max_{x\in[a,b]}|f(x)-\varphi(x)|=\mu \tag{3.3.14}$$

则称 x_0 为逼近函数 $\varphi(x)$ 的**偏差点**. 特别地, 若 $f(x_0)-\varphi(x_0)=\mu$, 则称 x_0 为 $\varphi(x)$ 的**正偏差点**, 反之若 $f(x_0)-\varphi(x_0)=-\mu$, 则称 x_0 为 $\varphi(x)$ 的**负偏差点**.

由于 $f(x)-\varphi(x)$ 在区间 $[a,b]$ 上连续, 则 $|f(x)-\varphi(x)|$ 在 $[a,b]$ 上至少存在一个最大值点 x_0, 即 $\varphi(x)$ 的偏差点是存在的.

定义 3.13 设函数 $f(x)\in C[a,b]$, 若存在 n 个点 x_i 满足如下不等式:

$$a\leqslant x_1<x_2<\cdots<x_n\leqslant b$$

且使得

$$f(x_k)=(-1)^k\cdot s\cdot\max_{a\leqslant x\leqslant b}|f(x)|,\quad k=0,1,\cdots,n$$

这里, $s=\pm1$, 则称点集 $\{x_k\}_{k=1}^n$ 为 $f(x)$ 在 $[a,b]$ 上的**交错点组**.

例如, 点集 $\left\{\frac{\pi}{2},\frac{3\pi}{2}\right\}$ 是函数 $\sin x$ 在区间 $[0,2\pi]$ 上的交错点组, 而点集 $\{0,\pi,2\pi\}$ 是函数 $\cos x$ 在区间 $[0,2\pi]$ 上的交错点组.

定理 3.7(Chebyshev 定理) 设函数 $f(x) \in C[a,b]$, 则函数 $\varphi(x) \in H_n$ 是 $f(x)$ 的最佳一致逼近, 当且仅当 $f(x)-\varphi(x)$ 在 $[a,b]$ 上至少有 $n+2$ 个交错点组成的交错点组.

定理 3.7 说明: 若 $\varphi(x)$ 是 $f(x)$ 的最佳一致逼近多项式, 则误差函数 $f(x)-\varphi(x)$ 在 $n+2$ 个交错点上轮流取 "正""负" 偏差, 即 $\varphi(x)$ 穿越函数 $f(x)$ 的 "中心地带", 并在 $[a,b]$ 上围绕着函数 $f(x)$ 呈均匀分布, 如图 3.2 所示.

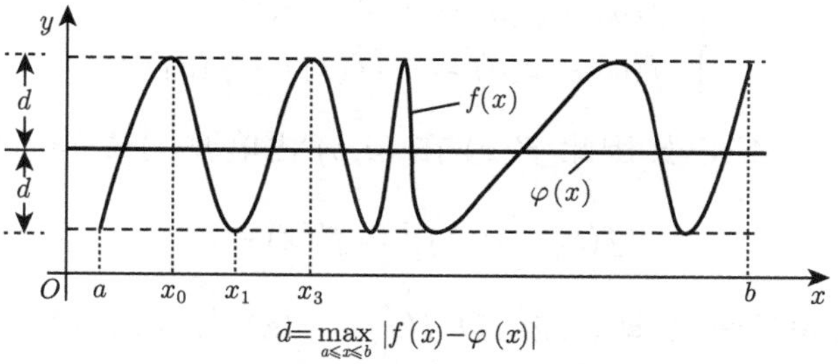

图 3.2 曲线误差 D 与交错点组示意图

关于最佳一致逼近的存在性与唯一性, 存在如下结论:

定理 3.8 设函数 $f(x)$ 在闭区间 $[a,b]$ 上连续, 则在 H_n 中存在唯一的最佳一致逼近多项式.

定理的证明略.

定理 3.9 设 $f(x)$ 在 $[a,b]$ 上有 $n+1$ 阶导数, 且 $f^{(n+1)}(x)$ 在 $[a,b]$ 中保持定号 (恒正或恒负), $\varphi(x) \in H_n$ 是 $f(x)$ 的最佳一致逼近, 则区间 $[a,b]$ 的两个端点属于 $f(x)-\varphi(x)$ 的交错点组.

证明 设 a 或 b 两点之中有一个不属于 $f(x)-\varphi(x)$ 的交错点组, 则 $f(x)-\varphi(x)$ 至少有 $n+1$ 个交错点在区间 (a,b) 内取得, 即误差函数 $r(x)=f(x)-\varphi(x)$ 在区间 (a,b) 内至少有 $n+1$ 个不同的驻点 $\{x_i\}_{i=1}^{n+1}$, 即

$$r'(x_i)=0, \quad i=1,2,\cdots,n+1$$

其中 $a<x_1<x_2<\cdots<x_{n+1}<b$.

对 $r'(x)$ 反复应用 Rolle 定理 n 次, 则在 (a,b) 内至少存在一个 ξ, 使得

$$r^{(n+1)}(\xi)=f^{(n+1)}(\xi)-\varphi^{(n+1)}(\xi)=f^{(n+1)}(\xi)=0$$

这与已知条件 $f^{(n+1)}(x)$ 在 $[a,b]$ 中保号矛盾. 因此假设错误, 结论成立.

下面给出**一次最佳一致逼近多项式**的求法:

设 $f(x)\in C^2[a,b]$, 且 $f''(x)$ 不变号, 令 $\varphi(x)=c_0+c_1x$ 为函数 $f(x)$ 在 $[a,b]$ 上的一次最佳一致逼近多项式.

由 Chebyshev 定理, 若 $\varphi(x)=c_0+c_1x$ 是一次最佳逼近多项式, 则 $f(x)-\varphi(x)$ 存在含有 3 个交错点组成的交错点组, 再由 $f''(x)$ 不变号, 应用定理 3.9 知区间 $[a,b]$ 的端点 a 和 b 属于这个交错点组. 设另一个交错点是 x_1, 则 $a<x_1<b$, 且有

$$\begin{cases} f(a)-\varphi(a)=f(b)-\varphi(b) \\ f(a)-\varphi(a)=-\left[f(x_1)-\varphi(x_1)\right] \end{cases} \tag{3.3.15}$$

又由于 $f''(x)$ 不变号, 因此 $f'(x)$ 在 (a,b) 内单调, 于是导函数

$$(f(x)-\varphi(x))'=f'(x)-c_1$$

在 (a,b) 内也是单调函数, 即误差函数 $f(x)-\varphi(x)$ 在 (a,b) 内只能有一个偏差点 x_1, 恰好这个偏差点就是 $f(x)-\varphi(x)$ 在 (a,b) 内唯一的极值点, 因此有

$$f'(x_1)-c_1=0 \tag{3.3.16}$$

将式 (3.3.15) 与式 (3.3.16) 联立, 得到一个含有三个未知数 c_0,c_1,x_1 的非线性方程组

$$\begin{cases} f(a)-(c_0+c_1a)=f(b)-(c_0+c_1b) \\ f(a)-(c_0+c_1a)=-f(x_1)+(c_0+c_1x_1) \\ f'(x_1)=c_1 \end{cases} \tag{3.3.17}$$

解方程组, 得

$$\begin{cases} c_1=\dfrac{f(b)-f(a)}{b-a} \\ c_0=\dfrac{f(a)+f(x_1)}{2}-c_1\dfrac{a+x_1}{2} \end{cases} \tag{3.3.18}$$

其中, 内部偏差点 x_1 满足 $f'(x_1)=c_1$. 于是得最佳一次逼近多项式

$$\varphi(x)=\frac{f(a)+f(x_1)}{2}-\frac{f(b)-f(a)}{b-a}\cdot\frac{a+x_1}{2}+\frac{f(b)-f(a)}{b-a}x \tag{3.3.19}$$

这里, x_1 满足 $f'(x_1)=c_1$.

例 3.3.4 选取常数 a,b 使 $\max\limits_{0\leqslant x\leqslant 1}|\mathrm{e}^x-(a+bx)|$ 取最小值.

解 本题是求函数 e^x 在区间 $[0,1]$ 上的一次最佳一致逼近多项式 $(a+bx)$, 由于被逼近函数 e^x 在 $[0,1]$ 上二次可导, 并且 $(e^x)''=e^x>0$, 因此满足定理 3.9 的条件, 类似方程组 (3.3.17) 的做法, 得未知数 a,b 以及内部偏差点 x_1 满足下列非线性方程组:

$$\begin{cases} e^0-(a+b\cdot 0)=e^1-(a+b\cdot 1)\\ e^0-(a+b\cdot 0)=-e^{x_1}+(a+b\cdot x_1)\\ e^{x_1}=b \end{cases}$$

解之得

$$\begin{cases} b=e-1\approx 1.7183\\ x_1=\ln(e-1)\approx 0.5413\\ a=\dfrac{e^0+e^{0.5413}}{2}-1.7183\times\dfrac{0.5413}{2}\approx 0.8940 \end{cases}$$

因此所求一次最佳一致逼近多项式为 $0.8940+1.7183\,x$, 于是得

$$a\approx 0.8940,\quad b\approx 1.7183$$

通过上面的讨论, 可见求连续函数 $f(x)$ 的最佳一致逼近并不容易, 因此在实际应用过程中, 可以求函数的一个**近似的**最佳一致逼近多项式.

在 3.2.2 节中, 我们曾讨论过 Chebyshev 多项式的零点插值问题. 我们的结论是: 若选取 $n+1$ 次 Chebyshev 正交多项式的 $n+1$ 个零点作为 Lagrange 插值多项式的插值节点, 则所得插值多项式的余项为首一零偏差多项式 $\dfrac{T_n(x)}{2^{n-1}}$, 且可以证明 $\dfrac{T_n(x)}{2^{n-1}}$ 是常值函数 0 的最佳一致逼近. 这样得到的 Lagrange 插值多项式 $L_n(x)$ 称为 **Chebyshev-Lagrange 插值多项式**, 可作为连续函数 $f(x)$ 的一个近似最佳逼近多项式.

例如, 若求函数 $f(x)=xe^x$ 在区间 $[a,b]$ 上的三次近似最佳逼近多项式, 即求 Chebyshev-Lagrange 插值多项式, 可先计算出 4 个区间 $[a,b]$ 上的插值节点:

$$x_i=\frac{1}{2}\left((b-a)\cos\frac{(2i+1)\pi}{8}+b+a\right),\quad i=0,1,2,3$$

然后, 可以用上述插值节点构造三次 Lagrange 插值多项式, 即得所求近似最佳逼近多项式 $L_3(x)$.

3.4 曲线拟合的最小二乘法

3.4.1 最小二乘法及其计算

在科学研究过程中, 常常采集到大量的观测数据 (如表 3.3 所示), 研究人员要从这些数据中分析出研究对象内在的变化规律, 或者利用这些数据预测所研究事物的发展趋势. 数学上, 就是要寻找一个函数 $y=P(x)$ 使其能够较确切地拟合这些观测数据的分布规律.

表 3.3 数据表示例

x_i	x_0	x_1	x_2	$\cdots$	x_m
y_i	y_0	y_1	y_2	$\cdots$	y_m

本节介绍求近似函数的数据拟合法, 用该方法求得的近似函数称为**拟合函数**, 该类函数求解简单、有较好的光滑性, 最重要的是拟合函数能够从整体上反映出给定数据的变化规律, 因而在科学研究与工程实践中, 数据拟合的方法与思想被广泛应用.

对数据拟合问题, 常采用**最小二乘法**求解拟合函数 $P(x)$. 接下来讨论最小二乘数据拟合问题的一般形式.

任给一组离散数据 $\{(x_i,y_i)\}_{i=0}^m$(自变量 $x_0,x_1,\cdots,x_m\in[a,b]$, 且互不相同), 假设拟合函数 $P(x)$ 为如下更为一般的形式:

$$P(x)=a_0\varphi_0(x)+a_1\varphi_1(x)+\cdots+a_n\varphi_n(x) \tag{3.4.1}$$

其中 $\{\varphi_i(x)\}_{i=0}^n$ 为给定的线性无关的函数系, 这里一般情况下有 $m\gg n$. 令

$$r(a_0,a_1,\cdots,a_n)=\sum_{j=0}^m(P(x_j)-y_j)^2=\sum_{j=0}^m\left(\sum_{k=0}^n a_k\varphi_k(x_j)-y_j\right)^2$$

表示误差的平方和. 而在实际问题中, 通常将上式考虑为加权平方和, 即

$$r(a_0,a_1,\cdots,a_n)=\sum_{j=0}^m\omega(x_j)\left(\sum_{k=0}^n a_k\varphi_k(x_j)-y_j\right)^2 \tag{3.4.2}$$

其中 $\omega(x)\geqslant 0$ 是 $[a,b]$ 上的权函数, 它表示不同点 (x_i,y_i) 处的数据比重不同.

接下来求出一组实系数 $a_i^*(i=0,1,\cdots,n)$, 使误差的平方和 $r(a_0,a_1,\cdots,a_n)$ 取得极小值, 也就是让实系数 $a_i^*(i=0,1,\cdots,n)$ 满足下列方程:

$$r(a_0^*,a_1^*,\cdots,a_n^*)=\min_{a_i\in\mathbf{R}} r(a_0,a_1,\cdots,a_n) \tag{3.4.3}$$

上述求拟合函数 $P(x)$ 的问题称为**线性最小二乘问题**. 函数系 $\{\varphi_i(x)\}_{i=0}^n$ 称为该线性最小二乘问题的**基**. 问题 (3.4.3) 的解 $a_i^*(i=0,1,\cdots,n)$ 代入式 (3.4.1) 式后, 所得函数

$$P^*(x)=a_0^*\varphi_0(x)+a_1^*\varphi_1(x)+\cdots+a_n^*\varphi_n(x) \tag{3.4.4}$$

称为数据 $\{(x_i,y_i)\}_{i=0}^m$ 的 **(线性) 最小二乘拟合函数**.

求解线性最小二乘问题时, 基的选取至关重要. 一般来说, 应该根据所给数据 $\{(x_i,y_i)\}_{i=0}^m$ 所呈现的总体变化规律来确定最小二乘问题的基.

接下来, 为了求得最小二乘解 (3.4.4) 的待定系数 $a_i^*(i=0,1,\cdots,n)$, 需要求解方程 (3.4.3). 事实上, 因为实数 $a_i^*(i=0,1,\cdots,n)$ 使误差的平方和 $r(a_0,a_1,\cdots,a_n)$ 取最小值, 应用多元函数求极值的必要条件得: $(a_0^*,a_1^*,\cdots,a_n^*)$ 应为实函数 $r(a_0,a_1,\cdots,a_n)$ 的驻点, 因此对 $r(a_0,a_1,\cdots,a_n)$ 关于 a_k 求偏导数, 得如下方程组:

$$\left.\frac{\partial r}{\partial a_k}\right|_{(a_0^*,a_1^*,\cdots,a_n^*)}=0,\quad k=0,1,\cdots,n \tag{3.4.5}$$

其中,

$$\begin{aligned}\frac{\partial r}{\partial a_k}&=\frac{\partial}{\partial a_k}\left[\sum_{j=0}^m\omega(x_j)\left(\sum_{i=0}^n a_i\varphi_i(x_j)-y_j\right)^2\right]\\&=2\sum_{j=0}^m\omega(x_j)\left(\sum_{i=0}^n a_i\varphi_i(x_j)-y_j\right)\cdot\varphi_k(x_j)=0,\quad k=0,1,\cdots,n\end{aligned}$$

从而得方程组

$$\sum_{i=0}^n\left(\sum_{j=0}^m\omega(x_j)\varphi_k(x_j)\varphi_i(x_j)\right)a_i^*=\sum_{j=0}^m\omega(x_j)y_j\varphi_k(x_j),\quad k=0,1,\cdots,n \tag{3.4.6}$$

根据定义 3.4 点集函数的内积, 方程组 (3.4.6) 化简为

$$\sum_{i=0}^n(\boldsymbol{\varphi}_k,\boldsymbol{\varphi}_i)a_i^*=(\boldsymbol{\varphi}_k,\ \boldsymbol{y}),\quad k=0,1,\cdots,n \tag{3.4.7}$$

其中, $(\boldsymbol{\varphi}_k,\ \boldsymbol{\varphi}_i)=\sum\limits_{j=0}^m\omega(x_j)\varphi_k(x_j)\varphi_i(x_j)$, $(\boldsymbol{\varphi}_k,\ \boldsymbol{y})=\sum\limits_{j=0}^m\omega(x_j)y_j\varphi_k(x_j)$, 均为点集函数的内积.

将方程组 (3.4.7) 改写为矩阵乘积的形式, 得

$$\begin{bmatrix} (\boldsymbol{\varphi}_0,\boldsymbol{\varphi}_0) & (\boldsymbol{\varphi}_0,\boldsymbol{\varphi}_1) & \cdots & (\boldsymbol{\varphi}_0,\boldsymbol{\varphi}_n) \\ (\boldsymbol{\varphi}_1,\boldsymbol{\varphi}_0) & (\boldsymbol{\varphi}_1,\boldsymbol{\varphi}_1) & \cdots & (\boldsymbol{\varphi}_1,\boldsymbol{\varphi}_n) \\ \vdots & \vdots & & \vdots \\ (\boldsymbol{\varphi}_n,\boldsymbol{\varphi}_0) & (\boldsymbol{\varphi}_n,\boldsymbol{\varphi}_1) & \cdots & (\boldsymbol{\varphi}_n,\boldsymbol{\varphi}_n) \end{bmatrix} \begin{bmatrix} a_0^* \\ a_1^* \\ \vdots \\ a_n^* \end{bmatrix} = \begin{bmatrix} (\boldsymbol{\varphi}_0,\boldsymbol{y}) \\ (\boldsymbol{\varphi}_1,\boldsymbol{y}) \\ \vdots \\ (\boldsymbol{\varphi}_n,\boldsymbol{y}) \end{bmatrix} \tag{3.4.8}$$

其中,

$$\boldsymbol{\varphi}_0 = \begin{bmatrix} \varphi_0(x_0) \\ \varphi_0(x_1) \\ \vdots \\ \varphi_0(x_m) \end{bmatrix}, \quad \boldsymbol{\varphi}_1 = \begin{bmatrix} \varphi_1(x_0) \\ \varphi_1(x_1) \\ \vdots \\ \varphi_1(x_m) \end{bmatrix}, \quad \cdots, \quad \boldsymbol{\varphi}_n = \begin{bmatrix} \varphi_n(x_0) \\ \varphi_n(x_1) \\ \vdots \\ \varphi_n(x_m) \end{bmatrix}$$

$$\boldsymbol{y} = \begin{bmatrix} y_0 \\ y_1 \\ \vdots \\ y_m \end{bmatrix} \tag{3.4.9}$$

称式 (3.4.8) 为最小二乘拟合问题的**法方程组 (正规方程组)**. 称式 (3.4.8) 的系数矩阵

$$\boldsymbol{G} = \begin{bmatrix} (\boldsymbol{\varphi}_0,\boldsymbol{\varphi}_0) & (\boldsymbol{\varphi}_0,\boldsymbol{\varphi}_1) & \cdots & (\boldsymbol{\varphi}_0,\boldsymbol{\varphi}_n) \\ (\boldsymbol{\varphi}_1,\boldsymbol{\varphi}_0) & (\boldsymbol{\varphi}_1,\boldsymbol{\varphi}_1) & \cdots & (\boldsymbol{\varphi}_1,\boldsymbol{\varphi}_n) \\ \vdots & \vdots & & \vdots \\ (\boldsymbol{\varphi}_n,\boldsymbol{\varphi}_0) & (\boldsymbol{\varphi}_n,\boldsymbol{\varphi}_1) & \cdots & (\boldsymbol{\varphi}_n,\boldsymbol{\varphi}_n) \end{bmatrix} \tag{3.4.10}$$

为 **Gram 矩阵**, 显然 $\boldsymbol{G}$ 为对称阵, 且当 Gram 矩阵 $\boldsymbol{G}$ 非奇异时, 正规方程组 (3.4.8) 的解存在唯一, 解之可得待定系数 $a_i^*(i=0,1,\cdots,n)$, 于是得最小二乘拟合函数 $P^*(x)$.

必须指出的是: 假如 $(\boldsymbol{\varphi}_i,\boldsymbol{\varphi}_j)$ 为普通向量的内积, 则以 $(\boldsymbol{\varphi}_i,\boldsymbol{\varphi}_j)$ 为 (i,j) 元构造的 Gram 矩阵非奇异当且仅当向量组 $\{\boldsymbol{\varphi}_0,\boldsymbol{\varphi}_1,\cdots,\boldsymbol{\varphi}_n\}$ 线性无关. 但是, 此处的 $(\boldsymbol{\varphi}_i,\boldsymbol{\varphi}_j)$ 并非普通向量的内积, 而是点集函数的内积. 在这里仅凭函数系 $\varphi_0(x),\varphi_1(x),\cdots,\varphi_n(x)$ 在 $[a,b]$ 上线性无关不能推出 Gram 矩阵非奇异.

例如: 令 $\varphi_0=\sin x,\varphi_1=\sin 2x,x\in[0,2\pi]$. 显然 φ_0,φ_1 在 $[0,2\pi]$ 上线性无关, 但是若取点 $x_k=k\pi,k=0,1,2,m=1,n=3$, 则有

$$\varphi_0(x_k)=\sin x_k=0,\quad \varphi_1(x_k)=\sin 2x_k=0,\quad k=0,1,2$$

由此得到

$$
\boldsymbol{G}=\left[\begin{array}{cc}(\boldsymbol{\varphi}_0,\boldsymbol{\varphi}_0) & (\boldsymbol{\varphi}_0,\boldsymbol{\varphi}_1)\\(\boldsymbol{\varphi}_1,\boldsymbol{\varphi}_0) & (\boldsymbol{\varphi}_1,\boldsymbol{\varphi}_1)\end{array}\right]=0
$$

因此, 为了保证法方程组 (3.4.8) 的系数矩阵 $\boldsymbol{G}$ 非奇异, 必须对函数系 $\varphi_0(x)$, $\varphi_1(x),\cdots,\varphi_n(x)$ 附加额外的条件.

定义 3.14 设函数 $\varphi_0(x),\varphi_1(x),\cdots,\varphi_n(x)\in C[a,b]$ 的任意线性组合在点集 $\{x_i\}_{i=0}^m(m\geqslant n)$ 上至多有 n 个不同的零点, 则称函数系 $\varphi_0(x)$, $\varphi_1(x),\cdots,\varphi_n(x)$ 在点集 $\{x_i\}_{i=0}^m$ 上满足**哈尔** (Haar) **条件**.

根据定义 3.14 可知, 当向量组 $\{\boldsymbol{\varphi}_0,\boldsymbol{\varphi}_1,\cdots,\boldsymbol{\varphi}_n\}$ 线性无关时, 则齐次线性方程组 $(\boldsymbol{\varphi}_0,\boldsymbol{\varphi}_1,\cdots,\boldsymbol{\varphi}_n)\boldsymbol{x}=0$ 只有零解, 此时 $\varphi_0(x),\varphi_1(x),\cdots,\varphi_n(x)$ 的任意线性组合至多有 n 个不同的零点, 即 $\varphi_0(x),\varphi_1(x),\cdots,\varphi_n(x)$ 满足 Haar 条件.

显然函数系 $\{x^j\}_{j=0}^n$ 在任意的 $m(m\geqslant n)$ 个节点上满足 Haar 条件. 关于式 (3.4.8) 的系数矩阵 $\boldsymbol{G}$, 可以证明如下结论:

定理 3.10 如果函数系 $\varphi_0(x),\varphi_1(x),\cdots,\varphi_n(x)\in C[a,b]$ 在点集 $\{x_i\}_{i=0}^m$ 上满足 Haar 条件, 则法方程组 (3.4.8) 的系数矩阵 $\boldsymbol{G}$ 非奇异.

由定理 3.10 可得: 当函数系 $\varphi_0(x),\varphi_1(x),\cdots,\varphi_n(x)\in C[a,b]$ 在点集 $\{x_i\}_{i=0}^m$ 上满足 Haar 条件时, 法方程组 (3.4.8) 存在唯一解 $a_i^*, i=0,1,\cdots,n$, 从而数据拟合问题存在唯一的最小二乘解. 因此, 常用函数系 $\{x^j\}_{j=0}^n$ 解决数据拟合问题.

若将拟合函数设定为多项式

$$
P_n(x)=a_0+a_1x+\cdots+a_nx^n
$$

则应该求解如下形式的法方程组:

$$
\left\{\begin{array}{l}
(m+1)a_0+\left(\sum\limits_{i=0}^m x_i\right)a_1+\cdots+\left(\sum\limits_{i=0}^m x_i^n\right)a_n=\sum\limits_{i=0}^m y_i\\
\left(\sum\limits_{i=0}^m x_i\right)a_0+\left(\sum\limits_{i=0}^m x_i^2\right)a_1+\cdots+\left(\sum\limits_{i=0}^m x_i^{n+1}\right)a_n=\sum\limits_{i=0}^m x_iy_i\\
\cdots\cdots\\
\left(\sum\limits_{i=0}^m x_i^n\right)a_0+\left(\sum\limits_{i=0}^m x_i^{n+1}\right)a_1+\cdots+\left(\sum\limits_{i=0}^m x_i^{2n}\right)a_n=\sum\limits_{i=0}^m x_i^ny_i
\end{array}\right. \tag{3.4.11}
$$

解之, 可确定待定参数 $a_0,a_1,\cdots,a_n$. 即可确定对应的拟合多项式.

例 3.4.1 某企业过去七年的利润如表 3.4 所示.

表 3.4 某企业利润表

年份 t_i	1	2	3	4	5	6	7
利润 y_i/万元	70	122	144	152	174	196	202

试用最小二乘法拟合上表数据, 并预测该企业今年的利润值.

解 利用表 3.4 中数据绘制草图如图 3.3.

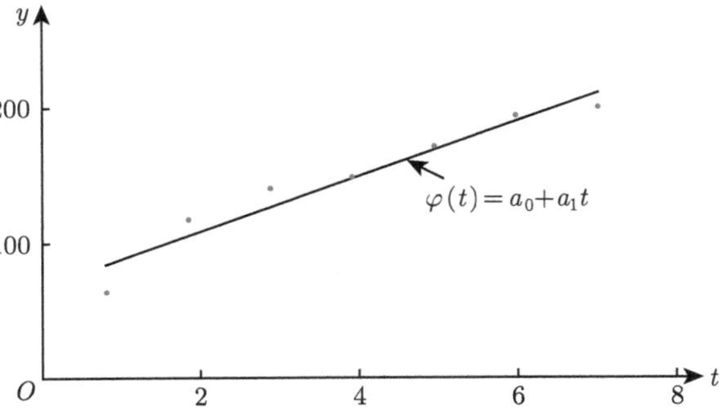

图 3.3 例 3.4.1 中数据的散点图与拟合函数示意图

由图 3.3 中散点图可见, 表 3.4 中给出的企业利润值近似呈直线上升态势, 于是可令经验函数：$\varphi(t)=a_0+a_1t$.

即问题变为：求参数 a_0^*, a_1^* 使误差函数 $r_2(a_0,\ a_1)=\sum\limits_{i=1}^{7}(a_0+a_1t_i-y_i)^2$ 在 (a_0^*, a_1^*) 处取最小值. 本题没有给定各点的权重, 因此视为各点具有相同的权重值, $\omega(t_i)=1,\ i=1,2,\cdots,7$.

由式 (3.4.11) 得如下法方程组:

$$\begin{bmatrix} 7 & \sum\limits_{i=1}^{7} t_i \\ \sum\limits_{i=1}^{7} t_i & \sum\limits_{i=1}^{7} t_i^2 \end{bmatrix} \begin{bmatrix} a_0^* \\ a_1^* \end{bmatrix} = \begin{bmatrix} \sum\limits_{i=1}^{7} y_i \\ \sum\limits_{i=1}^{7} t_i y_i \end{bmatrix}$$

将表 3.4 中数据代入上述法方程组, 并计算得

$$\begin{cases} 7a_0^*+28a_1^*=1060 \\ 28a_0^*+140a_1^*=4814 \end{cases}$$

解方程组, 得 $a_0^*=\dfrac{486}{7}, a_1^*=\dfrac{287}{14}$, 将参数代入函数 $\varphi(t)$, 得拟合问题的最小二乘拟合为

$$\varphi(t)=\frac{486}{7}+\frac{287}{14}t$$

因此, 可用上述拟合多项式预测当年的利润值为

$$\varphi(8)=\frac{486}{7}+\frac{287}{14}\times 8\approx 233.4285\ (\text{万元})$$

数据拟合法还能够用于求解那些经验函数事先给出、且函数中含有待定参数的情况. 如例 3.4.2 所示, 这类问题中涉及的经验函数或拟合函数常常是非线性的, 此时, 可首先通过变量替换的方法将非线性函数线性化, 然后再用最小二乘法求解. 表 3.5 列举了几类经适当变换后化为线性拟合求解的曲线拟合方程及变换关系.

表 3.5 常见的经过变换后可用线性拟合求解的曲线方程

曲线拟合方程	变换关系	变换后线性拟合方程
$y=ae^{bx}$	$\bar{y}=\ln y$	$\bar{y}=\bar{a}+bx(\bar{a}=\ln a)$
$y=ax^{\mu}+c$	$\bar{x}=x^{\mu}$	$y=a\bar{x}+c$
$y=\dfrac{x}{ax+b}$	$\bar{y}=\dfrac{1}{y},\bar{x}=\dfrac{1}{x}$	$\bar{y}=a+b\bar{x}$
$y=\dfrac{1}{ax+b}$	$\bar{y}=\dfrac{1}{y}$	$\bar{y}=b+ax$
$y=\dfrac{1}{ax^2+bx+c}$	$\bar{y}=\dfrac{1}{y}$	$\bar{y}=ax^2+bx+c$
$y=\dfrac{x}{ax^2+bx+c}$	$\bar{y}=\dfrac{x}{y}$	$\bar{y}=ax^2+bx+c$

例 3.4.2 研究发现：单原子波函数的形式为 $y=ae^{-bx}$, 试根据实验室测量数据, 见表 3.6. 确定参数 a,b.

表 3.6 单原子波函数的测量数据

x	0	1	2	4
y	2.010	1.210	0.740	0.450

解 对公式 $y=ae^{-bx}$ 两边取对数得 $\ln y=\ln a-bx$. 若令

$$Y=\ln y,\quad a_0=\ln a,\quad a_1=-b$$

则非线性的经验函数 $y=ae^{-bx}$ 化为线性函数 $Y=a_0+a_1x$, 其中 a_0,a_1 为待定参数, 计算得 $\ln y_i$ 的值如表 3.7 所示.

表 3.7 表 3.6 中 y 的对数值

x	0	1	2	4
$\ln y_i$	0.6981	0.1906	−0.3011	−0.7985

将上表数据代入式 (3.4.11) 可得法方程组:

$$\begin{bmatrix} 4 & 7 \\ 7 & 21 \end{bmatrix}\begin{bmatrix} a_0 \\ a_1 \end{bmatrix} = \begin{bmatrix} -0.2109 \\ -3.6056 \end{bmatrix}$$

解之得 $a_0 = 0.5946, a_1 = -0.3699$.

将上述参数代入公式 $Y = a_0 + a_1 x$, 得数据拟合问题的最小二乘解

$$Y = 0.5946 - 0.3699x$$

将上式两边取指数, 得单原子波函数公式

$$y = \mathrm{e}^{0.5946-0.3699x} = 1.8123\,\mathrm{e}^{-0.3699x}$$

3.4.2 正交多项式的最小二乘拟合

用最小二乘法得到的法方程组 (3.4.11), 其系数矩阵是病态矩阵. 如果用正交多项式系作为数据拟合问题的基函数, 可以绕开求解病态法方程组的问题. 例如, 当函数系 $\{\varphi_i(x)\}_{i=0}^{n}$ 为某一关于点集 $\{x_i\}_{i=0}^{m}$ 带离散权函数 $\{\omega(x_i)\}_{i=0}^{m}\,(\omega_i > 0)$ 的正交多项式系时, 即相应点集函数的内积

$$(\boldsymbol{\varphi}_i,\ \boldsymbol{\varphi}_k) = \sum_{j=0}^{m}\omega(x_j)\varphi_i(x_j)\varphi_k(x_j) = \begin{cases} 0, & i \neq k \\ \displaystyle\sum_{j=0}^{m}\omega(x_j)\varphi_i(x_j)^2 \neq 0, & i = k \end{cases} \tag{3.4.12}$$

将式 (3.4.12) 代入方程组 (3.4.8), 得对角方程组

$$\begin{bmatrix} (\boldsymbol{\varphi}_0,\ \boldsymbol{\varphi}_0) & & & \\ & (\boldsymbol{\varphi}_1,\ \boldsymbol{\varphi}_1) & & \\ & & \ddots & \\ & & & (\boldsymbol{\varphi}_n,\ \boldsymbol{\varphi}_n) \end{bmatrix}\begin{bmatrix} a_0 \\ a_1 \\ \vdots \\ a_m \end{bmatrix} = \begin{bmatrix} (\boldsymbol{\varphi}_0,\ \boldsymbol{y}) \\ (\boldsymbol{\varphi}_1,\ \boldsymbol{y}) \\ \vdots \\ (\boldsymbol{\varphi}_n,\ \boldsymbol{y}) \end{bmatrix} \tag{3.4.13}$$

解对角方程组 (3.4.13) 得 $a_i = \dfrac{(\boldsymbol{\varphi}_i, \boldsymbol{y})}{(\boldsymbol{\varphi}_i,\ \boldsymbol{\varphi}_i)}(i = 0, 1, \cdots, n)$. 于是得最小二乘拟合函数

$$P(x) = \sum_{i=0}^{n}\frac{(\boldsymbol{\varphi}_i,\ \boldsymbol{y})}{(\boldsymbol{\varphi}_i,\ \boldsymbol{\varphi}_i)}\boldsymbol{\varphi}_i(x) \tag{3.4.14}$$

这里, $(\boldsymbol{\varphi}_i,\ \boldsymbol{y})=\sum\limits_{j=0}^{m}\omega(x_j)\varphi_i(x_j)y_j$, $(\boldsymbol{\varphi}_i,\ \boldsymbol{\varphi}_i)=\sum\limits_{j=0}^{m}\omega(x_j)\varphi_i(x_j)^2\neq 0$. 这极大简化了数据拟合问题的求解.

例 3.4.3 给定数据表 3.8, 请以表中 $\omega(x_j)$ 为权, 以关于点集 $\{x_j\}$ 正交的多项式系为基函数, 求一个二次最小二乘数据拟合多项式 $P(x)$.

表 3.8 例 3.4.3 中数据

j	0	1	2	3	4
x_j	0.0	0.25	0.5	0.75	1.0
y_j	1.0	1.2840	1.6487	2.1170	2.7183
$\omega(x_j)$	1.0	1.0	1.0	1.0	1.0

解 第一步, 先构造关于点集 $\{0.0, 0.25, 0.5, 0.75, 1.0\}$ 和权 $\omega(x_j)=1.0$ 的正交函数系 $\varphi_0(x),\varphi_1(x),\varphi_2(x)$. 根据定理 3.3, 可令

$$\varphi_0(x)=1,\quad \varphi_1(x)=(x-\alpha_1)\varphi_0(x) \tag{3.4.15}$$

其中, $\alpha_1=\dfrac{(x\boldsymbol{\varphi}_0,\boldsymbol{\varphi}_0)}{(\boldsymbol{\varphi}_0,\boldsymbol{\varphi}_0)}$. 式 (3.4.15) 中对应的点集函数

$$\boldsymbol{\varphi}_0=\begin{bmatrix}1\\1\\1\\1\\1\end{bmatrix},\quad x\boldsymbol{\varphi}_0=1\cdot\begin{bmatrix}x_0\\x_1\\x_2\\x_3\\x_4\end{bmatrix}=\begin{bmatrix}0\\0.25\\0.5\\0.75\\1\end{bmatrix}$$

将上述点集函数代入式 (3.4.15), 得 $\alpha_1=\dfrac{(x\boldsymbol{\varphi}_0,\boldsymbol{\varphi}_0)}{(\boldsymbol{\varphi}_0,\boldsymbol{\varphi}_0)}=\dfrac{2.5}{5}=\dfrac{1}{2}$, $\varphi_1(x)=x-\dfrac{1}{2}$.

根据定理 3.3, 令

$$\varphi_2(x)=(x-\alpha_2)\varphi_1(x)-\beta_1\varphi_0(x) \tag{3.4.16}$$

其中 $\alpha_2=\dfrac{(\boldsymbol{x\varphi}_1,\boldsymbol{\varphi}_1)}{(\boldsymbol{\varphi}_1,\boldsymbol{\varphi}_1)}$, $\beta_1=\dfrac{(\boldsymbol{\varphi}_1,\boldsymbol{\varphi}_1)}{(\boldsymbol{\varphi}_0,\boldsymbol{\varphi}_0)}$, 这里点集函数 $\boldsymbol{\varphi}_1=\begin{bmatrix}-0.5\\-0.25\\0\\0.5\\0.25\end{bmatrix}$, $x\boldsymbol{\varphi}_1=$

$\begin{bmatrix} 0 \\ -0.625 \\ 0 \\ 1.875 \\ 0.5 \end{bmatrix}$. 将相应的点集函数代入式 (3.4.16), 可得 $\alpha_2 = \dfrac{1}{2}, \beta_1 = \dfrac{1}{8}$, 即得

$$\varphi_2(x) = \left(x - \frac{1}{2}\right)^2 - \frac{1}{8}$$

第二步, 由 $\boldsymbol{y} = (1.0, 1.2840, 1.6487, 2.1170, 2.7183)^{\mathrm{T}}$, 得对角正规方程组

$$\begin{bmatrix} (\boldsymbol{\varphi}_0, \boldsymbol{\varphi}_0) & & \\ & (\boldsymbol{\varphi}_1, \boldsymbol{\varphi}_1) & \\ & & (\boldsymbol{\varphi}_2, \boldsymbol{\varphi}_2) \end{bmatrix} \begin{bmatrix} a_0 \\ a_1 \\ a_2 \end{bmatrix} = \begin{bmatrix} (\boldsymbol{\varphi}_0, \boldsymbol{y}) \\ (\boldsymbol{\varphi}_1, \boldsymbol{y}) \\ (\boldsymbol{\varphi}_2, \boldsymbol{y}) \end{bmatrix} \tag{3.4.17}$$

这里,

$$(\boldsymbol{\varphi}_0, \boldsymbol{\varphi}_0) = 5, \quad (\boldsymbol{\varphi}_0, \boldsymbol{y}) = 8.768$$

$$(\boldsymbol{\varphi}_1, \boldsymbol{\varphi}_1) = \sum_{j=0}^{4} \left(x_j - \frac{1}{2}\right)^2 = 0.625, \quad (\boldsymbol{\varphi}_1, \boldsymbol{y}) = \sum_{j=0}^{4} y_j \left(x_j - \frac{1}{2}\right) = 1.0674$$

$$(\boldsymbol{\varphi}_2, \boldsymbol{\varphi}_2) = \sum_{j=0}^{4} \left(\left(x_j - \frac{1}{2}\right)^2 - \frac{1}{8}\right)^2 = 0.0546875$$

$$(\boldsymbol{\varphi}_2, \boldsymbol{y}) = \sum_{j=0}^{4} y_j \left(\left(x_j - \frac{1}{2}\right)^2 - \frac{1}{8}\right) = -0.883325$$

第三步, 将上述数据代入方程组 (3.4.17) 得

$$a_0 = 1.7536, \quad a_1 = 1.7078, \quad a_2 = -16.154$$

于是所求最小二乘拟合多项式为

$$P(x) = 1.7536\varphi_0(x) + 1.7078\varphi_1(x) - 16.154\varphi_2(x)$$

3.4.3 超定方程组的最小二乘解

定义 3.15 设有线性方程组 $\boldsymbol{Ax} = \boldsymbol{b}$, 其中 $\boldsymbol{A} \in \mathbf{R}^{m\times n}$, 向量 $\boldsymbol{b} \in \mathbf{R}^m$, $\boldsymbol{x} \in \mathbf{R}^n$. 当 $m > n$, 即方程组中的方程个数大于未知量的个数时, 称此方程组为**超定方程组**.

超定方程组一般是没有精确解的矛盾方程组, 即对于任意 $\boldsymbol{x} \in \mathbf{R}^n$, 残向量 $\boldsymbol{r} = \boldsymbol{b} - \boldsymbol{Ax} \neq \mathbf{0}$. 此时可以考虑取方程组 $\boldsymbol{Ax} = \boldsymbol{b}$ 的一个近似解, 使得残向量 $\boldsymbol{r}$ 在某种范数意义下达到最小.

定义 3.16 给定矩阵 $\boldsymbol{A}\in\mathbf{R}^{m\times n}(m>n)$, 向量 $\boldsymbol{b}\in\mathbf{R}^m$, 求 $\boldsymbol{x}^*\in\mathbf{R}^n$ 使得 $\|\boldsymbol{A}\boldsymbol{x}-\boldsymbol{b}\|_2$ 达到最小, 即 $\|\boldsymbol{A}\boldsymbol{x}^*-\boldsymbol{b}\|_2=\min\limits_{\boldsymbol{x}\in\mathbf{R}^n}\|\boldsymbol{A}\boldsymbol{x}-\boldsymbol{b}\|_2$, 则 $\boldsymbol{x}^*$ 即为超定方程组 $\boldsymbol{A}\boldsymbol{x}=\boldsymbol{b}$ 的最小二乘解.

针对超定方程组最小二乘解的定义, 可以证明如下结论.

定理 3.11 当且仅当实向量 $\boldsymbol{x}^*$ 是方程组

$$\boldsymbol{A}^{\mathrm{T}}\boldsymbol{A}\boldsymbol{x}=\boldsymbol{A}^{\mathrm{T}}\boldsymbol{b} \tag{3.4.18}$$

的解时, 向量 $\boldsymbol{x}^*\in\mathbf{R}^n$ 是方程组 $\boldsymbol{A}\boldsymbol{x}=\boldsymbol{b}$ 的最小二乘解.

证明 **充分性** 已知向量 $\boldsymbol{x}^*\in\mathbf{R}^n$ 是 $\boldsymbol{A}^{\mathrm{T}}\boldsymbol{A}\boldsymbol{x}=\boldsymbol{A}^{\mathrm{T}}\boldsymbol{b}$ 的解, 则对 $\forall\tilde{\boldsymbol{x}}^*\in\mathbf{R}^n$, 有

$$\begin{aligned}\|\boldsymbol{A}\tilde{\boldsymbol{x}}^*-\boldsymbol{b}\|_2^2&=\|\boldsymbol{A}\tilde{\boldsymbol{x}}^*-\boldsymbol{A}\boldsymbol{x}^*+(\boldsymbol{A}\boldsymbol{x}^*-\boldsymbol{b})\|_2^2\\&=(\boldsymbol{A}(\tilde{\boldsymbol{x}}^*-\boldsymbol{x}^*)+(\boldsymbol{A}\boldsymbol{x}^*-\boldsymbol{b}),\ \boldsymbol{A}(\tilde{\boldsymbol{x}}^*-\boldsymbol{x}^*)+(\boldsymbol{A}\boldsymbol{x}^*-\boldsymbol{b}))\\&=\|\boldsymbol{A}(\tilde{\boldsymbol{x}}^*-\boldsymbol{x}^*)\|_2^2+2(\tilde{\boldsymbol{x}}^*-\boldsymbol{x}^*,\ \boldsymbol{A}^{\mathrm{T}}\boldsymbol{A}\boldsymbol{x}^*-\boldsymbol{A}^{\mathrm{T}}\boldsymbol{b})+\|\boldsymbol{A}\boldsymbol{x}^*-\boldsymbol{b}\|_2^2\end{aligned}$$

这里, $(\boldsymbol{x},\boldsymbol{y})=\boldsymbol{x}^{\mathrm{T}}\boldsymbol{y}$ 表示向量 $\boldsymbol{x}$ 与 $\boldsymbol{y}$ 的内积.

由于 $\boldsymbol{\xi}$ 是方程组 $\boldsymbol{A}^{\mathrm{T}}\boldsymbol{A}\boldsymbol{x}=\boldsymbol{A}^{\mathrm{T}}\boldsymbol{b}$ 的解, 则 $\boldsymbol{A}^{\mathrm{T}}\boldsymbol{A}\boldsymbol{x}^*-\boldsymbol{A}^{\mathrm{T}}\boldsymbol{b}=\boldsymbol{0}$, 于是任意向量与向量 $\boldsymbol{A}^{\mathrm{T}}\boldsymbol{A}\boldsymbol{x}^*-\boldsymbol{A}^{\mathrm{T}}\boldsymbol{b}$ 的内积均等于 0, 所以

$$(\tilde{\boldsymbol{x}}^*-\boldsymbol{x}^*,\ \boldsymbol{A}^{\mathrm{T}}\boldsymbol{A}\boldsymbol{x}^*-\boldsymbol{A}^{\mathrm{T}}\boldsymbol{b})=0$$

即对 $\forall\tilde{\boldsymbol{x}}^*\in\mathbf{R}^n$, 有

$$\|\boldsymbol{A}\tilde{\boldsymbol{x}}^*-\boldsymbol{b}\|_2^2=\|\boldsymbol{A}(\tilde{\boldsymbol{x}}^*-\boldsymbol{x}^*)\|_2^2+\|\boldsymbol{A}\boldsymbol{x}^*-\boldsymbol{b}\|_2^2\geqslant\|\boldsymbol{A}\boldsymbol{x}^*-\boldsymbol{b}\|_2^2$$

根据定义 3.16, 即有

$$f(\boldsymbol{x}^*)=\min_{\boldsymbol{x}\in\mathbf{R}^n}f(\boldsymbol{x})$$

即向量 $\boldsymbol{x}^*$ 是方程组 $\boldsymbol{A}\boldsymbol{x}=\boldsymbol{b}$ 的最小二乘解.

必要性 令 $g(\boldsymbol{x})=\|\boldsymbol{A}\boldsymbol{x}-\boldsymbol{b}\|_2^2$, 显然 $g(\boldsymbol{x})=\sum\limits_{k=1}^{m}\left(\sum\limits_{j=1}^{n}a_{kj}x_j-b_k\right)^2$ 是以 $x_1,x_2,\cdots,x_n$ 为自变量的多元函数, 这里 $\boldsymbol{x}=(x_1,x_2,\cdots,x_n)^{\mathrm{T}}$.

若向量 $\boldsymbol{x}^* \in \mathbf{R}^n$ 是方程组 $\boldsymbol{Ax}=\boldsymbol{b}$ 的一个最小二乘解, 则函数 $g(\boldsymbol{x})$ 必然在向量 $\boldsymbol{x}=\boldsymbol{x}^*$ 处取得极小值, 这里 $\boldsymbol{x}^*=(x_1^*, x_2^*, \cdots, x_n^*)^{\mathrm{T}}$. 根据多元函数取极值的必要条件, 得

$$\left.\frac{\partial g(\boldsymbol{x})}{\partial x_i}\right|_{x_i=x_i^*}=0, \quad i=1,2,\cdots,n$$

事实上, 由于

$$\begin{aligned}
\frac{\partial g(\boldsymbol{x})}{\partial x_i} &= \frac{\partial}{\partial x_i}\left[\sum_{k=1}^{m}\left(\sum_{j=1}^{n} a_{kj}x_j-b_k\right)^2\right]=\sum_{k=1}^{m}\frac{\partial}{\partial x_i}\left(\sum_{j=1}^{n} a_{kj}x_j-b_k\right)^2 \\
&= \sum_{k=1}^{m} 2\left(\sum_{j=1}^{n} a_{kj}x_j-b_k\right)\frac{\partial}{\partial x_i}\left(\sum_{j=1}^{n} a_{kj}x_j-b_k\right) \\
&= 2\sum_{k=1}^{m} a_{ki}\left(\sum_{j=1}^{n} a_{kj}x_j-b_k\right) \\
&= 2\left[\sum_{k=1}^{m} a_{ki}\sum_{j=1}^{n} a_{kj}x_j-\sum_{k=1}^{m} a_{ki}b_k\right], \quad i=1,2,\cdots,n
\end{aligned}$$

因此将 $x_j=x_j^*$ 代入上式, 得

$$\sum_{k=1}^{m} a_{ki}\sum_{j=1}^{n}(a_{kj}x_j^*)-\sum_{k=1}^{m}(a_{ki}b_k)=0, \quad i=1,2,\cdots,n$$

将上式写成方程组的形式, 即有

$$\boldsymbol{A}^{\mathrm{T}}\boldsymbol{A}\boldsymbol{x}^*-\boldsymbol{A}^{\mathrm{T}}\boldsymbol{b}=\mathbf{0}$$

即向量 $\boldsymbol{x}^*$ 是方程组 $\boldsymbol{A}^{\mathrm{T}}\boldsymbol{A}\boldsymbol{x}=\boldsymbol{A}^{\mathrm{T}}\boldsymbol{b}$ 的解. 证毕.

线性方程组 $\boldsymbol{A}^{\mathrm{T}}\boldsymbol{A}\boldsymbol{x}=\boldsymbol{A}^{\mathrm{T}}\boldsymbol{b}$ 称为方程组 $\boldsymbol{Ax}=\boldsymbol{b}$ 的**正规方程组**或**法方程组**. 定理 3.11 说明: 可以将求线性方程组 $\boldsymbol{Ax}=\boldsymbol{b}$ 的最小二乘解的问题, 转化为求其法方程组 $\boldsymbol{A}^{\mathrm{T}}\boldsymbol{A}\boldsymbol{x}=\boldsymbol{A}^{\mathrm{T}}\boldsymbol{b}$ 在 “传统意义” 上解的问题. 由定理 3.11 也容易得到如下推论.

推论 3.3 设 $\boldsymbol{A}\in\mathbf{R}^{m\times n}$, 且 $\mathrm{rank}(\boldsymbol{A})=n$, 则超定方程组 $\boldsymbol{Ax}=\boldsymbol{b}$ 有唯一的最小二乘解

$$\boldsymbol{x}^*=(\boldsymbol{A}^{\mathrm{T}}\boldsymbol{A})^{-1}\boldsymbol{A}\boldsymbol{b} \tag{3.4.19}$$

证明 显然 $\mathrm{rank}(\boldsymbol{A}^{\mathrm{T}}\boldsymbol{A})=\mathrm{rank}(\boldsymbol{A})=n$, 因此法方程组的系数矩阵 $\boldsymbol{A}^{\mathrm{T}}\boldsymbol{A}$ 满秩, 法方程组有唯一解, 即为唯一的最小二乘解.

例 3.4.4 求如下超定方程组的最小二乘解：

$$\begin{cases} 2x_1 + 4x_2 = 11 \\ 3x_1 - 5x_2 = 3 \\ x_1 + 2x_2 = 6 \\ 2x_1 + x_2 = 7 \end{cases}$$

解 将方程组写成矩阵形式

$$\begin{bmatrix} 2 & 4 \\ 3 & -5 \\ 1 & 2 \\ 2 & 1 \end{bmatrix} \begin{bmatrix} x_1 \\ x_2 \end{bmatrix} = \begin{bmatrix} 11 \\ 3 \\ 6 \\ 7 \end{bmatrix}$$

对应法方程组为

$$\begin{bmatrix} 2 & 3 & 1 & 2 \\ 4 & -5 & 2 & 1 \end{bmatrix} \begin{bmatrix} 2 & 4 \\ 3 & -5 \\ 1 & 2 \\ 2 & 1 \end{bmatrix} \begin{bmatrix} x_1 \\ x_2 \end{bmatrix} = \begin{bmatrix} 2 & 3 & 1 & 2 \\ 4 & -5 & 2 & 1 \end{bmatrix} \begin{bmatrix} 11 \\ 3 \\ 6 \\ 7 \end{bmatrix}$$

即为

$$\begin{bmatrix} 18 & -3 \\ -3 & 46 \end{bmatrix} \begin{bmatrix} x_1 \\ x_2 \end{bmatrix} = \begin{bmatrix} 51 \\ 48 \end{bmatrix}$$

解出 $x_1 = 3.0403$, $x_2 = 1.2418$, 即为原方程组的最小二乘解.

3.5 气象案例

案例 1 已知 1992 年至 2022 年上海年平均气温如表 3.9 所示, 试用线性倾向估计分析上海平均气温该时段内的变化趋势.

表 3.9 1992 年至 2022 年上海年平均气温序列 (°C)

1992—2001	16.09	15.88	17.29	16.44	16.30	17.02	17.81	16.81	17.23	17.18
2002—2011	17.69	17.13	17.55	17.16	17.97	18.19	17.29	17.46	17.27	16.99
2012—2021	16.91	17.61	17.03	17.03	17.66	17.79	17.73	17.41	17.83	18.16
2022	18.03									

解 本问题可看作求参数 a^*, b^*, 使误差函数 $r_2(a,b) = \sum\limits_{i=1}^{31}(a+bt_i-y_i)^2$ 在 (a^*, b^*) 处取最小值. 本题将每年的平均气温视为具有相同的权重值, $\omega(t_i) = 1$, $i = 1, 2, \cdots, 31$.

由 (3.4.5) 得如下法方程组

$$\begin{bmatrix} 31 & \sum\limits_{i=1}^{31} t_i \\ \sum\limits_{i=1}^{31} t_i & \sum\limits_{i=1}^{31} t_i^2 \end{bmatrix} \begin{bmatrix} a^* \\ b^* \end{bmatrix} = \begin{bmatrix} \sum\limits_{i=1}^{31} y_i \\ \sum\limits_{i=1}^{31} t_i y_i \end{bmatrix}$$

将表 3.9 中数据代入上述法方程组, 求解可得 $a^* = 16.608, b^* = 0.04$, 将参数代入函数 $\varphi(t)$, 得拟合问题的最小二乘拟合为 $\varphi(t) = 16.608 + 0.04t$, 可认为这一时段上海平均气温每年约增长 0.04℃.

案例 2 因变量 y 为长江中下游夏季 (6 至 8 月) 降水量, 3 个自变量分别为: 冬季 (12 月至翌年 2 月) 北太平洋涛动指数 x_1、1 月太平洋地区极涡面积指数 x_2、5 月西太平洋副高脊线 x_3, 数据如表 3.10 所示. 取 1953 至 1996 年观测样本, 建立夏季降水的多元线性回归方程 $y = a_0 + a_1x_1 + a_2x_2 + a_3x_3$(魏凤英, 2007).

表 3.10 长江中下游夏季降水量实验数据

	203	250	220	212	212	172	225	220	217	238
	199	195	222	224	229	216	201	199	227	195
x_1	192	215	203	213	221	216	228	208	202	239
	204	240	209	234	247	234	222	202	211	212
	241	220	226	219						
	109	−6	−61	−272	−180	33	−64	79	83	−85
	−78	97	−69	5	47	−102	−91	86	−96	−133
x_2	1	−66	44	2	158	81	−8	−33	33	−108
	134	8	−18	138	166	120	−16	−13	−48	91
	8	16	41	29						
	105	95	90	100	149	115	108	108	99	105
	105	109	140	133	149	149	105	109	140	134
x_3	105	149	113	149	105	100	99	100	105	100
	99	110	105	145	90	105	120	115	105	90
	90	90	90	105						
	446	1000	576	496	477	349	367	398	373	570
	378	416	477	364	342	388	778	526	395	370
y	527	497	548	407	605	269	458	775	371	550
	662	512	370	481	558	478	606	433	552	466
	688	522	601	705						

解 根据表 3.10 的 44 组数据, 将 3 个自变量和 1 个因变量的值分别代入回归方程 $y = a_0 + a_1x_1 + a_2x_2 + a_3x_3$, 可以得到一个线性方程组 $\boldsymbol{Ax} = \boldsymbol{b}$. 该方程组包含 44 个方程, 只有 4 个未知量, 属于超定方程组, 没有精确解, 但可以在最小二乘意义下得到最优解.

根据定理 3.11, 求解线性方程组 (3.4.18), 可得 $a_0 = 287.435$, $a_1 = 2.4959$, $a_2 = -1.946$, $a_3 = -2.9008$, 即多元线性回归方程为 $y = 287.435 + 2.4959x_1 - 1.946x_2 - 2.9008x_3$.

习 题 3

1. 求下列线性方程组的最小二乘解:

(1) $\begin{cases} x_1 - 2x_2 + 3x_3 - x_4 = 1, \\ 2x_1 + x_2 + 2x_3 - 2x_4 = 3, \\ 3x_1 - x_2 + 5x_3 - 3x_4 = 2; \end{cases}$

(2) $\begin{cases} x_1 - 2x_2 + 3x_3 = 1, \\ x_2 + 2x_3 - 2x_4 = 3, \\ 3x_3 - 2x_4 = 2, \\ 5x_3 - 8x_4 = 7, \\ 2x_1 - x_2 - 4x_4 = 2. \end{cases}$

2. 设 $\boldsymbol{A} \in \mathbf{R}^{m\times n}, \boldsymbol{b}_1, \boldsymbol{b}_2, \cdots, \boldsymbol{b}_r \in \mathbf{R}^m$, 试证: 欲 $\boldsymbol{x} \in \mathbf{R}^n$ 使 $\sum\limits_{i=1}^{r} \|\boldsymbol{Ax} - \boldsymbol{b}_i\|_2^2$ 取极小值, 当且仅当 $\boldsymbol{x} \in \mathbf{R}^n$ 是方程组 $\boldsymbol{Ax} = \dfrac{1}{r}\sum\limits_{i=1}^{r} \boldsymbol{b}_i$ 的最小二乘解.

3. 已知实验数据

x_i	0.1	0.3	0.5	0.7	0.9
$f(x_i)$	5.1234	5.5687	6.4370	7.9493	10.3627

试求最小二乘拟合二次多项式 (计算结果取 4 位小数).

4. 在某实验过程中, 对物体的长度分别进行了 n 次测量, 测得的 n 个数据为 $x_1, x_2, \cdots, x_n$, 通常将它们的平均值

$$\bar{x} - \frac{1}{n}(x_1 + x_2 + \cdots + x_n)$$

作为该物体的长度值, 试说明理由.

5. 对于实验数据

x_i	0	1	2	3	4
$f(x_i)$	2.00	2.05	3.00	9.60	34.0

已知其经验公式为 $y = a + bx^2$, 试用最小二乘法确定 a, b(计算过程中取 2 位小数).

6. 在某项科学实验中, 需要观察水的渗透速度, 测得时间 t 与水的重量的数据如下:

t/s	1	2	4	8	16	32	64
w/g	4.22	4.02	3.85	3.59	3.44	3.02	2.59

已知 t 与 w 之间有关系 $w = ct^{\lambda}$, 试用最小二乘法确定待定参数 c 和 λ(计算过程中保留 2 位小数).

7. 证明 $T_n(x) = \cos(n \arccos x)(x \in [-1, 1])$ 是 n 次多项式, 且首项系数为 2^{n-1}.

8. 在区间 $[-1, 1]$ 上利用余项极小化原理求函数 $f(x) = \arctan x$ 的三次插值多项式.

9. 在区间 $[0, 1]$ 上利用余项极小化原理求函数 $f(x) = \mathrm{e}^x$ 的二次插值多项式.

10. 求 a, b, c, 使 $\displaystyle\int_1^{-1} (|x| - a - bx^2 - cx^4)^2 \mathrm{d}x$ 最小.

11. 选取常数 a, b, c 使 $\displaystyle\int_0^{\frac{\pi}{2}} (ax^2 + bx + c - \sin x)^2 \mathrm{d}x$ 取最小值.

12. 构造闭区间 $[0, 1]$ 上的正交多项式, 并用以求函数 $y = \arctan x$ 在 $[0, 1]$ 上的一次最佳平方逼近多项式.

13. 求 $f(x) = \sqrt{x}$ 在区间 $[0, 1]$ 上的一次最佳平方逼近多项式.

14. 求函数 $f(x) = x\mathrm{e}^x$ 在区间 $[0, 1.5]$ 上的三次近似最佳逼近多项式.

15. 求函数 $f(x) = x^{-1}$ 在区间 $[1, 2]$ 上的零次和一次最佳一致逼近多项式.

16. 设 $f(x)$ 在区间 $[a, b]$ 上连续, 试证明 $p(x) = \dfrac{M + m}{2}$ 是 $f(x)$ 的零次最佳一致逼近多项式, 其中 M 与 m 分别为 $f(x)$ 在区间 $[a, b]$ 上的最大和最小值.

第 4 章 Chapter 数值积分与数值微分

许多实际问题常常要计算定积分. 假设 $f(x)$ 在区间 $[a,b]$ 可积, 对于积分

$$I(f)=\int_a^b f(x)\mathrm{d}x$$

如果能找到 $f(x)$ 的原函数 $F(x)$, 可以直接利用牛顿-莱布尼茨 (Newton-Leibniz) 公式得

$$I(f)=\int_a^b f(x)\mathrm{d}x=F(b)-F(a)$$

但是, 在实际问题中, 使用这种方法往往有困难, 原因如下:

(1) 有些被积函数的原函数不能用初等函数表示, 如 $\cos x^2$, $\dfrac{\sin x}{x}$ 等;

(2) 有些被积函数的原函数能用初等函数表示, 但表达式很复杂, 例如 $f(x)=\dfrac{1}{1+x^6}$, 原函数为

$$F(x)=\frac{1}{3}\arctan x+\frac{1}{6}\arctan\left(x-\frac{1}{x}\right)+\frac{1}{4\sqrt{3}}\ln\frac{x^2+x\sqrt{3}+1}{x^2-x\sqrt{3}+1}+C$$

(3) 有些被积函数没有具体的表达式, 仅由数据表给出.

因此有必要研究求解定积分的数值方法.

4.1 插值型数值求积公式

4.1.1 数值求积公式

由积分第一中值定理, 若被积函数 $f(x)$ 在闭区间 $[a,b]$ 上连续, 则在开区间 (a,b) 内存在一点 ξ, 使得

$$I(f)=\int_a^b f(x)\mathrm{d}x=(b-a)f(\xi) \tag{4.1.1}$$

但 ξ 的具体位置一般难以确定, 因而难以准确地计算 $f(\xi)$ 的值. 不妨设 $f(x)>0$, $x\in(a,b)$. 一般情况下, 定积分 $I(f)=\int_a^b f(x)\mathrm{d}x$ 的几何意义为曲线 $y=f(x)$ 对应的曲边梯形的面积. 由积分中值定理, 曲边梯形的面积等于底为 $b-a$, 高为 $f(\xi)$ 的矩形面积. 因此, 只要对平均高度 $f(\xi)$ 提出一种近似算法, 就可以得到一种数值求积公式.

在式 (4.1.1) 中, 如果用中点 $\dfrac{a+b}{2}$ 的函数值作为平均高度的近似值, 即 $\xi\approx\dfrac{a+b}{2}$, 得数值求积公式

$$I(f)=\int_a^b f(x)\mathrm{d}x\approx(b-a)f\left(\frac{a+b}{2}\right)\tag{4.1.2}$$

上式右端可认为是底为 $b-a$, 高为 $f\left(\dfrac{a+b}{2}\right)$ 的矩形面积, 称式 (4.1.2) 为**中矩形公式**.

如图 4.1 所示, 中矩形公式的几何意义也可以理解为, 用过点 $\left(\dfrac{a+b}{2}, f\left(\dfrac{a+b}{2}\right)\right)$ 的水平直线 $y=f\left(\dfrac{a+b}{2}\right)$ 近似代替曲线 $y=f(x)$, 用 $f\left(\dfrac{a+b}{2}\right)$ 在闭区间 $[a,b]$ 上的积分近似代替 $f(x)$ 在 $[a,b]$ 上的积分.

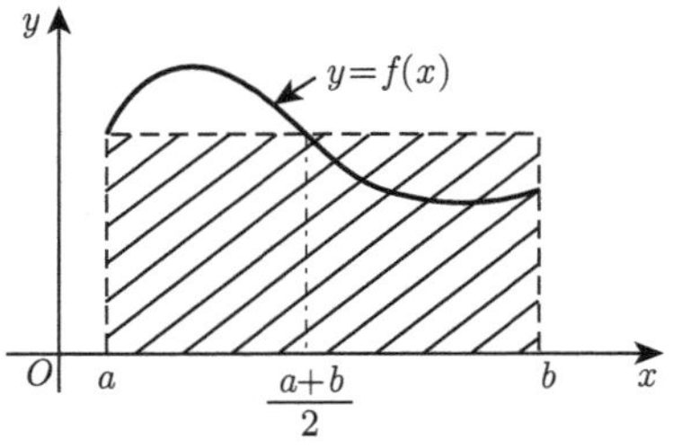

图 4.1 中矩形公式的几何解释

在式 (4.1.1) 中, 如果取两个端点函数值 $f(a),f(b)$ 的算术平均值来近似平均高度 $f(\xi)$, 即 $f(\xi)\approx\dfrac{f(a)+f(b)}{2}$, 可得数值求积公式

$$\int_a^b f(x)\mathrm{d}x\approx(b-a)\frac{f(a)+f(b)}{2}\tag{4.1.3}$$

式 (4.1.3) 称为**梯形公式**. 如图 4.2 所示, 梯形公式的几何意义是, 用梯形的面积近似原来曲边梯形的面积. 梯形公式本质上是在区间 $[a,b]$ 上用经过两个端点

的直线

$$y = f(a) + \frac{f(b) - f(a)}{b - a}(x - a)$$

近似代替曲线 $y = f(x)$, 用其积分近似代替 $f(x)$ 的积分.

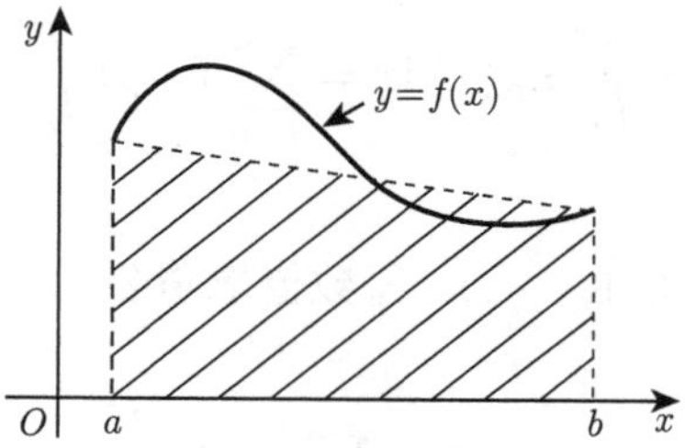

图 4.2 梯形公式的几何解释

为了更好的近似平均斜率, 可以用区间 $[a, b]$ 内更多点函数值适当的线性组合来近似, 则可得数值求积公式

$$I_n(f) = \sum_{k=0}^{n} A_k f(x_k)$$

其中 $x_k, k = 0, 1, \cdots, n$ 称为**求积节点**, $A_k, k = 0, 1, \cdots, n$ 称为**求积系数**. 如何确定求积节点和求积系数呢? 由于多项式函数容易积分, 而且计算方便, 因此更一般地, 我们可以在区间 $[a, b]$ 上选取更多节点作为插值节点, 用该插值多项式代替 $f(x)$ 在区间 $[a, b]$ 上积分, 以得到近似效果更理想的数值求积公式.

4.1.2 插值型求积公式

取区间 $[a, b]$ 上的 $n+1$ 个互异节点 $a \leqslant x_0 < x_1 < x_2 < \cdots < x_n \leqslant b$, 若已知这些节点处的函数值 $f(x_0), f(x_1), f(x_2), \cdots, f(x_n)$, 则利用插值法的知识, 可得函数 $f(x)$ 在 $[a, b]$ 上的 n 次 Lagrange 插值多项式

$$L_n(x) = \sum_{k=0}^{n} l_k(x) f(x_k)$$

其中插值基函数 $l_k(x) = \prod\limits_{\substack{j=0 \\ j \neq k}}^{n} \dfrac{x - x_j}{x_k - x_j}, k = 0, 1, \cdots, n$. 插值多项式 $L_n(x)$ 的余项为

$$R_n(x) = f(x) - L_n(x) = \frac{f^{(n+1)}(\xi)}{(n+1)!}\omega_{n+1}(x), \quad \xi \in (a, b)$$

其中 $\omega_{n+1}(x)=\prod_{j=0}^{n}(x-x_j)$.

因为多项式积分很容易求出, 接下来, 用插值多项式 $L_n(x)$ 代替函数 $f(x)$, 在区间 $[a,b]$ 上求积分, 有

$$I_n(f)=\int_a^b L_n(x)\mathrm{d}x=\sum_{k=0}^{n}f(x_k)\int_a^b l_k(x)\mathrm{d}x$$

记 $A_k=\int_a^b l_k(x)\mathrm{d}x, k=0,1,\cdots,n$, 得数值求积公式

$$I_n(f)=\sum_{k=0}^{n}A_kf(x_k) \tag{4.1.4}$$

式 (4.1.4) 称为**插值型求积公式**.

插值型求积公式可以理解为用 $n+1$ 个函数值的加权平均来近似平均高度 $f(\xi)$. 插值型求积公式 (4.1.4) 的误差称为**积分余项**

$$R_n[f]=\int_a^b(f(x)-L_n(x))\mathrm{d}x=\int_a^b\frac{f^{(n+1)}(\xi)}{(n+1)!}\omega_{n+1}(x)\mathrm{d}x,\quad \xi\in(a,b) \tag{4.1.5}$$

所以对任意被积函数 $f(x)$, 总是有

$$I(f)=\int_a^b f(x)\mathrm{d}x=\sum_{k=0}^{n}A_kf(x_k)+\int_a^b\frac{f^{(n+1)}(\xi)}{(n+1)!}\omega_{n+1}(x)\mathrm{d}x \tag{4.1.6}$$

4.1.3 数值求积公式的代数精度

如果定积分的精确解等于数值求积公式算得的近似解, 即积分余项等于零, 我们称为**准确成立**. 为保证数值求积公式的精度, 我们自然希望数值求积公式对尽可能多的被积函数都准确成立. 根据 Weierstrass 定理, 连续函数可以被多项式任意逼近. 因此, 如果一个数值求积公式能对次数比较高的多项式都准确成立, 我们就可以认为这个数值求积公式的精度比较高. 根据这个想法, 引入代数精度的概念.

定义 4.1 如果数值求积公式对于次数不超过 m 的多项式均能准确成立, 但对于某个 $m+1$ 次多项式不准确成立, 则称该数值求积公式具有 m **次代数精度**.

要验证某个数值求积公式 $I_n(f)$ 具有 m 次代数精度, 理论上需要验证 $I_n(f)$ 对所有不超过 m 次的多项式准确地等于精确解 $I(f)$. 而根据多项式的可加性, 只要依次令

$$f(x)=1,x,x^2,\cdots,x^m$$

验证数值求积公式都准确成立, 而当 $f(x)=x^{m+1}$ 时, 不再准确成立, 则可断定该数值求积公式具有 m 次代数精度.

对插值型求积公式 (4.1.4), 从积分余项 (4.1.5) 容易看出, 对于所有不超过 n 次的多项式, 积分余项等于零, 因此插值型求积公式 (4.1.4) 代数精度至少为 n.

定理 4.1 $n+1$ 个求积节点的数值求积公式 $I_n(f)=\sum\limits_{k=0}^{n}A_kf(x_k)$ 至少具有 n 次代数精度的充分必要条件是它是插值型的.

证明 充分性 若数值求积公式是插值型的, 由积分余项 (4.1.5), 当被积函数 $f(x)$ 是不超过 n 次的多项式时, 有 $f^{(n+1)}(x)=0$, 则

$$R_n[f]=0$$

代入公式 (4.1.6) 得

$$I(f)=\sum_{k=0}^{n}A_kf(x_k)+R_n[f]=\sum_{k=0}^{n}A_kf(x_k)=I_n(f)$$

即对不超过 n 次的多项式 $f(x)$, 其插值型求积公式准确成立, 所以插值型求积公式 $I_n(f)=\sum\limits_{k=0}^{n}A_kf(x_k)$ 的代数精度至少为 n.

必要性 若数值求积公式 $I_n(f)=\sum\limits_{k=0}^{n}A_kf(x_k)$ 至少具有 n 次代数精度, 则 $I_n(f)$ 对所有次数不超过 n 的多项式都准确成立, 取 $f(x)=l_j(x)$, $l_j(x)=\prod\limits_{\substack{i=0\\i\neq j}}^{n}\dfrac{x-x_i}{x_j-x_i}$, $j=0,1,\cdots,n$ 为任意一个插值基函数, 数值求积公式也准确成立, 即有

$$\int_a^b l_j(x)\mathrm{d}x=\sum_{k=0}^{n}A_kl_j(x_k)$$

根据插值基函数的性质

$$l_j(x_k)=\delta_{jk}=\begin{cases}1, & j=k\\ 0, & j\neq k\end{cases}$$

得

$$\int_a^b l_j(x)\mathrm{d}x = \sum_{k=0}^{n} A_k l_j(x_k) = A_j, \quad j = 0, 1, \cdots, n$$

故根据插值型求积公式的定义 (4.1.4), 该数值求积公式是插值型的.

易验证, 中矩形公式 (4.1.2) 和梯形公式 (4.1.3) 均具有一次代数精度. 一般地, 因为 $n > 0$, 数值求积公式 (4.1.4) 对 $f(x) = 1$ 准确成立, 即

$$\int_a^b 1\mathrm{d}x = b - a = \sum_{k=0}^{n} A_k$$

则求积系数的和等于积分区间长度.

代数精度的概念还可以用来确定数值求积公式中待定求积系数和求积节点. 事实上, 若已知数值求积公式

$$I(f) = \int_a^b f(x)\mathrm{d}x \approx \sum_{k=0}^{L} A_k f(x_k) \tag{4.1.7}$$

的代数精度为 m, 则数值求积公式对 $f(x) = 1, x, x^2, \cdots, x^m$ 准确成立, 则待定的求积系数 A_k 和求积节点 x_k 应满足如下非线性方程组:

$$\begin{cases} \displaystyle\sum_{k=0}^{L} A_k = b - a \\ \displaystyle\sum_{k=0}^{L} A_k x_k = \frac{1}{2}(b^2 - a^2) \\ \qquad\qquad \cdots\cdots \\ \displaystyle\sum_{k=0}^{L} A_k x_k^m = \frac{1}{m+1}(b^{m+1} - a^{m+1}) \end{cases} \tag{4.1.8}$$

当未知求积系数和求积节点的个数与方程个数相等时, 理论上可通过求解方程组 (4.1.8) 得到系数 A_k 和求积节点 x_k, 这种确定数值求积公式 (4.1.7) 的方法称为**待定系数法**. 对一些低阶的数值求积公式可以用待定系数法确定求积系数和求积节点. 特别地, 如果我们已经选定了求积节点, 比如积分区间上的等距节点, 通过求解上述方程组, 也可以确定求积系数.

例 4.1.1 证明数值求积公式 $S(f) = \dfrac{b-a}{6}\left[f(a) + 4f\left(\dfrac{a+b}{2}\right) + f(b)\right]$ 具有三次代数精度.

证明 令 $f(x) = 1$, 分别代入 $I(f)$ 和 $S(f)$, 有

$$I(f) = \int_a^b 1\mathrm{d}x = b - a = \frac{b-a}{6}(1+4+1) = S(f)$$

令 $f(x) = x$, 得

$$I(f) = \int_a^b x\,\mathrm{d}x = \frac{1}{2}(b^2 - a^2) = \frac{b-a}{6}\,[a + 2(b+a) + b] = S(f)$$

令 $f(x) = x^2$, 得

$$I(f) = \int_a^b x^2\,\mathrm{d}x = \frac{1}{3}(b^3 - a^3) = \frac{b-a}{6}\left[a^2 + (a+b)^2 + b^2\right] = S(f)$$

令 $f(x) = x^3$, 得

$$I(f) = \int_a^b x^3\,\mathrm{d}x = \frac{1}{4}(b^4 - a^4) = S(f)$$

因此, 数值求积公式 $S(f)$ 至少具有三次代数精度. 令 $f(x) = x^4$, 再次代入 $I(f)$ 和 $S(f)$, 得

$$I(f) = \int_a^b x^4\,\mathrm{d}x = \frac{1}{5}(b^5 - a^5)$$

$$S(f) = \frac{b-a}{6}\left[a^4 + \frac{(a+b)^4}{4} + b^4\right] \neq I(f)$$

由定义 4.1, 数值求积公式 $S(f)$ 有且仅有三次代数精度.

4.1.4 数值求积公式的数值稳定性

现在我们考虑计算 $I_n(f) = \sum\limits_{k=0}^{n} A_k f(x_k)$ 的过程中, 舍入误差或者观测误差对计算结果的影响, 这就是数值求积公式的数值稳定性问题.

定义 4.2 对任意 $\varepsilon > 0$, 若存在 $\delta > 0$, 只要函数值 $f(x_k)$ 和它的近似值 $\tilde{f}(x_k)$ 满足 $\left|f(x_k) - \tilde{f}(x_k)\right| \leqslant \delta, k = 0, 1, \cdots, n$, 有

$$\left|I_n(f) - I_n(\tilde{f})\right| = \left|\sum_{k=0}^{n} A_k\left(f(x_k) - \tilde{f}(x_k)\right)\right| \leqslant \varepsilon$$

则称数值求积公式 $I_n(f) = \sum\limits_{k=0}^{n} A_k f(x_k)$ 是**数值稳定的**.

定理 4.2 若数值求积公式中求积系数 $A_k, k=0,1,\cdots,n$ 都大于零, 则数值求积公式是数值稳定的.

证明 若求积系数 $A_k, k=0,1,\cdots,n$ 都大于零, 对任意 $\varepsilon>0$, 取 $\delta=\dfrac{\varepsilon}{b-a}$, 若对每个求积节点都有 $\left|f(x_k)-\tilde{f}(x_k)\right|\leqslant\delta$, 则有

$$\begin{aligned}\left|I_n(f)-I_n(\tilde{f})\right| &= \left|\sum_{k=0}^{n}A_k\left(f(x_k)-\tilde{f}(x_k)\right)\right| \leqslant \sum_{k=0}^{n}|A_k|\left|f(x_k)-\tilde{f}(x_k)\right| \\ &\leqslant \delta\sum_{k=0}^{n}A_k=\delta(b-a)=\varepsilon\end{aligned}$$

因此, 求积系数都大于零的数值求积公式是数值稳定的.

特别地, 当求积系数出现负值时,

$$\sum_{k=0}^{n}|A_k|>\sum_{k=0}^{n}A_k=b-a$$

假设 $A_k\left(f(x_k)-\tilde{f}(x_k)\right)>0, k=0,1,\cdots,n$, 且函数值误差满足 $\left|f(x_k)-\tilde{f}(x_k)\right|=\delta$, 则有

$$\begin{aligned}\left|I_n(f)-I_n(\tilde{f})\right| &= \left|\sum_{k=0}^{n}A_k\left(f(x_k)-\tilde{f}(x_k)\right)\right| = \sum_{k=0}^{n}A_k\left(f(x_k)-\tilde{f}(x_k)\right) \\ &= \sum_{k=0}^{n}|A_k|\left|f(x_k)-\tilde{f}(x_k)\right| = \delta\sum_{k=0}^{n}|A_k|>(b-a)\delta\end{aligned}$$

它表明函数值的很小误差有可能会对数值积分结果带来很大影响, 即不保证数值稳定.

4.2 Newton-Cotes 求积公式

4.2.1 Newton-Cotes 求积公式

对插值型求积公式, 求积节点 x_k 只要互异就行, 但实际应用中, 我们习惯采用等距节点. 若将积分区间 $[a,b]$ n 等分, 取等距节点

$$x_k=a+kh, \quad k=0,1,2,\cdots,n$$

其中 $h=\dfrac{b-a}{n}$ 称为步长.

基于等距节点 $x_k, k=0,1,2,\cdots,n$ 构造的插值型求积公式为

$$I_n(f)=\sum_{k=0}^{n}A_kf(x_k)$$

其中 $A_k=\int_a^b l_k(x)\mathrm{d}x =\int_a^b\prod_{\substack{j=0\\j\neq k}}^{n}\frac{x-x_j}{x_k-x_j}\mathrm{d}x$, 若令

$$C_k^{(n)}=\frac{A_k}{b-a}=\frac{1}{b-a}\int_a^b\prod_{\substack{j=0\\j\neq k}}^{n}\frac{x-x_j}{x_k-x_j}\,\mathrm{d}x,\quad k=0,1,\cdots,n \tag{4.2.1}$$

得数值求积公式

$$I_n(f)=(b-a)\sum_{k=0}^{n}C_k^{(n)}f(x_k) \tag{4.2.2}$$

称式 (4.2.2) 为牛顿-柯特斯 (Newton-Cotes) **求积公式**, 其中 $C_k^{(n)}, k=0,1,\cdots,n$ 称为 **Cotes 系数**.

由于 Cotes 系数 (4.2.1) 的计算是多项式积分, 所以不会有实质性困难. 引入变换

$$x=a+th,\quad 0\leqslant t\leqslant n$$

代入式 (4.2.1), 得

$$C_k^{(n)}=\frac{1}{b-a}\int_0^n\prod_{\substack{j=0\\j\neq k}}^{n}\frac{(t-j)h}{(k-j)h}h\mathrm{d}t=\frac{(-1)^{n-k}}{nk!(n-k)!}\int_0^n\prod_{\substack{j=0\\j\neq k}}^{n}(t-j)\mathrm{d}t \tag{4.2.3}$$

当 $n=1$ 时, 根据式 (4.2.3) 易得两个 Cotes 系数: $C_0^{(1)}=C_1^{(1)}=\dfrac{1}{2}$. 代入式 (4.2.2), 此时 Newton-Cotes 公式就是我们熟悉的**梯形公式**, 记为

$$T(f)=\frac{b-a}{2}\left[f(a)+f(b)\right] \tag{4.2.4}$$

当 $n=2$ 时, 根据式 (4.2.3), 三个 Cotes 系数为

$$C_0^{(2)}=\frac{1}{4}\int_0^2(t-1)(t-2)\mathrm{d}t=\frac{1}{6}$$

$$C_1^{(2)}=-\frac{1}{2}\int_0^2 t(t-2)\mathrm{d}t=\frac{4}{6}$$

$$C_2^{(2)} = \frac{1}{4}\int_0^2 t(t-1)\mathrm{d}t = \frac{1}{6}$$

相应的 Newton-Cotes 公式称为**辛普森** (Simpson) **公式**

$$S(f) = \frac{b-a}{6}\left[f(a) + 4f\left(\frac{a+b}{2}\right) + f(b)\right] \tag{4.2.5}$$

当 $n = 4$ 时, Newton-Cotes 公式称为 **Cotes 公式**, 记为

$$C(f) = \frac{b-a}{90}\left[7f(x_0) + 32f(x_1) + 12f(x_2) + 32f(x_3) + 7f(x_4)\right] \tag{4.2.6}$$

这里, $x_k = a + kh, k = 0,1,2,3,4, h = \dfrac{b-a}{4}$.

从 Cotes 系数表达式 (4.2.1) 中发现, 当等分数 n 确定后, Cotes 系数就确定了, 与被积函数和积分区间都无关, 因此可预先求出对应的 Newton-Cotes 公式, 这也是它的优点. 表 4.1 列出 $n \leqslant 8$ 时的 Cotes 系数. 例如 $n = 3$ 时的 Newton-Cotes 公式称为 **Newton 公式**, 其形式为

$$N(f) = \frac{b-a}{8}\left[f(x_0) + 3f(x_1) + 3f(x_2) + f(x_3)\right]$$

这里 $x_k = a + kh, k = 0,1,2,3, h = \dfrac{b-a}{3}$.

表 4.1　部分 Cotes 系数 ($n \leqslant 8$)

n	$C_k^{(n)},\ k = 0, 1, \cdots, n$								
1	$\frac{1}{2}$	$\frac{1}{2}$							
2	$\frac{1}{6}$	$\frac{4}{6}$	$\frac{1}{6}$						
3	$\frac{1}{8}$	$\frac{3}{8}$	$\frac{3}{8}$	$\frac{1}{8}$					
4	$\frac{7}{90}$	$\frac{16}{45}$	$\frac{2}{15}$	$\frac{16}{45}$	$\frac{7}{90}$				
5	$\frac{19}{288}$	$\frac{25}{96}$	$\frac{25}{144}$	$\frac{25}{144}$	$\frac{25}{96}$	$\frac{19}{288}$			
6	$\frac{41}{840}$	$\frac{9}{35}$	$\frac{9}{280}$	$\frac{34}{105}$	$\frac{9}{280}$	$\frac{9}{35}$	$\frac{41}{840}$		
7	$\frac{751}{17280}$	$\frac{3577}{17280}$	$\frac{1323}{17280}$	$\frac{2989}{17280}$	$\frac{2989}{17280}$	$\frac{1323}{17280}$	$\frac{3577}{17280}$	$\frac{751}{17280}$	
8	$\frac{989}{28350}$	$\frac{5888}{28350}$	$-\frac{928}{28350}$	$\frac{10496}{28350}$	$-\frac{4540}{28350}$	$\frac{10496}{28350}$	$-\frac{928}{28350}$	$\frac{5888}{28350}$	$\frac{989}{28350}$

另外由于 $C_k^{(n)}=\dfrac{A_k}{b-a}$, 则 $\sum\limits_{k=0}^{n}C_k^{(n)}=\sum\limits_{k=0}^{n}\dfrac{A_k}{b-a}=1$, 即 Cotes 系数和为 1; 不难证明, Cotes 系数具有对称性 $C_k^{(n)}=C_{n-k}^{(n)}$; 这些性质都可以从表 4.1 得到验证.

从表 4.1 可以看出, $n=8$ 时 Cotes 系数已出现负值. 事实上, $n\geqslant 10$ 时, Cotes 系数均出现负值, 负的 Cotes 系数会导致 Newton-Cotes 公式产生数值不稳定性, 因此不宜使用 $n\geqslant 8$ 的 Newton-Cotes 公式.

例 4.2.1 试用几种低阶 Newton-Cotes 公式计算定积分 $I=\int_{\frac{1}{2}}^{1}\sqrt{x}\mathrm{d}x$ 的近似值, 并指出各个近似值的有效位数.

解 分别用梯形公式 $T(f)$、Simpson 公式 $S(f)$、Newton 公式 $N(f)$ 和 Cotes 公式 $C(f)$ 求定积分 $I(f)$ 的近似值, 被积函数 $f(x)=\sqrt{x}$, 计算结果如下:

$$
\begin{aligned}
T(f)&=\frac{1}{4}\left[f\left(\frac{1}{2}\right)+f(1)\right]\approx 0.426776695296637\\
S(f)&=\frac{1}{12}\left[f\left(\frac{1}{2}\right)+4f\left(\frac{3}{4}\right)+f(1)\right]\approx 0.430934033027025\\
N(f)&=\frac{1}{16}\left[f\left(\frac{1}{2}\right)+3f\left(\frac{2}{3}\right)+3f\left(\frac{5}{6}\right)+f(1)\right]\approx 0.430950581968472\\
C(f)&=\frac{1}{180}\left[7f\left(\frac{1}{2}\right)+32f\left(\frac{5}{8}\right)+12f\left(\frac{3}{4}\right)+32f\left(\frac{7}{8}\right)+7f(1)\right]\\
&\approx 0.430964070495876
\end{aligned}
$$

和精确解 $I(f)=\int_{\frac{1}{2}}^{1}\sqrt{x}\mathrm{d}x=\frac{2}{3}x^{\frac{3}{2}}\Big|_{\frac{1}{2}}^{1}\approx 0.430964406271151$ 比较, 梯形公式 $T(f)$ 的数值解最差, 有 2 位有效数字. Simpson 公式 $S(f)$ 和 Newton 公式 $N(f)$ 的数值解有 4 位有效数字, 而 Cotes 公式 $C(f)$ 的数值解有 6 位有效数字.

由例 4.2.1 可知, 随着 Newton-Cotes 求积公式的等分数 n 适当增大, 数值求积公式代数精度也会有所提高, 所求得的近似值的精度也有不同程度的提高. Simpson 公式和 Newton 公式代数精度相同, 数值解的精度差不多, 但 Newton 公式比 Simpson 公式多一个求积节点. 另一方面, 由于高阶的 Newton-Cotes 公式来源于高次插值多项式, 而高次插值可能产生 Runge 现象, 因而会影响数值求积公式的精度. 另外, $n\geqslant 8$ 的 Newton-Cotes 公式数值稳定性得不到保证, 所以一般不采用 $n\geqslant 8$ 的 Newton-Cotes 公式.

因为 Newton-Cotes 公式是等距节点的插值型求积公式, $n+1$ 个节点的

Newton-Cotes 公式至少具有 n 次代数精度. 但实际的代数精度到底能有多高呢?

我们已经知道, $n=1$ 的梯形公式 $T(f)$ 具有一次代数精度, $n=2$ 的 Simpson 公式具有三次代数精度. 一般地, Newton-Cotes 公式 (4.2.2) 的代数精度存在如下结论.

定理 4.3 当 n 为偶数时, Newton-Cotes 公式 (4.2.2) 至少具有 $n+1$ 次代数精度.

证明 只要验证 n 为偶数时, Newton-Cotes 公式 (4.2.2) 对 $f(x)=x^{n+1}$ 的积分余项为零即可. 事实上, 由于 $f^{(n+1)}(x)=(n+1)!$, 代入积分余项 (4.1.5) 可得

$$R_n[f]=\int_a^b \omega_{n+1}(x)\mathrm{d}x=\int_a^b \prod_{j=0}^{n}(x-x_j)\mathrm{d}x$$

引入变换 $x=a+th$, 则 $t\in[0,n]$, 代入上式得

$$R_n[f]=h^{n+2}\int_0^n \prod_{j=0}^{n}(t-j)\mathrm{d}t$$

当 n 为偶数时, $\dfrac{n}{2}$ 为整数, 再令 $t=u+\dfrac{n}{2}$, 则 $u\in\left[-\dfrac{n}{2},\dfrac{n}{2}\right]$, 从而有

$$R_n[f]=h^{n+2}\int_{-\frac{n}{2}}^{\frac{n}{2}} \prod_{j=0}^{n}\left(u+\frac{n}{2}-j\right)\mathrm{d}u=0$$

上式中定积分为 0, 是因为被积函数

$$g(u)=\prod_{j=0}^{n}\left(u+\frac{n}{2}-j\right)=\prod_{i=-\frac{n}{2}}^{\frac{n}{2}}(u-i)$$

是对称区间 $\left[-\dfrac{n}{2},\dfrac{n}{2}\right]$ 上的奇函数. 所以当 n 为偶数时, Newton-Cotes 公式对 $f(x)=x^{n+1}$ 准确成立, 即代数精度至少为 $n+1$.

4.2.2 几种低阶 Newton-Cotes 求积公式的积分余项

与插值型求积公式一样, **Newton-Cotes** 求积公式 (4.2.2) 的**积分余项**为

$$R_n[f]=I(f)-I_n(f)=\int_a^b \frac{f^{(n+1)}(\xi)}{(n+1)!}\omega_{n+1}(x)\mathrm{d}x$$

这里 $\omega_{n+1}(x)=\prod_{j=0}^{n}(x-x_j)$.

首先考察梯形公式, 令 $n=1$, 得梯形公式 (4.2.4) 的积分余项

$$R_T[f]=I(f)-T(f)=\int_a^b\frac{f''(\xi)}{2!}(x-a)(x-b)\mathrm{d}x,\quad \xi\in(a,b)$$

由于函数 $(x-a)(x-b)$ 在区间 $[a,b]$ 上不变号, 应用积分第二中值定理, 存在 $\eta\in(a,b)$, 使得

$$\int_a^b f''(\xi)(x-a)(x-b)\mathrm{d}x=f''(\eta)\int_a^b(x-a)(x-b)\mathrm{d}x$$

进而有梯形公式的积分余项为

$$R_T[f]=\frac{f''(\eta)}{2}\int_a^b(x-a)(x-b)\mathrm{d}x=-\frac{f''(\eta)}{12}(b-a)^3,\quad \eta\in(a,b) \tag{4.2.7}$$

从积分余项 (4.2.7) 容易看出, 当 $f(x)$ 为次数不超过 1 的多项式时, 积分余项为零, 即梯形公式具有一次代数精度, 这和前面的结论是一致的.

接下来, 研究 Simpson 公式 (4.2.5) 的积分余项. 由于 Simpson 公式的代数精度为 3, 所以上面推导积分余项的方法不再可行. 考虑三次 Hermite 插值多项式 $p_3(x)$ 满足插值条件

$$p_3(a)=f(a),\quad p_3\left(\frac{a+b}{2}\right)=f\left(\frac{a+b}{2}\right),$$
$$p_3'\left(\frac{a+b}{2}\right)=f'\left(\frac{a+b}{2}\right),\quad p_3(b)=f(b)$$

因为 Simpson 公式的代数精度为 3, 再加上插值条件, 有

$$\begin{aligned}\int_a^b p_3(x)\,\mathrm{d}x=S(\,p_3(x)\,)&=\frac{b-a}{6}\left[p_3(a)\ +4p_3\left(\frac{a+b}{2}\right)+p_3(b)\right]\\&=\frac{b-a}{6}\left[f(a)\ +4f\left(\frac{a+b}{2}\right)+f(b)\right]\ =S(f)\end{aligned}$$

Hermite 插值多项式 $p_3(x)$ 的插值余项为

$$R_3(x)=\frac{f^{(4)}(\xi)}{4\,!}\,(x-a)\,\left(x-\frac{a+b}{2}\right)^2(x-b),\quad \xi\in(a,b)$$

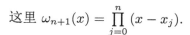

利用上面两个公式, Simpson 公式的积分余项有

$$\begin{aligned}R_S[f] &= I(f) - S(f) = \int_a^b f(x)\,\mathrm{d}x - \int_a^b p_3(x)\,\mathrm{d}x \\ &= \frac{1}{4\,!}\int_a^b f^{(4)}(\xi)\,(x-a)\left(x-\frac{a+b}{2}\right)^2(x-b)\,\mathrm{d}x, \quad \xi\in(a,b)\end{aligned}$$

由于函数 $(x-a)\left(x-\frac{a+b}{2}\right)^2(x-b)$ 在区间 $[a,b]$ 上不变号, 应用积分第二中值定理, 存在 $\eta\in(a,b)$, 使得

$$R_S[f] = \frac{f^{(4)}(\eta)}{4\,!}\int_a^b (x-a)\left(x-\frac{a+b}{2}\right)^2(x-b)\,\mathrm{d}x$$

引入变换 $x=\frac{a+b}{2}+\frac{b-a}{2}t$, 则 $t\in[-1,1]$, 有

$$\begin{aligned}R_S[f] &= \frac{f^{(4)}(\eta)}{4\,!}\int_a^b (x-a)\left(x-\frac{a+b}{2}\right)^2(x-b)\,\mathrm{d}x \\ &= \frac{f^{(4)}(\eta)}{4\,!}\int_{-1}^1 (t+1)t^2(t-1)\left(\frac{b-a}{2}\right)^5\mathrm{d}t \\ &= -\frac{b-a}{180}\left(\frac{b-a}{2}\right)^4 f^{(4)}(\eta), \quad \eta\in(a,b)\end{aligned} \tag{4.2.8}$$

由积分余项 (4.2.8) 也可以验证 Simpson 公式 $S(f)$ 具有 3 次代数精度.

类似地, 可得 Cotes 公式 (4.2.6) 的积分余项为

$$R_C[f] = -\frac{2(b-a)}{945}\left(\frac{b-a}{4}\right)^6 f^{(6)}(\eta), \quad \eta\in(a,b) \tag{4.2.9}$$

从积分余项表达式也容易看出, Cotes 公式 $C(f)$ 具有 5 次代数精度.

4.3 复化求积公式

由于 $n\geqslant 8$ 的 Newton-Cotes 公式数值稳定性得不到保证, 所以一般不采用高阶 Newton-Cotes 公式. 从积分余项可知, 当积分区间长度 $|b-a|>1$ 时, 区间长度对高阶 Newton-Cotes 公式误差的影响也越大. 因此, 为了提高数值求积公式的精度, 不仅要提高数值求积公式的代数精度, 还要使积分区间尽量小, 包含更多

函数值信息. 一种提高数值解精度的有效方法是：将积分区间分成若干个子区间，在每个子区间上采用低阶的 Newton-Cotes 公式, 然后将结果加起来, 这就是**复化求积公式**.

4.3.1 复化梯形公式

将积分区间 $[a,b]$ 分为 n 等份, 节点为 $x_k=a+kh, k=0,1,2,\cdots,n$, 步长 $h=\dfrac{b-a}{n}$, 在每个子区间 $[x_k,x_{k+1}], k=0,1,\cdots,n-1$ 上采用梯形公式,

$$\int_{x_k}^{x_{k+1}} f(x)\mathrm{d}x=\frac{h}{2}[f(x_k)+f(x_{k+1})]-\frac{h^3}{12}f''(\xi_k),\quad \xi_k\in(x_k,x_{k+1})$$

根据定积分的积分区间可加性,

$$\int_a^b f(x)\mathrm{d}x=\sum_{k=0}^{n-1}\int_{x_k}^{x_{k+1}} f(x)\mathrm{d}x=\frac{h}{2}\sum_{k=0}^{n-1}[f(x_k)+f(x_{k+1})]-\frac{h^3}{12}\sum_{k=0}^{n-1}f''(\xi_k)$$

记

$$T_n(f)=\frac{h}{2}\sum_{k=0}^{n-1}[f(x_k)+f(x_{k+1})]=\frac{h}{2}\left[f(a)+2\sum_{k=1}^{n-1}f(x_k)+f(b)\right] \tag{4.3.1}$$

称为**复化梯形公式**, 其积分余项记为

$$R_{T_n}[f]=I(f)-T_n(f)=-\frac{h^3}{12}\sum_{k=0}^{n-1}f''(\xi_k)$$

假设 $f(x)\in C^2[a,b]$, 由连续函数介值定理, 必存在一点 $\xi\in(a,b)$ 使得

$$f''(\xi)=\frac{1}{n}\sum_{k=0}^{n-1}f''(\xi_k)$$

于是, 复化梯形公式的积分余项为

$$R_{T_n}[f]=-\frac{b-a}{12}h^2f''(\xi),\quad \xi\in(a,b) \tag{4.3.2}$$

4.3.2 复化 Simpson 公式

将区间 $[a,b]$ 分为 n 等份, 在每个子区间上采用 Simpson 公式. 若记子区间 $[x_k,x_{k+1}]$ 的中点为 $x_{k+\frac{1}{2}}$, 即 $x_{k+\frac{1}{2}}=\dfrac{x_k+x_{k+1}}{2}$, 则有

$$\int_a^b f(x)\mathrm{d}x=\sum_{k=0}^{n-1}\int_{x_k}^{x_{k+1}} f(x)\mathrm{d}x=\frac{h}{6}\sum_{k=0}^{n-1}\left[f(x_k)+4f(x_{k+\frac{1}{2}})+f(x_{k+1})\right]$$

$$-\frac{h}{180}\left(\frac{h}{2}\right)^4\sum_{k=0}^{n-1}f^{(4)}(\xi_k),\quad \xi_k\in(x_k,x_{k+1})$$

复化 Simpson 公式为

$$\begin{aligned}S_n(f)&=\frac{h}{6}\sum_{k=0}^{n-1}\left[f(x_k)+4f(x_{k+\frac{1}{2}})+f(x_{k+1})\right]\\&=\frac{h}{6}\left[f(a)+4\sum_{k=0}^{n-1}f(x_{k+\frac{1}{2}})+2\sum_{k=1}^{n-1}f(x_k)+f(b)\right]\end{aligned}\tag{4.3.3}$$

复化 Simpson 公式的积分余项为

$$R_{S_n}[f]=I(f)-S_n(f)=-\frac{h}{180}\left(\frac{h}{2}\right)^4\sum_{k=0}^{n-1}f^{(4)}(\xi_k)\tag{4.3.4}$$

假设 $f(x)\in C^4[a,b]$, 则在 (a,b) 上必存在一点 ξ 使得

$$f^{(4)}(\xi)=\frac{1}{n}\sum_{k=0}^{n-1}f^{(4)}(\xi_k)$$

于是, 复化 Simpson 公式的积分余项为

$$R_{S_n}[f]=-\frac{(b-a)}{180}\left(\frac{h}{2}\right)^4f^{(4)}(\xi),\quad \xi\in(a,b)\tag{4.3.5}$$

类似地, 若在每个子区间 $[x_k,x_{k+1}]$ 上采用 Cotes 公式, 可得**复化 Cotes 公式**

$$\begin{aligned}C_n(f)=\frac{h}{90}\Bigg[&7f(a)+14\sum_{k=1}^{n-1}f(x_k)+32\sum_{k=0}^{n-1}f(x_{k+\frac{1}{4}})\\&+12\sum_{k=0}^{n-1}f(x_{k+\frac{1}{2}})+32\sum_{k=0}^{n-1}f(x_{k+\frac{3}{4}})+7f(b)\Bigg]\end{aligned}\tag{4.3.6}$$

这里, 求积节点 $x_{k+\frac{1}{2}}=\dfrac{x_k+x_{k+1}}{2}, x_{k+\frac{1}{4}}=\dfrac{x_k+x_{k+\frac{1}{2}}}{2}, x_{k+\frac{3}{4}}=\dfrac{x_{k+\frac{1}{2}}+x_{k+1}}{2}$.

同样地, 可得复化 Cotes 公式的积分余项为

$$R_{C_n}[f]=-\frac{2(b-a)}{945}\left(\frac{h}{4}\right)^6f^{(6)}(\xi),\quad \xi\in(a,b)\tag{4.3.7}$$

对其他数值求积公式亦可采用类似的手段加以复化. 显然, 当等分数 n 足够大时 $h \to 0$, 由积分余项估计式可知, 任意一种复化求积公式都能在理论上以任意精度逼近精确解.

例 4.3.1 利用 $f(x)=\dfrac{\sin x}{x}$ 在区间 $[0,1]$ 上的 9 个点值 (表 4.2),

表 4.2

x_k	0	$\frac{1}{8}$	$\frac{2}{8}$	$\frac{3}{8}$	$\frac{4}{8}$	$\frac{5}{8}$	$\frac{6}{8}$	$\frac{7}{8}$	1
f_k	1	0.9973978	0.9896158	0.9767267	0.9588510	0.9361556	0.9088516	0.8771925	0.8414709

分别用复化梯形和复化 Simpson 公式计算积分

$$I(f)=\int_0^1 \frac{\sin x}{x}\mathrm{d}x$$

的近似值, 用积分余项估计误差.

解 记节点为 $x_k=kh, k=0,1,\cdots,8,\ h=\dfrac{1}{8}$, 用复化梯形公式 (4.3.1),

$$T_n(f)=\frac{h}{2}\left[f(a)+2\sum_{k=1}^{n-1} f(x_k)+f(b)\right]$$

取 $n=8$, 得

$$\begin{aligned}T_8(f)=&\frac{1}{8}\times\frac{1}{2}\left[f(0)+2\left(f\left(\frac{1}{8}\right)+f\left(\frac{1}{4}\right)+f\left(\frac{3}{8}\right)\right.\right.\\&\left.\left.+f\left(\frac{1}{2}\right)+f\left(\frac{5}{8}\right)+f\left(\frac{3}{4}\right)+f\left(\frac{7}{8}\right)\right)+f(1)\right]\\\approx&\ 0.9456908\end{aligned}$$

用基于整数点的复化 Simpson 公式

$$S_n(f)=\frac{h}{6}\left[f(a)+4\sum_{k=0}^{n-1} f(x_{2k+1})+2\sum_{k=1}^{n-1} f(x_{2k})+f(b)\right]$$

取 $n=4$, 有 $h=\dfrac{1}{4}$, 则

$$S_4(f)=\frac{1}{4}\times\frac{1}{6}\left[f(0)+4\left(f\left(\frac{1}{8}\right)+f\left(\frac{3}{8}\right)+f\left(\frac{5}{8}\right)\right.\right.$$

$$
+ f\left(\frac{7}{8}\right)\right) + 2\left(f\left(\frac{2}{8}\right) + f\left(\frac{4}{8}\right) + f\left(\frac{6}{8}\right)\right) + f(1)\right]
$$

$$
\approx 0.9460833
$$

由于 $f(x) = \dfrac{\sin x}{x} = \displaystyle\int_0^1 \cos(tx)\mathrm{d}t$, 所以

$$
f^{(k)}(x) = \int_0^1 \frac{\mathrm{d}^k}{\mathrm{d}x^k}\cos(tx)\mathrm{d}t = \int_0^1 t^k \cos\left(tx + \frac{k\pi}{2}\right)\mathrm{d}t
$$

故

$$
\left|f^{(k)}(x)\right| \leqslant \int_0^1 t^k \left|\cos\left(tx + \frac{k\pi}{2}\right)\right|\mathrm{d}t \leqslant \int_0^1 t^k \mathrm{d}t = \frac{1}{k+1}
$$

复化梯形公式的积分余项 (4.3.2) 为

$$
|R_{T_8}| = \left|-\frac{b-a}{12}h^2 f''(\xi)\right| \leqslant \frac{1}{12}\frac{1}{8^2}\frac{1}{3} = 0.000434 \leqslant \frac{1}{2} \times 10^{-3}
$$

复化 Simpson 公式的积分余项 (4.3.5) 为

$$
|R_{S_4}| = \left|-\frac{b-a}{180}\left(\frac{h}{2}\right)^4 f^{(4)}(\xi)\right| \leqslant \frac{1}{180}\frac{1}{8^4}\frac{1}{5} = 0.271 \times 10^{-6} \leqslant \frac{1}{2} \times 10^{-6}
$$

比较上面两个结果 R_{T_8} 和 R_{S_4}, 虽然它们都用了 9 个点的函数值, 计算量基本相同, 但精度却差别很大. 复化梯形公式的数值解 T_8 仅有 3 位有效数字, 而复化 Simpson 公式的数值解 S_4 却有 6 位有效数字.

例 4.3.2 利用复化梯形公式计算积分

$$
I(f) = \int_0^1 \mathrm{e}^x \mathrm{d}x
$$

的近似值时, 等分数 n 至少应取值多少使误差不超过 0.5×10^{-5}. 若改用复化 Simpson 公式结果如何?

解 由于 $f(x) = \mathrm{e}^x$, 所以 $f^{(k)}(x) = \mathrm{e}^x = f(x)$. 在积分区间 $[0,1]$ 上, 对复化梯形公式, 为满足精度要求, 只需让等分数 n 满足不等式

$$
|R_{T_n}[f]| = \left|-\frac{b-a}{12}h^2 f''(\xi)\right| \leqslant \frac{1}{12}\left(\frac{1}{n}\right)^2 \mathrm{e} \leqslant \frac{1}{2} \times 10^{-5}
$$

即 $n^2 \geqslant \dfrac{\mathrm{e}}{6} \times 10^5$, 解得 $n \geqslant 212.85$, 故可取 $n = 213$.

改用复化 Simpson 公式, 得

$$|R_{S_n}[f]| = \left|-\frac{b-a}{180}\left(\frac{h}{2}\right)^4 f^{(4)}(\zeta)\right| \leqslant \frac{1}{180}\frac{1}{(2n)^4}\mathrm{e} \leqslant \frac{1}{2} \times 10^{-5}$$

即 $n^4 \geqslant \dfrac{\mathrm{e}}{144} \times 10^4$, 解得 $n \geqslant 3.707$, 故可取 $n = 4$, 即将区间 $[0,1]$ 分为 8 等份时可达到精度要求.

由例 4.3.2 可见, 达到同样的误差要求, 复化梯形公式需用 214 个函数值, 复化 Simpson 公式需用 9 个函数值, 工作量差近 24 倍.

4.4 Romberg 算法

采用复化求积公式是提高数值积分精度的有效方法, 但需要给出合适的等分数. 若区间等分数太少, 则精度难以保证; 等分数太多, 则会导致计算量的增加甚至浪费. 由于复化求积公式积分余项的不确定性, 如果通过使得复化求积公式的积分余项满足精度要求, 以事先确定等分数通常比较困难, 因此我们将介绍一种自动变步长的算法, 即当某个复化求积公式精度不够时, 我们将每个小区间二等分, 考察二等分前后复化求积公式计算结果的偏差, 这种方法称为区间逐次二分法.

4.4.1 区间逐次二分法

若将积分区间 $[a,b]$ 分为 n 等份, 等分节点为 $x_k = a + kh, k = 0,1,2,\cdots,n$, 步长为 $h = \dfrac{b-a}{n}$, 复化梯形公式为

$$\begin{aligned} T_n(f) &= \frac{h}{2}\sum_{k=0}^{n-1}[f(x_k) + f(x_{k+1})] \\ &= \frac{h}{2}\left[f(a) + 2\sum_{k=1}^{n-1} f(x_k) + f(b)\right] \end{aligned}$$

然而, 若 T_n 的值不能满足精度要求, 可将每个子区间 $[x_k, x_{k+1}]$ 二等分, 记中点 $x_{k+\frac{1}{2}}$, 此时相当于将积分区间 $[a,b]$ 分为 $2n$ 等份, 则二分后的复化梯形公式为

$$T_{2n}(f) = \frac{h}{4}\sum_{k=0}^{n-1}\left[f(x_k) + 2f(x_{k+\frac{1}{2}}) + f(x_{k+1})\right]$$

$$= \frac{h}{4}\left[f(a)+2\sum_{k=1}^{n-1}f(x_k)+2\sum_{k=0}^{n-1}f(x_{k+\frac{1}{2}})+f(b)\right] = \frac{T_n}{2}+\frac{h}{2}\sum_{k=0}^{n-1}f(x_{k+\frac{1}{2}}) \tag{4.4.1}$$

注意公式 (4.4.1) 中的 h 是二分前的步长. 按式 (4.4.1) 的递推关系, 在计算好 T_n 后欲计算 T_{2n} 的值, 仅需计算每一个子区间新增中点 $x_{k+\frac{1}{2}}(k=0,1,\cdots,n-1)$ 处的函数值之和 $\sum\limits_{k=0}^{n-1} f(x_{k+\frac{1}{2}})$ 即可, 这样可避免重复计算区间二分前节点上函数值, 可节省约一半的计算量.

按这种方式不断二分子区间, 计算结果将越来越精确, 但对于我们预先给定的精度要求, 何时停止循环呢? 根据积分余项估计式 (4.3.2) 知

$$I-T_n=-\frac{b-a}{12}\left(\frac{b-a}{n}\right)^2 f''(\eta_1), \quad \eta_1\in(a,b)$$

二分后的积分余项有

$$I-T_{2n}=-\frac{b-a}{12}\left(\frac{b-a}{2n}\right)^2 f''(\eta_2), \quad \eta_2\in(a,b)$$

假设 $f''(x)$ 在 $[a,b]$ 上变化不大, 即 $f''(\eta_1)\approx f''(\eta_2)$, 则有

$$\frac{I-T_n}{I-T_{2n}}\approx 4$$

于是有

$$I-T_{2n}\approx\frac{1}{3}(T_{2n}-T_n) \tag{4.4.2}$$

由于积分的精确值未知, 想要判断 T_{2n} 是否达到精度要求, 不能直接求精确值和 T_{2n} 的差, 可以用右端 T_{2n} 与 T_n 的偏差来估计. 按式 (4.4.2), 我们可以将不等式

$$\frac{1}{3}\left|T_{2n}-T_n\right|<\varepsilon$$

作为区间二分的终止准则, 这种判断复化求积公式终止标准的方法称为复化求积公式的**事后误差估计**. 为了便于程序设计, 通常积分区间 $[a,b]$ 的等分数应取为 $1,2,2^2,2^3,\cdots,2^k,\cdots$, 这样递推公式 (4.4.1) 可改成

$$\begin{cases} T_1=\dfrac{b-a}{2}\left[f(a)+f(b)\right] \\ T_{2^k}=\dfrac{T_{2^{k-1}}}{2}+\dfrac{b-a}{2^k}\sum\limits_{i=1}^{2^{k-1}}f\left(a+(2i-1)\dfrac{b-a}{2^k}\right), \quad k=1,2,\cdots \end{cases} \tag{4.4.3}$$

式 (4.4.3) 称为数值积分的**区间逐次二分法**.

例 4.4.1 利用复化梯形公式的递推关系 (4.4.3) 计算积分 $I(f)=\int_0^1 \frac{\sin x}{x}\mathrm{d}x$, 使误差不超过 5×10^{-6}.

解 利用递推公式 (4.4.3) 计算如下:

$$T_{2^0}=\frac{1}{2}(f(0)+f(1))=0.92073549$$

$$T_{2^1}=\frac{T_1}{2}+\frac{1}{2}f\left(\frac{1}{2}\right)=0.93979328$$

$$T_{2^2}=\frac{T_2}{2}+\frac{1}{4}\left(f\left(\frac{1}{4}\right)+f\left(\frac{3}{4}\right)\right)=0.94451352$$

$$T_{2^3}=\frac{T_4}{2}+\frac{1}{8}\left(f\left(\frac{1}{8}\right)+f\left(\frac{3}{8}\right)+f\left(\frac{5}{8}\right)+f\left(\frac{7}{8}\right)\right)=0.94569086$$

$$\cdots\cdots$$

同理

$$T_{2^7}=0.94608152,\quad T_{2^8}=0.94608271$$

因为 $\frac{1}{3}|T_{2^8}-T_{2^7}|<5\times 10^{-6}$, 故可取

$$\int_0^1 \frac{\sin x}{x}\mathrm{d}x\approx T_{2^8}=0.94608271$$

4.4.2 复化求积公式的收敛阶

从复化求积公式的积分余项可知, 当步长 $h\to 0$ 时, 复化梯形、复化 Simpson、复化 Cotes 的结果都逼近精确解. 但随着区间逐次二分, 逼近精确解的速度却不一样, 为了描述复化求积公式的收敛速度, 给出收敛阶的概念.

定义 4.3 设有复化求积公式 $I_n(f)$, 若

$$\lim_{h\to 0}\frac{I(f)-I_n(f)}{h^p}=C$$

则称该复化求积公式 $I_n(f)$ 是 p **阶收敛**的, 这里 C 是与步长 $h=\frac{b-a}{n}$ 无关的非零常数.

根据收敛阶定义 4.3, 可以证明复化梯形公式 $T_n(f)$ 是 2 阶收敛的. 事实上, 由复化梯形公式的积分余项得

$$I(f)-T_n(f)=-\frac{h^3}{12}\sum_{k=0}^{n-1}f''(\eta_k)\,,\quad \eta_k\in(x_k,x_{k+1})$$

其中步长 $h=\dfrac{b-a}{n}$, 上式两边除以 h^2, 得

$$\frac{I(f)-T_n(f)}{h^2}=-\frac{h}{12}\sum_{k=0}^{n-1}f''(\eta_k)$$

因为

$$\lim_{h\to 0}h\sum_{k=0}^{n-1}f''(\eta_k)=\lim_{h\to 0}\sum_{k=0}^{n-1}f''(\eta_k)\cdot h=\int_a^b f''(x)\,\mathrm{d}x=f'(b)-f'(a)$$

于是得

$$\lim_{h\to 0}\frac{I(f)-T_n(f)}{h^2}=-\frac{1}{12}[f'(b)-f'(a)]$$

由定义 4.3 知, 复化梯形公式 $T_n(f)$ 是 2 阶收敛的.

同理可证明复化 Simpson 公式 $S_n(f)$ 和复化 Cotes 公式 $C_n(f)$ 的收敛阶分别是 4 阶和 6 阶.

4.4.3 Romberg 算法

复化梯形公式的算法简单, 但精度和收敛速度都不如复化 Simpson 公式和复化 Cotes 公式. 因为在求积节点相同的前提下, 复化数值求积公式的收敛阶越高, 其计算结果越精确.

按式 (4.4.2), 积分近似值 T_{2n} 的误差大致等于 $\dfrac{1}{3}(T_{2n}-T_n)$, 因此如果用这个误差作为 T_{2n} 的一种补偿, 即

$$I\approx T_{2n}+\frac{1}{3}(T_{2n}-T_n)$$

改进后的近似值可能比 T_{2n} 的近似效果更好. 事实上, 记 $h=\dfrac{b-a}{n}$, 有

$$T_{2n}+\frac{1}{3}(T_{2n}-T_n)=\frac{1}{3}(4T_{2n}-T_n)=\frac{1}{3}\left[4\left(\frac{T_n}{2}+\frac{h}{2}\sum_{k=0}^{n-1}f(x_{k+\frac{1}{2}})\right)-T_n\right]$$

$$
\begin{aligned}
&= \frac{1}{3}\left[T_n + 2h\sum_{k=0}^{n-1} f(x_{k+\frac{1}{2}})\right] \\
&= \frac{1}{3}\left[\frac{h}{2}\left(f(a) + 2\sum_{k=1}^{n-1} f(x_k) + f(b)\right) + 2h\sum_{k=0}^{n-1} f(x_{k+\frac{1}{2}})\right] \\
&= \frac{h}{6}\left[f(a) + 2\sum_{k=1}^{n-1} f(x_k) + 4\sum_{k=0}^{n-1} f(x_{k+\frac{1}{2}}) + f(b)\right] \\
&= S_n
\end{aligned}
$$

即有

$$
S_n = \frac{1}{3}(4T_{2n} - T_n) \tag{4.4.4}
$$

上式表明, 通过对 2 阶收敛的复化梯形公式 T_n, T_{2n} 进行适当的线性组合, 能够升级为 4 阶收敛的复化 Simpson 公式 S_n, 这种方法在保留复化梯形公式计算简单的同时, 经过简单组合就能达到复化 Simpson 的效果. 这种由二阶收敛提高到四阶收敛的方法称为**外推法**, 这是数值分析中一个重要的技巧, 只要精确值与近似值的误差能表示成 h 的幂级数, 都可以使用外推法提高精度.

基于这一思路, 我们考察是否能够对 S_n, S_{2n} 适当线性组合, 也得到收敛阶更高的数值求积公式. 同理, 由复化 Simpson 公式的积分余项

$$
I - S_n = -\frac{b-a}{180}\left(\frac{h}{2}\right)^4 f^{(4)}(\eta_1), \quad \eta_1 \in (a, b)
$$

积分子区间二等分后

$$
I - S_{2n} = -\frac{b-a}{180}\left(\frac{h}{4}\right)^4 f^{(4)}(\eta_2), \quad \eta_2 \in (a, b)
$$

假设四阶导数 $f^{(4)}(x)$ 在 $[a, b]$ 上变化不大, $f^{(4)}(\eta_1) \approx f^{(4)}(\eta_2)$, 则有

$$
\frac{I - S_n}{I - S_{2n}} \approx 2^4
$$

求解上述近似等式, 于是可得

$$
I - S_{2n} \approx \frac{1}{2^4 - 1}(S_{2n} - S_n)
$$

$$
I \approx \frac{2^4 S_{2n} - S_n}{2^4 - 1}
$$

容易验证右端的部分刚好就是复化 Cotes 公式

$$C_n = \frac{2^4 S_{2n} - S_n}{2^4 - 1} \tag{4.4.5}$$

即对 4 阶收敛的复化 Simpson 公式 S_n 与 S_{2n} 进行线性组合, 可以得到 6 阶收敛的复化 Cotes 公式 C_n. 同样地, 对复化 Cotes 公式的积分余项

$$I - C_n = -\frac{2(b-a)}{945}\left(\frac{b-a}{4n}\right)^6 f^{(6)}(\eta_1), \quad \eta_1 \in (a,b)$$

积分步长减半, 得

$$I - C_{2n} = -\frac{2(b-a)}{945}\left(\frac{b-a}{8n}\right)^6 f^{(6)}(\eta_2), \quad \eta_2 \in (a,b)$$

假设六阶导数 $f^{(6)}(x)$ 在 $[a,b]$ 上变化不大, $f^{(6)}(\eta_1) \approx f^{(6)}(\eta_2)$, 则有

$$\frac{I - C_n}{I - C_{2n}} \approx 2^6$$

求解上述近似等式, 于是可得

$$I - C_{2n} \approx \frac{1}{2^6 - 1}(C_{2n} - C_n)$$

$$I \approx \frac{2^6 C_{2n} - C_n}{2^6 - 1}$$

我们称右端为**龙贝格** (Romberg) **公式**, 记为

$$R_n = \frac{2^6 C_{2n} - C_n}{2^6 - 1} \tag{4.4.6}$$

可以证明 Romberg 公式有 7 次代数精度.

上述整个过程, 从复化梯形公式出发, 经过不断的线性组合, 得到 Romberg 公式的方法称为 Romberg **算法**.

另外, 由式 (4.4.4)、(4.4.5) 和 (4.4.6) 可以看出, S_n, C_n, R_n 的组合形式都建立在区间等分数是成倍变化的基础上, 这就要求复化梯形公式的区间等分数必须按 2^k, $k = 0, 1, 2, \cdots$ 顺序逐次增加.

为了便于程序设计以及进一步推广, 重新引入记号 $T_0(f)=T(f)$, $T_1(f)=S(f)$, $T_2(f)=C(f)$, $T_3(f)=R(f)$, 用 $T_0^{(k)}$ 表示二分 k 次后的梯形公式, 以 $T_m^{(k)}$ 表示序列 $\left\{T_0^{(k)}\right\}$ 的 m 次加速, 则 Romberg 算法的递推公式可以表示为

$$T_m^{(k)}=\frac{4^m T_{m-1}^{(k+1)}-T_{m-1}^{(k)}}{4^m-1},\quad k=1,2,\cdots \tag{4.4.7}$$

计算过程如下:

(1) 求 $T_0^{(0)}=\dfrac{b-a}{2}[f(a)+f(b)]$, 令 $1\to k$, 其中 k 用来表示区间 $[a,b]$ 的二分次数;

(2) 求复化梯形公式 $T_0^{(k)}=\dfrac{T_0^{(k-1)}}{2}+\dfrac{b-a}{2^k}\sum\limits_{i=1}^{2^{k-1}}f\left(a+(2i-1)\dfrac{b-a}{2^k}\right)$;

(3) 按公式 (4.4.7) 加速, 即求出表 4.3 的第 k 行其余各元素 $T_j^{(k-j)}(j=1,2,\cdots,k)$;

(4) 若 $\left|T_m^{(k)}-T_m^{(k-1)}\right|<\varepsilon$ 或者 $\left|T_m^{(k-1)}-T_{m-1}^{(k)}\right|<\varepsilon$, 终止计算, 并取 $T_k^{(0)}\approx I(f)$, 否则令 $k+1\to k$, 转 (2) 继续计算.

上述 Romberg 算法的计算过程见表 4.3, 只要 $f(x)$ 在区间 $[a,b]$ 上有界可积, 可以证明表 4.3 中各列和各行都收敛到 $\int_a^b f(x)\mathrm{d}x$. 因此, 可以用表 4.3 中同一列 (或同一行) 相邻两数的偏差来控制是否终止计算. 即程序中可以用不等式

$$\left|T_m^{(k)}-T_m^{(k-1)}\right|<\varepsilon \quad 或者 \quad \left|T_m^{(k-1)}-T_{m-1}^{(k)}\right|<\varepsilon$$

判断数值积分的近似值是否满足精度要求.

表 4.3 Romberg 算法步骤

k	$T_0^{(k)}$	$T_1^{(k-1)}$	$T_2^{(k-2)}$	$T_2^{(k-3)}$
0	$T_0^{(0)}$			
1	$T_0^{(1)}$	$T_1^{(0)}$		
2	$T_0^{(2)}$	$T_1^{(1)}$	$T_2^{(0)}$	
3	$T_0^{(3)}$	$T_1^{(2)}$	$T_2^{(1)}$	$T_3^{(0)}$
4	$T_0^{(4)}$	$T_1^{(3)}$	$T_2^{(2)}$	$T_3^{(1)}$
…	…	…	…	…

例 4.4.2 用 Romberg 算法计算积分

$$I(f)=\int_0^1 \frac{\sin x}{x}\mathrm{d}x$$

要求精确到 5×10^{-8}.

解 按公式 (4.4.7), 计算结果如表 4.4 所示. 此时

$$\left|T_3^{(0)}-T_2^{(1)}\right|<5\times 10^{-8}$$

故得

$$\int_0^1 \frac{\sin x}{x}\mathrm{d}x\approx 0.946083069$$

表 4.4 Romberg 算法数值解

k	$T_0^{(k)}$	$T_1^{(k-1)}$	$T_2^{(k-2)}$	$T_3^{(k-3)}$
0	0.920735492			
1	0.939739285	0.946145883		
2	0.944513521	0.946086933	0.946083003	
3	0.945690863	0.946083310	0.946083068	0.946083069

值得指出的是

(1) 在递推公式 (4.4.7) 中, 当加速次数 m 较大时, 比值 $\dfrac{4^m}{4^m-1}$ 接近于 1, 此时表 4.3 中数值结果

$$T_m^{(k)}\approx T_{m-1}^{(k+1)}$$

因此, 在实际运算中, 通常规定 $m\leqslant 3$, 也就是计算到 Romberg 序列的 $\left\{T_3^{(k)}\right\}$ 为止, 以避免浪费计算量.

(2) 计算 S_1 时, 需要用到 T_2, 即用了 3 个点的函数值, 其代数精度为 3 次; 计算 C_1, 需计算到 T_4, 即用到了 5 个点函数值, 代数精度为 5 次; 但计算 R_1 时需要使用 T_8 的值, 此时用了 9 个点的函数值, 然而其代数精度只有 7 次, 说明 Romberg 公式 (4.4.6) 已不属于插值型求积公式, 否则, 根据定理 4.1, 其代数精度至少应为 8 次.

(3) Romberg 算法计算数值积分, 每次推进都需要将每个子区间二等分, 此过程中, 区间的等分数是成倍增长的, 此时复化梯形公式的计算量也将成倍增加, 这是 Romberg 算法应用中必须注意的问题.

4.5 Gauss 型求积公式

对于含有 $n+1$ 个求积节点的插值型求积公式, 代数精度至少为 n, 我们自然希望代数精度越高越好. 这一节中, 我们将去掉一些限制, 如积分区间为有限区间, 权函数为 1, 求积节点等距等, 建立一些数值求积公式, 使得代数精度达到最高.

4.5.1 基本概念

如果适当选择参数 $x_k, A_k, k=0,1,\cdots,n$, 能使含有 $2n+2$ 个参数的数值求积公式

$$\int_a^b f(x)\mathrm{d}x \approx \sum_{k=0}^n A_k f(x_k) \tag{4.5.1}$$

具有 $2n+1$ 次代数精度, 称数值求积公式 (4.5.1) 为 **Gauss 型求积公式**. 相应地, 节点 x_k 称为 **Gauss 点**, A_k 称为 **Gauss 求积系数**.

求积公式 (4.5.1) 代数精度不可能超过 $2n+1$. 事实上, 考虑 $2n+2$ 次的多项式 $\omega_{n+1}^2(x)=(x-x_0)^2(x-x_1)^2\cdots(x-x_n)^2$, 若求积公式准确成立则有

$$\int_a^b \omega_{n+1}^2(x)\mathrm{d}x = \sum_{k=0}^n A_k\omega_{n+1}^2(x_k)$$

但等号左边肯定大于零, 而等号右边等于零, 所以矛盾. 因此 Gauss 型求积公式 (4.5.1) 的代数精度不可能超过 $2n+1$. 虽然上述 Gauss 型求积公式 (4.5.1) 中 x_k, A_k 相互独立, 由定理 4.1 知, Gauss 型求积公式仍然是插值型的. Gauss 型求积公式是具有最高代数精度的插值型求积公式.

接下来, 讨论 Gauss 型求积公式的构造方法. 为便于叙述, 仅讨论区间 $[-1,1]$ 上的积分 $\int_{-1}^1 f(x)\mathrm{d}x$ 即可. 一般情况下, 若积分区间为 $[a,b]$, 则可作线性变换

$$x=\frac{a+b}{2}+\frac{b-a}{2}t,\quad t\in[-1,1]$$

于是可将函数 $f(x)$ 在区间 $[a,b]$ 上的积分转化成区间 $[-1,1]$ 上的积分, 即有

$$\int_a^b f(x)\mathrm{d}x = \frac{b-a}{2}\int_{-1}^1 f\left(\frac{a+b}{2}+\frac{b-a}{2}t\right)\mathrm{d}t \tag{4.5.2}$$

在式 (4.5.1) 中, 令 $n=0, a=-1, b=1$, 则区间 $[-1,1]$ 上的单点 Gauss 公式表示为

$$\int_{-1}^1 f(x)\mathrm{d}x \approx A_0 f(x_0)$$

根据 Gauss 公式的定义知, 该公式应具有一次代数精度, 即上式对 $f(x)=1,x$ 准确成立, 即 Gauss 点和求积系数满足如下方程组

$$\begin{cases}\displaystyle\int_{-1}^{1}\mathrm{d}x=2=A_0\\ \displaystyle\int_{-1}^{1}x\mathrm{d}x=0=A_0x_0\end{cases}$$

解之得 $A_0=2,x_0=0$. 区间 $[-1,1]$ 上的**单点 Gauss 公式**为

$$\int_{-1}^{1}f(x)\mathrm{d}x\approx 2f(0) \tag{4.5.3}$$

即单点 Gauss 公式就是中矩形公式.

同理, 在式 (4.5.1) 中, 令 $n=1,a=-1,b=1$, 得区间 $[-1,1]$ 上的两点 Gauss 公式

$$\int_{-1}^{1}f(x)\mathrm{d}x\approx A_0f(x_0)+A_1f(x_1)$$

上式应具有 3 次代数精度, 故两点 Gauss 公式对 $f(x)=1,x,x^2,x^3$ 分别准确成立, 于是得方程组

$$\begin{cases}\displaystyle\int_{-1}^{1}\mathrm{d}x=2=A_0+A_1\\ \displaystyle\int_{-1}^{1}x\mathrm{d}x=0=A_0x_0+A_1x_1\\ \displaystyle\int_{-1}^{1}x^2\mathrm{d}x=\frac{2}{3}=A_0x_0^2+A_1x_1^2\\ \displaystyle\int_{-1}^{1}x^3\mathrm{d}x=0=A_0x_0^3+A_1x_1^3\end{cases} \tag{4.5.4}$$

求解方程组 (4.5.4) 可得

$$A_0=A_1=1$$

$$x_0=-x_1=-\frac{\sqrt{3}}{3}$$

所以区间 $[-1,1]$ 上的**两点 Gauss 公式**为

$$\int_{-1}^{1}f(x)\mathrm{d}x\approx f\left(-\frac{\sqrt{3}}{3}\right)+f\left(\frac{\sqrt{3}}{3}\right) \tag{4.5.5}$$

区间 $[a,b]$ 上的**两点 Gauss 公式**为

$$\int_a^b f(x)\mathrm{d}x \approx \frac{b-a}{2}\left(f\left(\frac{a+b}{2}-\frac{b-a}{2}\frac{\sqrt{3}}{3}\right)+f\left(\frac{a+b}{2}+\frac{b-a}{2}\frac{\sqrt{3}}{3}\right)\right)$$

由于非线性方程组求解很困难, 一般不通过待定系数法构造多点的 Gauss 公式. 因为插值型求积公式的求积系数依赖于求积节点, 下面我们先研究 Gauss 点的性质.

4.5.2 Gauss 点

定理 4.4 对插值型求积公式

$$\int_a^b f(x)\mathrm{d}x \approx \sum_{k=0}^{n} A_k f(x_k) \tag{4.5.6}$$

其节点 $x_k, k=0,1,2,\cdots,n$ 为 Gauss 点的充要条件是 $\omega_{n+1}(x)=\prod\limits_{k=0}^{n}(x-x_k)$ 与一切不超过 n 次的多项式 $P(x)$ 正交, 即

$$\int_a^b \omega_{n+1}(x)P(x)\mathrm{d}x = 0 \tag{4.5.7}$$

证明 必要性 如果 $x_0,x_1,\cdots,x_n$ 是 Gauss 点, 设 $P(x)$ 是任意不超过 n 次的多项式, 则 $\omega_{n+1}(x)P(x)$ 是不超过 $2n+1$ 次的多项式. 因此, 由 Gauss 点 $x_0,x_1,\cdots,x_n$ 确定的求积公式能对 $\omega_{n+1}(x)P(x)$ 准确成立, 即有

$$\int_a^b \omega_{n+1}(x)P(x)\mathrm{d}x = \sum_{k=0}^{n} A_k\omega_{n+1}(x_k)P(x_k)$$

而 $\omega_{n+1}(x_k)=0, k=0,1,2,\cdots,n$, 故 $\displaystyle\int_a^b \omega_{n+1}(x)P(x)\mathrm{d}x=0$, 即正交性成立.

充分性 若 $\omega_{n+1}(x)=\prod\limits_{k=0}^{n}(x-x_k)$ 与一切不超过 n 次的多项式 $P(x)$ 正交, 对于任意不超过 $2n+1$ 次的多项式 $f(x)$, 用 $\omega_{n+1}(x)$ 除 $f(x)$, 则有

$$f(x)=\omega_{n+1}(x)Q_1(x)+Q_2(x)$$

其中商式 $Q_1(x)$ 和余式 $Q_2(x)$ 都是不超过 n 次的多项式. 于是有

$$\int_a^b f(x)\mathrm{d}x = \int_a^b \omega_{n+1}(x)Q_1(x)\mathrm{d}x + \int_a^b Q_2(x)\mathrm{d}x$$

由式 (4.5.7) 得

$$\int_a^b f(x)\mathrm{d}x = \int_a^b Q_2(x)\mathrm{d}x$$

又由于式 (4.5.6) 是插值型求积公式, 故至少具有 n 次代数精度, 即它对 $Q_2(x)$ 能准确成立. 又因为

$$f(x_k) = \omega_{n+1}(x_k)Q_1(x_k) + Q_2(x_k), \quad k = 0, 1, \cdots, n$$

所以

$$\int_a^b Q_2(x)\mathrm{d}x = \sum_{k=0}^{n} A_k Q_2(x_k) = \sum_{k=0}^{n} A_k \left(f(x_k) - \omega_{n+1}(x_k)Q_1(x_k)\right) = \sum_{k=0}^{n} A_k f(x_k)$$

于是有

$$\int_a^b f(x)\mathrm{d}x = \sum_{k=0}^{n} A_k f(x_k)$$

可见数值求积公式 (4.5.6) 能对一切不超过 $2n+1$ 次的多项式准确成立, 即代数精度为 $2n+1$, 因此 $x_k, k = 0, 1, 2, \cdots, n$ 是 Gauss 点.

如果区间 $[a, b]$ 上 $n+1$ 次正交多项式 $P_{n+1}(x)$ 的 $n+1$ 个互异实根为 $x_k, k = 0, 1, 2, \cdots, n$, 那么 $P_{n+1}(x)$ 可以表示为

$$P_{n+1}(x) = d_{n+1} \prod_{k=0}^{n} (x - x_k) = d_{n+1}\omega_{n+1}(x)$$

其中 d_{n+1} 是 $P_{n+1}(x)$ 的最高次项系数. 因此 $\omega_{n+1}(x)$ 也是区间 $[a, b]$ 上的正交多项式, 它与任意不超过 n 次的多项式都正交. 所以, 正交多项式 $P_{n+1}(x)$ 的零点即为 Gauss 点.

4.5.3 Gauss-Legendre 公式

因为 Legendre 多项式是区间 $[-1, 1]$ 上权函数 $\rho(x) = 1$ 的正交多项式, $n+1$ 次的 Legendre 多项式

$$P_{n+1}(x) = \frac{1}{2^{n+1}(n+1)!}\frac{\mathrm{d}^{n+1}}{\mathrm{d}x^{n+1}}[(x^2-1)^{n+1}]$$

在区间 $[-1, 1]$ 上与所有不超过 n 次的多项式正交.

根据定理 4.4 知, Legendre 多项式的零点即为 Gauss 点. 用 $n+1$ 次 Legendre 多项式 $P_{n+1}(x)$ 的零点 $x_k, k=0,1,2,\cdots,n$ 构造的 Gauss 公式为

$$\int_{-1}^{1} f(x)\mathrm{d}x \approx \sum_{k=0}^{n} A_k f(x_k) \tag{4.5.8}$$

上式称为 **Gauss-Legendre 求积公式**.

例如 $P_2(x)=\frac{1}{2}(3x^2-1)$ 的两个零点为 $\pm\frac{\sqrt{3}}{3}$, 构造的两点 Gauss-Legendre 求积公式为

$$\int_{-1}^{1} f(x)\mathrm{d}x \approx A_0 f\left(-\frac{\sqrt{3}}{3}\right)+A_1 f\left(\frac{\sqrt{3}}{3}\right)$$

可以利用插值型求积公式的定义 $A_k=\int_a^b l_k(x)\mathrm{d}x, k=0,1$, 或者由代数精度的定义, Gauss 求积公式对 $f(x)=1,x$ 准确成立, 都可以求出这两个求积系数 $A_0=A_1=1$, 所以两点 Gauss-Legendre 求积公式为

$$\int_{-1}^{1} f(x)\mathrm{d}x \approx f\left(-\frac{\sqrt{3}}{3}\right)+f\left(\frac{\sqrt{3}}{3}\right)$$

这和待定系数法求得的结果 (4.5.5) 是一致的.

定理 4.5 对 Gauss-Legendre 公式 (4.5.8), 积分余项为

$$R[f]=\int_{-1}^{1} f(x)\mathrm{d}x-\sum_{k=0}^{n} A_k f(x_k)=\frac{f^{(2n+2)}(\eta)}{(2n+2)!}\int_{-1}^{1}\omega_{n+1}^2(x)\mathrm{d}x, \quad \eta\in(-1,1) \tag{4.5.9}$$

其中 $\omega_{n+1}(x)=\prod_{k=0}^{n}(x-x_k)$, x_k 为 Legendre 多项式 $P_{n+1}(x)$ 的零点.

证明 以 $x_0,x_1,\cdots,x_n$ 为插值节点, 利用每个节点的函数值 $f(x_k)$ 和导数值 $f'(x_k)$ 构造 Hermite 插值多项式 $H_{2n+1}(x)$, 使其满足

$$H_{2n+1}(x_k)=f(x_k), \quad H'_{2n+1}(x_k)=f'(x_k), \quad k=0,1,\cdots,n$$

由于 Gauss-Legendre 公式 (4.5.8) 具有 $2n+1$ 次代数精度, 故该公式对不超过 $2n+1$ 次的 Hermite 插值多项式 $H_{2n+1}(x)$ 准确成立, 即有

$$\int_{-1}^{1} H_{2n+1}(x)\mathrm{d}x=\sum_{k=0}^{n} A_k H_{2n+1}(x_k)=\sum_{k=0}^{n} A_k f(x_k)$$

因此

$$\begin{aligned}R[f] &= \int_{-1}^{1} f(x)\mathrm{d}x - \sum_{k=0}^{n} A_k f(x_k) \\ &= \int_{-1}^{1} f(x)\mathrm{d}x - \int_{-1}^{1} H_{2n+1}(x)\mathrm{d}x \\ &= \int_{-1}^{1} \frac{f^{(2n+2)}(\xi)}{(2n+2)!}\omega_{n+1}^2(x)\mathrm{d}x, \quad \xi \in (-1,1)\end{aligned}$$

由于 $\omega_{n+1}^2(x)$ 在区间 $[-1,1]$ 上保号, 应用积分第二中值定理即得积分余项公式 (4.5.9).

常用的 Gauss-Legendre 公式的求积节点和求积系数见表 4.5.

表 4.5　部分 Gauss-Legendre 公式的节点和系数

n	x_k	A_k
0	0	2
1	$\pm\frac{\sqrt{3}}{3}(\pm 0.5773503)$	1
2	0	$\frac{8}{9}(0.8888889)$
	$\pm\frac{\sqrt{15}}{5}(\pm 0.7745967)$	$\frac{5}{9}(0.5555556)$
3	$\pm$0.8611363	0.3478548
	$\pm$ 0.3399810	0.6521452
4	0	0.5688889
	$\pm$ 0.5384693	0.4786287
	$\pm$ 0.9061798	0.2369269

例 4.5.1　利用三点 Gauss-Legendre 求积公式, 计算 $I = \int_1^3 \frac{\mathrm{d}x}{x}$ 的近似值.

解　令 $x = t+2$, 则积分为

$$I = \int_1^3 \frac{\mathrm{d}x}{x} = \int_{-1}^{1} \frac{\mathrm{d}t}{t+2}$$

根据表 4.4 中的求积系数和求积节点, 用三点 Gauss-Legendre 求积公式求得的近似值为

$$I \approx \frac{8}{9} \times \frac{1}{2} + \frac{5}{9} \times \left[\frac{1}{2-\sqrt{15}/5} + \frac{1}{2+\sqrt{15}/5}\right] \approx 1.0980392$$

4.5.4 数值稳定性和收敛性

从表 4.4 可以看出, Gauss 点往往是无理数, 这就使数据 $f(x_k)$ 必然有一定误差, 那么这种误差对最终数值积分结果影响大不大呢? 实际上, 因为 Gauss 型求积公式 (4.5.1) 的求积系数具有下列特点:

(1) 因为 Gauss 型求积公式对函数 $f(x)=1$ 准确成立, 则

$$\sum_{k=0}^{n} A_k = b-a$$

(2) 因为 Gauss 型求积公式对 $2n$ 次多项式 $f(x)=l_k^2(x)$ 也准确成立, 其中 $l_k(x)$ 为插值基函数, 则

$$A_k=\sum_{j=0}^{n} A_j l_k^2(x_j)=\int_a^b l_k^2(x)\mathrm{d}x>0,\quad k=0,1,2,\cdots,n$$

因此, 根据定理 4.2, Gauss 型求积公式是数值稳定的. 所以当函数值 $f(x_k)$ 的误差都足够小时, 它对最终数值积分结果的影响也不大.

关于收敛性, 可以证明: 若 $f(x)$ 在区间 $[a,b]$ 上连续, 当 $n\to\infty$ 时, Gauss 型求积公式满足

$$\lim_{n\to\infty}\sum_{k=0}^{n} A_k f(x_k)=\int_a^b f(x)\mathrm{d}x$$

即 Gauss 型求积公式是收敛的. 而 Newton-Cotes 公式并不是对任何连续函数都收敛.

4.5.5 带权 Gauss 公式

下面考虑更一般的带权积分

$$I(f)=\int_a^b f(x)\rho(x)\mathrm{d}x$$

其中 $\rho(x)$ 为权函数. 同理对带权积分, Gauss 型求积公式

$$I(f)=\int_a^b f(x)\rho(x)\mathrm{d}x\approx\sum_{k=0}^{n} A_k f(x_k)$$

的代数精度为 $2n+1$, 其中 $x_k, k=0,1,2,\cdots,n$ 为 Gauss 点.

可以证明, 求积节点 $x_k, k=0,1,2,\cdots,n$ 为 Gauss 点的充要条件是 $\omega_{n+1}(x)=\prod_{k=0}^{n}(x-x_k)$ 为区间 $[a,b]$ 上关于权函数 $\rho(x)$ 的正交多项式, 即对一切不超过 n 次的多项式 $P(x)$, 有

$$\int_a^b \omega_{n+1}(x)P(x)\rho(x)\mathrm{d}x=0$$

常用的带权 Gauss 型系列求积公式有如下几种.

1. Gauss-Laguerre 求积公式

积分区间为 $[0,+\infty)$, 权函数为 $\rho(x)=\mathrm{e}^{-x}$ 的正交多项式为 Laguerre 多项式

$$L_n(x)=\mathrm{e}^x\frac{\mathrm{d}^n}{\mathrm{d}x^n}(x^n\mathrm{e}^{-x})$$

以 Laguerre 多项式的零点作为 Gauss 点的 Gauss 型求积公式称为 **Gauss-Laguerre 求积公式**

$$\int_0^{+\infty}\mathrm{e}^{-x}f(x)\mathrm{d}x\approx\sum_{k=0}^{n}A_kf(x_k) \tag{4.5.10}$$

式中, $x_k, k=0,1,2,\cdots,n$ 是 $n+1$ 次 Laguerre 多项式 $L_{n+1}(x)$ 的零点, 求积系数为

$$A_k=-\frac{(n!)^2}{L'_{n+1}(x_k)L_n(x_k)},\quad k=0,1,\cdots,n$$

其积分余项为

$$R[f]=\frac{[(n+1)!]^2}{(2n+2)!}f^{(2n+2)}(\eta),\quad \eta\in(0,+\infty)$$

在区间 $[0,+\infty)$ 上, 对一般的被积函数 $f(x)$, 有

$$\int_0^{+\infty}f(x)\mathrm{d}x=\int_0^{+\infty}\mathrm{e}^{-x}\left(\mathrm{e}^xf(x)\right)\mathrm{d}x\approx\sum_{k=0}^{n}A_k\left(\mathrm{e}^{x_k}f(x_k)\right)$$

常用的 Gauss-Laguerre 公式的求积节点和求积系数见表 4.6.

表 4.6 部分 Gauss-Laguerre 公式的求积节点和求积系数

n	x_k	A_k
0	1	1
1	0.585786438	0.853553391
	3.414213562	0.146446609
2	0.415774557	0.711093010
	2.294280360	0.278517734
	6.289945083	0.010389257
3	0.322547690	0.603154104
	1.745761101	0.357418692
	4.536620297	0.038887909
	9.395070912	0.000539295
4	0.263560320	0.521755611
	1.413403059	0.398666811
	3.596425771	0.075942450
	7.085810006	0.361175868×10^{-2}
	12.640800844	0.233699724×10^{-4}

2. Gauss-Hermite 求积公式

积分区间为 $(-\infty,+\infty)$, 权函数为 $\rho(x)=\mathrm{e}^{-x^2}$ 的正交多项式为 Hermite 多项式

$$H_n(x)=(-1)^n\mathrm{e}^{x^2}\frac{\mathrm{d}^n}{\mathrm{d}x^n}\mathrm{e}^{-x^2}$$

对应的 Gauss 型求积公式称为 **Gauss-Hermite 求积公式**

$$\int_{-\infty}^{+\infty}\mathrm{e}^{-x^2}f(x)\mathrm{d}x\approx\sum_{k=0}^{n}A_kf(x_k)\tag{4.5.11}$$

式中, $x_k, k=0,1,2,\cdots,n$ 是 $n+1$ 次 Hermite 多项式 $H_{n+1}(x)$ 的零点, 求积系数为

$$A_k=\frac{2^{n+1}n!\sqrt{\pi}}{H_{n+1}'(x_k)H_n(x_k)},\quad k=0,1,\cdots,n$$

积分余项为

$$R[f]=\frac{(n+1)!\sqrt{\pi}}{2^{n+1}(2n+2)!}f^{(2n+2)}(\eta),\quad \eta\in(-\infty,+\infty)$$

类似地, 有

$$\int_{-\infty}^{+\infty}f(x)\mathrm{d}x\approx\sum_{k=0}^{n}A_k\left(\mathrm{e}^{x_k^2}f(x_k)\right)$$

常用的 Gauss-Hermite 公式的求积节点和求积系数见表 4.7.

表 4.7　部分 Gauss-Hermite 公式的求积节点和求积系数

n	x_k	A_k
0	0	1.772453851
1	±0.707106781	0.886226926
2	0	1.181635901
	±1.224744871	0.295408975
3	±1.650680124	0.081312835
	±0.524647623	0.804914090
4	0	0.945308721
	±2.020182871	0.019953242
	±0.958572465	0.393619323

3. Gauss-Chebyshev 求积公式

积分区间为 $[-1,1]$, 权函数为 $\rho(x)=\dfrac{1}{\sqrt{1-x^2}}$ 的正交多项式为 Chebyshev 多项式

$$T_n(x)=\cos(n\arccos x)$$

对应的 Gauss 型求积公式称为 **Gauss-Chebyshev 求积公式**

$$\int_{-1}^{1}\frac{f(x)}{\sqrt{1-x^2}}\mathrm{d}x\approx\sum_{k=0}^{n}A_kf(x_k) \tag{4.5.12}$$

式中, 求积节点 $x_k=\cos\left(\dfrac{2k+1}{2n+2}\pi\right), k=0,1,2,\cdots,n$ 是 $n+1$ 次 Chebyshev 多项式 $T_{n+1}(x)$ 的零点, 求积系数为 $A_k=\dfrac{\pi}{n+1}$, 其积分余项表达式为

$$R[f]=\frac{\pi}{2^{2n+1}(2n+2)!}f^{(2n+2)}(\eta),\quad \eta\in(-1,1)$$

例 4.5.2　利用两点 Gauss-Laguerre 求积公式, 计算 $I(f)=\displaystyle\int_0^{+\infty}\mathrm{e}^{-x}\sin x\mathrm{d}x$ 的近似值.

解　查表 4.6 得 $x_0=0.585786438, x_1=3.414213562$, $A_0=0.853553391$, $A_1=0.146446609$, 则

$$I(f)=\int_0^{+\infty}\mathrm{e}^{-x}\sin x\mathrm{d}x\approx A_0\sin x_0+A_1\sin x_1=0.43246$$

4.6 数值微分

函数 $f(x)$ 的导数 $f'(x)$ 不能用微分学中的方法求出解析表达式时, 我们需要构造数值方法, 即数值微分. 数值微分可以用一些点函数值的线性组合近似函数在某点的导数, 下面介绍两个基本的数值方法.

4.6.1 插值型求导公式

在区间 $[a,b]$ 上, 已知函数 $f(x)$ 在节点 $x_k, k=0,1,2,\cdots,n$ 的函数值为 $f(x_0), f(x_1),\cdots, f(x_n)$. 由插值法的知识, 可以用 n 次插值多项式 $L_n(x)$ 近似 $f(x)$. 由于多项式的求导比较简单, 我们可用 $L_n'(x)$ 近似 $f'(x)$, 这样建立的数值公式

$$f'(x) \approx L_n'(x) \tag{4.6.1}$$

统称为**插值型求导公式**.

值得提出的是: 即使在某一点 $f(x)$ 与 $L_n(x)$ 的值相差不大, 但在这一点的近似导数 $L_n'(x)$ 与导数的真值 $f'(x)$ 仍可能相差甚远, 因此在使用插值型求导公式 (4.6.1) 时应特别注意误差分析.

由插值余项定理, 插值型求导公式 (4.6.1) 的余项为

$$f'(x) - L_n'(x) = \frac{f^{(n+1)}(\xi)}{(n+1)!}\omega_{n+1}'(x) + \frac{\omega_{n+1}(x)}{(n+1)!}\frac{\mathrm{d}}{\mathrm{d}x}f^{(n+1)}(\xi), \quad \xi \in (a,b)$$

式中 $\omega_{n+1}(x) = \prod\limits_{k=0}^{n}(x-x_k)$.

在余项公式中, 由于 ξ 是依赖于 x 的未知数, 故无法对右端第 2 项 $\dfrac{\omega_{n+1}(x)}{(n+1)!}\cdot \dfrac{\mathrm{d}}{\mathrm{d}x}f^{(n+1)}(\xi)$ 做出进一步的推导. 因此, 对于任意点 x 的误差很难估计. 但是, 如果我们限定讨论某个节点 x_k 上的导数值的误差, 那么右端的第 2 项因 $\omega_{n+1}(x_k)=0$ 而为零, 这时有余项公式

$$f'(x_k) - L_n'(x_k) = \frac{f^{(n+1)}(\xi)}{(n+1)!}\omega_{n+1}'(x_k) \tag{4.6.2}$$

为便于实际应用, 下面讨论一些节点处导数值的数值公式, 并假定节点是等距的.

1. 两点公式

设已知两个等距节点 x_0, x_1 处的函数值 $f(x_0), f(x_1)$, 则线性插值多项式

$$L_1(x) = \frac{x - x_1}{x_0 - x_1} f(x_0) + \frac{x - x_0}{x_1 - x_0} f(x_1)$$

记 $h = x_1 - x_0$, 并对上式两端求导, 则有

$$L_1'(x) = \frac{1}{h}\left[-f(x_0) + f(x_1)\right]$$

于是, 有下列**两点求导公式**

$$L_1'(x_0) = L_1'(x_1) = \frac{1}{h}\left[f(x_1) - f(x_0)\right]$$

而利用余项公式 (4.6.2) 得**带余项的两点公式**:

$$\begin{aligned} f'(x_0) &= \frac{1}{h}\left[f(x_1) - f(x_0)\right] - \frac{h}{2} f''(\xi_1), \quad \xi_1 \in (a, b) \\ f'(x_1) &= \frac{1}{h}\left[f(x_1) - f(x_0)\right] + \frac{h}{2} f''(\xi_2), \quad \xi_2 \in (a, b) \end{aligned} \tag{4.6.3}$$

2. 三点公式

已知三个等距节点 $x_0, x_1 = x_0 + h, x_2 = x_0 + 2h$ 处的函数值 $f(x_0), f(x_1), f(x_2)$, 则二次插值多项式

$$\begin{aligned} L_2(x) = &\frac{(x - x_1)(x - x_2)}{(x_0 - x_1)(x_0 - x_2)} f(x_0) + \frac{(x - x_0)(x - x_2)}{(x_1 - x_0)(x_1 - x_2)} f(x_1) \\ &+ \frac{(x - x_0)(x - x_1)}{(x_2 - x_0)(x_2 - x_1)} f(x_2) \end{aligned}$$

令 $x = x_0 + th$, 则上式可表示为

$$L_2(x_0 + th) = \frac{1}{2}(t-1)(t-2)f(x_0) - t(t-2)f(x_1) + \frac{1}{2}t(t-1)f(x_2)$$

上式两端关于 t 求导, 得

$$L_2'(x_0 + th) = \frac{1}{2h}\left[(2t-3)f(x_0) - 4(t-1)f(x_1) + (2t-1)f(x_2)\right] \tag{4.6.4}$$

分别取 $t=0,1,2$, 得三个节点上的**三点求导公式**:

$$L_2'(x_0)=\frac{1}{2h}\left[-3f(x_0)+4f(x_1)-f(x_2)\right]$$

$$L_2'(x_1)=\frac{1}{2h}\left[-f(x_0)+f(x_2)\right]$$

$$L_2'(x_2)=\frac{1}{2h}\left[f(x_0)-4f(x_1)+3f(x_2)\right]$$

相应地, **带余项的三点求导公式**如下:

$$\begin{aligned}
f'(x_0)&=\frac{1}{2h}\left[-3f(x_0)+4f(x_1)-f(x_2)\right]+\frac{h^2}{3}f'''(\xi_1)\\
f'(x_1)&=\frac{1}{2h}\left[-f(x_0)+f(x_2)\right]-\frac{h^2}{6}f'''(\xi_2)\\
f'(x_2)&=\frac{1}{2h}\left[f(x_0)-4f(x_1)+3f(x_2)\right]+\frac{h^2}{3}f'''(\xi_3)
\end{aligned}\tag{4.6.5}$$

用插值多项式 $L_n(x)$ 近似函数 $f(x)$, 还可以建立高阶数值微分公式

$$f^{(m)}(x)\approx L_n^{(m)}(x),\quad m=1,2,\cdots$$

例如, 将式 (4.6.4) 两端关于 t 再求一次导, 则有

$$L_2''(x_0+th)=\frac{1}{h^2}\left[f(x_0)-2f(x_1)+f(x_2)\right]$$

于是有

$$f''(x_1)\approx L_2''(x_1)=\frac{1}{h^2}[f(x_1-h)-2f(x_1)+f(x_1+h)]$$

相应地, 带余项的**二阶三点公式**为

$$f''(x_1)=\frac{1}{h^2}\left[f(x_1-h)-2f(x_1)+f(x_1+h)\right]-\frac{h^2}{12}f^{(4)}(\xi)\tag{4.6.6}$$

3. 实用的五点公式

设已知函数 $f(x)$ 在 5 个节点 $x_k=x_0+kh$ 处的函数值 $f(x_k), k=0,1,2,3,4.$ 类似方法, 我们可导出下列**五点求导公式**:

$$m_0=\frac{1}{12h}\left[-25f(x_0)+48f(x_1)-36f(x_2)+16f(x_3)-3f(x_4)\right]$$

$$m_1=\frac{1}{12h}\left[-3f(x_0)-10f(x_1)+18f(x_2)-6f(x_3)+f(x_4)\right]$$

$$
\begin{aligned}
m_2 &= \frac{1}{12h}\left[f(x_0) - 8f(x_1) + 8f(x_3) - f(x_4)\right] \\
m_3 &= \frac{1}{12h}\left[-f(x_0) + 6f(x_1) - 18f(x_2) + 10f(x_3) + 3f(x_4)\right] \\
m_4 &= \frac{1}{12h}\left[3f(x_0) - 16f(x_1) + 36f(x_2) - 48f(x_3) + 25f(x_4)\right]
\end{aligned} \tag{4.6.7}
$$

式中, $m_k(k=0,1,2,3,4)$ 表示一阶导数 $f'(x_k)$ 的近似值. 按余项 (4.6.2) 不难推导出公式的余项.

再记 M_k 为二阶导数 $f''(x_k)$ 的近似值, 则**二阶五点公式**如下:

$$
\begin{aligned}
M_0 &= \frac{1}{12h^2}\left[35f(x_0) - 104f(x_1) + 114f(x_2) - 56f(x_3) + 11f(x_4)\right] \\
M_1 &= \frac{1}{12h^2}\left[11f(x_0) - 20f(x_1) + 6f(x_2) + 4f(x_3) - f(x_4)\right] \\
M_2 &= \frac{1}{12h^2}\left[-f(x_0) + 16f(x_1) - 30f(x_2) + 16f(x_3) - f(x_4)\right] \\
M_3 &= \frac{1}{12h^2}\left[-f(x_0) + 4f(x_1) + 6f(x_2) - 20f(x_3) + 11f(x_4)\right] \\
M_4 &= \frac{1}{12h^2}\left[11f(x_0) - 56f(x_1) + 114f(x_2) - 104f(x_3) + 35f(x_4)\right]
\end{aligned} \tag{4.6.8}
$$

对于给定的数据表, 用五点公式求节点上的导数值往往能取得满意的结果. 五个相邻节点的选法, 一般是在所求导数的节点两侧各取两个邻近的节点, 如一侧的节点数不足两个, 则用另一侧的节点来补足.

例 4.6.1 利用 $f(x)=\sqrt{x}$ 的函数值, 见表 4.8 左半部分, 按五点公式求节点上的导数值.

解 根据公式 (4.6.7) 和 (4.6.8) 可得函数 $f(x)$ 在给定节点上的一阶与二阶近似导数值, 见表 4.8, 精确程度可以和这些点导数的精确值做比较.

表 4.8 五点公式计算结果比较

x_k	$f(x_k)$	m_k	$f'(x_k)$	$M_k \times 10^3$	$f''(x_k) \times 10^3$
100	10.000000	0.050000	0.050000	−0.25092	−0.25000
101	10.049875	0.049751	0.049752	−0.24592	−0.24630
102	10.099504	0.049507	0.049507	−0.24192	−0.24268
103	10.148891	0.049267	0.049267	−0.23892	−0.23916
104	10.198039	0.049029	0.049029	−0.23692	−0.23572
105	10.246950	0.048793	0.048795	−0.23592	−0.23236

4.6.2 三次样条插值求导

如果用三次样条函数 $S(x)$ 作为 $f(x)$ 的近似函数, 不但可以使函数值非常接近, 而且还可以使导数值非常接近. 因为在一定条件下, 如 $f(x)$ 具有连续的四阶导数, 当相邻节点间最大步长 $h=\max\limits_{1\leqslant k\leqslant n} h_k\to 0$ 时, 则有

$$\left\|f^{(m)}(x)-S^{(m)}(x)\right\|_\infty\leqslant C_m\left\|f^{(4)}\right\|_\infty h^{(4-m)},\quad m=0,1,2$$

因此, 用三次样条插值函数求数值导数, 可望比上面多项式插值法有更好的数值效果. 其基本思想如下:

已知 $f(x)$ 在节点 $x_0,x_1,\cdots,x_n$ 处函数值为 $f(x_k),k=0,1,\cdots,n$, 又已知适当的边界条件, 按插值法中介绍的方法可构造一个三次样条插值函数, 如果仅仅求节点处的二阶导数值, 则求解三对角方程组中 $m_k,k=0,1,2,\cdots,n$ 的值即可, 将 m_k 代入一阶导数的公式, 也可以求出节点处的一阶导数近似值. 但如果要计算子区间 $[x_{k-1},x_k]$ 中某点数值导数, 则需要对 2.7 节中推导的三次样条多项式两边求导, 并用它近似代替 $f'(x)$, 即得基于三次样条函数的近似求导公式. 若再求一次导数, 就可得到 $f''(x)$ 的近似公式.

习 题 4

1. 分别用梯形公式、Simpson 公式计算积分的近似值, 并与精确值比较.

(1) $\displaystyle\int_0^1\frac{x}{4+x^2}\mathrm{d}x$;　　(2) $\displaystyle\int_0^{\frac{\pi}{2}}\sin^2 x\mathrm{d}x$.

2. 分别用梯形公式和 Simpson 公式计算积分 $I=\displaystyle\int_0^1\mathrm{e}^x\mathrm{d}x$ 的近似值, 并用积分余项估计误差.

3. 确定下列数值求积公式中的待定参数, 使其代数精度尽量高:

(1) $\displaystyle\int_{-h}^{h}f(x)\mathrm{d}x\approx A_{-1}f(-h)+A_0f(0)+A_1f(h)$;

(2) $\displaystyle\int_{-2h}^{2h}f(x)\mathrm{d}x\approx A_{-1}f(-h)+A_0f(0)+A_1f(h)$;

(3) $\displaystyle\int_{-1}^{1}f(x)\mathrm{d}x\approx\frac{1}{3}\left[f(-1)+2f(x_1)+3f(x_2)\right]$;

(4) $\displaystyle\int_0^h f(x)\mathrm{d}x\approx\frac{h}{2}\left[f(0)+f(h)\right]+Ah^2\left[f'(0)-f'(h)\right]$,

并说明所得公式最高代数精度的次数.

4. 对数值求积公式

$$\int_0^1 f(x)\mathrm{d}x\approx af(0)+bf(1)+cf'(1)$$

(1) 求待定参数使数值求积公式的代数精度尽量高, 并指明代数精度;

(2) 如果此数值求积公式的积分余项为 $R[f] = Kf'''(\xi), \xi \in (0,1)$, 试求余项中的常数 K.

5. 证明 Newton-Cotes 求积公式中 Cotes 系数 $C_k^{(n)}$ 具有对称性

$$C_k^{(n)} = C_{n-k}^{(n)}, \quad k = 0, 1, \cdots, n$$

6. 取 $n = 4$, 用复化 Simpson 公式计算积分的近似值

(1) $\displaystyle\int_0^6 \frac{x}{4+x^2}\mathrm{d}x$; (2) $\displaystyle\int_1^9 \frac{1}{x}\mathrm{d}x$.

7. 已知数据表

x_k	1.8	2.0	2.2	2.4	2.6
$f(x_k)$	3.12014	4.42569	6.04241	8.03014	10.46675

试用全部数据分别用复化梯形公式和复化 Simpson 公式计算 $\displaystyle\int_{1.8}^{2.6} f(x)\mathrm{d}x$ 的近似值.

8. 用复化梯形公式计算 $I = \displaystyle\int_0^1 \mathrm{e}^x \mathrm{d}x$, 应将区间等分为多少份, 才能保证误差不超过 $\dfrac{1}{2} \times 10^{-5}$? 若改用复化 Simpson 公式, 达到同样的精度要求, 应将区间等分为多少份?

9. 设 $f(x)$ 在区间 $[a, b]$ 充分光滑, 证明当步长 $h \to 0$ 时, 复化梯形公式与复化 Simpson 公式收敛到积分 $\displaystyle\int_a^b f(x)\mathrm{d}x$.

10. 用 Romberg 算法计算定积分 $\displaystyle\int_1^9 \frac{1}{x}\mathrm{d}x$.

11. 用两点和三点 Gauss 公式计算定积分 $\displaystyle\int_1^9 \frac{1}{x}\mathrm{d}x$, 并与第 6 题数值解比较; 将区间四等分, 用复化两点 Gauss 公式计算积分近似值.

12. 用两点 Gauss-Legendre 求积公式计算积分

$$I = \int_{-4}^{4} \frac{1}{1+x^2}\mathrm{d}x$$

并与精确解 $2\arctan 4 \approx 2.6516353$ 比较.

13. 用三点公式和五点公式求 $f(x) = \dfrac{1}{(1+x)^2}$ 在 x =1.0, 1.1 和 1.2 的一阶导数值, 并估计误差, 其中 $f(x)$ 的值为

x_k	1.0	1.1	1.2	1.3	1.4
$f(x_k)$	0.25	0.2268	0.2066	0.1890	0.1736

14. 用三点 Gauss-Chebyshev 公式计算积分

$$I = \int_{-1}^{1} \frac{\arccos x}{\sqrt{1-x^2}}\mathrm{d}x$$

并与精确解 $I=\dfrac{\pi^2}{2}$ 比较.

15. 作合适的变换, 使得积分 $\displaystyle\int_0^{+\infty}\frac{\mathrm{e}^{-3x^2}}{\sqrt{1+x^2}}\mathrm{d}x$, $\displaystyle\int_{-3}^{+\infty}\frac{\mathrm{e}^{-x-3}}{x^2+3x+3}\mathrm{d}x$ 能应用 Gauss-Laguerre 求积公式来计算.

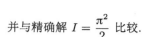

第 5 章 Chapter 非线性方程求根

非线性方程求根问题一直是困扰学术界的一个难点问题, 比如 5 阶以上的代数方程不能用解析公式求根, 而超越方程更难求解. 在研究区域气候问题时发现: 海洋是全球气候系统的主要成员, 由于海洋 (包括海冰) 占地球表面 2/3 以上且海水热容量大, 海水较大气和陆地对气候变化有更长的记忆能力, 因此海洋对季以上时间尺度的气候变化尤其重要. 特别是近海海温对沿海地区乃至内陆的气温、降水等天气特征和现象都有很大的影响. 海洋的表面温度取决于它的热量变化, 经研究发现东中国海的黄渤海海区的得失热量各分量差异很小, 而在东海区, 除了黑潮的影响外差异也不大. 利用近海这种海水浅、热容量小的特点, 常建立一维海洋模式来研究近海海温变化特征. 具体能量平衡方程为

$$H_s + H_l + H_{se} + H_{sl} = 0$$

其中, H_s 为海面吸收的太阳辐射通量, H_l 为海面有效长波辐射, H_{se}, H_{sl} 为海表面与大气之间的感热与潜热通量. 具体定义如下:

$$H_s = (1-n)H_{sclear} + nH_{scloudy} = [1-(x+r)]R + [1-(x+x_n+r_t+r_n)]R$$

其中, R 为晴空下达到地面的太阳辐射, x_n 为水滴吸收率, r, r_t, r_n 为无云大气、云顶大气和云顶对太阳辐射的反射率.

$$H_l = T_s^4(1-\varepsilon)(1-\beta_1 n)$$

其中, $\varepsilon = \varepsilon_v + \varepsilon_c + \varepsilon_z - \varepsilon^*$, ε_v 为水汽放射率, ε_c 为 CO_2 放射率, ε_z 为臭氧放射率, ε^* 为水汽与 CO_2 带重合部分放射率.

$$H_{se} = \rho_a c_{pa} C_{HD} |V_a| (T_s - T_a)$$

其中 ρ_a 为空气密度、c_{pa} 为定压比热容、$|V_a|$ 为风速、C_{HD} 为海表拖拽系数.

$$H_{sl} = \rho_a L c_{pa} C_{HD} |V_a| (q_s(T_s) - q_s(T_a))$$

其中 L 为水汽凝结潜热, $q_s(T)$ 为温度 T 下的饱和比湿. 综上所述, 整个能量方程写为

$$\begin{aligned}&[1-(x+r)]R+[1-(x+x_n+r_t+r_n)]R+T_s^4(1-\varepsilon)(1-\beta_1 n)\\&+\rho_a c_{pa}C_{HD}|V_a|(T_s-T_a)\\&+\rho_a L c_{pa}C_{HD}|V_a|(q_s(T_s)-q_s(T_a))=0\end{aligned}$$

该问题是标准的 4 阶非线性方程求根问题. 本章讲解如何快速求解关于温度 T 这类非线性方程.

5.1 迭代法的一般概念

通常, 可将单变量非线性方程记为

$$f(x)=0 \tag{5.1.1}$$

其中 $x\in\mathbf{R}$, $f(x)\in C[a,b]$ (即函数 $f(x)$ 是区间 $I=[a,b]$ 上的连续函数). 关于方程 (5.1.1) 的根, 可给出如下定义.

定义 5.1 对于方程 (5.1.1), 若存在一个实数 $x^*\in I$ 使 $f(x^*)=0$, 则称 x^* 为 $f(x)=0$ 在区间 I 上的 **(实) 根**, 或**零点**. 而区间 I 称为方程 $f(x)=0$ 的**有根区间**. 如果存在正整数 m 和实函数 $g(x)$, 使函数

$$f(x)=(x-x^*)^m\cdot g(x),\quad g(x^*)\neq 0$$

则 x^* 称为 $f(x)=0$ 的 m **重根**, 实数 m 称为**重数**. 特别地, 当 $m=1$ 时, 称 x^* 为 $f(x)=0$ 的**单根**.

5.1.1 方程根的存在性与唯一性

在给出方程求根的解法之前, 我们首先回顾与方程求根相关的理论基础.

引理 5.1 设函数 $f(x)$ 在定义域 I 上连续, 若 $f(a)\neq f(b)$, 则对于 $\forall c\in[f(a),f(b)]$, 在区间 $[a,b]$ 内至少存在一个实数 x_0, 使 $f(x_0)=c$.

引理 5.1 称为连续函数的介值定理, 根据介值定理可得

引理 5.2 如果函数 $f(x)$ 在闭区间 $[a,b]$ 上连续, 在开区间 (a,b) 内可导, $f'(x)$ 在 (a,b) 内不变号, 且有 $f(a)\cdot f(b)<0$, 则存在唯一的 $x^*\in(a,b)$, 使 $f(x^*)=0$.

引理 5.2 称为根的存在、唯一性定理. 由引理 5.2 知: 为了使 $f(x)=0$ 在区间 (a,b) 内至少存在一个根, 一个重要的前提条件是确保函数 $f(x)$ 在区间 (a,b)

内连续, 如果函数 $f(x)$ 不连续, 不能保证根的存在. 然而, 由于定义域内不连续函数也可能存在零点, 因此函数 $f(x)$ 在其定义域内的连续性是 $f(x)$ 零点存在的既不充分也不必要条件.

因此, 一般情况下, 若能够断定函数 $f(x)$ 在有根的闭区间 $[a,b]$ 上连续, 在区间端点处函数值异号, 且在开区间 (a,b) 内单调, 则能保证 $f(x)=0$ 存在唯一的根.

5.1.2 迭代法

如果函数 $f(x)$ 在闭区间 $[a,b]$ 内存在唯一解, 则可以采用迭代法从给定的一个或者几个近似值 $x_0, x_1, \cdots, x_r$ 出发, 按照某种规则产生序列

$$x_0, x_1, \cdots, x_r, x_{r+1}, \cdots, x_n, \cdots$$

并使得这个序列收敛到方程 $f(x)=0$ 的根 x^*. 则对于迭代法而言, 需要讨论如下基本问题: 如何构造收敛的迭代序列, 如何描述收敛速度以及误差分析. 下面一节我们先给出较为经典的二分法.

5.1.3 二分法

设函数 $f(x)$ 在 $[a,b]$ 上连续, 且满足 $f(a)\cdot f(b)<0$, 则 $[a,b]$ 为方程 $f(x)=0$ 的有根区间. 如果函数 $f(x)$ 在开区间 (a,b) 单调, 则 $f(x)=0$ 存在唯一根. 此时可用**区间半分法**进行求解, 其基本思想如下:

第一步 如图 5.1 所示, 计算区间 $[a,b]$ 的中点 $c_1=\dfrac{b+a}{2}$, 则有根区间 $[a,b]$ 平均分成两个子区间 $[a,c_1]$ 与 $[c_1,b]$;

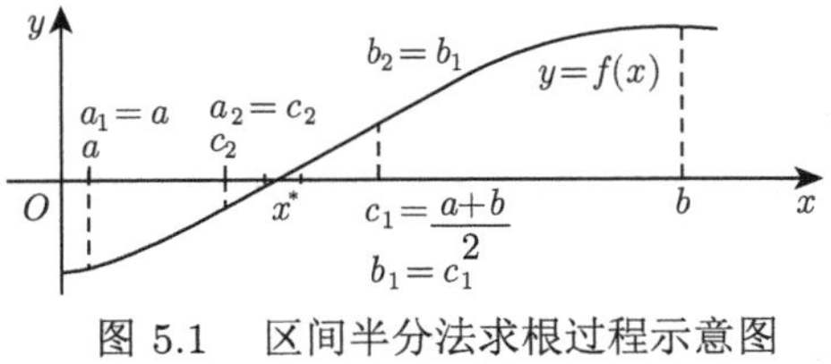

图 5.1 区间半分法求根过程示意图

第二步 若 $f(c_1)\cdot f(a)<0$, 则说明 $[a,c_1]$ 为新的有根区间, 令 $[a_1,b_1]=[a,c_1]$; 否则 $[c_1,b]$ 为新的有根区间, 令 $[a_1,b_1]=[c_1,b]$. 此时新的有根区间的长度为前一区间长度的一半;

如此重复执行上述两个步骤, 便得到一个有根区间序列 $\{[a_n,b_n]\}_{n=0}^{\infty}$, 当 n 足够大时, 区间 $[a_n,b_n]$ 长度趋向于 0, 此时该区间中点 c_{n+1} 满足 $|c_{n+1}-x^*|<\varepsilon$,

可作为方程 $f(x)=0$ 的近似根. 这里实数 ε 为近似解序列 $\{c_n\}$ 与精确解 x^* 之间的绝对误差限.

事实上, 在区间半分法求根的过程中, 每次区间分半的实际结果就是将有根区间

$$[a_n,b_n],\quad n=1,2,\cdots$$

分成两个子区间, 这里 $a_0=a,b_0=b$, 且 $[a_n,b_n]$ 满足:

$$x^*,c_{n+1}\in[a_n,b_n]\subset[a_{n-1},b_{n-1}],\quad n=1,2,\cdots$$

并且有

$$|b_n-a_n|=\frac{1}{2}|b_{n-1}-a_{n-1}|$$

则当 $n\to\infty$ 时, 必有

$$|c_{n+1}-x^*|\leqslant\frac{b_n-a_n}{2}=\frac{1}{2^{n+1}}(b-a)\to 0$$

因此得

$$\lim_{n\to\infty}c_n=x^*$$

即, 只要计算步数足够多, 由二分法必能求出符合精度要求的近似根 c_n, 且有误差估计式:

$$|c_{n+1}-x^*|\leqslant\frac{1}{2}(b_n-a_n)=\frac{1}{2^{n+1}}(b-a),\quad n=1,2,\cdots$$

因此, 给定绝对误差限 $\varepsilon(>0)$ 的情况下, 可利用下式是否满足以判断算法是否达到精度要求:

$$\frac{1}{2}(b_n-a_n)\leqslant\varepsilon$$

也可以通过下式预先计算算法迭代次数:

$$N_0=\left[\frac{\ln\left\lfloor\dfrac{b-a}{\varepsilon}\right\rfloor}{\ln 2}\right]+1$$

区间二分法求方程的根, 其优点是计算过程简单, 易于编程实现, 且安全可靠. 其缺点是收敛速度较慢, 且不能求方程的偶数重根与复根. 因此, 一般情况下, 可以用二分法求某方程的初始近似值, 然后用更好的数值方法继续求值.

例 5.1.1 证明方程 $x^3-x-1=0$ 存在唯一实根, 用二分法求此根, 要求准确到小数点后的第 2 位.

解 首先, 令 $f(x)=x^3-x-1$, 则 $f(1)\cdot f(1.5)<0$, 又由

$$f'(x)=3x^2-1>0$$

知函数 $f(x)$ 在定义域内严格单调递增, 因此方程存在唯一实根 $x^*\in(1,1.5)$.

其次, 由二分法, 若要求数值解满足精度, 只要

$$|c_n-x^*|\leqslant\frac{1}{2^n}(b-a)=\frac{1}{2^{n+1}}\leqslant\frac{1}{2}\times10^{-2}$$

解之可得 $n\geqslant6.6439$, 即取 $n=7$ 即可, 计算过程参见表 5.1. 根据表 5.1, 可知如果取

$$c_7=\frac{1}{2}(a_7+b_7)\approx1.3242$$

则 c_7 可作为方程的近似根, 该近似根含有四位有效数字, 且满足规定的精度要求.

表 5.1 例 5.1.1 的区间二分法结果

n	$a_n(f(a_n)$ 的符号)	$b_n(f(b_n)$ 的符号)	$x_n(f(x_n)$ 的符号)
1	1.0(−)	1.5(+)	1.25(−)
2	1.25(−)	1.5(+)	1.375(+)
3	1.25(−)	1.375(+)	1.3125(−)
4	1.3125 (−)	1.375(+)	1.3438(+)
5	1.3125 (−)	1.3438(+)	1.3281(+)
6	1.3125 (−)	1.3281 (+)	1.3203(−)
7	1.3203 (−)	1.3281(+)	1.3242(−)

5.2 Picard 迭代法

虽然区间二分法简单有效, 但其收敛速度较慢, 且不能求方程的偶数重根与复根, 因此, 我们需要研究学习更快更便捷的数值求根方法. 为此, 本节考虑非线性方程

$$f(x)=0$$

的一般迭代法. 首先将 $f(x)=0$ 化为其等价形式

$$x=\varphi(x)\tag{5.2.1}$$

一般地, 若实数 x^* 满足方程 (5.2.1), 即有 $x^*=\varphi(x^*)$, 则称 x^* 为 $\varphi(x)$ 的不动点, 称 (5.2.1) 为不动点方程, 函数 $\varphi(x)$ 称为不动点函数. 根据不动点方程 (5.2.1), 可以构造如下公式

$$x_{n+1}=\varphi(x_n),\quad n=0,1,2,\cdots\tag{5.2.2}$$

对任意给定的数值 x_0, 代入式 (5.2.2) 右端计算, 可得数列

$$x_0, x_1, \cdots, x_n, \cdots \tag{5.2.3}$$

根据式 (5.2.2) 和序列 (5.2.3), 可给出如下定义.

定义 5.2 称式 (5.2.2) 为解非线性方程 $f(x)=0$ 的皮卡 (Picard) 迭代法 (亦称为不动点迭代法或简单迭代法), 数列 (5.2.3) 称为 Picard **迭代序列**, 称 x_0 为**迭代初值**, $\varphi(x)$ 为**迭代函数**.

当函数 $f(x)$ 连续时, 若 Picard 迭代序列 (5.2.3) 收敛到实数 x^*, 则 x^* 即为方程 $f(x)=0$ 的根. 事实上, 若 $\lim\limits_{n\to\infty} x_n = \lim\limits_{n\to\infty} x_{n+1} = x^*$, 则序列 $\{x_n\}$ 收敛于 x^*. 当函数 $f(x)$ 连续时, 不动点函数 $\varphi(x)$ 也连续, 于是有

$$x^* = \lim_{n\to\infty} x_{n+1} = \lim_{n\to\infty} \varphi(x_n) = \varphi(\lim_{n\to\infty} x_n) = \varphi(x^*)$$

即 $f(x^*)=0$, 即 x^* 为方程 $f(x)=0$ 的根.

因此, 当迭代序列 (5.2.3) 收敛到方程的根 x^* 时, 称 **Picard 迭代法收敛**, 且 x_n 为第 n 步的**近似根**; 否则, 若迭代序列 (5.2.3) 发散, 则称**迭代格式发散**.

例 5.2.1 求方程 $x^3-x-1=0$ 在区间 $(1, 1.5)$ 内的根.

解 若将方程化为与其等价的方程 $x=x^3-1$, 则可得 Picard 迭代格式:

$$x_{n+1} = x_n^3 - 1, \quad n=0,1,2,\cdots \tag{5.2.4}$$

给定初始值 $x_0=1.5$, 代入上面的迭代格式计算, 得表 5.2 中迭代序列. 显然迭代序列是发散的, 即迭代法 (5.2.4) 发散.

表 5.2 发散的 Picard 迭代序列

n	0	1	2	3	4	5	$\cdots$
x_n	1.5	2.3750	12.3965	1.9040e+03	6.9024e+09	3.2885e+29	$\cdots$

若将方程化为等价方程 $x=\sqrt[3]{x+1}$, 则可得 Picard 迭代格式:

$$x_{n+1} = \sqrt[3]{x_n+1}, \quad n=0,1,2,\cdots \tag{5.2.5}$$

同样给定初始值 $x_0=1.5$, 可得表 5.3 中迭代序列. 实际上, 方程的根为 $x^*=1.324717951\cdots$, 故表 5.3 中迭代序列收敛, 即迭代法 (5.2.5) 收敛.

表 5.3 收敛的 Picard 迭代序列

n	1	2	3	4	5	$\cdots$
x_n	1.35721	1.33086	1.32588	1.32494	1.32476	$\cdots$

由例 5.2.1 不难发现：不同迭代格式可能收敛，亦可能发散，即迭代格式的收敛性与方程无关，只与迭代格式自身有关联. 因此分析迭代法的收敛性是很必要的.

5.2.1 Picard 迭代的收敛性

定理 5.1 (压缩映像原理) 若不动点函数 $\varphi(x)$ 在 $[a,b]$ 上连续可微，且满足如下条件：

(1) 对 $\forall x \in [a,b]$, $\varphi(x) \in [a,b]$;

(2) 存在实数 $L(0<L<1)$, 对 $\forall x \in [a,b]$, 有 $|\varphi'(x)| \leqslant L < 1$.

则可得如下结论：

(1) 方程在区间 $[a,b]$ 上存在唯一的实根 x^*;

(2) 对任何初值 $x_0 \in [a,b]$, 迭代格式 (5.2.2) 确定的迭代序列 $\{x_n\}$ 收敛于 x^*.

证明 (1) 先证存在性. 令 $g(x)=x-\varphi(x)$, 由已知条件 (1) 得

$$g(a)=a-\varphi(a)\leqslant 0,\quad g(b)=b-\varphi(b)\geqslant 0.$$

又由 $\varphi(x)$ 是 $[a,b]$ 上的连续可微函数知，$g(x)=x-\varphi(x)$ 在 $[a,b]$ 上连续，故由引理 5.2 知：存在 $x^*\in[a,b]$, 使 $g(x^*)=0$. 即有 $x^*=\varphi(x^*)$ 或 $f(x^*)=0$, 解的存在性得证.

再证唯一性. 用反证法，设存在 $\tilde{x}^*(\neq x^*)$, 使 $\tilde{x}^*=\varphi(\tilde{x}^*)$, 由微分中值定理及条件 (2) 知

$$|x^*-\tilde{x}^*|=|\varphi(x^*)-\varphi(\tilde{x}^*)|=|\varphi'(\xi)|\cdot|x^*-\tilde{x}^*|\leqslant L\,|x^*-\tilde{x}^*|<|x^*-\tilde{x}^*|$$

矛盾，其中 ξ 是介于 x^* 和 $\tilde{x}^*$ 之间的实数，故 $x^*\in[a,b]$ 是方程的唯一根.

(2) 收敛性 由

$$\begin{aligned}|x_{n+1}-x^*|&=|\varphi(x_n)-\varphi(x^*)|=|\varphi'(\xi)|\cdot|x_n-x^*|\leqslant L\cdot|x_n-x^*|\\&\leqslant L^2\,|x_{n-1}-x^*|\leqslant\cdots\leqslant L^{n+1}\,|x_0-x^*|\to 0,\quad n\to\infty\end{aligned}$$

其中 ξ 是介于 x^* 和 x_n 之间的实数，即

$$\lim_{n\to+\infty} x_n = x^*$$

即式 (5.2.2) 收敛到方程 $f(x)=0$ 的唯一实根 x^*.

压缩映像原理是验证 Picard 迭代法收敛的充分但不必要条件, 即只需证明 Picard 迭代法的迭代函数满足定理 5.1 中的条件, 即可证明一个 Picard 迭代法收敛. 而如果要证明一个 Picard 迭代法发散, 需要验证迭代函数满足定理 5.2 的条件是否满足.

定理 5.2 设方程 $x=\varphi(x)$ 在 $[a,b]$ 内有根 x^*, 且当 $x\in[a,b]$ 时, $|\varphi'(x)|\geqslant 1$, 则对任意的初始值 $x_0\in[a,b]$, 且当 $x_0\neq x^*$ 时, 迭代格式 (5.2.2) 发散.

证明 $\forall x_0\in[a,b], x_0\neq x^*$, 由式 (5.2.2) 得

$$|x_1-x^*|=|\varphi(x_0)-\varphi(x^*)|=|\varphi'(\xi)|\,|x_0-x^*|\geqslant|x_0-x^*|$$

这里, ξ 介于 x_0 与 x^* 之间; 同理, 当 $x_1\in[a,b]$ 时, 有

$$|x_2-x^*|=|\varphi(x_1)-\varphi(x^*)|\geqslant|x_1-x^*|\geqslant|x_0-x^*|$$

若 $x_1\notin[a,b]$, 则序列不在有根区间内. 如此继续下去, 或者 $x_n\notin[a,b]$, 或者 $|x_n-x^*|\geqslant|x_{n-1}-x^*|\geqslant\cdots\geqslant|x_0-x^*|$, 因此迭代格式 (5.2.2) 发散.

定理 5.2 是证明 Picard 迭代格式发散的充分但不必要条件.

例 5.2.2 对方程 $x^3-x-1=0$, 将其化为如下两个等价的方程:

(1) $x=\sqrt[3]{x+1}$; (2) $x=x^3-1$.

试考察两个不动点方程相对应的 Picard 迭代格式是否收敛.

解 (1) 由 $x=\sqrt[3]{x+1}$, 得 $\varphi(x)=\sqrt[3]{x+1}$, 对 $\forall x\in[1,1.5]$, 知 $\varphi(x)\in[1,1.5]$, 其函数导数满足

$$|\varphi'(x)|\approx\left|\frac{1}{3}\frac{1}{(x+1)^{2/3}}\right|\leqslant\frac{1}{3}<1,\quad x\in[1,1.5]$$

由定理 5.1, 得对任意初值 $x_0\in[1,1.5]$, 迭代格式

$$x_{n+1}=\sqrt[3]{x_n+1},\quad n=0,1,2,\cdots$$

收敛于方程的根 x^*.

(2) 由 $x=x^3-1$, 得迭代函数 $\varphi(x)=x^3-1$, 显然当 $x\geqslant 1$ 时, 有

$$|\varphi'(x)|=3x^2\geqslant 3>1$$

由定理 5.2 知, 迭代格式

$$x_{n+1} = x_n^3 - 1, \quad n = 0, 1, 2, \cdots$$

发散.

定理 5.1 中的第二个条件可以用下列条件代替: 存在正实数 $L < 1$, 使 $\forall x, y \in [a, b]$, 有

$$|\varphi(x) - \varphi(y)| \leqslant L\,|x - y| \tag{5.2.6}$$

式 (5.2.6) 称为**利普希茨 (Lipschitz) 条件**, 实数 L 称为 **Lipschitz 常数**.

5.2.2 Picard 迭代法敛散性的几何解释

设 $x = \varphi(x)$ 是方程 $f(x) = 0$ 等价的不动点方程. 如图 5.2 和图 5.3 所示, xOy 平面上, 作曲线 $y = \varphi(x)$, 与直线 $y = x$ 交于点 P^*, 则 P^* 的横坐标 x^* 即为方程 $f(x) = 0$ 的根.

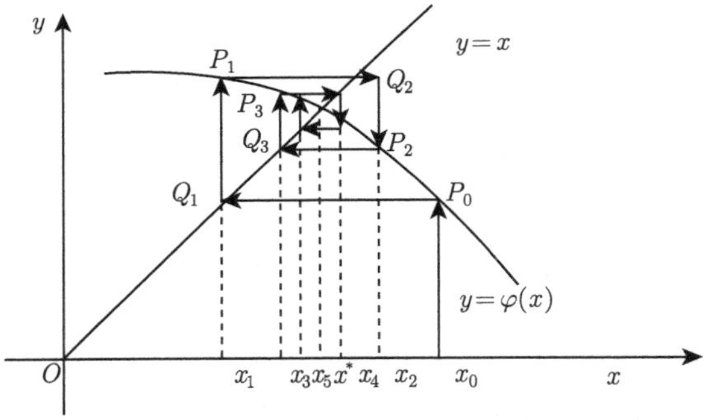

图 5.2　Picard 迭代公式收敛的情况

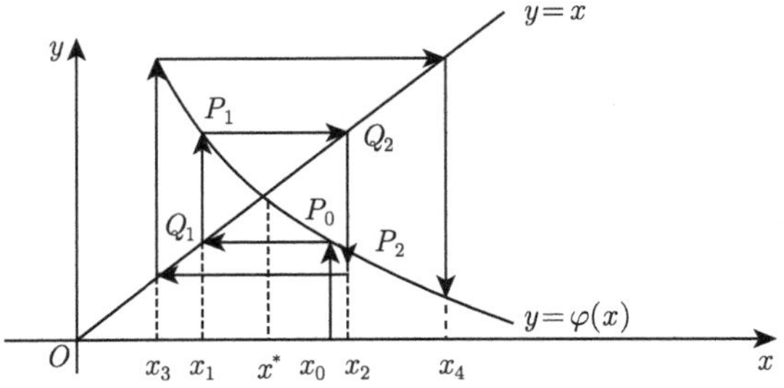

图 5.3　Picard 迭代发散的情况

任给根 x^* 的初始近似值 x_0, 记曲线 $y = \varphi(x)$ 上以 $(x_0, \varphi(x_0))$ 为坐标的点为 P_0. 过 P_0 引平行于 x 轴的直线, 与直线 $y = x$ 相交于点 Q_1, 过点 Q_1 做平行

于 y 轴的直线, 与曲线 $y=\varphi(x)$ 的交点记作 P_1, 则 P_1 的横坐标 x_1 即为将 x_0 代入 Picard 迭代格式 $x_{n+1}=\varphi(x_n)$ 计算出的 x^* 的近似值 $\varphi(x_0)$. 同理, 若过点 P_1 作平行于 x 轴的直线, 与曲线 $y=x$ 的交点记为 Q_2, 过 Q_2 作平行于 y 轴的直线, 该直线与曲线 $y=\varphi(x)$ 交点 P_2 的横坐标即为 x_2. 如上所述, 按图 5.2 和图 5.3 中箭头所示的路径继续进行下去, 在曲线 $y=\varphi(x)$ 上得点列

$$P_0, P_1, P_2, \cdots$$

该点列的横坐标序列即为由迭代公式 $x_{n+1}=\varphi(x_n)$ 所得的迭代序列

$$x_0, x_1, x_2, \cdots$$

如果点列 $\{P_n\}$ 趋向于点 P^*, 则相应的迭代序列 $\{x_n\}_{n=0}^{\infty}$ 收敛到所求的根 x^*.

值得注意的是, 在包含 x^* 的区间内, 如图 5.2 所示, 当迭代函数的斜率 $\varphi'(x)$ 满足条件:

$$|\varphi'(x)| \leqslant L < 1 \quad (\text{定理 5.1 的条件 (2)})$$

时, 则点列 $P_0, P_1, P_2, \cdots$ 逐渐趋向于 P^*, 同时点列的坐标序列 $\{x_n\}_{n=0}^{\infty}$ 收敛于 x^*, 也就是定理 5.1 结论 (2) 成立.

如图 5.3 所示, 在包含 x^* 的某个区间内, 当定理 5.2 条件满足时, 有 $|\varphi'(x)|>1$, 此时点列 $\{P_n\}$ 逐渐远离 P^*, 则相应的横坐标序列 $\{x_n\}_{n=0}^{\infty}$ 不收敛到 x^*. 这与定理 5.2 的结论相吻合.

5.2.3 Picard 迭代的局部收敛性和误差估计

一般情况下, 对于有根区间 $[a,b]$, 定理 5.1 中的条件较强, 很难满足. 因此, 通常在根 x^* 的某个邻域内考虑定理 5.1 的条件是否成立.

定理 5.3 设不动点方程 $x=\varphi(x)$ 的根为 x^*, 且在 x^* 的某个邻域 $U(x^*)=\{x \,||x-x^*| \leqslant \delta\}$ 内函数 $\varphi(x)$ 存在一阶连续导数, 则

(1) 当 $|\varphi'(x^*)|<1$ 时, 对 $U(x^*)$ 中充分靠近 x^* 的初始值 x_0, Picard 迭代格式 (5.2.2) 收敛, 且迭代数列 $\{x_n\}_{n=0}^{\infty}$ 收敛到 x^*;

(2) 当 $|\varphi'(x^*)|>1$ 时, 则对 $\forall x_0 \in U(x^*)$ 且当 $x_0 \neq x^*$ 时, Picard 迭代格式 (5.2.2) 发散.

证明 (1) 由 $|\varphi'(x^*)|<1$, 且在 x^* 的某个邻域 $U(x^*)$ 内迭代函数 $\varphi(x)$ 存在一阶连续导数, 则存在 $0<L<1$, 使得 $\forall x \in U(x^*)$, 有

$$|\varphi'(x)| \leqslant L < 1$$

此外, $\forall x \in U(x^*), \exists \xi \in U(x^*)$, 可得

$$|\varphi(x) - x^*| = |\varphi(x) - \varphi(x^*)| = |\varphi'(\xi)(x - x^*)| \leqslant L\,|x - x^*| \leqslant |x - x^*| \leqslant \delta$$

即 $\varphi(x) \in U(x^*)$, 则 $\varphi(x)$ 可以看成是 $U(x^*)$ 上的压缩映像. 由定理 5.1 得: Picard 迭代法 (5.2.2) 对任意初值 $x_0 \in U(x^*)$ 均收敛, 定理得证.

(2) 由 $|\varphi'(x^*)| > 1$ 和函数 $\varphi(x)$ 的连续性知, 存在 x^* 的某个邻域 $U^\circ(x^*, \delta)$, 使得

$$|\varphi'(x)| > 1, \quad \forall x \in U^\circ(x^*, \delta)$$

由定理 5.2 知, 迭代法发散.

一般情况下, 将定理 5.3 中定义的收敛性, 称为**局部收敛性**, 而将定理 5.1 中定义的收敛性称为**大范围收敛性**, 一个迭代法被证明为局部收敛时不一定大范围收敛, 但是若被证明为大范围收敛的, 则一定局部收敛.

定理 5.3 中定义的发散性称为**局部发散性**, 局部发散的迭代法一定发散. 实际上在应用过程中, 由于方程 $f(x) = 0$ 的解 x^* 是未知的, 因此定理 5.3 的条件

$$|\varphi'(x^*)| < 1 \tag{5.2.7}$$

或者

$$|\varphi'(x^*)| > 1 \tag{5.2.8}$$

通常是很难得到. 因此, 只能往往给出的是

$$|\varphi'(\tilde{x})| < 1 \tag{5.2.9}$$

或者

$$|\varphi'(\tilde{x})| > 1 \tag{5.2.10}$$

这里, $\tilde{x} \approx x^*$. 此时, 我们常常把条件 (5.2.9) 当作 (5.2.7) 来用, 等求出更为精确的近似解 $\hat{x}$ 后, 再验证不等式 $|\varphi'(\hat{x})| < 1$ 是否成立, 如果成立, 则认为 (5.2.7) 成立, 因此可以认为 $\hat{x}$ 就是要求的方程的近似解; 否则, 条件 (5.2.9) 中的实数 $\tilde{x}$ 与方程的根 x^* 还不够近似. 同理, 只要 $\tilde{x}$ 与 x^* 足够近似, 实践中, 也可将条件 (5.2.10) 当作 (5.2.8) 来用.

例 5.2.3 求方程 $x = \mathrm{e}^{-x}$ 在 $x_0 = 0.5$ 附近的一个根, 要求精度为 $\varepsilon = 10^{-5}$.

解 过 $x_0 = 0.5$, 以步长 $h = 0.1$ 搜索一次, 即得求根区间 $[0.5, 0.6]$. 令 $g(x) = \mathrm{e}^{-x}$, 则迭代函数的导数 $g'(x) = -\mathrm{e}^{-x}$, 显然导数 $g'(x)$ 是连续的, 又

$$|g'(0.5)| = \mathrm{e}^{-0.5} \approx 0.6 < 1$$

故由定理 5.3 知：迭代格式

$$x_{n+1}=\mathrm{e}^{-x_n},\quad n=0,1,2,\cdots$$

局部收敛, 因此取 $x_0=0.5$ 为初始值, 代入迭代格式计算, 结果见表 5.4.

表 5.4　例 5.2.3 的计算结果

n	1	2	$\cdots$	17	18
x_n	0.6065306	0.5452392	$\cdots$	0. 5671477	0.5671407

显然迭代格式收敛, 且 0.5671 可作为方程的近似值, 该值具有 4 位有效数字.

在实际应用中, 常常需要对迭代过程中得到的近似解 x_n 进行估计, 以确定迭代过程的终止时刻. 为此, 给出如下定理.

定理 5.4　在定理 5.1 的条件下, 有如下误差估计式:

(1) $|x^*-x_n|\leqslant\dfrac{L}{1-L}|x_n-x_{n-1}|,n=1,2,\cdots;$　　(5.2.11)

(2) $|x^*-x_n|\leqslant\dfrac{L^n}{1-L}|x_1-x_0|,n=1,2,\cdots.$　　(5.2.12)

证明　(1) 由定理 5.1 得：存在实数 $L(0<L<1)$ 和介于 x_n 与 x^* 之间的实数 ξ, 使

$$|x_{n+1}-x^*|=|\varphi(x_n)-\varphi(x^*)|=|\varphi'(\xi)|\cdot|x_n-x^*|\leqslant L\cdot|x_n-x^*|$$

所以

$$\begin{aligned}|x_n-x^*|&=|x_{n+1}-x^*+x_n-x_{n+1}|\leqslant|x_{n+1}-x^*|+|x_n-x_{n+1}|\\&\leqslant L\,|x_n-x^*|+|x_{n+1}-x_n|\end{aligned}$$

又由

$$|x_{n+1}-x_n|=|\varphi(x_n)-\varphi(x_{n-1})|=|\varphi'(\xi_n)|\cdot|x_n-x_{n-1}|\leqslant L\cdot|x_n-x_{n-1}| \tag{5.2.13}$$

其中 ξ_n 介于 x_n 与 x_{n-1} 之间. 所以

$$|x_n-x^*|\leqslant\frac{1}{1-L}\,|x_{n+1}-x_n|\leqslant\frac{L}{1-L}\,|x_n-x_{n-1}|,\quad n=1,2,\cdots$$

(2) 由公式 (5.2.11) 和公式 (5.2.13) 知

$$\begin{aligned}|x_n-x^*|&\leqslant\frac{L}{1-L}\,|x_n-x_{n-1}|\\&\leqslant\frac{L^2}{1-L}\,|x_{n-1}-x_{n-2}|\leqslant\cdots\leqslant\frac{L^n}{1-L}\,|x_1-x_0|,\quad n=1,2,\cdots\end{aligned}$$

式 (5.2.11) 称为迭代格式 (5.2.2) 的**事后误差估计式**, 可以用该式在迭代过程中逐次估计绝对误差. 例如, 给定绝对误差限 ε 的前提下, 当 $\dfrac{L}{1-L}|x_n - x_{n-1}| \leqslant \varepsilon$ 时, 近似解 x_n 与精确解 x^* 的绝对误差小于等于 ε, 可终止迭代, 取 x_n 作为 x^* 的近似值. 式 (5.2.12) 称为迭代格式 (5.2.2) 的**事先误差估计式**, 根据该估计式可求得需要迭代的步数. 例如, 若要求近似根与根的绝对误差满足: $|x^* - x_n| < \varepsilon$, 则用式 (5.2.12) 可得到迭代次数 n 的值为

$$n = \left[\frac{\ln \dfrac{\varepsilon(1-L)}{|x_1 - x_0|}}{\ln L}\right] + 1$$

上式中, x_1 为由初值 x_0 经第 1 次迭代得到的值, 符号 $[x]$ 表示对括号内 x 取整.

5.2.4 迭代的收敛速度与渐进误差估计

在实际数值计算过程中, 不仅需要考虑迭代方法的收敛性问题, 而且需要考虑迭代方法的收敛速度. 因此, 我们给出一种衡量其收敛速度的标准: 收敛阶.

定义 5.3 设迭代序列 $\{x_n\}$ 收敛到方程 $f(x)=0$ 的根 x^*, 记 $e_n = x_n - x^*$, 则如果存在非零常数 C 和正常数 p, 使

$$\lim_{k\to+\infty} \frac{e_{n+1}}{e_n^p} = \lim_{k\to+\infty} \frac{x_{n+1} - x^*}{(x_n - x^*)^p} = C$$

则称迭代序列 $\{x_n\}$ **具有 p 阶收敛速度**, 或称迭代格式 (5.2.2) 是 p **阶收敛**的, 并称 p 为收敛速度的**阶数**.

特别地, 当 p=1 且 $0 < |C| < 1$ 时, 称迭代格式为**线性收敛**; 当 $p > 1$ 且 $0 < |C| < 1$ 时, 称迭代格式为**超线性收敛**; $p = 2$ 且 $0 < |C| < 1$ 时, 称为**平方收敛**.

由定义 5.3 不难看出: 阶数 p 的值越大, 收敛速度越快. 关于 Picard 迭代, 有如下收敛性定理:

定理 5.5 设方程 $f(x)=0$ 的根为 x^*, 在定理 5.1 的条件下, 再设

(1) 迭代函数 $\varphi(x)$ 在区间 $[a,b]$ 上 m 次可微 $(m \geqslant 2)$, 且 x^* 处 $\varphi(x)$ 的各阶导数满足如下条件:

$$\varphi^{(j)}(x^*) = 0, \quad j = 1, 2, \cdots, m-1, \quad \varphi^{(m)}(x^*) \neq 0$$

则 Picard 迭代为 m 阶收敛, 且有**渐进误差估计式**

$$\lim_{k\to+\infty}\frac{e_{n+1}}{e_n^m}=\frac{\varphi^{(m)}(x^*)}{m!}$$

(2) 迭代函数 $\varphi(x)$ 在区间 $[a,b]$ 上一阶导数 $\varphi'(x)$ 连续且满足 $|\varphi'(x)|<1$, 则 Picard 迭代为**线性收敛**, 且有**渐进误差估计式**

$$\lim_{n\to+\infty}\frac{e_{n+1}}{e_n}=\varphi'(x^*)$$

证明 (1) 根据定理 5.1 知, Picard 迭代序列 $\{x_k\}$ 收敛到方程 $f(x)=0$ 的根 x^*, 且有

$$e_{n+1}=x_{n+1}-x^*=\varphi(x_n)-\varphi(x^*)$$

将 $\varphi(x_n)$ 在 x^* 处 Taylor 展开, 得

$$\begin{aligned}e_{n+1}=&\varphi(x^*)+\varphi'(x^*)(x_n-x^*)+\cdots+\frac{\varphi^{(m-1)}(x^*)}{(m-1)!}(x_n-x^*)^{m-1}\\&+\frac{\varphi^{(m)}(x^*+\theta(x_n-x^*))}{m!}(x_n-x^*)^m-\varphi(x^*)\end{aligned}$$

将条件 $\varphi^{(j)}(x^*)=0, j=1,2,\cdots,m-1$ 与 $\varphi^{(m)}(x^*)\neq 0$ 代入, 得

$$e_{n+1}=\frac{\varphi^{(m)}(x^*+\theta(x_n-x^*))}{m!}(x_n-x^*)^m$$

其中 $\theta\in(0,1)$, 易知对充分大的 n, 若 $e_n\neq 0$, 则 $e_{n+1}\neq 0$, 且有

$$\frac{e_{n+1}}{e_n^m}=\frac{\varphi^{(m)}(x^*+\theta(x_n-x^*))}{m!}$$

则当 $n\to+\infty$ 时, 对上式求极限得

$$\lim_{n\to+\infty}\frac{e_{n+1}}{e_n^m}=\frac{\varphi^{(m)}(x^*)}{m!}$$

即 Picard 迭代为 m 阶收敛.

(2) 若迭代函数 $\varphi(x)$ 在区间 $[a,b]$ 上导数连续且满足 $|\varphi'(x)|<1$, 根据 (1) 中的讨论知

$$e_{n+1}=\varphi'(x^*+\theta(x_n-x^*))(x_n-x^*)=\varphi'(x^*+\theta(x_n-x^*))e_n$$

其中 $\theta \in (0,1)$, 易知对充分大的 n, 若 $e_n \neq 0$, 则 $e_{n+1} \neq 0$, 于是有

$$\frac{e_{n+1}}{e_n} = \varphi'(x^* + \theta(x_n - x^*))$$

求极限得 $\lim\limits_{n\to+\infty} \dfrac{e_{n+1}}{e_n} = \varphi'(x^*)$, 又由 $|\varphi'(x)| < 1$ 知, 即 Picard 迭代为线性收敛.

此外, 关于 Picard 迭代还有如下**局部收敛性**定理:

定理 5.6 设在 x^* 是方程 $f(x) = 0$ 的实根, 迭代函数在 x^* 的某个邻域内有 $m(m \geqslant 2)$ 阶连续导数, 且有

$$\varphi^{(j)}(x^*) = 0, \quad j = 1, 2, \cdots, m-1, \quad \varphi^{(m)}(x^*) \neq 0$$

则当初始值 x_0 充分接近 x^* 时, Picard 迭代是**局部m 阶收敛**的, 且有**渐进误差估计式:**

$$\lim_{n\to+\infty} \frac{e_{n+1}}{e_n^m} = \frac{\varphi^{(m)}(x^*)}{m!} \quad (m \geqslant 2)$$

若迭代函数 $\varphi(x)$ 在 x^* 的某个邻域内导数连续, 且满足 $|\varphi'(x^*)| < 1$ 时, 则 Picard 迭代为**局部线性收敛**, 且有**渐进误差估计式**

$$\lim_{n\to+\infty} \frac{e_{n+1}}{e_n} = \varphi'(x^*)$$

该定理的证明方法与定理 5.5 相同.

5.3 Newton-Raphson 迭代法

牛顿–拉弗森 (Newton-Raphson) 迭代法是一种特殊的 Picard 迭代法, 在求方程的单根时具有 2 阶收敛速度, 是目前使用较广泛的一种迭代法. 接下来介绍如何构造 Newton-Raphson 法.

设 x^* 为非线性方程

$$f(x) = 0 \tag{5.3.1}$$

的根, x_n 为 x^* 的一个近似值, 将函数 $f(x)$ 在 x_n 处做 Taylor 展开, 得

$$f(x) = f(x_n) + f'(x_n)(x - x_n) + \cdots + \frac{f^{(n)}(x_n)}{n!}(x - x_n)^n + O((x - x_n)^n) \tag{5.3.2}$$

仅仅保留式 (5.3.2) 中的一阶项, 得方程 (5.3.1) 的一个一阶近似方程

$$f(x_n) + f'(x_n)(x - x_n) \approx 0 \tag{5.3.3}$$

将式 (5.3.3) 中约等号左边 x 用 x_{n+1} 替换, 并取等号, 可得

$$f(x_n)+f'(x_n)(x_{n+1}-x_n)=0 \tag{5.3.4}$$

解 (5.3.4), 可得如下迭代公式:

$$x_{n+1}=x_n-\frac{f(x_n)}{f'(x_n)},\quad n=0,1,2,\cdots \tag{5.3.5}$$

称式 (5.3.5) 为求解 (5.3.1) 的 **Newton-Raphson 迭代法**, 简称 **Newton 法**.

Newton 法的几何解释如图 5.4. 设 x^* 为方程 $f(x)=0$ 的根, 则 x^* 为曲线 $y=f(x)$ 与 x 轴交点的横坐标. 设 x_n 是根 x^* 的某个近似值, 过曲线 $y=f(x)$ 上横坐标为 x_n 的点 P_n 做**切线**, 取该切线与 x 轴交点, 记为 x_{n+1}, 则显然 x_{n+1} 正好满足 Newton 法 (5.3.5), 因此 Newton 法亦称 **Newton 切线法**. 事实上, Newton 法是一种特殊的 Picard 迭代法.

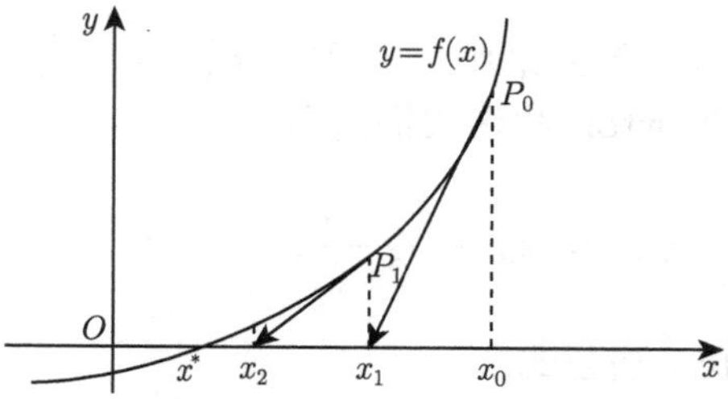

图 5.4 Newton 法的几何意义

5.3.1 Newton 法的大范围收敛性

定理 5.7 设函数 $f(x)$ 是定义在闭区间 $[a,b]$ 上的连续可微函数, 满足如下条件:

(1) $f(a)\cdot f(b)<0$;

(2) $f'(x)\neq 0,\ x\in[a,b]$;

(3) $f''(x)$ 在 $[a,b]$ 上不变号;

(4) $a-\dfrac{f(a)}{f'(a)}\leqslant b,\ b-\dfrac{f(b)}{f'(b)}\geqslant a$,

则对闭区间 $[a,b]$ 上的任意初始值 x_0, Newton-Raphson 方法 (5.3.5) 二阶收敛到方程 $f(x)=0$ 在区间 (a,b) 内的唯一实根 x^*.

Newton 法构造简单, 且在满足定理 5.7 中条件的前提下, 为二阶收敛的, 足以说明 Newton 法是一种比较好的迭代法. 然而, 该定理要求函数 $f(x)$ 严格单调,

且具有凹凸性限制：条件 (1) 保证函数在区间 $[a,b]$ 内有根; 条件 (2) 要求函数单调, 保证根的唯一; 条件 (3) 保证曲线的凹凸性不变; 如图 5.5 所示, 条件 (4) 保证了当初始值 x_0 在 $[a,b]$ 上时, Newton 迭代的第一步结果仍然在区间 $[a,b]$ 内. 满足这些条件时, Newton 迭代法才能够在闭区间 $[a,b]$ 内部继续进行迭代.

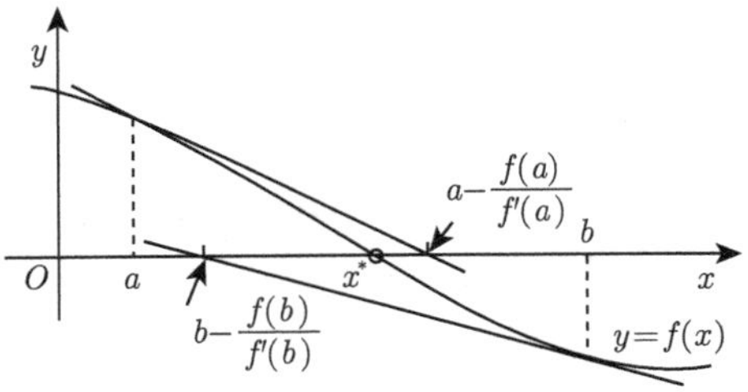

图 5.5　定理 5.7 条件 (4) 的几何意义

例 5.3.1　设 $c>0$, 试用 Newton 法解二次方程 $x^2-c=0$, 并证明该 Newton 法的收敛性.

解　令函数 $f(x)=x^2-c$, 则 $f(x_n)=x_n^2-c$, $f'(x_n)=2x_n$, 于是根据式 (5.3.5) 可得求 $\sqrt{c}$ 的 Newton 法迭代格式为

$$x_{n+1}=x_n-\frac{x_n^2-c}{2x_n},\quad n=0,1,\cdots$$

整理得求 $\sqrt{c}$ 的 Newton 法公式:

$$x_{n+1}=\frac{1}{2}\left(x_n+\frac{c}{x_n}\right),\quad n=0,1,\cdots \tag{5.3.6}$$

下面验证迭代法 (5.3.6) 的收敛性. 事实上, 对任意正数 $\varepsilon(0<\varepsilon<\sqrt{c})$, 令 $M=M(\varepsilon)=\varepsilon-\dfrac{f(\varepsilon)}{f'(\varepsilon)}$, 易知 $M=\dfrac{1}{2}\left(\varepsilon+\dfrac{c}{\varepsilon}\right)$. 考虑区间 $[\varepsilon,M]$, 则

(1) 当 $x\in[\varepsilon,M]$ 时, $f(\varepsilon)\cdot f(M(\varepsilon))=(\varepsilon^2-c)\left(\left[\dfrac{1}{2}\left(\varepsilon+\dfrac{c}{\varepsilon}\right)\right]^2-c\right)<0$;

(2) 当 $x\in[\varepsilon,M]$ 时, $f'(x)=2x>0$;

(3) 当 $x\in[\varepsilon,M]$ 时, $f''(x)=2>0$;

(4) $\varepsilon-\dfrac{f(\varepsilon)}{f'(\varepsilon)}=M(\varepsilon)\leqslant M, M-\dfrac{f(M)}{f'(M)}=\dfrac{1}{2}\left(M+\dfrac{c}{M}\right)>\sqrt{c}\geqslant\varepsilon$.

于是由定理 5.7 知, 迭代法 (5.3.6) 对于任意的 $x_0\in[\varepsilon,M(\varepsilon)]$ 二阶收敛到方程 $x^2-c=0$ 的唯一实根 $\sqrt{c}$. 且由 ε 的任意性知：对于任意的 $x_0\in(0,+\infty)$, 迭代法 (5.3.6) 二阶收敛到方程 $x^2-c=0$ 的唯一实根 $\sqrt{c}$.

上面的例子中, 利用 Newton 法导出了不用开方而直接计算 $\sqrt{c}$ 的算法, 并且该方法具有一般性. 例如, 如果需要计算 $\sqrt[m]{c}$, 则只要用 Newton 法求非线性方程 $x^m - c = 0$ 的根即可, 且在方程 $x^m - c = 0$ 中, 次数 m 可以是任意实数.

5.3.2 Newton 法的局部收敛性

与前面 Picard 迭代法的大范围收敛性条件具有的限制一样, Newton 迭代法大范围收敛条件更为苛刻, 为了突破定理 5.7 条件的限制, 可以用局部收敛定理来判断.

定理 5.8 设函数 $f(x)$ 在邻域 $U(x^*)$ 内存在至少二阶连续导数, x^* 是方程 $f(x)$ 的单根, 则当初始值 x_0 充分接近方程 $f(x) = 0$ 的根 x^* 时, Newton 法至少局部二阶收敛.

证明 令 $\varphi(x) = x - \dfrac{f(x)}{f'(x)}$, 则 $\varphi(x^*) = x^*$. 即 $\varphi(x)$ 可视为 Picard 迭代的迭代函数, 由于函数 $f(x)$ 在邻域 $U(x^*)$ 内存在至少二阶连续导数, 则迭代函数 $\varphi(x)$ 的一阶导数

$$\varphi'(x) = 1 - \left(\frac{f(x)}{f'(x)}\right)' = \frac{f(x)f''(x)}{f'(x)^2}$$

连续, 且当 x^* 是 $f(x)$ 的单根时, $f(x^*) = 0$, $f'(x^*) \neq 0$. 代入上式右端得

$$\varphi'(x^*) = \left.\frac{f(x)f''(x)}{f'(x)^2}\right|_{x=x^*} = 0$$

由定理 5.6 得：当 x^* 是方程的单根时, Newton 法至少具有局部二阶收敛速度.

定理 5.9 设 x^* 是方程 $f(x) = 0$ 的 $m(m \geqslant 2)$ 重根, 且函数 $f(x)$ 在邻域 $U(x^*)$ 内存在至少二阶连续导数, 则 Newton 法局部线性收敛.

证明 由 x^* 是方程 $f(x)$ 的 $m(m \geqslant 2)$ 重根, 则存在函数 $g(x)$, 使 $f(x) = (x - x^*)^m g(x)$, 且有 $g(x^*) \neq 0$, $g'(x^*) \neq 0$.

因为

$$f'(x) = m(x - x^*)^{m-1}g(x) + (x - x^*)^m g'(x)$$

令 $x = x^* + h$, 则

$$\varphi(x^* + h) = (x^* + h) - \frac{h^m g(x^* + h)}{mh^{m-1}g(x^* + h) + h^m g'(x^* + h)}$$

$$= \varphi(x^*) + h - \frac{hg(x^* + h)}{mg(x^* + h) + hg'(x^* + h)}$$

$$\varphi'(x^*) = \lim_{h \to 0} \frac{\varphi(x^* + h) - \varphi(x^*)}{h}$$
$$= \lim_{h \to 0} \left(1 - \frac{g(x^* + h)}{mg(x^* + h) + hg'(x^* + h)}\right) = 1 - \frac{1}{m}$$

所以

$$\varphi'(x^*) = 1 - \frac{1}{m}$$

因此, 由 $m \geqslant 2$ 知 $|\varphi'(x^*)| = 1 - \frac{1}{m} < 1$. 故由定理 5.6 知: Newton 法局部线性收敛.

5.3.3 重根条件下 Newton 法的改进

当方程根为重根时, Newton 法具有局部线性收敛速度, 为加快收敛速度, 一般采用如下方法.

条件一 若已知根的重数 若 x^* 为方程 $f(x) = 0$ 的 m 重根, 则改进的 Newton 迭代法为

$$x_{n+1} = x_n - m\frac{f(x_n)}{f'(x_n)}, \quad n = 0, 1, 2, \cdots \tag{5.3.7}$$

在求 x^* 时至少二阶收敛.

该结论的证明类似于定理 5.9. 事实上, 若取迭代函数 $\varphi(x) = x - m\frac{f(x)}{f'(x)}$, 则

$$\varphi(x) = x - m\frac{f(x)}{f'(x)} = x - m\frac{(x - x^*)g(x)}{mg(x) + (x - x^*)g'(x)} \quad 且 \quad \varphi(x^*) = x^*$$

且

$$\varphi'(x^*) = \lim_{x \to x^*} \frac{\varphi(x) - \varphi(x^*)}{x - x^*} = \lim_{x \to x^*} \left[1 - m\frac{g(x)}{mg(x) + (x - x^*)g'(x)}\right] = 1 - m\frac{1}{m} = 0$$

因此由定理 5.6 的证明过程可知, 迭代法 (5.3.7) 在求 m 重根时, 至少具有二阶收敛速度. 然而, 并不是所有方程都知道根的重数, 因此, 我们考虑更一般情况.

条件二 若未知根的重数 如果要提高 Newton 法的收敛阶, 则可用如下方法:

$$u(x)=\frac{f(x)}{f'(x)}=\frac{(x-x^*)^m g(x)}{m(x-x^*)^{m-1}g(x)+(x-x^*)^m g'(x)}$$
$$=\frac{(x-x^*)g(x)}{mg(x)+(x-x^*)g'(x)} \tag{5.3.8}$$

此时, x^* 是 $u(x)=0$ 的单根. 故对 $u(x)$ 利用 Newton 法, 其迭代函数

$$\varphi(x)=x-\frac{u(x)}{u'(x)}=x-\frac{f(x)f'(x)}{[f'(x)]^2-f(x)f''(x)}$$

从而可构造迭代法

$$x_{n+1}=x_n-\frac{f(x_n)f'(x_n)}{[f'(x_n)]^2-f(x_n)f''(x_n)},\quad n=0,1,\cdots$$

它是二阶收敛的.

此外, 在 Newton 迭代法中, 若函数较复杂, 初值的选取较困难, 可改用迭代格式

$$x_{n+1}=x_n-\lambda\frac{f(x_n)}{f'(x_n)} \tag{5.3.9}$$

求解方程. 称 (5.3.9) 为 **Newton 下山法**, λ 被称为**下山因子**, 常以 $\lambda=1$ 为开始时的取值.

在 Newton 法中增加下山因子, 是为了扩大初值的选取范围. 这里下山因子 λ 为待定参数, 下山因子 λ 的选取应使

$$|f(x_{n+1})|<|f(x_n)|$$

当 $|f(x_{n+1})|$ 或 $|x_{n+1}-x_n|$ 小于事先给定的允许误差上限 ε 时, 停止迭代, 并取 $x^*\approx x_{n+1}$, 否则减小 λ, 继续迭代.

例 5.3.2 设 $f(x)=x^4-4x^2+4=0$, 试用 Newton 法 (5.3.5) 和改进的 Newton 法 (5.3.7) 求方程在 $[0,2]$ 内的根.

解 (1) 用 Newton 法 (5.3.5), 取 $x_0=1$ 得表 5.5.

表 5.5 公式 (5.3.5) 的迭代序列

n	1	2	3	4	5	6
x_n	1.25	1.3375	1.37696	1.39548	1.40509	1.40966

(2) 由于 $x^*=1.41421$ 是二重根, 用修正公式 (5.3.7), 取初始值 $x_0=1$ 得表 5.6.

表 5.6 公式 (5.3.7) 的迭代序列

n	1	2	3	4
x_n	1.5	1.41667	1.41422	1.41421

可见修正公式 (5.3.7) 的收敛速度相比 (5.3.5) 有所改善.

5.4 割线法

Newton 法虽然收敛速度快, 但其需要计算导数值 $f'(x_n)$, 而当函数 $f(x)$ 很复杂时, 无法获得 $f'(x_n)$, 或其计算量会很大, 会影响运算速度; 此外, 当 $f'(x)$ 在某些点不存在时, 还可能导致计算过程意外终止或溢出.

因此, 为了避免计算导数 $f'(x_n)$ 的值, 可在 Newton 法公式 (5.3.5) 中用差商 $\dfrac{f(x_n)-f(x_{n-1})}{x_n-x_{n-1}}$ 近似代替导数 $f'(x_n)$, 则可得迭代格式:

$$\begin{aligned} x_{n+1} &= x_n - f(x_n)/\frac{f(x_n)-f(x_{n-1})}{x_n-x_{n-1}} \\ &= x_n - \frac{f(x_n)}{f(x_n)-f(x_{n-1})}(x_n-x_{n-1}), \quad n=1,2,\cdots \end{aligned} \tag{5.4.1}$$

称式 (5.4.1) 为**割线法**. 其几何意义见图 5.6. 它用割线 AB 与 x 轴交点的横坐标 x_{n+1} 作为方程根 x^* 的新近似值.

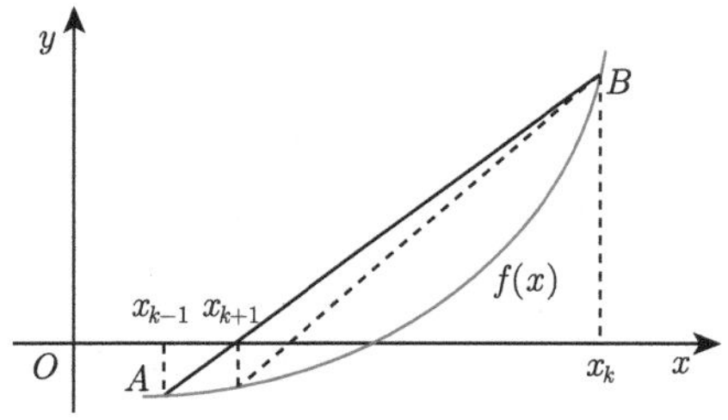

图 5.6 割线法的示意图

割线法每一步迭代只需要计算一个新的函数值 $f(x_n)$, 不需计算导数 $f'(x_n)$, 因此在计算导数比较费事或计算导数不可能的条件下, 使用弦截法比 Newton 法则更为方便. 一般来说, 在求方程 $f(x)=0$ 的单根时, 弦截法的收敛速度约为 1.681, 要慢于 Newton 切线法.

例 5.4.1 用割线法求方程 $x^3+3x^2-x-9=0$ 在 $[1,2]$ 内的一个实根, 要求精确到 5 位有效数字.

解 令 $f(x) = x^3 + 3x^2 - x - 9$, 取 $x_0 = 1.4, x_1 = 1.6$, 代入公式 (5.4.1) 计算, 见表 5.7. 于是, 得方程的近似解为 1.5251.

表 5.7 割线法的迭代序列

n	0	1	2	3	4	5
x_n	1.4	1.6	1.5203	1.5249	1.5251	1.5251
$f(x_n)$	-1.776	1.176	-0.0721	-0.0026	6.3308×10^{-6}	-5.5360×10^{-10}

5.5 加速方法

本章前几节的分析说明, 迭代法的收敛速度是由迭代函数决定的, 为了提高迭代法的收敛速度, 可考虑重构一个新的迭代函数, 以提高收敛速度的阶, 该方法称为**加速方法**.

5.5.1 Aitken 加速法

给出如下 Picard 迭代法:

$$x_{n+1} = \varphi(x_n), \quad n = 0, 1, 2, \cdots \tag{5.5.1}$$

并设 (5.5.1) 是线性收敛的, 则由其渐进误差估计式

$$\lim_{n\to\infty} \frac{x_{n+1} - x^*}{x_n - x^*} = \varphi'(x^*)$$

知：当 n 充分大时, 下列近似等式成立:

$$\frac{x_{n+1} - x^*}{x_n - x^*} \approx \frac{x_{n+2} - x^*}{x_{n+1} - x^*} \quad (\approx \varphi'(x^*))\,. \tag{5.5.2}$$

在上述近似等式中, 求出 x^* 得

$$x^* \approx \frac{x_n x_{n+2} - x_{n+1}^2}{x_{n+2} - 2x_{n+1} + x_n} = \frac{x_n \varphi(\varphi(x_n)) - \varphi^2(x_n)}{\varphi(\varphi(x_n)) - 2\varphi(x_n) + x_n}.$$

在满足一定的条件下, 可以证明

$$\frac{x_n \varphi(\varphi(x_n)) - \varphi^2(x_n)}{\varphi(\varphi(x_n)) - 2\varphi(x_n) + x_n} \tag{5.5.3}$$

是比 x_{n+2} 更好的近似.

例 5.5.1 已知 Picard 迭代 $x_{n+1}=\varphi(x_n)$ 收敛到 x^*, 令

$$\Phi(x)=\frac{x\varphi(\varphi(x))-\varphi^2(x)}{\varphi(\varphi(x))-2\varphi(x)+x},$$

证明 x^* 是函数 $\Phi(x)$ 的不动点.

证明 只要证明 $\lim\limits_{x\to x^*}\Phi(x)=x^*$ 成立即可. 事实上, 由洛必达法则有

$$\begin{aligned}\lim_{x\to x^*}\Phi(x)&=\lim_{x\to x^*}\frac{\varphi(\varphi(x))+x\varphi'(\varphi(x))\varphi'(x)-2\varphi(x)\varphi'(x)}{\varphi'(\varphi(x))\varphi'(x)-2\varphi'(x)+1}\\&\xlongequal{\text{求极限}}\frac{\varphi(\varphi(x^*))+x^*\varphi'(\varphi(x^*))\varphi'(x^*)-2\varphi(x^*)\varphi'(x^*)}{\varphi'(\varphi(x^*))\varphi'(x^*)-2\varphi'(x^*)+1}\\&\xlongequal{\text{将 }\varphi(x^*)=x^*\text{ 代入}}\frac{\varphi(x^*)+x^*\varphi'(x^*)\varphi'(x^*)-2x^*\varphi'(x^*)}{\varphi'(x^*)\varphi'(x^*)-2\varphi'(x^*)+1}\\&\xlongequal{\text{再将 }\varphi(x^*)=x^*\text{ 代入}}\frac{x^*+x^*\varphi'(x^*)\varphi'(x^*)-2x^*\varphi'(x^*)}{\varphi'(x^*)\varphi'(x^*)-2\varphi'(x^*)+1}\\&=x^*.\end{aligned}$$

例 5.5.1 表明, $\Phi(x)$ 也是一个不动点函数, x^* 是其不动点, 于是可令式 (5.5.3) 为 x_{n+1}, 得到新迭代格式:

$$x_{n+1}=\frac{x_n\varphi(\varphi(x_n))-\varphi^2(x_n)}{\varphi(\varphi(x_n))-2\varphi(x_n)+x_n},\quad n=0,1,2,\cdots \tag{5.5.4}$$

式 (5.5.4) 称为迭代法 (5.5.1) 的**艾特肯** (Aitken) **加速法**, 并有如下结论:

定理 5.10 设在 x^* 附近不动点函数 $\varphi(x)$ 有 $p+1$ 阶导数, 则对于一个充分靠近 x^* 的初始值 x_0, 有

(1) 若 Picard 迭代 (5.5.1) 是 $p(p\geqslant 2)$ 阶收敛的, 则加速法 (5.5.4) 是 $2p-1$ 阶收敛的;

(2) 如果 Picard 迭代 (5.5.1) 是线性收敛的, 则加速法 (5.5.4) 是 2 阶收敛的.

定理证明略.

由迭代格式 (5.5.4) 可得

$$x_{n+1}=\frac{x_n\varphi(\varphi(x_n))-\varphi^2(x_n)}{\varphi(\varphi(x_n))-2\varphi(x_n)+x_n}=\frac{x_nx_{n+2}-x_{n+1}^2}{x_{n+2}-2x_{n+1}+x_n}$$

$$= \frac{x_n^2 + x_n x_{n+2} - 2x_n x_{n+1} + 2x_n x_{n+1} - x_n^2 - x_{n+1}^2}{x_{n+2} - 2x_{n+1} + x_n}$$

$$= \frac{x_n(x_{n+2} - 2x_{n+1} + x_n) - (x_n^2 - 2x_n x_{n+1} + x_{n+1}^2)}{x_{n+2} - 2x_{n+1} + x_n}$$

即得

$$x_{n+1} = x_n - \frac{(x_{n+1} - x_n)^2}{x_{n+2} - 2x_{n+1} + x_n}, \quad n = 0, 1, 2, \cdots \tag{5.5.5}$$

式 (5.5.5) 就是常用的 **Aitken 加速公式**, 它比式 (5.5.4) 少算一次乘法运算.

5.5.2 Steffensen 迭代法

如果将 Aitken 加速法应用于 Picard 迭代得到的序列, 即在式 (5.5.5) 中, 若令 $y_n = \varphi(x_n)$, $z_n = \varphi(y_n)$, 则式 (5.5.5) 变成

$$\begin{cases} y_n = \varphi(x_n), \quad z_n = \varphi(y_n), \\ x_{n+1} = x_n - \dfrac{(y_n - x_n)^2}{z_n - 2y_n + x_n}, \end{cases} \quad n = 0, 1, 2, \cdots \tag{5.5.6}$$

式 (5.5.6) 称为**斯特芬森 (Steffensen) 迭代法**.

事实上, 如果方程 $x = \varphi(x)$ 有解 x^*, $\varphi'(x^*) \neq 1$, $\varphi(x)$ 在 x^* 的某个邻域 $U(x^*)$ 上三次可微, 则对于一切初始值 $x_0 \in U(x^*)$, Steffensen 迭代法 (5.5.6) 是二阶收敛的.

例 5.5.2 用 Steffensen 迭代法 (5.5.6) 求方程 $x = \mathrm{e}^{-x}$ 在 0.5 附近的根.

解 根据公式 (5.5.6), 构造出求方程 $x = \mathrm{e}^{-x}$ 根的 Steffensen 迭代法:

$$\begin{cases} y_n = \mathrm{e}^{-x_n}, \\ z_n = \mathrm{e}^{-y_n}, \\ x_{n+1} = x_n - \dfrac{(y_n - x_n)^2}{z_n - 2y_n + x_n}, \end{cases} \quad n = 0, 1, 2, \cdots$$

取 $x_0 = 0.5$, 代入上式计算, 结果见表 5.8.

表 5.8 Steffensen 迭代序列

n	x_n	y_n	z_n
0	0.50000	0.60653	0.54524
1	0.56712	0.56687	0.56730
2	0.56714	0.56714	0.56714

因此得近似解 0.56714.

在例题 5.2.3 中, 我们曾经用 Picard 迭代求此方程的根为 0.5671407, 那时的迭代次数是 18 次 (第 17 次的结果为 0.5671477), 可见, Steffensen 迭代法迭代 3 次 (6 次函数求值, 额外加 12 次乘除法, 12 次加减法) 所得的结果, 与 Picard 迭代法 18 次 (18 次函数求值) 迭代结果相当. 因而, Steffensen 迭代法确实具有一定的加速功能.

5.5.3 高阶迭代法

在实际应用时, 我们常需要更高阶收敛的迭代方法, 如下是一种对初始值没有要求的四阶 Newton 方法的改进, 具体迭代格式如下:

$$\begin{cases} y_n = x_n - \dfrac{f(x_n)}{f'(x_n)} \\ x_{n+1} = x_n - f(x_n)\left[\dfrac{f'(x_n)+f'(y_n)}{2f'(x_n)f'(y_n)} + \dfrac{a-2}{f'(x_n)+f'(y_n)}\right. \\ \qquad \left. + \dfrac{a}{f'\left((x_n+y_n)/2\right)} + \dfrac{3(2-3a)}{f'(x_n)+4f'\left((x_n+y_n)/2\right)+f'(y_n)}\right] \end{cases} \tag{5.5.7}$$

其中 a 为任意常数.

此外, 还有五阶 Newton 方法:

$$\begin{cases} y_n = x_n - \dfrac{f(x_n)}{f'(x_n)} \\ z_n = x_n - \dfrac{f(x_n)}{f'\left((x_n+y_n)/2\right)} \\ x_{n+1} = z_n - \dfrac{f(z_n)f'\left((x_n+y_n)/2\right)}{3f'(x_n)f'\left((x_n+y_n)/2\right) - 2[f'(x_n)]^2} \end{cases} \tag{5.5.8}$$

近些年, 有学者提出不需要计算高阶导数的七阶 Newton 方法:

$$\begin{cases} y_n = x_n - \dfrac{f(x_n)}{f'(x_n)} \\ z_n = x_n - \dfrac{f^2(x_n)+f^2(y_n)}{f'(x_n)[f(x_n)-f(y_n)]} \\ x_{n+1} = z_n - \dfrac{f(z_n)}{f'(z_n)} \end{cases} \tag{5.5.9}$$

习 题 5

1. 用二分法求方程 $x^2-x-1=0$ 的正根, 使误差小于 0.05.

2. 对方程 $x-\cos(x)=0$, 确定 $[a,b]$ 以及 $\varphi(x)$, 使得对于任意的 $x_0\in[a,b], x_{n+1}=\varphi(x_n)$ 都收敛, 误差不超过 10^{-4}.

3. 取初值 $x_0=2$, 用不动点迭代法求方程 $\ln(x)-2x+3=0$ 在 $(3/2,\infty)$ 内的根, 并用 Aitken 加速法加速.

4. 对于迭代函数 $\varphi(x)=x+a(x^2-5)$, 讨论:

(1) 讨论 a 为何值时, $x_{n+1}=\varphi(x_n)$ 产生的序列收敛于 $\sqrt{5}$;

(2) a 为何值时收敛最快.

5. 用 Newton 法求方程 $x^3-2x^2-4x-7=0$ 在 $[3,4]$ 中的根的近似值, 精确到小数点后两位.

6. 设方程 $x=\varphi(x)$, 正整数 $p\geqslant 2$, 若 $\varphi^p(x)$ 在根 α 的某邻域内连续, 且满足

$$\begin{cases}\varphi^k(\alpha)=0, \\ \varphi^p(\alpha)\neq 0,\end{cases}\quad k=1,2,\cdots,p-1$$

则 $\{x_n\}$ p 阶局部收敛.

7. 对方程 $x^2-2x-3=0$ 在 $x^*=3$ 的根, 考虑如下不同的等价形式, 分析迭代格式的收敛性, 若收敛给出收敛阶, 用其中收敛速度最快的迭代格式从初值 $x_0=2$ 求方程的根, 精确至 3 位有效数字 (建议计算过程用小数表示).

(1) $x=\sqrt{2x+3}$;

(2) $x=\dfrac{1}{2}(x^2-3)$;

(3) $x=\dfrac{1}{2}\dfrac{x^2+3}{x-1}$.

8. 用割线法求方程 $f(x)=x^3+2x^2-8x-20=0$ 的根, 要求精度为 10^{-6}.

9. 若方程有单根 x^*, Newton 法具有如下收敛速度:

$$\lim_{n\to\infty}\frac{x^*-x_{n+1}}{(x^*-x_n)^2}=-\frac{f''(x^*)}{2f'(x^*)}$$

其中 $f'(x^*)\neq 0$, $f(x^*)=0$ 且 $x_n\to x^*$. 证明: $\dfrac{x_{n+1}-x_n}{(x_n-x_{n-1})^2}$ 也收敛于 $-\dfrac{f''(x^*)}{2f'(x^*)}$.

10. 给定方程 $f(x)=(x-1)\mathrm{e}^{x^2}-1=0$,

(1) 分析方程存在几个根;

(2) 用迭代法求出精确至 4 位有效数的根;

(3) 证明所用方法收敛.

11. 证明若 $f(x)$ 有二阶连续导数, $f(x^*)=0$, $f'(x^*)\neq 0$, 则如下修正的 Newton 公式:

$$x_{n+1}=x_n-\frac{f^2(x_n)}{f(x_n+f(x_n))-f(x_n)}$$

具有二阶收敛速度.

第 6 章 Chapter 线性方程组的直接解法

6.1 引言与预备知识

6.1.1 引言

在自然科学和工程技术中很多问题的解决常常归结为线性方程组的求解问题, 例如气候预测中的回归分析、电学中的网络问题、建筑结构设计问题、计算机辅助几何设计问题、实验数据的曲线拟合问题、管理科学中的规划问题等等. 在第 2 章我们遇到的求解三次样条的问题和第 3 章遇到的多元线性回归问题案例都最终归结为求解一个线性方程组的问题.

回归分析是气候预测中应用最为广泛的统计方法. 它是处理随机变量之间相关关系的一种有效手段. 通过对大量历史观测数据的分析、计算, 建立一个变量 (因变量) 与若干个变量 (自变量) 间的多元线性回归方程.

设预报量 y 与自变量 $x_1, x_2, \cdots, x_m$ 有线性关系, 为研究它们之间的联系做 n 次抽样, 每次抽样可能发生的预报量之值为 $y_1, y_2, \cdots, y_n$. 而第 i 次观测的因子值记为 $x_{i1}, x_{i2}, \cdots, x_{im} (i = 1, 2, \cdots, n)$. 那么建立 y 的 m 元线性回归模型：

$$
\begin{cases}
y_1 = \beta_0 + \beta_1 x_{11} + \cdots + \beta_m x_{1m} + e_1 \\
y_2 = \beta_0 + \beta_1 x_{21} + \cdots + \beta_m x_{2m} + e_2 \\
\qquad \cdots\cdots \\
y_n = \beta_0 + \beta_1 x_{n1} + \cdots + \beta_m x_{nm} + e_n
\end{cases}
$$

式中 $\beta_0, \beta_1, \cdots, \beta_m$ 为回归系数; $e_1, e_2, \cdots, e_n$ 是 n 个相互独立的且遵从同一正态分布 $N(0, \sigma^2)$ 的随机误差. 利用这组样本对上述回归模型进行估计, 得到的估计方程称为多元线性回归方程, 记为

$$
\hat{y}_i = b_0 + b_1 x_{i1} + b_2 x_{i2} + \cdots + b_m x_{im}
$$

式中 $b_0, b_1, \cdots, b_m$ 分别为 $\beta_0, \beta_1, \cdots, \beta_m$ 的估计.

现有第 i 次观测的因子值 $x_{i1},x_{i2},\cdots,x_{im}$, 其相应的预报量观测值为 $y_i,i=1,2,\cdots,n$, 则根据最小二乘法, 要选择回归系数 $b_0,b_1,\cdots,b_m$, 使

$$\begin{aligned}Q(b_0,b_1,\cdots,b_m)&=\sum_{i=1}^{n}(y_i-\hat{y}_i)^2\\&=\sum_{i=1}^{n}(y_i-b_0-b_1x_{i1}-\cdots-b_mx_{im})^2\end{aligned}$$

达到最小. 为此, 令 $\dfrac{\partial Q}{\partial b_i}=0$, 化简整理得到 $b_0,b_1,\cdots,b_m$ 必须满足下列正规方程组:

$$\begin{cases}nb_0+b_1\sum\limits_{i=1}^{n}x_{i1}+\cdots+b_m\sum\limits_{i=1}^{n}x_{im}=\sum\limits_{i=1}^{n}y_i\\ b_0\sum\limits_{i=1}^{n}x_{i1}+b_1\sum\limits_{i=1}^{n}x_{i1}^2+\cdots+b_m\sum\limits_{i=1}^{n}x_{i1}x_{im}=\sum\limits_{i=1}^{n}x_{i1}y_i\\ \cdots\cdots\\ b_0\sum\limits_{i=1}^{n}x_{im}+b_1\sum\limits_{i=1}^{n}x_{im}x_{i1}+\cdots+b_m\sum\limits_{i=1}^{n}x_{im}^2=\sum\limits_{i=1}^{n}x_{im}y_i\end{cases}$$

要求解 $b_0,b_1,\cdots,b_m$, 则需要用到本章即将学习的求解线性方程组的方法.

可见, 线性方程组的求解不仅在计算方法课程中, 而且在科学与工程领域中占有极其重要的地位. 而这些方程组的系数矩阵大致分为两种, 一种是低阶稠密矩阵 (一般阶数不超过 150), 另一种是大型稀疏矩阵 (即矩阵阶数高且零元较多).

线性代数或高等代数中, 我们可以利用 Cramer 法则求解线性方程组. 但是, 该方法的计算量实在太大, 以至于当方程组阶数较高时, 用其求解线性方程组几乎是不可能的. 事实上, 求解一个 n 阶的非齐次线性方程组

$$\boldsymbol{A}\boldsymbol{x}=\boldsymbol{b}$$

其中 $\boldsymbol{A}\in\mathbf{R}^{n\times n},\boldsymbol{b}\in\mathbf{R}^n$, 依据 Cramer 法则需要计算 $n+1$ 个 n 阶行列式, 而每个行列式包含 $n!$ 个乘积, 其中每个乘积需做 $n-1$ 次乘法. 若不考虑其他运算 (例如每一个单项的符号位如何确定) 的情况下, 仅这些乘法运算就有

$$N=n!(n+1)(n-1)$$

次. 例如 $n=20$ 的方程组, $N\approx 9.7\times 10^{20}$, 若在每秒可进行 10^{10} 次乘法运算的计算机上运算, 至少需 3200 多年!

求解线性代数方程组主要使用直接法和迭代法.

(1) **直接法** 在不考虑舍入误差的情况下, 通过有限步四则运算可求得准确解的方法. 本章所介绍的方法与上面提到的 Cramer 法则均是直接法. 但实际计算中由于舍入误差的存在和影响, 这种方法也只能求得线性方程组的近似解.

(2) **迭代法** 迭代法就是通过迭代或极限过程去逐步逼近方程组精确解的方法. 应用迭代法的思想, 除了可以求解线性方程组的解之外, 第 5 章求解非线性方程与方程组, 以及第 9 章中用幂法以及反幂法求特征值与特征向量等算法, 也是迭代法应用的典型案例. 迭代法具有占用计算机内存少、程序设计简单等优点, 但存在着收敛性、收敛速度的判断等问题.

我们将线性方程组迭代法的内容放在第 7 章展开, 本章介绍直接法.

6.1.2 预备知识

一般情况下, n 阶非齐次线性方程组

$$\boldsymbol{A}\boldsymbol{x}=\boldsymbol{b} \tag{6.1.1}$$

其中

$$\boldsymbol{A}=\begin{bmatrix} a_{11} & a_{12} & \cdots & a_{1n} \\ a_{21} & a_{22} & \cdots & a_{2n} \\ \vdots & \vdots & & \vdots \\ a_{n1} & a_{n2} & \cdots & a_{nn} \end{bmatrix}, \quad \boldsymbol{x}=\begin{bmatrix} x_1 \\ x_2 \\ \vdots \\ x_n \end{bmatrix}, \quad \boldsymbol{b}=\begin{bmatrix} b_1 \\ b_2 \\ \vdots \\ b_n \end{bmatrix}$$

若系数矩阵 $\boldsymbol{A}$ 非奇异, 则方程组 (6.1.1) 的解存在唯一.

下面定义矩阵的初等变换:

(1) 将矩阵的第 i 行 (列) 和第 j 行 (列) 互换, 记为 $r_i \leftrightarrow r_j$(或 $c_i \leftrightarrow c_j$);

(2) 用一个非零常数 k 去乘以矩阵的第 i 行 r_i (或第 i 列 c_i), 记为 kr_i(或 kc_i);

(3) 将矩阵第 j 行 (列) 的 k 倍加到第 i 行 (列) 上去, 记为 r_i+kr_j(或 c_i+kc_j).

上述三种变换, 称为矩阵的**初等行 (列) 变换**, 统称为**初等变换**.

本章将采用矩阵的初等行变换来化简矩阵. 若将一个线性方程组相应的增广矩阵 $\bar{\boldsymbol{A}}$ 经过有限次初等行变换变成矩阵 $\boldsymbol{B}$, 则 $\boldsymbol{B}$ 对应的线性方程组与 $\bar{\boldsymbol{A}}$ 对应的线性方程组是同解方程组.

形如

$$
\begin{cases}
u_{11}x_1 + u_{12}x_2 + \cdots + u_{1,n-1}x_{n-1} + u_{1n}x_n = b_1 \\
u_{22}x_2 + \cdots + u_{2,n-1}x_{n-1} + u_{2n}x_n = b_2 \\
\ddots \qquad \vdots \\
u_{n-1,n-1}x_{n-1} + u_{n-1,n}x_n = b_{n-1} \\
u_{nn}x_n = b_n
\end{cases}
\tag{6.1.2}
$$

的方程组称为**上三角方程组**. 在方程组 (6.1.2) 中, 若系数矩阵主对角线上元素 $u_{ii} \neq 0, i = 1, \cdots, n$, 则上三角矩阵

$$
\boldsymbol{U} = \begin{bmatrix}
u_{11} & u_{12} & \cdots & u_{1,n-1} & u_{1n} \\
 & u_{22} & \cdots & u_{2,n-1} & u_{2n} \\
 & & \ddots & \vdots & \vdots \\
 & & & u_{n-1,n-1} & u_{n-1,n} \\
 & & & & u_{nn}
\end{bmatrix}
$$

非奇异, 因此方程组 (6.1.2) 的解存在唯一. 线性方程组 (6.1.2) 的解可自下而上用代入法求解得

$$
\begin{cases}
x_n = \dfrac{b_n}{u_{nn}} \\
x_i = \dfrac{1}{u_{ii}}\left(b_i - \displaystyle\sum_{j=i+1}^{n} u_{ij}x_j\right), \quad i = n-1, n-2, \cdots, 1
\end{cases}
\tag{6.1.3}
$$

式 (6.1.3) 称为求上三角方程组 (6.1.2) 的**回代法**.

解上三角方程组 (6.1.2) 只需要做

$$
1 + 2 + \cdots + n = \frac{n(n+1)}{2}
$$

次乘、除运算.

6.2 Gauss 消元法

6.2.1 Gauss 消元法

为了方便叙述, 将线性方程组 (6.1.1) 的增广矩阵记为

$$\bar{\boldsymbol{A}}=[\boldsymbol{A}\,|\boldsymbol{b}]=\begin{bmatrix} a_{11}^{(1)} & a_{12}^{(1)} & \cdots & a_{1n}^{(1)} & a_{1,n+1}^{(1)} \\ a_{21}^{(1)} & a_{22}^{(1)} & \cdots & a_{2n}^{(1)} & a_{2,n+1}^{(1)} \\ \vdots & \vdots & & \vdots & \vdots \\ a_{n1}^{(1)} & a_{n2}^{(1)} & \cdots & a_{nn}^{(1)} & a_{n,n+1}^{(1)} \end{bmatrix}=\bar{\boldsymbol{A}}^{(1)}$$

其中, $a_{ij}^{(1)}=a_{ij}, a_{i,n+1}^{(1)}=b_i, i=1,2,\cdots,n; j=1,2,\cdots,n.$

一般情况下, 用 Gauss 消元法求解线性方程组的解, 需要两个步骤.

第一步 (Gauss 消元过程) 不妨设 $a_{11}^{(1)}\neq 0$, 则可用一系列初等行变换将 $\bar{\boldsymbol{A}}^{(1)}$ 中第 1 列中的元素 $a_{i1}^{(1)}(i=2,\cdots,n)$ 全部化为零.

事实上, 若记 $l_{i1}=\dfrac{a_{i1}^{(1)}}{a_{11}^{(1)}}$(称 l_{i1} 为**消元因子**), 对矩阵 $\bar{\boldsymbol{A}}^{(1)}$ 作初等行变换 $r_i-l_{i1}r_1, i=2,\cdots,n$, 得

$$\bar{\boldsymbol{A}}^{(1)}\xrightarrow[i=2,3,\cdots,n]{r_i-l_{i1}r_1}\begin{bmatrix} a_{11}^{(1)} & a_{12}^{(1)} & \cdots & a_{1n}^{(1)} & a_{1,n+1}^{(1)} \\ 0 & a_{22}^{(2)} & \cdots & a_{2n}^{(2)} & a_{2,n+1}^{(2)} \\ \vdots & \vdots & & \vdots & \vdots \\ 0 & a_{n2}^{(2)} & \cdots & a_{nn}^{(2)} & a_{n,n+1}^{(2)} \end{bmatrix}=\bar{\boldsymbol{A}}^{(2)}$$

其中

$$a_{ij}^{(2)}=a_{ij}^{(1)}-l_{i1}a_{1j}^{(1)},\quad 2\leqslant i\leqslant n;\quad 2\leqslant j\leqslant n+1$$

此次消元共需：$n\times(n-1)$ 次乘法和 $n-1$ 次除法运算.

假设已经进行了 $k-1$ 步消元, 得

$$\bar{\boldsymbol{A}}^{(k)}=\begin{bmatrix} a_{11}^{(1)} & a_{12}^{(1)} & \cdots & a_{1,k-1}^{(1)} & a_{1k}^{(1)} & \cdots & a_{1n}^{(1)} & a_{1,n+1}^{(1)} \\ & a_{22}^{(2)} & \cdots & a_{2,k-1}^{(2)} & a_{2k}^{(2)} & \cdots & a_{2n}^{(2)} & a_{2,n+1}^{(2)} \\ & & \ddots & \vdots & \vdots & & \vdots & \vdots \\ & & & a_{k-1,k-1}^{(k-1)} & a_{k-1,k}^{(k-1)} & \cdots & a_{k-1,n}^{(k-1)} & a_{k-1,n+1}^{(k-1)} \\ & & & & a_{kk}^{(k)} & \cdots & a_{kn}^{(k)} & a_{k,n+1}^{(k)} \\ & & & & \vdots & & \vdots & \vdots \\ & & & & a_{nk}^{(k)} & \cdots & a_{nn}^{(k)} & a_{n,n+1}^{(k)} \end{bmatrix}$$

不妨设 $a_{kk}^{(k)}\neq 0$, 则可令**消元因子** $l_{ik}=\dfrac{a_{ik}^{(k)}}{a_{kk}^{(k)}}$, 对矩阵 $\bar{\boldsymbol{A}}^{(k)}$ 做**初等行变换**

$r_i - l_{ik}r_k, i = k+1, \cdots, n$, 得

$$\bar{\boldsymbol{A}}^{(k)} \xrightarrow[i=k+1,\cdots,n]{r_i - l_{ik}r_k} \begin{bmatrix} a_{11}^{(1)} & a_{12}^{(1)} & \cdots & a_{1k}^{(1)} & a_{1,k+1}^{(1)} & \cdots & a_{1n}^{(1)} & a_{1,n+1}^{(1)} \\ & a_{22}^{(2)} & \cdots & a_{2k}^{(2)} & a_{2,k+1}^{(2)} & \cdots & a_{2n}^{(2)} & a_{2,n+1}^{(2)} \\ & & \ddots & \vdots & \vdots & & \vdots & \vdots \\ & & & a_{kk}^{(k)} & a_{k,k+1}^{(k)} & \cdots & a_{kn}^{(k)} & a_{k,n+1}^{(k)} \\ & & & & a_{k+1,k+1}^{(k+1)} & \cdots & a_{k+1,n}^{(k+1)} & a_{k+1,n+1}^{(k+1)} \\ & & & & \vdots & & \vdots & \vdots \\ & & & & a_{n,k+1}^{(k+1)} & \cdots & a_{nn}^{(k+1)} & a_{n,n+1}^{(k+1)} \end{bmatrix} = \bar{\boldsymbol{A}}^{(k+1)}$$

其中 $a_{ij}^{(k+1)} = a_{ij}^{(k)} - l_{ik}a_{kj}^{(k)}, k+1 \leqslant i \leqslant n; k+1 \leqslant j \leqslant n+1$. 此次消元共需 $(n-k+1)\times(n-k)$ 次乘法和 $n-k$ 次除法运算.

在进行了 $n-1$ 步消元后, 可得上三角矩阵

$$\bar{\boldsymbol{A}}^{(n)} = \begin{bmatrix} a_{11}^{(1)} & a_{12}^{(1)} & \cdots & a_{1k}^{(1)} & a_{1,k+1}^{(1)} & \cdots & a_{1n}^{(1)} & a_{1,n+1}^{(1)} \\ & a_{22}^{(2)} & \cdots & a_{2k}^{(2)} & a_{2,k+1}^{(2)} & \cdots & a_{2n}^{(2)} & a_{2,n+1}^{(2)} \\ & & \ddots & \vdots & \vdots & & \vdots & \vdots \\ & & & a_{kk}^{(k)} & a_{k,k+1}^{(k)} & \cdots & a_{kn}^{(k)} & a_{k,n+1}^{(k)} \\ & & & & a_{k+1,k+1}^{(k+1)} & \cdots & a_{k+1,n}^{(k+1)} & a_{k+1,n+1}^{(k+1)} \\ & & & & & \ddots & \vdots & \vdots \\ & & & & & & a_{nn}^{(n)} & a_{n,n+1}^{(n)} \end{bmatrix}$$

若记 $\bar{\boldsymbol{A}}^{(n)} = \left[\boldsymbol{A}^{(n)} \middle| \boldsymbol{b}^{(n)}\right]$, 此时, 由 6.1.2 节的讨论知: 线性方程组 (6.1.1) 变为同解的上三角方程组

$$\boldsymbol{A}^{(n)}\boldsymbol{x} = \boldsymbol{b}^{(n)} \tag{6.2.1}$$

第二步 (回代求解) 根据方程组 (6.2.1) 可得回代公式

$$\begin{cases} x_n = \dfrac{a_{n,n+1}^{(n)}}{a_{nn}^{(n)}} \\ x_i = \dfrac{a_{i,n+1}^{(i)} - \sum\limits_{j=i+1}^{n} a_{ij}^{(i)}x_j}{a_{ii}^{(i)}}, \quad i = n-1, n-2, \cdots, 1 \end{cases} \tag{6.2.2}$$

据此, 即可求出 n 元线性方程组 (6.1.1) 的解, 该方法称为 **Gauss 消元法**.

由于第 k 步消元需要 $(n-k+1)(n-k)$ 次乘法和 $n-k$ 次除法运算, 因此整个消元过程共需要乘法

$$\begin{aligned}\sum_{k=1}^{n-1}(n-k+1)(n-k) &= \sum_{k=1}^{n-1}(n-k)^2+\sum_{k=1}^{n-1}(n-k)\\ &= \frac{1}{3}n(n^2-1)\end{aligned}$$

次以及除法

$$\sum_{k=1}^{n-1}(n-k)=\frac{1}{2}n(n-1)$$

次, 而回代过程需要 $\dfrac{n(n+1)}{2}$ 次乘除法. 因此, 整个 Gauss 消元法求解过程的总乘除法次数为

$$\frac{1}{3}n^3+n^2-\frac{1}{3}n=O(n^3)$$

该计算量远远小于 Cramer 法则解方程组的计算量, 故比较适合在计算机上编程实现.

例 6.2.1 用 Gauss 消元法求解线性方程组 $\boldsymbol{Ax}=\boldsymbol{b}$, 其中

$$\boldsymbol{A}=\begin{bmatrix}2 & 2 & 3\\ 4 & 7 & 7\\ -2 & 4 & 5\end{bmatrix},\quad \boldsymbol{b}=\begin{bmatrix}3\\ 1\\ -7\end{bmatrix}$$

解 首先用 Gauss 消元法将方程组的增广矩阵化为上三角矩阵, 得

$$\bar{\boldsymbol{A}}=\begin{bmatrix}2 & 2 & 3 & 3\\ 4 & 7 & 7 & 1\\ -2 & 4 & 5 & -7\end{bmatrix}\xrightarrow[r_3+r_1]{r_2-2r_1}\begin{bmatrix}2 & 2 & 3 & 3\\ 0 & 3 & 1 & -5\\ 0 & 6 & 8 & -4\end{bmatrix}\xrightarrow{r_3-2r_2}\begin{bmatrix}2 & 2 & 3 & 3\\ 0 & 3 & 1 & -5\\ 0 & 0 & 6 & 6\end{bmatrix}$$

则原方程组等价于上三角方程组

$$\begin{cases}2x_1+2x_2+3x_3=3\\ \qquad 3x_2+x_3=-5\\ \qquad\qquad 6x_3=6\end{cases}$$

用回代公式 (6.2.2) 解上述三角方程组得 $\boldsymbol{x}=[2,-2,1]^{\mathrm{T}}$.

在用 Gauss 消元法进行消元的过程中, 每次消元都假设矩阵 $\bar{A}^{(k)}$ 的元素

$$a_{kk}^{(k)} \neq 0, \quad 1 \leqslant k \leqslant n \tag{6.2.3}$$

元素 $a_{kk}^{(k)}$ 称为矩阵 $\bar{\boldsymbol{A}}^{(k)}$ 的**主元素**. 而且回代过程也要求式 (6.2.3) 成立, 那么矩阵 $\boldsymbol{A}$ 满足什么条件时, 条件 (6.2.3) 成立呢?

事实上, 由于消元过程中采用的是矩阵的初等行变换, 因此有 $\bar{\boldsymbol{A}}^{(1)} \to \bar{\boldsymbol{A}}^{(k)} \to \bar{\boldsymbol{A}}^{(n)}$, 在没有行交换的前提下, 于是方程组的系数矩阵 $\boldsymbol{A}$ 的 k 阶**顺序主子式**满足如下关系式:

$$D_k = \begin{vmatrix} a_{11} & a_{12} & \cdots & a_{1k} \\ a_{21} & a_{22} & \cdots & a_{2k} \\ \vdots & \vdots & & \vdots \\ a_{k1} & a_{k1} & \cdots & a_{kk} \end{vmatrix} = \begin{vmatrix} a_{11}^{(1)} & a_{12}^{(1)} & \cdots & a_{1k}^{(1)} \\ & a_{22}^{(2)} & \cdots & a_{2k}^{(2)} \\ & & \ddots & \vdots \\ & & & a_{kk}^{(k)} \end{vmatrix} = a_{11}^{(1)} a_{22}^{(2)} \cdots a_{kk}^{(k)}$$

从而有

$$a_{ii}^{(i)} \neq 0 \Leftrightarrow D_k \neq 0, \quad i = 1, 2, \cdots, k; \quad 1 \leqslant k \leqslant n \tag{6.2.4}$$

定理 6.1 Gauss 消元法过程中的主元素 $a_{ii}^{(i)} \neq 0, i = 1, 2, \cdots, n$ 的充要条件是矩阵 $\boldsymbol{A}$ 的顺序主子式 $D_i \neq 0, i = 1, 2, \cdots, n$.

根据代数学知识, 我们知道: 当方程组的系数矩阵 $\boldsymbol{A}$ 为对称正定阵时, $\boldsymbol{A}$ 的顺序主子式全大于 0, 故由定理 6.1 知

$$a_{ii}^{(i)} \neq 0, \quad i = 1, 2, \cdots, n$$

因此, 当方程组的系数矩阵 $\boldsymbol{A}$ 为对称正定阵时, Gauss 消元法也能进行到底.

6.2.2 列主元 Gauss 消元法

根据 6.2.1 节的分析易知: 在 Gauss 消元法消元的过程中, 如果出现主元素 $a_{kk}^{(k)} = 0$, 若不进行换行运算, 则 Gauss 消元法不能进行下去. 即使主元素 $a_{kk}^{(k)} \neq 0$, 但如果消元过程 $a_{kk}^{(k)} \approx 0$, 用其作除数, 也会导致误差放大.

例 6.2.2 求解线性方程组

$$\begin{cases} 0.0003x_1 + 3.0000x_2 = 2.0001 \\ 1.0000x_1 + 1.0000x_2 = 1.0000 \end{cases}$$

结果保留 4 位有效数字 (已知精确解为 $x_1 = \dfrac{1}{3}, x_2 = \dfrac{2}{3}$).

解　方法 1　用 Gauss 消元法, 结果保留 4 位有效数字得

$$\bar{\boldsymbol{A}}=\begin{bmatrix}0.0003 & 3.0000 & 2.0001\\ 1.0000 & 1.0000 & 1.0000\end{bmatrix}\xrightarrow{r_2-\frac{1.0000}{0.0003}r_1}\begin{bmatrix}0.0003 & 3.0000 & 2.0001\\ 0 & 9999.0 & 6666.0\end{bmatrix}$$

用回代法解三对角方程组

$$\begin{bmatrix}0.0003 & 3.0000\\ 0 & 9999.0\end{bmatrix}\boldsymbol{x}=\begin{bmatrix}2.0001\\ 6666.0\end{bmatrix}$$

得方程组的解

$$\boldsymbol{x}=[0,0.6667]^{\mathrm{T}}$$

方法 2　交换行, 避免绝对值小的主元作除数:

$$\bar{\boldsymbol{A}}\xrightarrow{r_1\leftrightarrow r_2}\begin{bmatrix}1.0000 & 1.0000 & 1.0000\\ 0.0003 & 3.0000 & 2.0001\end{bmatrix}\xrightarrow{r_2-0.0003r_1}\begin{bmatrix}1.0000 & 1.0000 & 1.0000\\ 0 & 2.9997 & 1.9998\end{bmatrix}$$

用回代法解三对角线性方程组

$$\begin{bmatrix}1.0000 & 1.0000\\ 0 & 2.9997\end{bmatrix}\boldsymbol{x}=\begin{bmatrix}1.0000\\ 1.9998\end{bmatrix}$$

得方程组的解

$$\boldsymbol{x}=[0.3333,0.6667]^{\mathrm{T}}$$

由此可见, 如果求解过程中主元素 $a_{kk}^{(k)}\approx 0$ 时, 如例 6.2.2 中方法 1 所示, 0.0003 作为主元采用消元过程所求方程组的解与精确解相差较大, 因此这样的数值解不可取; 反之, 在方法 2 中, 第一行与第二行互换, 1.0000 作为主元 (避免采用绝对值小的主元素 0.0003) 进行消元, 所求结果比较精确, 可见消元之前选择适当的主元确实能够降低求解过程中初始误差的传播.

事实上, 当主元素 $a_{kk}^{(k)}\approx 0$ 的情况下, 一般地, 消元因子的绝对值

$$|l_{ik}|=\left|\frac{a_{ik}^{(k)}}{a_{kk}^{(k)}}\right|\gg 1,\quad k+1\leqslant i\leqslant n$$

此时, 用下列公式

$$a_{ij}^{(k+1)}=a_{ij}^{(k)}-l_{ik}a_{kj}^{(k)},\quad k+1\leqslant i\leqslant n,\ k+1\leqslant j\leqslant n+1$$

进行消元时, 若元素 $a_{kj}^{(k)}$ 含有误差 ε, 则消元完成后, 矩阵 $\bar{\boldsymbol{A}}^{(k+1)}$ 的真实值与其近似值之间的绝对误差

$$\begin{aligned} e(\tilde{a}_{ij}^{(k+1)}) &= a_{ij}^{(k+1)} - \tilde{a}_{ij}^{(k+1)} \\ &= (a_{ij}^{(k)} - l_{ik}a_{kj}^{(k)}) - (a_{ij}^{(k)} - l_{ik}(a_{kj}^{(k)} + \varepsilon)) \\ &= l_{ik}\varepsilon \end{aligned}$$

即第 $k+1$ 步数值解 $\tilde{a}_{ij}^{(k+1)}$ 含有的绝对误差 $e(\tilde{a}_{ij}^{(k+1)})$ 被放大至第 k 步误差 ε 的 l_{ik} 倍, 当 $|l_{ik}| \gg 1$ 时, 误差被放大很多倍.

此外, 当 $a_{kk}^{(k)} \approx 0$ 情况下, 在回代过程中, 在 x_i 中引入的误差, 在使用式 (6.2.2) 计算 x_{i-1} 时, 也会被放大很多倍. 因此, 在消元过程中, 即使主元素 $a_{kk}^{(k)} \neq 0$, 也需要选择列主元素.

列主元 Gauss 消元法的做法是在第 k 步消元之前, 若有

$$\left|a_{tk}^{(k)}\right| = \max_{k \leqslant i \leqslant n} \left|a_{ik}^{(k)}\right| \tag{6.2.5}$$

则就选定 $a_{tk}^{(k)}$ 作为**列主元**, 交换矩阵 $\bar{\boldsymbol{A}}^{(k)}$ 的第 t 行和第 k 行, 然后再按照 Gauss 消元法的公式进行消元, 该方法称为**列主元 Gauss 消元法**, 简称**列主元消元法**.

算法 6.1 (列主元 Gauss 消元法)

第一步 输入增广矩阵 $\bar{\boldsymbol{A}} = [\boldsymbol{A}\,|\boldsymbol{b}]$.

第二步 对 $k = 1, 2, \cdots, n-1$ 进行如下操作:

(1) 选列主元, 确定 t, 使

$$\left|a_{tk}^{(k)}\right| = \max_{k \leqslant i \leqslant n} \left|a_{ik}^{(k)}\right|$$

若 $a_{tk}^{(k)} = 0$, 则停止计算, 否则, 进行下一步;

(2) 若 $t > k$, 交换矩阵 $\bar{\boldsymbol{A}}^{(k)} = \left[a_{ij}^{(k)} \middle| a_{i,n+1}^{(k)}\right]$ 的第 t 行和第 k 行;

(3) 消元 对 $k+1 \leqslant i \leqslant n, k+1 \leqslant j \leqslant n+1$, 计算

$$l_{ik} = \frac{a_{ik}^{(k)}}{a_{kk}^{(k)}}, \quad a_{ik}^{(k+1)} = 0$$

$$a_{ij}^{(k+1)} = a_{ij}^{(k)} - l_{ik}a_{kj}^{(k)}$$

第三步 回代

$$x_n = \frac{a_{n,n+1}^{(n)}}{a_{nn}^{(n)}}$$

对 $k=n-1,\cdots,1$, 计算

$$x_k=\frac{a_{k,n+1}^{(k)}-\sum\limits_{j=k+1}^{n}a_{kj}^{(k)}x_j}{a_{kk}^{(k)}}$$

6.3 矩阵三角分解法

6.3.1 Gauss 消元法的矩阵解释

由 6.2.1 节的分析知, 当主元素满足条件

$$a_{kk}^{(k)}\neq 0,\quad k=1,2,\cdots,n-1 \tag{6.3.1}$$

时, 对增广阵 $\bar{\boldsymbol{A}}^{(1)}$ 的 Gauss 消元法的消元过程可以进行到底.

根据代数学理论知：对一个矩阵作初等行变换等价于在该矩阵的左边乘上一个相应的初等矩阵. 因此, 在对 $\bar{\boldsymbol{A}}^{(1)}$ 进行第一步消元时, 相当于在 $\bar{\boldsymbol{A}}^{(1)}$ 的左边乘上一系列的初等矩阵. 即, 将 $\bar{\boldsymbol{A}}^{(1)}$ 化为 $\bar{\boldsymbol{A}}^{(2)}$ 的过程等价于进行如下矩阵乘法运算:

$$\boldsymbol{E}[1,n(-l_{n1})]\cdots\boldsymbol{E}[1,i(-l_{i1})]\cdots\boldsymbol{E}[1,2(-l_{21})]\bar{\boldsymbol{A}}^{(1)}=\bar{\boldsymbol{A}}^{(2)}$$

其中 $\boldsymbol{E}[1,i(-l_{i1})]=\begin{bmatrix}1&&&&&\\0&1&&&&\\\vdots&\vdots&\ddots&&&\\-l_{i1}&0&\cdots&1&&\\\vdots&\vdots&&\vdots&\ddots&\\0&0&\cdots&0&\cdots&1\end{bmatrix}$ 为初等矩阵 (未写出的元素默认为 0, 该矩阵第一列第 i 行元素 $-l_{i1}$ 为消元因子). 若记

$$\boldsymbol{L}_1=\boldsymbol{E}[1,n(-l_{n1})]\cdots\boldsymbol{E}[1,i(-l_{i1})]\cdots\boldsymbol{E}[1,2(-l_{21})]$$

则有

$$\boldsymbol{L}_1=\begin{bmatrix}1&&&\\-l_{21}&1&&\\\vdots&&\ddots&\\-l_{n1}&&&1\end{bmatrix}$$

且有

$$\boldsymbol{L}_1\bar{\boldsymbol{A}}^{(1)}=\bar{\boldsymbol{A}}^{(2)}$$

同理, 第二步消元相当于对矩阵 $\bar{\boldsymbol{A}}^{(2)}$ 执行下列矩阵乘法:

$$\boldsymbol{L}_2\bar{\boldsymbol{A}}^{(2)}=\boldsymbol{L}_2\boldsymbol{L}_1\bar{\boldsymbol{A}}^{(1)}=\bar{\boldsymbol{A}}^{(3)}$$

其中 $\boldsymbol{L}_2=\begin{bmatrix}1 & & & & \\ & 1 & & & \\ & -l_{32} & 1 & & \\ & \vdots & & \ddots & \\ & -l_{n2} & & & 1\end{bmatrix}$.

依照上述方法继续进行, 当消元过程进行 $n-1$ 步后, 相当于在矩阵 $\bar{\boldsymbol{A}}^{(1)}$ 的左端依次乘了 $n-1$ 个矩阵 $\boldsymbol{L}_k(k=1,2,\cdots,n-1)$ 得上三角矩阵 $\bar{\boldsymbol{A}}^{(n)}$, 因此得

$$\boldsymbol{L}_{n-1}\boldsymbol{L}_{n-2}\cdots\boldsymbol{L}_1\bar{\boldsymbol{A}}^{(1)}=\bar{\boldsymbol{A}}^{(n)} \tag{6.3.2}$$

其中

$$\boldsymbol{L}_k=\begin{bmatrix}1 & & & & & \\ & \ddots & & & & \\ & & 1 & & & \\ & & -l_{k+1,k} & 1 & & \\ & & \vdots & & \ddots & \\ & & -l_{nk} & & & 1\end{bmatrix}$$

称为 **Gauss 变换阵**或**消元矩阵**. 又由 $|\boldsymbol{L}_k|=1\neq 0$, 知 $\boldsymbol{L}_k$ 可逆, 故由式 (6.3.2) 得

$$\bar{\boldsymbol{A}}^{(1)}=[\boldsymbol{A}\,|\boldsymbol{b}]=(\boldsymbol{L}_{n-1}\boldsymbol{L}_{n-2}\cdots\boldsymbol{L}_1)^{-1}\bar{\boldsymbol{A}}^{(n)}=\boldsymbol{L}_1^{-1}\boldsymbol{L}_2^{-1}\cdots\boldsymbol{L}_{n-1}^{-1}\bar{\boldsymbol{A}}^{(n)}$$

这里, $\bar{\boldsymbol{A}}^{(n)}=[\boldsymbol{A}^{(n)}|\boldsymbol{b}^{(n)}]$. 若令 $\boldsymbol{L}=\boldsymbol{L}_1^{-1}\boldsymbol{L}_2^{-1}\cdots\boldsymbol{L}_{n-1}^{-1}$, $\boldsymbol{U}=\boldsymbol{A}^{(n)}$, 则方程组 $\boldsymbol{Ax}=\boldsymbol{b}$ 的系数矩阵

$$\boldsymbol{A}=(\boldsymbol{L}_1^{-1}\boldsymbol{L}_2^{-1}\cdots\boldsymbol{L}_{n-1}^{-1})\boldsymbol{A}^{(n)}=\boldsymbol{LU} \tag{6.3.3}$$

其中

$$\boldsymbol{L}=\begin{bmatrix}1 & & & & \\ l_{21} & 1 & & & \\ l_{31} & l_{32} & \ddots & & \\ \vdots & \vdots & & 1 & \\ l_{n1} & l_{n2} & \cdots & l_{n,n-1} & 1\end{bmatrix}\text{为单位下三角阵,}$$

$$\boldsymbol{U}=\begin{bmatrix}a_{11}^{(1)} & a_{12}^{(1)} & \cdots & a_{1n}^{(1)} \\ & a_{22}^{(2)} & \cdots & a_{2n}^{(2)} \\ & & \ddots & \vdots \\ & & & a_{nn}^{(n)}\end{bmatrix}=\boldsymbol{A}^{(n)}\text{ 为上三角阵.}$$

定义 6.1 若方阵 $\boldsymbol{A}$ 可以分解为一个下三角矩阵 $\boldsymbol{L}$ 和一个上三角矩阵 $\boldsymbol{U}$ 的乘积, 即

$$\boldsymbol{A}=\boldsymbol{L}\boldsymbol{U} \tag{6.3.4}$$

则称式 (6.3.4) 为方阵 $\boldsymbol{A}$ 的一个**三角分解**或 **LU 分解**. 特别地, 当式 (6.3.4) 中 $\boldsymbol{L}$ 为单位下三角矩阵, $\boldsymbol{U}$ 为上三角矩阵时, 称该分解为**杜利特尔** (Doolittle) **分解**, 当 $\boldsymbol{L}$ 为下三角矩阵, $\boldsymbol{U}$ 为单位上三角矩阵时, 称为**克劳特** (Crout) **分解**.

即当方程组的系数矩阵 $\boldsymbol{A}$ 满足条件 (6.3.1) 时, Guass 消元法的消元过程, 实际上是对矩阵 $\boldsymbol{A}$ 进行了形如式 (6.3.3) 的 Doolittle 分解的过程. 若记 $\bar{\boldsymbol{A}}^{(n)}=\tilde{\boldsymbol{U}}$, 根据上面的分析, 可得增广矩阵 $\bar{\boldsymbol{A}}$ 的 Doolittle 分解 $\bar{\boldsymbol{A}}=\boldsymbol{L}\tilde{\boldsymbol{U}}$.

所以, 一旦实现了矩阵 $\boldsymbol{A}$ 的 LU 分解, 那么求解线性方程组 $\boldsymbol{A}\boldsymbol{x}=\boldsymbol{b}$ 的过程等价于顺序求解两个三角形方程组

(1) $\boldsymbol{L}\boldsymbol{y}=\boldsymbol{b}$, 求 $\boldsymbol{y}$;

(2) $\boldsymbol{U}\boldsymbol{x}=\boldsymbol{y}$, 求 $\boldsymbol{x}$.

因此有必要对矩阵的三角分解方法进行比较深入的分析.

6.3.2 Doolittle 分解

本节介绍矩阵的 Doolittle 分解法. 不失一般性, 本节假设矩阵 $\boldsymbol{A}=[a_{ij}]\in\mathbf{R}^{n\times m}(n\leqslant m)$.

假设矩阵 $\boldsymbol{A}=[a_{ij}]_{n\times m}$ 的元素 a_{ij} 已知, 且存在如下 Doolittle 分解

$$\boldsymbol{A}=\boldsymbol{L}\boldsymbol{U} \tag{6.3.5}$$

这里, 单位下三角阵 $\boldsymbol{L}$ 的元素 l_{ij} 与上三角阵 $\boldsymbol{U}$ 的元素 u_{ij} 待定,

$$\boldsymbol{L}=\begin{bmatrix}1 & & & \\ l_{21} & 1 & & \\ \vdots & \vdots & \ddots & \\ l_{n1} & l_{n2} & \cdots & 1\end{bmatrix},\quad \boldsymbol{U}=\begin{bmatrix}u_{11} & u_{12} & \cdots & u_{1n} & \cdots & u_{1m}\\ & u_{22} & \cdots & u_{2n} & \cdots & u_{2m}\\ & & \ddots & \vdots & & \vdots\\ & & & u_{nn} & \cdots & u_{nm}\end{bmatrix}$$

在式 (6.3.5) 中, 根据矩阵的乘积公式, 以及 $\boldsymbol{L}$ 为单位下三角矩阵, $\boldsymbol{U}$ 为上三角矩阵, 得等式

$$a_{ij}=\sum_{s=1}^{n}l_{is}u_{sj}=\sum_{s=1}^{\min\{i,j\}}l_{is}u_{sj},\quad i=1,\cdots,n;j=1,\cdots,m \tag{6.3.6}$$

于是矩阵 $\boldsymbol{L}$ 和 $\boldsymbol{U}$ 的元素可按下列步骤求得.

第一步 依次确定矩阵 $\boldsymbol{U}$ 的第一行元素与矩阵 $\boldsymbol{L}$ 的第一列元素. 令 $i=1$, 根据式 (6.3.6)(即用矩阵 $\boldsymbol{L}$ 的第一行与 $\boldsymbol{U}$ 的第 j 列相乘) 得

$$a_{1j}=[1,0,\cdots,0][u_{1j},u_{2j},\cdots,u_{nj}]^{\mathrm{T}}=u_{1j}$$

即得

$$u_{1j}=a_{1j},\quad j=1,2,\cdots,m \tag{6.3.7}$$

接下来, 在式 (6.3.6) 中, 令 $j=1$ (即用矩阵 $\boldsymbol{L}$ 的第 i 行与 $\boldsymbol{U}$ 的第 1 列相乘) 得

$$a_{i1}=[l_{i1},\cdots,l_{i,i-1},1,\cdots,0][u_{11},0,\cdots,0]^{\mathrm{T}}=l_{i1}\cdot u_{11}$$

当条件 (6.3.1) 成立时, $u_{11}\neq 0$, 解之得

$$l_{i1}=\frac{a_{i1}}{u_{11}},\quad i=2,\cdots,n \tag{6.3.8}$$

至此, 矩阵 $\boldsymbol{U}$ 的第一行元素以及 $\boldsymbol{L}$ 的第 1 列元素已经全部计算完毕, 因此矩阵 $\boldsymbol{A}$ 的第一行与第一列相应位置上的元素已经不再需要存储了, 又由于矩阵 $\boldsymbol{L}$ 的主对角元素全等于 1, 也不需存储. 于是在编写算法软件时, 可借用矩阵 $\boldsymbol{A}$ 的第一行与第一列的内存单元存储 u_{1j} 与 l_{i1}, $j=1,\cdots,m;i=2,\cdots,n$.

因此当第一步完成后, 算法程序中, 矩阵 $\boldsymbol{A}$ 的所占用内存中的数值变为

$$\left[\begin{array}{c|ccc} u_{11} & u_{12} & \cdots & u_{1m} \\ \hline l_{21} & a_{22} & \cdots & a_{2m} \\ \vdots & \vdots & & \vdots \\ l_{n1} & a_{n2} & \cdots & a_{nm} \end{array}\right]$$

令上式等于 $\boldsymbol{A}^{(2)}$, 继续执行第二步.

第二步 假设已经求出矩阵 $\boldsymbol{U}$ 的前 $k-1$ 行, 与矩阵 $\boldsymbol{L}$ 的前 $k-1$ 列元素, 并且已经将求出的 $\boldsymbol{U}$ 与 $\boldsymbol{L}$ 的元素存在了矩阵 $\boldsymbol{A}$ 的相应位置, 得如下中间结果:

$$\boldsymbol{A}^{(k)}=\left[\begin{array}{ccccccc} u_{11} & u_{12} & \cdots & u_{1,k-1} & u_{1k} & \cdots & u_{1m} \\ \hline l_{21} & u_{22} & \cdots & u_{2,k-1} & u_{2k} & \cdots & u_{2m} \\ \vdots & \vdots & \ddots & \vdots & \vdots & & \vdots \\ l_{k-1,1} & l_{k-1,2} & \cdots & u_{k-1,k-1} & u_{k-1,k} & \cdots & u_{k-1,m} \\ \hline l_{k1} & l_{k2} & \cdots & l_{k,k-1} & a_{kk} & \cdots & a_{km} \\ \vdots & \vdots & & \vdots & \vdots & \ddots & \vdots \\ l_{n1} & l_{n2} & \cdots & l_{n,k-1} & a_{nk} & \cdots & a_{nm} \end{array}\right]\begin{array}{l} \leftarrow\text{第一次迭代} \\ \leftarrow\text{第二次迭代} \\ \quad\vdots \\ \leftarrow\text{第}k-1\text{次迭代} \\ \\ \\ \\ \end{array}$$

接下来求 $\boldsymbol{U}$ 的第 k 行, 在式 (6.3.6) 中, 令 $i=k$, 得

$$a_{kj}=[l_{k1},\cdots,l_{k,k-1},1,0,\cdots][u_{1j},\cdots,u_{k-1,j},u_{kj},\cdots]^{\mathrm{T}}=\sum_{s=1}^{k-1}l_{ks}u_{sj}+u_{kj}$$

故得计算公式

$$u_{kj}=a_{kj}-\sum_{s=1}^{k-1}l_{ks}u_{sj},\quad j=k,k+1,\cdots,m \tag{6.3.9}$$

同理, 在式 (6.3.6) 中令 $j=k$ 得

$$a_{ik}=[l_{i1},\cdots,l_{i,k-1},l_{ik},\cdots][u_{1k},\cdots,u_{k-1,k},u_{kk},0,\cdots]^{\mathrm{T}}=\sum_{s=1}^{k-1}l_{is}u_{sk}+l_{ik}u_{kk}$$

在上式中, 若 $u_{kk}\neq 0$, 则可解出 l_{ik}, 得

$$l_{ik}=\frac{a_{ik}-\sum\limits_{s=1}^{k-1}l_{is}u_{sk}}{u_{kk}},\quad i=k+1,\cdots,n \tag{6.3.10}$$

同理, 将 $l_{ik}(i=k+1,\cdots,n)$ 和 $u_{kj}(j=k,k+1,\cdots,m)$ 分别存入矩阵 $\boldsymbol{A}$ 的 a_{ik} 和 a_{kj}, 得如下结果:

$$\boldsymbol{A}^{(k+1)}=\left[\begin{array}{c|c|c|c|ccc}
u_{11} & u_{12} & \cdots & u_{1k} & u_{1,k+1} & \cdots & u_{1m} \\ \hline
l_{21} & u_{22} & \cdots & u_{2k} & u_{2,k+1} & \cdots & u_{2m} \\ \cline{2-7}
\vdots & \vdots & \ddots & \vdots & \vdots & & \vdots \\ \cline{3-7}
l_{k1} & l_{k2} & \cdots & u_{kk} & u_{k,k+1} & \cdots & a_{km} \\ \cline{4-7}
l_{k+1,1} & l_{k+1,2} & \cdots & l_{k+1,k} & a_{k+1,k+1} & \cdots & u_{k+1,m} \\
\vdots & \vdots & & \vdots & \vdots & \ddots & \vdots \\
l_{n1} & l_{n2} & \cdots & l_{nk} & a_{n,k+1} & \cdots & a_{nm}
\end{array}\right]
\begin{array}{l}
\leftarrow\text{第一次迭代} \\
\leftarrow\text{第二次迭代} \\
\vdots \\
\leftarrow\text{第}k\text{次迭代} \\
\\
\\
\\
\end{array}$$

第三步 重复执行第二步中的 (6.3.9) 和 (6.3.10) 两式, 直到求出矩阵 $\boldsymbol{L}$ 和 $\boldsymbol{U}$ 的所有元素为止.

上述实现矩阵三角分解的方法称为矩阵分解的**紧凑格式**或 **Doolittle 分解**. Doolittle 分解要求将 u_{kj} 和 l_{ik} 存入矩阵 $\boldsymbol{A}$ 的相应元素中, 即将元素 u_{kj} 存入元

素 $a_{kj}(j \geqslant k)$ 中, 将元素 l_{ik} 存入 $a_{ik}(i > k)$ 中, 如此设计程序, 可以节省存储空间, 适合中、大型矩阵的分解问题.

算法 6.2 (Doolittle 分解)

第一步 输入增广矩阵 $\bar{\boldsymbol{A}} = [\boldsymbol{A}\,|\boldsymbol{b}]$.

第二步 LU 分解:

$$u_{1j} = a_{1j}, \quad j = 1, 2, \cdots, m$$

$$l_{i1} = \frac{a_{i1}}{u_{11}}, \quad i = 2, \cdots, n$$

对 $k = 2, \cdots, n$, 计算

$$u_{kj} = a_{kj} - \sum_{s=1}^{k-1} l_{ks} u_{sj}, \quad j = k, k+1, \cdots, m$$

$$l_{ik} = \frac{a_{ik} - \sum\limits_{s=1}^{k-1} l_{is} u_{sk}}{u_{kk}}, \quad i = k+1, \cdots, n$$

第三步 用 Gauss 消元法求解下三角方程组 $\boldsymbol{Ly} = \boldsymbol{b}$.

$y_1 = b_1$, 对 $k = 2, \cdots, n$, 计算

$$y_k = b_k - \sum_{j=1}^{k-1} l_{kj} y_j$$

第四步 用回代法求解上三角方程组 $\boldsymbol{Ux} = \boldsymbol{y}$.

$x_n = \dfrac{y_n}{u_{nn}}$, 对 $k = n-1, \cdots, 1$, 计算

$$x_k = \frac{y_k - \sum\limits_{j=k+1}^{n} u_{kj} x_j}{u_{kk}}.$$

并非所有非奇异矩阵均有 LU 分解. 例如, 二阶方阵 $\boldsymbol{A}_1 = \begin{bmatrix} 0 & 1 \\ 1 & 0 \end{bmatrix}$, 显然有

$$|\boldsymbol{A}_1| = -1 \neq 0$$

然而矩阵 $\boldsymbol{A}_1$ 不存在 LU 分解. 事实上, 设存在 $\boldsymbol{A}_1$ 的一个 Doolittle 分解:

$$\boldsymbol{A}_1=\begin{bmatrix}1&0\\a&1\end{bmatrix}\begin{bmatrix}b&c\\0&d\end{bmatrix}$$

则一定有 $b=0$ 与 $ab=1$ 同时成立, 矛盾, 因此 $\boldsymbol{A}_1$ 不存在 LU 分解.

究其原因, 由于 LU 分解方法实际上是 Gauss 消元法中的消元过程的矩阵表现形式, 由定理 6.1 知: 矩阵 $\boldsymbol{A}$ 的三角分解能进行下去, 当且仅当针对 $\boldsymbol{A}$ 的 Gauss 消元法其中的消元过程能进行到底, 即矩阵 $\boldsymbol{A}$ 的前 $n-1$ 阶顺序主子式非零.

而上面的矩阵 $\boldsymbol{A}_1$, 由于其一阶顺序主子式等于零, 因此 $\boldsymbol{A}_1$ 不存在 LU 分解. 为此, 一般情况下, 与 Gauss 消元法一样, 为了保证 LU 分解能顺利进行以及方法的稳定性, 三角分解法一般也应采用选主元的技术, 具体方法参见 6.3.6 节.

例 6.3.1 用 Doolittle 分解求解方程组 $\boldsymbol{Ax}=\boldsymbol{b}$, 其中

$$\boldsymbol{A}=\begin{bmatrix}2&2&3\\4&7&7\\-2&4&5\end{bmatrix},\quad \boldsymbol{b}=\begin{bmatrix}3\\1\\-7\end{bmatrix}$$

解 将方程组的增广阵 $\bar{\boldsymbol{A}}=\begin{bmatrix}2&2&3&3\\4&7&7&1\\-2&4&5&-7\end{bmatrix}$ 按照紧凑格式作 Doolittle 分解得

$$\bar{\boldsymbol{A}}\to\left[\begin{array}{c|ccc}2&2&3&3\\\hline 2&7&7&1\\ \hline -1&4&5&-7\end{array}\right]\to\left[\begin{array}{c|ccc}2&2&3&3\\\hline 2&3&1&-5\\ \hline -1&2&5&-7\end{array}\right]\to\left[\begin{array}{c|ccc}2&2&3&3\\\hline 2&3&1&-5\\ \hline -1&2&6&6\end{array}\right]$$

因此得 Doolittle 分解:

$$\boldsymbol{A}=\boldsymbol{LU}=\begin{bmatrix}1&0&0\\2&1&0\\-1&2&1\end{bmatrix}\begin{bmatrix}2&2&3\\0&3&1\\0&0&6\end{bmatrix},\quad \text{且 } \boldsymbol{y}=\boldsymbol{L}^{-1}\boldsymbol{b}=\begin{bmatrix}3\\-5\\6\end{bmatrix}$$

解方程组 $\boldsymbol{Ux}=\boldsymbol{y}$, 得 $\boldsymbol{x}=[2,-2,1]^{\mathrm{T}}$.

Doolittle 方法求解线性方程组时, 大约需要 $\dfrac{n^3}{3}$ 次乘除法, 与 Gauss 消元法计算量基本相当.

如果已经实现了 $\boldsymbol{A}=\boldsymbol{LU}$ 的分解, 且 $\boldsymbol{L},\boldsymbol{U}$ 保存在 $\boldsymbol{A}$ 的相应位置, 则用直接三角分解法求解具有相同系数矩阵的 s 个方程组

$$\boldsymbol{Ax}=\boldsymbol{b}^{(1)},\quad \boldsymbol{Ax}=\boldsymbol{b}^{(2)},\quad \cdots,\quad \boldsymbol{Ax}=\boldsymbol{b}^{(s)}$$

相当方便, 具体操作如下:

第一步 对 $\boldsymbol{A}$ 作 Doolittle 分解, 即 $\boldsymbol{A}=\boldsymbol{LU}$;

第二步 前代法求解 s 个下三角方程组 $\boldsymbol{Ly}=\boldsymbol{b}^{(1)},\boldsymbol{Ly}=\boldsymbol{b}^{(2)},\cdots,\boldsymbol{Ly}=\boldsymbol{b}^{(s)}$;

第三步 回代法求解 s 个上三角方程组 $\boldsymbol{Ux}=\boldsymbol{y}^{(1)},\boldsymbol{Ux}=\boldsymbol{y}^{(2)},\cdots,\boldsymbol{Ux}=\boldsymbol{y}^{(s)}$, 得到方程组的解: $\boldsymbol{x}^{(1)},\boldsymbol{x}^{(2)},\cdots,\boldsymbol{x}^{(s)}$.

当然, 也可采用如下方案计算:

第一步 对广义增广矩阵 $\bar{\boldsymbol{A}}=[\boldsymbol{A}|\boldsymbol{b}^{(1)},\boldsymbol{b}^{(2)},\cdots,\boldsymbol{b}^{(s)}]$ 作 Doolittle 分解, 得

$$\bar{\boldsymbol{A}}=\boldsymbol{L}\tilde{\boldsymbol{U}}$$

其中 $\tilde{\boldsymbol{U}}=\left[\boldsymbol{U}\left|\boldsymbol{y}^{(1)},\boldsymbol{y}^{(2)},\cdots,\boldsymbol{y}^{(s)}\right.\right]$;

第二步 回代法求解上三角线性方程组: $\boldsymbol{Ux}=\boldsymbol{y}^{(1)},\boldsymbol{Ux}=\boldsymbol{y}^{(2)},\cdots,\boldsymbol{Ux}=\boldsymbol{y}^{(s)}$, 得方程组的解: $\boldsymbol{x}^{(1)},\boldsymbol{x}^{(2)},\cdots,\boldsymbol{x}^{(s)}$.

例 6.3.2 求方程组 $\boldsymbol{Ax}=\boldsymbol{b}^{(i)},i=1,2$, 其中

$$\boldsymbol{A}=\begin{bmatrix}2&2&3\\4&7&7\\-2&4&5\end{bmatrix},\quad \boldsymbol{b}^{(1)}=\begin{bmatrix}3\\1\\-7\end{bmatrix},\quad \boldsymbol{b}^{(2)}=\begin{bmatrix}7\\18\\7\end{bmatrix}$$

解 增广矩阵 $\bar{\boldsymbol{A}}=\begin{bmatrix}2&2&3&3&7\\4&7&7&1&18\\-2&4&5&-7&7\end{bmatrix}$, 则利用矩阵分解的紧凑格式将 $\bar{\boldsymbol{A}}$ 化为

$$\left[\begin{array}{c|c|ccc}2&2&3&3&7\\\hline 2&3&1&-5&4\\\hline -1&2&6&6&6\end{array}\right]$$

于是得

$$\boldsymbol{U}=\begin{bmatrix}2&2&3\\&3&1\\&&6\end{bmatrix},\quad \boldsymbol{y}^{(1)}=\begin{bmatrix}3\\-5\\6\end{bmatrix},\quad \boldsymbol{y}^{(2)}=\begin{bmatrix}7\\4\\6\end{bmatrix}$$

解方程组 $\boldsymbol{Ux}=\boldsymbol{y}^{(1)}$ 得

$$\boldsymbol{x}^{(1)}=[2,-2,1]^{\mathrm{T}}$$

解方程组 $\boldsymbol{U}\boldsymbol{x}=\boldsymbol{y}^{(2)}$ 得

$$\boldsymbol{x}^{(2)}=[1,1,1]^{\mathrm{T}}$$

在求矩阵 $\boldsymbol{A}_{n\times m}$ 的 LU 分解时, 若在式 (6.3.5) 中令

$$\underbrace{\begin{bmatrix} a_{11} & \cdots & a_{1m} \\ \vdots & & \vdots \\ a_{n1} & \cdots & a_{nm} \end{bmatrix}}_{\boldsymbol{A}}$$

$$=\underbrace{\begin{bmatrix} l_{11} & & & \\ l_{21} & l_{22} & & \\ \vdots & \vdots & \ddots & \\ l_{n1} & l_{n2} & \cdots & l_{nn} \end{bmatrix}}_{\boldsymbol{L}}\underbrace{\begin{bmatrix} 1 & u_{12} & u_{13}\cdots & u_{1n} & u_{1,n+1}\cdots & u_{1m} \\ & 1 & u_{2,3}\cdots & u_{2n} & u_{2,n+1}\cdots & u_{2m} \\ & & \ddots & \vdots & & \vdots \\ & & & 1 & u_{n,n+1}\cdots & u_{nm} \end{bmatrix}}_{\boldsymbol{U}}$$

则可按照与式 (6.3.6)—(6.3.10) 相似的方式, 求得下三角矩阵 $\boldsymbol{L}$ 和单位上三角矩阵 $\boldsymbol{U}$, 这类实现矩阵 LU 分解的方法称为 **Crout 分解**.

6.3.3 Cholesky 分解与平方根法

许多实际问题, 如在控制理论、有限元法应用等问题中, 常需要求解系数矩阵为对称正定矩阵的方程组. 本节讨论对称正定矩阵的 LU 分解问题, 相对于 6.3.2 节中的 Doolittle 方法, 用本节方法对正定矩阵进行三角分解, 可使分解过程的计算量大大减少.

定理 6.2 (对称阵的三角分解定理) 设 $\boldsymbol{A}$ 是 n 阶对称矩阵, 且 $\boldsymbol{A}$ 的所有顺序主子式均不为零, 则 $\boldsymbol{A}$ 可唯一分解为

$$\boldsymbol{A}=\boldsymbol{L}\boldsymbol{D}\boldsymbol{L}^{\mathrm{T}}$$

其中 $\boldsymbol{L}$ 为单位下三角矩阵, $\boldsymbol{D}$ 为对角矩阵.

证明 若令式 (6.3.5) 中 $\boldsymbol{A}$ 为方阵, 即下标 $m=n$, 则由 $\boldsymbol{A}$ 的所有顺序主子式均不为零, 得分解式

$$\boldsymbol{A}=\boldsymbol{L}\boldsymbol{U}=\boldsymbol{L}\boldsymbol{D}\boldsymbol{U}_0 \tag{6.3.11}$$

其中上三角阵 $\boldsymbol{U}$ 分解为如下形式:

$$\boldsymbol{U}=\underbrace{\begin{bmatrix} u_{11} & & & \\ & u_{22} & & \\ & & \ddots & \\ & & & u_{nn} \end{bmatrix}}_{\boldsymbol{D}}\underbrace{\begin{bmatrix} 1 & \dfrac{u_{12}}{u_{11}} & \dfrac{u_{13}}{u_{11}} & \cdots & \dfrac{u_{1n}}{u_{11}} \\ & 1 & \dfrac{u_{23}}{u_{22}} & \cdots & \dfrac{u_{2n}}{u_{22}} \\ & & & \ddots & \vdots \\ & & & & 1 \end{bmatrix}}_{\boldsymbol{U}_0}=\boldsymbol{D}\boldsymbol{U}_0 \tag{6.3.12}$$

又由于矩阵 $\boldsymbol{A}$ 的对称性, 知

$$\boldsymbol{A}=\boldsymbol{A}^{\mathrm{T}}=\boldsymbol{U}_0^{\mathrm{T}}\boldsymbol{D}\boldsymbol{L}^{\mathrm{T}}$$

再由分解 (6.3.12) 的唯一性, 得分解式

$$\boldsymbol{A}=\boldsymbol{L}\boldsymbol{D}\boldsymbol{L}^{\mathrm{T}} \tag{6.3.13}$$

其中 $\boldsymbol{L}$ 为单位下三角阵, $\boldsymbol{D}$ 为对角阵. 式 (6.3.13) 称为矩阵 $\boldsymbol{A}$ 的 $\boldsymbol{LDL}^{\mathrm{T}}$ **分解**.

定理 6.3 (Cholesky 分解) 若 $\boldsymbol{A}$ 是对称正定矩阵, 则 $\boldsymbol{A}$ 可以分解为

$$\boldsymbol{A}=\boldsymbol{L}_1\boldsymbol{L}_1^{\mathrm{T}} \tag{6.3.14}$$

式中, $\boldsymbol{L}_1$ 为下三角矩阵. 若限定 $\boldsymbol{L}_1$ 的主对角线上元素为正时, 则这种分解是唯一的.

下面证明式 (6.3.13) 中对角阵 $\boldsymbol{D}$ 的主对角线上元素全为正数.

事实上, 若令 $\boldsymbol{x}_i=(\boldsymbol{L}^{\mathrm{T}})^{-1}\boldsymbol{e}_i$, 其中 $\boldsymbol{e}_i$ 为第 i 个分量为 1 的单位坐标向量, 则由 $\boldsymbol{A}$ 的正定性得

$$\boldsymbol{x}_i^{\mathrm{T}}\boldsymbol{A}\boldsymbol{x}_i=u_{ii}>0,\quad i=1,\cdots,n$$

于是, 可将对角矩阵 $\boldsymbol{D}$ 分解成如下形式:

$$\boldsymbol{D}=\underbrace{\begin{bmatrix} \sqrt{u_{11}} & & & \\ & \sqrt{u_{22}} & & \\ & & \ddots & \\ & & & \sqrt{u_{nn}} \end{bmatrix}}_{\boldsymbol{D}^{\frac{1}{2}}}\underbrace{\begin{bmatrix} \sqrt{u_{11}} & & & \\ & \sqrt{u_{22}} & & \\ & & \ddots & \\ & & & \sqrt{u_{nn}} \end{bmatrix}}_{\boldsymbol{D}^{\frac{1}{2}}}=\boldsymbol{D}^{\frac{1}{2}}\boldsymbol{D}^{\frac{1}{2}} \tag{6.3.15}$$

代入式 (6.3.13) 得

$$\boldsymbol{A}=\boldsymbol{L}\boldsymbol{D}\boldsymbol{L}^{\mathrm{T}}=(\boldsymbol{L}\boldsymbol{D}^{\frac{1}{2}})(\boldsymbol{D}^{\frac{1}{2}}\boldsymbol{L}^{\mathrm{T}})=\boldsymbol{L}_1\boldsymbol{L}_1^{\mathrm{T}} \tag{6.3.16}$$

且当限定 $\boldsymbol{L}_1$ 的对角元素为正时, 这种分解是唯一的. 式 (6.3.14) 称为正定阵 $\boldsymbol{A}$ 的**楚列斯基** (Cholesky) **分解**.

算法 6.3 (正定阵的 Cholesky 分解算法)

第一步 输入对称正定矩阵 $\boldsymbol{A}$ 和 $\boldsymbol{b}$.

第二步 Cholesky 分解:

对 $j=1,2,\cdots,n$, 计算

$$l_{jj}=\left(a_{jj}-\sum_{k=1}^{j-1}l_{jk}^2\right)^{1/2}$$

$$l_{ij}=\frac{a_{ij}-\sum\limits_{k=1}^{j-1}l_{ik}l_{jk}}{l_{jj}},\quad i=j+1,\cdots,n$$

第三步 求解下三角方程组 $\boldsymbol{L}_1\boldsymbol{y}=\boldsymbol{b}$.

$y_1=b_1$, 对 $i=2,\cdots,n$, 计算

$$y_i=\frac{b_i-\sum\limits_{k=1}^{i-1}l_{ik}y_k}{l_{ii}}$$

第四步 用回代法解上三角方程组 $\boldsymbol{L}_1^{\mathrm{T}}x=\boldsymbol{y}$.

对 $i=n-1,\cdots,1$, 计算

$$x_i=\frac{y_i-\sum\limits_{k=i+1}^{n}l_{ki}x_k}{l_{ii}}$$

因此, 利用系数矩阵 $\boldsymbol{A}$ 的 Cholesky 分解, 那么求解线性方程组 $\boldsymbol{Ax}=\boldsymbol{b}$ 的过程等价于顺序求解两个三角形方程组:

(1) $\boldsymbol{L}_1\boldsymbol{y}=\boldsymbol{b}$, 求 $\boldsymbol{y}$;

(2) $\boldsymbol{L}_1^{\mathrm{T}}\boldsymbol{x}=\boldsymbol{y}$, 求 $\boldsymbol{x}$.

上述应用矩阵的 Cholesky 分解求解方程组 $\boldsymbol{Ax}=\boldsymbol{b}$ 的方法称为**平方根法**.

由上面分析说明, 当求出 $\boldsymbol{L}_1$ 的第 j 列元素时, $\boldsymbol{L}_1^{\mathrm{T}}$ 的第 j 行元素亦算出. 所以平方根法约需 $\dfrac{n^3}{6}$ 次乘除法, 大约为一般直接 LU 分解法计算量的一半.

例 6.3.3 求矩阵

$$A=\begin{bmatrix}4&-1&1\\-1&4.25&2.75\\1&2.75&3.5\end{bmatrix}$$

的 Cholesky 分解 $A=L_1L_1^{\mathrm{T}}$.

解 由于

$$l_{11}=\sqrt{a_{11}}=\sqrt{4}=2$$

$$l_{21}=\frac{a_{21}}{l_{11}}=-\frac{1}{2}=-0.5,\quad l_{31}=\frac{a_{31}}{l_{11}}=\frac{1}{2}=0.5$$

因此

$$A=\begin{bmatrix}4&-1&1\\-1&4.25&2.75\\1&2.75&3.5\end{bmatrix}\to\begin{bmatrix}2&-1&1\\-0.5&4.25&2.75\\0.5&2.75&3.5\end{bmatrix}$$

又

$$l_{22}=\left(a_{22}-l_{21}^2\right)^{\frac{1}{2}}=\left(4.25-(-0.5)^2\right)^{\frac{1}{2}}=2$$

$$l_{32}=\frac{a_{32}-l_{31}l_{21}}{l_{22}}=\frac{2.75-0.5(-0.5)}{2}=1.5$$

从而

$$\begin{bmatrix}2&-1&1\\-0.5&4.25&2.75\\0.5&2.75&3.5\end{bmatrix}\to\begin{bmatrix}2&-1&1\\-0.5&2&2.75\\0.5&1.5&3.5\end{bmatrix}$$

最后

$$l_{33}=\left(a_{33}-l_{31}^2-l_{32}^2\right)^{\frac{1}{2}}=\left(3.5-(0.5)^2-(1.5)^2\right)^{\frac{1}{2}}=1$$

$$\begin{bmatrix}2&-1&1\\-0.5&2&2.75\\0.5&1.5&3.5\end{bmatrix}\to\begin{bmatrix}2&-1&1\\-0.5&2&2.75\\0.5&1.5&1\end{bmatrix}$$

这样, 我们得到 Cholesky 分解 $A=L_1L_1^{\mathrm{T}}$, 其中

$$L_1=\begin{bmatrix}2&0&0\\-0.5&2&0\\0.5&1.5&1\end{bmatrix}$$

6.3.4 LDL^{T} 分解与改进的平方根法

由算法 6.3 知, 用平方根法求解对称正定方程组时, 计算 l_{jj} 需要进行开方运算, 为了避免开方, 我们使用式 (6.3.13) 的分解式 $A = LDL^{\mathrm{T}}$, 即

$$A = \underbrace{\begin{bmatrix} 1 & & & \\ l_{21} & 1 & & \\ \vdots & \vdots & \ddots & \\ l_{n1} & l_{n2} & \cdots & 1 \end{bmatrix}}_{L} \underbrace{\begin{bmatrix} d_1 & & & \\ & d_2 & & \\ & & \ddots & \\ & & & d_n \end{bmatrix}}_{D} \underbrace{\begin{bmatrix} 1 & l_{21} & \cdots & l_{n1} \\ & 1 & \cdots & l_{n2} \\ & & \ddots & \vdots \\ & & & 1 \end{bmatrix}}_{L^{\mathrm{T}}} \tag{6.3.17}$$

由矩阵乘法, 注意到 $l_{ii} = 1, l_{ik} = 0(i < k)$, 并对 $i = 1, 2, \cdots, n$, 得计算 L 和 D 的公式

$$\begin{cases} l_{ij} = \dfrac{1}{d_j}\left(a_{ij} - \displaystyle\sum_{k=1}^{j-1} l_{ik} d_k l_{jk}\right), & 1 \leqslant j \leqslant i-1 \\ d_i = a_{ii} - \displaystyle\sum_{k=1}^{i-1} l_{ik}^2 d_k \end{cases} \tag{6.3.18}$$

为了减少乘法运算量, 可引入辅助变量

$$t_{ij} = l_{ij} d_j \tag{6.3.19}$$

则对 $i = 2, 3, \cdots, n$ 时, 执行如下公式:

$$\begin{cases} t_{ij} = a_{ij} - \displaystyle\sum_{k=1}^{j-1} t_{ik} l_{jk}, & 1 \leqslant j \leqslant i-1 \\ l_{ij} = \dfrac{t_{ij}}{d_j}, & j = 1, \cdots, i-1 \\ d_i = a_{ii} - \displaystyle\sum_{k=1}^{i-1} t_{ik} l_{ik} \end{cases} \tag{6.3.20}$$

即可完成矩阵的 LDL^{T} 分解, 其中 $d_1 = a_{11}$. 由式 (6.3.20) 可得如下按行计算矩阵 L 和 $T = LD$ 元素的算法.

算法 6.4 (LDL^{T} 分解算法)

第一步 输入对称正定矩阵 A 和 b.

第二步 LDL^{T} 分解:

$$d_1 = t_{11} = a_{11}, \quad l_{i1} = \frac{a_{i1}}{d_1}, \quad i = 2, 3, \cdots, n$$

对 $k = 2, \cdots, n$, 计算

$$t_{ij} = a_{ij} - \sum_{k=1}^{j-1} t_{ik} l_{jk}, \quad 1 \leqslant j \leqslant i-1$$

$$l_{ij} = \frac{t_{ij}}{d_j}, \quad j = 1, \cdots, i-1$$

$$d_i = a_{ii} - \sum_{k=1}^{i-1} t_{ik} l_{ik}$$

第三步 求解下三角方程组 $\boldsymbol{L}\boldsymbol{y} = \boldsymbol{b}$.

$y_1 = b_1$, 对 $i = 2, \cdots, n$, 计算

$$y_i = b_i - \sum_{k=1}^{i-1} l_{ik} y_k$$

第四步 求解上三角方程组 $\boldsymbol{D}\boldsymbol{L}^{\mathrm{T}}\boldsymbol{x} = \boldsymbol{y}$.

$x_n = \dfrac{y_n}{d_n}$, 对 $i = n-1, \cdots, 1$, 计算

$$x_i = \frac{y_i}{d_i} - \sum_{k=i+1}^{n} l_{ki} x_k$$

算法 6.4 中, 矩阵 $\boldsymbol{A}$ 的上三角部分存储 t_{ij}, 下三角部分存储 l_{ij}, 对角线元素 a_{ii} 用来存储 d_i, 从 $i = 2, 3, \cdots, n$ 开始计算, 一层一层逐层进行, 计算顺序见 (6.3.21).

$$\begin{bmatrix} a_{11} \leftarrow d_1 & a_{12} \leftarrow t_{21} & a_{13} \leftarrow t_{31} & \cdots & a_{1n} \leftarrow t_{n1} \\ a_{21} \leftarrow l_{2,1} & a_{22} \leftarrow d_2 & a_{23} \leftarrow t_{32} & \cdots & a_{2n} \leftarrow t_{n2} \\ a_{31} \leftarrow l_{31} & a_{32} \leftarrow l_{32} & a_{33} \leftarrow d_3 & \cdots & a_{3n} \leftarrow t_{n3} \\ \vdots & \vdots & \vdots & \ddots & \vdots \\ a_{n1} \leftarrow l_{n1} & a_{n2} \leftarrow l_{n2} & a_{n3} \leftarrow l_{n3} & \cdots & a_{nn} \leftarrow d_n \end{bmatrix} \tag{6.3.21}$$

(图中分层标记: $i=1$, $i=2$, $i=3$, $i=n$)

上述利用 $\boldsymbol{LDL}^{\mathrm{T}}$ 分解求解线性方程组的方法称为**改进的平方根法**, 使用该方法可以很方便地求解系数矩阵为对称矩阵的方程组.

对称正定矩阵 $\boldsymbol{A}$ 按 $\boldsymbol{LDL}^{\mathrm{T}}$ 分解和按 $\boldsymbol{LL}^{\mathrm{T}}$ 分解计算量差不多, 但 $\boldsymbol{LDL}^{\mathrm{T}}$ 分解不需要开方计算.

6.3.5 追赶法

在许多科学问题求解中, 例如第 2 章求解三次样条函数, 第 8 章求解常微分方程边值问题, 求解热传导方程, 以及数值求解应力应变关系、电路等科学问题

时, 我们都会遇到求解三对角方程组. 这些问题由于系数矩阵非零元素少, 且往往又具有主对角线元素占优的特点, 使得我们在求解这类方程时可以利用相关特点, 设计出更为快速、有效的算法. 本节介绍的追赶法就是常用方法之一.

设方程组 $\boldsymbol{Ax}=\boldsymbol{d}$ 有如下形式:

$$\begin{bmatrix} b_1 & c_1 & & & & \\ a_2 & b_2 & c_2 & & & \\ & a_3 & b_3 & c_3 & & \\ & & \ddots & \ddots & \ddots & \\ & & & a_{n-1} & b_{n-1} & c_{n-1} \\ & & & & a_n & b_n \end{bmatrix} \begin{bmatrix} x_1 \\ x_2 \\ x_3 \\ \vdots \\ x_{n-1} \\ x_n \end{bmatrix} = \begin{bmatrix} d_1 \\ d_2 \\ d_3 \\ \vdots \\ d_{n-1} \\ d_n \end{bmatrix} \tag{6.3.22}$$

易见矩阵 $\boldsymbol{A}$ 满足条件: 当 a_{ij} 的行下标 i 和列下标 j 满足 $|i-j|>1$ 时, 均有 $a_{ij}=0$. 因此我们将方程组 (6.3.22) 中系数矩阵 $\boldsymbol{A}$ 称为**三对角矩阵**, 并称方程组 (6.3.22) 为**三对角方程组**.

定理 6.4 若三对角方程组 (6.3.22) 的系数矩阵 $\boldsymbol{A}$ 满足条件:

(1) $|b_1|>|c_1|>0$;

(2) $|b_i|\geqslant|a_i|+|c_i|$, 且有 $a_i\cdot c_i\neq 0, i=2,3,\cdots,n-1$;

(3) $|b_n|>|a_n|>0$.

则有如下结论成立:

(1) 系数矩阵 $\boldsymbol{A}=[a_{ij}]_{n\times n}$ 可逆;

(2) 方程组 (6.3.22) 的增广阵 $\bar{\boldsymbol{A}}=[\boldsymbol{A}|\boldsymbol{d}]$ 可以分解为 $\boldsymbol{L}\tilde{\boldsymbol{U}}$ 的乘积, 其中, $\boldsymbol{L}$ 为单位下三角矩阵, $\tilde{\boldsymbol{U}}=[\boldsymbol{U},\boldsymbol{y}]$, $\boldsymbol{U}$ 为上三角矩阵, 即有

$$\bar{\boldsymbol{A}}=\begin{bmatrix} 1 & & & & \\ l_2 & 1 & & & \\ & \ddots & \ddots & & \\ & & l_{n-1} & 1 & \\ & & & l_n & 1 \end{bmatrix} \begin{bmatrix} \beta_1 & c_1 & & & & y_1 \\ & \beta_2 & c_2 & & & y_2 \\ & & \ddots & \ddots & & \vdots \\ & & & \beta_{n-1} & c_{n-1} & y_{n-1} \\ & & & & \beta_n & y_n \end{bmatrix} \tag{6.3.23}$$

这里, 矩阵元素满足关系式

$$\begin{cases} \beta_1=b_1, \quad y_1=d_1 \\ l_i=\dfrac{a_i}{\beta_{i-1}}, \beta_i=b_i-l_ic_{i-1}, y_i=d_i-l_iy_{i-1}, \quad i=2,3,\cdots,n \end{cases} \tag{6.3.24}$$

(3) $0 < \left|\dfrac{c_i}{\beta_i}\right| < 1, \quad i = 1, 2, \cdots, n-1.$

证明 事实上, 令 $\beta_1 = b_1, y_1 = d_1$, 当 $\beta_{i-1} \neq 0$ 时, 取第 $i-1$ 次 Gauss 消元因子

$$l_i = \frac{a_i}{\beta_{i-1}}, \quad i = 2, 3, \cdots, n$$

将方程组 (6.3.22) 的增广阵 $\bar{\boldsymbol{A}} = [\boldsymbol{A}|\boldsymbol{d}]$ 进行 $n-1$ 次 Gauss 消元过程, 可得矩阵 $\bar{\boldsymbol{A}}$ 的三角分解

$$\bar{\boldsymbol{A}} = \begin{bmatrix} 1 & & & & \\ l_2 & 1 & & & \\ & \ddots & \ddots & & \\ & & l_{n-1} & 1 & \\ & & & l_n & 1 \end{bmatrix} \begin{bmatrix} \beta_1 & c_1 & & & & y_1 \\ & \beta_2 & c_2 & & & y_2 \\ & & \ddots & \ddots & & \vdots \\ & & & \beta_{n-1} & c_{n-1} & y_{n-1} \\ & & & & \beta_n & y_n \end{bmatrix}$$

其中

$$\begin{cases} \beta_1 = b_1, y_1 = d_1 \\ l_i = \dfrac{a_i}{\beta_{i-1}}, \beta_i = b_i - l_i c_{i-1}, y_i = d_i - l_i y_{i-1}, \quad i = 2, 3, \cdots, n \end{cases} \tag{6.3.25}$$

下面证明上述三角分解存在, 即证 $\beta_i \neq 0, i = 1, 2, \cdots, n-1$. 首先用数学归纳法证明不等式

$$0 < \left|\frac{c_i}{\beta_i}\right| < 1, \quad i = 1, 2, \cdots, n-1 \tag{6.3.26}$$

事实上, 当 $n = 1$ 时, 由 $|b_1| > |c_1| > 0$, 得 $|\beta_1| > |c_1| > 0$, 即有

$$0 < \left|\frac{c_1}{\beta_1}\right| < 1$$

假设当 $n = k$ 时, 不等式 $0 < \left|\dfrac{c_k}{\beta_k}\right| < 1$ 成立. 则当 $n = k+1$ 时, 由 (6.3.25) 知

$$\begin{aligned} |\beta_{k+1}| &= |b_{k+1} - l_{k+1} c_k| = \left|b_{k+1} - \frac{a_{k+1}}{\beta_k} c_k\right| \\ &\geqslant |b_{k+1}| - \left|\frac{c_k}{\beta_k}\right| \cdot |a_{k+1}| > |b_{k+1}| - |a_{k+1}| \geqslant |c_{k+1}| \geqslant 0 \end{aligned}$$

即有

$$0 < \left|\frac{c_{k+1}}{\beta_{k+1}}\right| < 1$$

综上所述, 当 $i = 1, 2, \cdots, n-1$ 时, 不等式 $0 < \left|\frac{c_i}{\beta_i}\right| < 1$ 成立. 故 $\beta_i \neq 0, i = 1, 2, \cdots, n-1$.

另外, 由公式 (6.3.25) 知, $\beta_n = b_n - l_n c_{n-1}$, 则

$$|\beta_n| = |b_n - l_n c_{n-1}| > |b_n| - \left|\frac{\alpha_n}{\beta_{n-1}} \cdot c_{n-1}\right| > |b_n| - |a_n| > 0$$

故矩阵 $\boldsymbol{A}$ 可逆, 且 (6.3.25) 中的除法运算可以进行到底, 也就是 Gauss 消元法可以执行到底.

推论 6.1 在定理 6.4 的条件下, 方程组 (6.3.22) 的系数矩阵和右端向量存在如下分解:

$$\boldsymbol{A} = \boldsymbol{L}\boldsymbol{U}, \quad \boldsymbol{d} = \boldsymbol{L}\boldsymbol{y}$$

其中, 列向量 $\boldsymbol{y} = [y_1, y_2, \cdots, y_n]^{\mathrm{T}}$, 上三角阵 $\boldsymbol{U}$ 以及单位下三角阵 $\boldsymbol{L}$ 均与定理 6.4 相同.

理论上, 由于矩阵 $\boldsymbol{L}$ 是可逆的, 因此求解三对角方程组 $\boldsymbol{A}\boldsymbol{x} = \boldsymbol{d}$ 的过程可分两个步骤进行:

第一步 求解下三角方程组 $\boldsymbol{L}\boldsymbol{y} = \boldsymbol{d}$, 得到向量 $\boldsymbol{y}$;

第二步 求解上三角方程组 $\boldsymbol{U}\boldsymbol{x} = \boldsymbol{y}$, 得到方程组的解 $\boldsymbol{x}$.

综上, 我们先用递推公式 (6.3.25) 计算出 β_i 和 y_i, 然后运用回代法得到递推公式

$$\begin{cases} x_n = \dfrac{y_n}{\beta_n}, \\ x_i = \dfrac{y_i - c_i x_{i+1}}{\beta_i}, \quad i = n-1, n-2, \cdots, 1 \end{cases} \tag{6.3.27}$$

即可求出方程组 (6.3.22) 的解 $x_i, i = 1, \cdots, n$.

上述用公式 (6.3.25) 和 (6.3.27) 求三对角方程组 (6.3.22) 的方法称为**追赶法**, 其中公式 (6.3.25) 中, 按下标从小到大的顺序求出 β_i 和 y_i, 故将该过程称为“**追**”; 在式 (6.3.27) 中, 按下标从大到小的顺序求 x_i, 故将该过程称为“**赶**”, 追赶法因此得名. 追赶法实际上就是把 Gauss 消元法用到求解三对角方程组上去的结果. 这时由于 $\boldsymbol{A}$ 特别简单, 因此求解的计算公式非常简单. 易验证, 用追赶法求三对角方程组 (6.3.22), 共要 $5n-4$ 次乘除法运算, 易见计算量是比较少的.

算法 6.5(追赶法)

第一步 输入三对角矩阵 $\boldsymbol{A}$ 和 $\boldsymbol{d}$.

第二步 计算 $\{\beta_i\}$ 的递推公式

$$\begin{cases} \beta_1 = b_1 \\ l_i = \dfrac{a_i}{\beta_{i-1}}, \beta_i = b_i - l_i c_{i-1}, i = 2, 3, \cdots, n \end{cases}$$

第三步 求解下三角方程组 $\boldsymbol{Ly} = \boldsymbol{d}$.

$y_1 = b_1$, 对 $i = 2, \cdots, n$, 计算 $y_i = d_i - l_i y_{i-1}$.

第四步 求解上三角方程组 $\boldsymbol{Ux} = \boldsymbol{y}$.

$$\begin{cases} x_n = \dfrac{y_n}{\beta_n} \\ x_i = \dfrac{y_i - c_i x_{i+1}}{\beta_i}, \quad i = n-1, n-2, \cdots, 1 \end{cases}$$

例 6.3.4 用追赶法求解三对角方程组 $\boldsymbol{Ax} = \boldsymbol{d}$, 这里

$$\boldsymbol{A} = \begin{bmatrix} 2 & -1 & 0 & 0 \\ -1 & 2 & -1 & 0 \\ 0 & -1 & 2 & -1 \\ 0 & 0 & -1 & 2 \end{bmatrix}, \quad \boldsymbol{d} = \begin{bmatrix} 1 \\ 0 \\ 0 \\ 1 \end{bmatrix}$$

解 用公式 (6.3.25):

$$\begin{cases} \beta_1 = b_1, \quad y_1 = d_1 \\ l_i = \dfrac{a_i}{\beta_{i-1}}, \beta_i = b_i - l_i c_{i-1}, y_i = d_i - l_i y_{i-1}, \quad i = 2, 3, \cdots, n \end{cases}$$

计算中间变量 β_i 和 y_i, 即可将原方程组的增广阵 $\bar{\boldsymbol{A}} = [\boldsymbol{A}|\boldsymbol{d}]$ 化为上三角阵:

$$\begin{bmatrix} 2 & -1 & 0 & 0 & 1 \\ 0 & \dfrac{3}{2} & -1 & 0 & \dfrac{1}{2} \\ 0 & 0 & \dfrac{4}{3} & -1 & \dfrac{1}{3} \\ 0 & 0 & 0 & \dfrac{5}{4} & \dfrac{5}{4} \end{bmatrix}$$

然后, 调用公式 (6.3.27):

$$\begin{cases} x_n = \dfrac{y_n}{\beta_n} \\ x_i = \dfrac{y_i - c_i x_{i+1}}{\beta_i}, \quad i = n-1, n-2, \cdots, 1 \end{cases}$$

求解三对角方程组:

$$\begin{bmatrix} 2 & -1 & & \\ & \frac{3}{2} & -1 & \\ & & \frac{4}{3} & -1 \\ & & & \frac{5}{4} \end{bmatrix} \boldsymbol{x} = \begin{bmatrix} 1 \\ \frac{1}{2} \\ \frac{1}{3} \\ \frac{5}{4} \end{bmatrix}$$

可得原三对角方程组的解 $\boldsymbol{x} = [1, 1, 1, 1]^{\mathrm{T}}$.

6.3.6 带列主元的三角分解

由 6.3.2 节最后的讨论, 我们知道: 与矩阵的 Gauss 消元法类似, 只要适当选择主元素, 矩阵的三角分解一定能够进行下去. 这种与矩阵的列主元消元法相对应的矩阵三角分解称为矩阵**带列主元的三角分解**.

接下来, 讨论实现带列主元的矩阵三角分解的方法. 不妨设已经对增广阵 $\bar{\boldsymbol{A}} = [a_{ij}]_{n\times m}$ 完成了 $k-1$ 步带列主元的三角分解, 即将矩阵 $\bar{\boldsymbol{A}}$ 化为 $\bar{\boldsymbol{A}}^{(k)}$, 这里

$$\bar{\boldsymbol{A}}^{(k)} \triangleq \left[\begin{array}{ccccccc} u_{11} & u_{12} & \cdots & u_{1,k-1} & u_{1k} & \cdots & u_{1m} \\ l_{11} & u_{22} & \cdots & u_{2,k-1} & u_{2k} & \cdots & u_{2m} \\ \vdots & \vdots & \ddots & \vdots & \vdots & & \vdots \\ l_{k-1,1} & l_{k-1,2} & \cdots & u_{k-1,k-1} & u_{k-1,k} & \cdots & u_{k-1,m} \\ \hline l_{k1} & l_{k2} & \cdots & l_{k,k-1} & \multicolumn{1}{|c}{a_{kk}} & \cdots & a_{km} \\ \vdots & \vdots & & \vdots & \multicolumn{1}{|c}{\vdots} & & \vdots \\ l_{n1} & l_{n2} & \cdots & l_{n,k-1} & \multicolumn{1}{|c}{a_{nk}} & \cdots & a_{nm} \end{array}\right]$$

我们知道: 为了使矩阵的三角分解能够继续进行下去, 并预防计算结果中误差的扩散, 在用式 (6.3.9) 和式 (6.3.10) 进行第 k 步 LU 分解时, 我们应该防止用等于零或者接近零的主元素 u_{kk} 做除数, 而解决问题的方法就是在进行第 k 步分解之前, 应该选择一个新的主元素.

因为我们事先并不知道将要选出的主元素具体出现在什么位置上, 所以在选择这个主元素之前, 我们不妨令这个新的主元素为 s_{t_k}, 这里下标 t_k 为一个待定的下标值, t_k 的值表示我们假设即将选出的主元素位于矩阵 $\bar{\boldsymbol{A}}^{(k)}$ 第 k 列第 t_k 行的位置上.

根据假设, 如果这个主元素出现在矩阵 $\bar{\boldsymbol{A}}^{(k)}$ 的第 k 列第 t_k 行上, 则应该先交换矩阵 $\bar{\boldsymbol{A}}^{(k)}$ 的第 t_k 与第 k 行元素 (编程时, 只需交换矩阵 $\bar{\boldsymbol{A}}^{(k)}$ 中这两行相应元素或变量的值, 元素的下标不变), 对 $\bar{\boldsymbol{A}}^{(k)}$ 做行交换以后, 得到新的矩阵 $\bar{\boldsymbol{A}}^{(k)}_{\mathrm{new}}$,

则应该用矩阵 $\bar{\boldsymbol{A}}_{\text{new}}^{(k)}$ 的第 k 行元素, 也就是 $\bar{\boldsymbol{A}}^{(k)}$ 中原 t_k 行元素与矩阵 $\bar{\boldsymbol{A}}^{(k)}$ 第 k 列元素做矩阵乘法, 可得等式

$$a_{t_k k} = \sum_{q=1}^{k-1} l_{t_k q} u_{qk} + 1 \cdot s_{t_k}$$

从上式中即可解出待定的主元素 s_{t_k}.

为找到 t_k, 我们需要计算出所有可能的备选主元素, 不妨令其为 $s_i, i=k,\cdots,n$. 为此, 只需将下三角矩阵 $\boldsymbol{L}$ 的第 i 行元素与上三角矩阵 $\tilde{\boldsymbol{U}}$ 的第 k 列元素相乘, 得等式

$$a_{ik} = \sum_{q=1}^{k-1} l_{iq} u_{qk} + l_{ik} u_{kk} = \sum_{q=1}^{k-1} l_{iq} u_{qk} + 1 \cdot s_i, \quad i = k,\cdots,n \tag{6.3.28}$$

在式 (6.3.28) 中, 考虑到若 s_i 是主元素, 注定要将第 i 行元素与第 k 行元素交换, 交换完成之后一定有 $l_{ik}=1$.

接下来, 求解 (6.3.28), 得备选值

$$s_i = a_{ik} - \sum_{q=1}^{k-1} l_{iq} u_{qk}, \quad i = k,\cdots,n \tag{6.3.29}$$

将备选值 $s_i, i=k,\cdots,n$ 代入式 (6.3.30)

$$s_{t_k} = \max_{k \leqslant i \leqslant n} |s_i| \tag{6.3.30}$$

求最大值, 即可得新主元素 s_{t_k} 以及它的下标值 t_k.

最后, 交换矩阵 $\bar{\boldsymbol{A}}^{(k)}$ 的第 t_k 行与第 k 行, 得新矩阵 $\bar{\boldsymbol{A}}_{\text{new}}^{(k)}$, 然后对新矩阵 $\bar{\boldsymbol{A}}_{\text{new}}^{(k)}$ 进行下一步的矩阵的 LU 分解得新矩阵 $\bar{\boldsymbol{A}}^{(k+1)}$. 值得注意的是, 在将 $\bar{\boldsymbol{A}}^{(k)}$ 化为 $\bar{\boldsymbol{A}}^{(k+1)}$ 的过程之中, 始终都把 $\bar{\boldsymbol{A}}^{(k)}$, $\bar{\boldsymbol{A}}_{\text{new}}^{(k)}$ 以及矩阵 $\bar{\boldsymbol{A}}^{(k+1)}$ 的值存入矩阵 $\bar{\boldsymbol{A}}$ 的相应位置的元素中. 根据上述矩阵分解的思路, 我们得到如下带列主元的三角分解算法.

算法 6.6 (列主元 LU 分解算法)

第一步 输入增广矩阵 $\bar{\boldsymbol{A}} = [\boldsymbol{A}\,|\boldsymbol{b}]$.

第二步 列主元 LU 分解:

$\boldsymbol{P} := \boldsymbol{I}$(单位矩阵);

对 $k=1,\cdots,n$,

(1) 计算 $a_{ik} \leftarrow s_i = a_{ik} - \sum\limits_{r=1}^{k-1} l_{ir} u_{rk}, i = k, \cdots, n$;

(2) 选主元 $u_{kk} \leftarrow s_{i_k} = \max\limits_{k \leqslant i \leqslant n} |s_i|$, 并记录 i_k,

$$u_{1j} = a_{1j}, \quad j = 1, 2, \cdots, m$$

$$l_{i1} = a_{i1}/u_{11}, \quad i = 2, \cdots, n$$

(3) 交换 $\boldsymbol{A}$ 的第 k 行和第 i_k 行元素：$a_{kj} \leftrightarrow a_{i_k j}, j = 1, 2, \cdots, m$,
交换 $\boldsymbol{P}$ 的第 k 行和第 i_k 行元素：$\boldsymbol{P}_{kj} \leftrightarrow \boldsymbol{P}_{i_k j}, j = 1, 2, \cdots, m$;
(4) 计算 $\boldsymbol{U}$ 第 k 行元素

$$u_{kj} = a_{kj} - \sum_{s=1}^{k-1} l_{ks} u_{sj}, \quad j = k, k+1, \cdots, m$$

(5) 计算 $\boldsymbol{L}$ 第 k 列元素

$$l_{ik} = \frac{s_i}{u_{kk}} = \frac{a_{ik}}{a_{kk}}, \quad a_{ik} \leftarrow l_{ik}, \quad i = k+1, \cdots, n; i = k+1, \cdots, n$$

第三步 用 Gauss 消元法求解下三角方程组 $\boldsymbol{Ly} = \boldsymbol{Pb}$.
$\boldsymbol{b} := \boldsymbol{Pb}, y_1 = b_1$, 计算

$$y_k = b_k - \sum_{j=1}^{k-1} l_{kj} y_j, \quad k = 2, \cdots, n$$

第四步 用回代法求解上三角方程组 $\boldsymbol{Ux} = \boldsymbol{y}$.

$$x_n = \frac{y_n}{u_{nn}}$$

$$x_k = \frac{y_k - \sum\limits_{j=k+1}^{n} u_{kj} x_j}{u_{kk}}, \quad k = n-1, \cdots, 1$$

由于算法 6.6 中存在行交换, 因此可用矩阵语言将带列主元的矩阵分解表示为

$$\boldsymbol{P\bar{A}} = \boldsymbol{L\tilde{U}} \tag{6.3.31}$$

这里, $\boldsymbol{P}$ 是 n 阶**排列阵** (注：由单位阵 $\boldsymbol{I}$ 经过有限次初等行或列交换得到的矩阵 $\boldsymbol{P}$ 称为**排列阵**, 排列阵是正交阵, 即有 $\boldsymbol{P}^{\mathrm{T}}\boldsymbol{P} = \boldsymbol{P}\boldsymbol{P}^{\mathrm{T}} = \boldsymbol{I}$), $\boldsymbol{L}$ 为下三角阵, $\tilde{\boldsymbol{U}}$ 是上三角阵.

例 6.3.5 用列主元三角分解法求方程组 $\boldsymbol{Ax}=\boldsymbol{b}$, 其中

$$\bar{\boldsymbol{A}}=[\boldsymbol{A}\,|\boldsymbol{b}]=\begin{bmatrix}2&2&3&3\\4&7&7&1\\-2&4&5&-7\end{bmatrix}$$

解　第一步 由备选主元素 $s_1=2,s_2=4,s_3=-2$, 故列主元为 4, 交换第一行与第二行, 然后分解, 得

$$\bar{\boldsymbol{A}}=\begin{bmatrix}2&2&3&3\\4&7&7&1\\-2&4&5&-7\end{bmatrix}\xrightarrow{r_1\leftrightarrow r_2}\begin{bmatrix}4&7&7&1\\2&2&3&3\\-2&4&5&-7\end{bmatrix}\xrightarrow{k=1}\left[\begin{array}{c|ccc}4&7&7&1\\\hline\frac{1}{2}&2&3&3\\-\frac{1}{2}&4&5&-7\end{array}\right]\triangleq\bar{\boldsymbol{A}}^{(2)}$$

第二步 计算备选主元素 $s_2=2-\dfrac{1}{2}\times7=-\dfrac{3}{2},s_3=4-\left(-\dfrac{1}{2}\times7\right)=\dfrac{15}{2}$, 故主元素为 $\dfrac{15}{2}$, 交换第二行与第三行然后分解, 得

$$\bar{\boldsymbol{A}}^{(2)}\xrightarrow{r_2\leftrightarrow r_3}\left[\begin{array}{c|ccc}4&7&7&1\\\hline-\frac{1}{2}&4&5&-7\\\frac{1}{2}&2&3&3\end{array}\right]\xrightarrow{k=2}\left[\begin{array}{c|c|cc}4&7&7&1\\\hline-\frac{1}{2}&\frac{15}{2}&\frac{17}{2}&-\frac{13}{2}\\\hline\frac{1}{2}&-\frac{1}{5}&3&3\end{array}\right]\triangleq\bar{\boldsymbol{A}}^{(3)}$$

第三步 直接分解得

$$\bar{\boldsymbol{A}}^{(3)}\xrightarrow{k=3}\left[\begin{array}{c|c|cc}4&7&7&1\\\hline-\frac{1}{2}&\frac{15}{2}&\frac{17}{2}&-\frac{13}{2}\\\hline\frac{1}{2}&-\frac{1}{5}&\frac{6}{5}&\frac{6}{5}\end{array}\right]$$

因此得矩阵的三角分解 $\boldsymbol{E}_{23}\boldsymbol{E}_{12}\bar{\boldsymbol{A}}=\boldsymbol{P}\bar{\boldsymbol{A}}=\boldsymbol{L}\tilde{\boldsymbol{U}}$, 其中 $\boldsymbol{P}=\boldsymbol{E}_{23}\boldsymbol{E}_{12}=\begin{bmatrix}0&1&0\\0&0&1\\1&0&0\end{bmatrix}$, $\boldsymbol{E}_{ij}$ 为单位矩阵 $\boldsymbol{I}$ 经过第 i 行和第 j 行交换得到的初等矩阵,

$$
\boldsymbol{L}=\begin{bmatrix} 1 & & \\ -\dfrac{1}{2} & 1 & \\ \dfrac{1}{2} & -\dfrac{1}{5} & 1 \end{bmatrix},\quad \tilde{\boldsymbol{U}}=\begin{bmatrix} 4 & 7 & 7 & 1 \\ & \dfrac{15}{2} & \dfrac{17}{2} & -\dfrac{13}{2} \\ & & \dfrac{6}{5} & \dfrac{6}{5} \end{bmatrix}
$$

第四步 解上三角方程组

$$
\begin{bmatrix} 4 & 7 & 7 \\ & \dfrac{15}{2} & \dfrac{17}{2} \\ & & \dfrac{6}{5} \end{bmatrix}\begin{bmatrix} x_1 \\ x_2 \\ x_3 \end{bmatrix}=\begin{bmatrix} 1 \\ -\dfrac{13}{2} \\ \dfrac{6}{5} \end{bmatrix}
$$

得原方程组的解为 $\boldsymbol{x}=[2,-2,1]^{\mathrm{T}}$.

接下来, 用矩阵运算的语言解释例 6.3.5 中实现矩阵三角分解的方法. 首先, 令例 6.3.5 中消元因子 $l_{21}=\dfrac{1}{2}, l_{31}=-\dfrac{1}{2}, l_{32}=-\dfrac{1}{5}$, 并令增广阵为 $\bar{\boldsymbol{A}}$. 则本例题中第一次选择列主元素的操作, 相当于用初等矩阵 $\boldsymbol{E}_{12}$ 去乘以增广阵 $\bar{\boldsymbol{A}}$, 得到如下矩阵:

$$
\boldsymbol{E}_{12}\bar{\boldsymbol{A}}=\begin{bmatrix} a_{11}^{(1)} & a_{12}^{(1)} & a_{13}^{(1)} & a_{14}^{(1)} \\ a_{21}^{(1)} & a_{22}^{(1)} & a_{23}^{(1)} & a_{24}^{(1)} \\ a_{31}^{(1)} & a_{32}^{(1)} & a_{33}^{(1)} & a_{34}^{(1)} \end{bmatrix}
$$

接下来, 用 Gauss 变换阵 $\begin{bmatrix} 1 & & \\ -l_{21} & 1 & \\ -l_{31} & 0 & 1 \end{bmatrix}$ 左乘矩阵 $\boldsymbol{E}_{12}\bar{\boldsymbol{A}}$(第一步消元), 得到矩阵 $\bar{\boldsymbol{A}}^{(2)}$, 这里 $\begin{bmatrix} 1 & & \\ -l_{21} & 1 & \\ -l_{31} & 0 & 1 \end{bmatrix}\boldsymbol{E}_{12}\bar{\boldsymbol{A}}=\bar{\boldsymbol{A}}^{(2)}=\begin{bmatrix} a_{11}^{(1)} & a_{12}^{(1)} & a_{13}^{(1)} & a_{14}^{(1)} \\ 0 & a_{22}^{(2)} & a_{23}^{(2)} & a_{24}^{(2)} \\ 0 & a_{32}^{(2)} & a_{33}^{(2)} & a_{34}^{(2)} \end{bmatrix}$.

第二步选择主元素的过程等价于在 $\bar{\boldsymbol{A}}^{(2)}$ 左端再乘以初等变换矩阵 $\boldsymbol{E}_{2,3}$, 得

$$
\boldsymbol{E}_{23}\bar{\boldsymbol{A}}^{(2)}=\boldsymbol{E}_{23}\begin{bmatrix} 1 & & \\ -l_{21} & 1 & \\ -l_{31} & 0 & 1 \end{bmatrix}\boldsymbol{E}_{12}\bar{\boldsymbol{A}}
$$

然后用 Gauss 变换阵 $\begin{bmatrix} 1 & & \\ 0 & 1 & \\ 0 & -l_{32} & 1 \end{bmatrix}$ 左乘 $\boldsymbol{E}_{23}\bar{\boldsymbol{A}}$(第二步消元)

$$\begin{bmatrix} 1 & & \\ 0 & 1 & \\ 0 & -l_{32} & 1 \end{bmatrix} \boldsymbol{E}_{23}\bar{\boldsymbol{A}}^{(2)}$$

从而得到上三角矩阵 $\tilde{\boldsymbol{U}}$.

综上所述, 两次选择主元素、两次消元的过程, 等价于对增广阵 $\bar{\boldsymbol{A}}$ 做如下乘法:

$$\begin{bmatrix} 1 & & \\ 0 & 1 & \\ 0 & -l_{32} & 1 \end{bmatrix} \boldsymbol{E}_{23} \begin{bmatrix} 1 & & \\ -l_{21} & 1 & \\ -l_{31} & 0 & 1 \end{bmatrix} \boldsymbol{E}_{12}\bar{\boldsymbol{A}}$$

得上三角矩阵 $\tilde{\boldsymbol{U}}$. 上述过程也可用初等变换的语言, 描述为

$$\bar{\boldsymbol{A}} \xrightarrow[\substack{r_2-l_{21}\times r_1 \\ r_3-l_{31}\times r_1}]{r_1\leftrightarrow r_2} \bar{\boldsymbol{A}}^{(2)} \xrightarrow[r_3-l_{32}\times r_2]{r_2\leftrightarrow r_3} \tilde{\boldsymbol{U}}$$

矩阵三角分解完成后, 得如下等式:

$$\boldsymbol{E}_{12}\bar{\boldsymbol{A}} = \begin{bmatrix} 1 & & \\ l_{21} & 1 & \\ l_{31} & 0 & 1 \end{bmatrix} \boldsymbol{E}_{23} \begin{bmatrix} 1 & & \\ 0 & 1 & \\ 0 & l_{32} & 1 \end{bmatrix} \tilde{\boldsymbol{U}}$$

在上式两端左乘初等矩阵 $\boldsymbol{E}_{23}$, 得

$$\begin{aligned} \boldsymbol{E}_{23}\boldsymbol{E}_{12}\bar{\boldsymbol{A}} &= \boldsymbol{E}_{23} \begin{bmatrix} 1 & 0 & 0 \\ l_{21} & 0 & 1 \\ l_{31} & 1 & 0 \end{bmatrix} \begin{bmatrix} 1 & & \\ 0 & 1 & \\ 0 & l_{32} & 1 \end{bmatrix} \tilde{\boldsymbol{U}} \\ &= \boldsymbol{E}_{23} \begin{bmatrix} 1 & 0 & 0 \\ l_{21} & l_{32} & 1 \\ l_{31} & 1 & 0 \end{bmatrix} \tilde{\boldsymbol{U}} \\ &= \begin{bmatrix} 1 & & \\ l_{31} & 1 & \\ l_{21} & l_{32} & 1 \end{bmatrix} \tilde{\boldsymbol{U}} \end{aligned}$$

若令 $\boldsymbol{P}=\boldsymbol{E}_{23}\boldsymbol{E}_{12}$, 得矩阵 $\bar{\boldsymbol{A}}$ 的带列主元的三角分解

$$\boldsymbol{P}\bar{\boldsymbol{A}}=\boldsymbol{L}\tilde{\boldsymbol{U}}$$

其中, 矩阵

$$\boldsymbol{P}=\boldsymbol{E}_{23}\boldsymbol{E}_{12}=\begin{bmatrix}1&0&0\\0&0&1\\0&1&0\end{bmatrix}\begin{bmatrix}0&1&0\\1&0&0\\0&0&1\end{bmatrix}=\begin{bmatrix}0&1&0\\0&0&1\\1&0&0\end{bmatrix}$$

为一个三阶排列阵, 单位下三角矩阵

$$\boldsymbol{L}=\begin{bmatrix}1&&\\l_{31}&1&\\l_{21}&l_{32}&1\end{bmatrix}=\begin{bmatrix}1&&\\-\dfrac{1}{2}&1&\\\dfrac{1}{2}&-\dfrac{1}{5}&1\end{bmatrix}$$

上三角阵

$$\tilde{\boldsymbol{U}}=\begin{bmatrix}4&7&7&1\\&\dfrac{15}{2}&\dfrac{17}{2}&-\dfrac{13}{2}\\&&\dfrac{6}{5}&\dfrac{6}{5}\end{bmatrix}$$

6.4 向量范数和矩阵范数

6.4.1 向量范数

用直接法求解线性方程组 $\boldsymbol{Ax}=\boldsymbol{b}$, 由于原始数据 $\boldsymbol{A},\boldsymbol{b}$ 的误差及计算过程中的舍入误差, 一般得不到方程组的精确解, 往往得到它的近似解. 为了讨论解的精度及第 7 章介绍的迭代法解线性方程组的收敛性问题, 需要引入向量及矩阵的范数. 关于向量范数的定义及几种常用的向量范数, 3.1 节已详细给出, 这里不再重复.

定义 6.2 在 $\mathbf{R}^n$ 空间中, 向量 $\boldsymbol{x}=[x_1,\cdots,x_n]^{\mathrm{T}}$ 和 $y=[y_1,\cdots,y_n]^{\mathrm{T}}$ 的内积记作 $(\boldsymbol{x},\boldsymbol{y})$ 可定义为

$$(\boldsymbol{x},\boldsymbol{y})=\sum_{i=1}^{n}x_iy_i=\boldsymbol{y}^{\mathrm{T}}\boldsymbol{x}.$$

定义了上述内积的空间 $\mathbf{R}^n$ 又称为 n 维 (实)Euclid (欧氏) 空间.

在 $\mathbf{R}^n$ 中, 任意两个向量 $\boldsymbol{x}$, $\boldsymbol{y}$ 满足不等式：柯西-施瓦茨 (Cauchy-Schwarz) 不等式

$$|(\boldsymbol{x},\boldsymbol{y})| \leqslant \|\boldsymbol{x}\|_2 \|\boldsymbol{y}\|_2 \tag{6.4.1}$$

当且仅当 $\boldsymbol{x}$ 与 $\boldsymbol{y}$ 线性相关时, 式 (6.4.1) 等号成立. 设 $\boldsymbol{x} = [x_1, \cdots, x_n]^{\mathrm{T}}$ 和 $\boldsymbol{y} = [y_1, \cdots, y_n]^{\mathrm{T}}$, 则式 (6.4.1) 可改写成

$$\left(\sum_{i=1}^{n} x_i y_i\right)^2 \leqslant \left(\sum_{i=1}^{n} x_i^2\right)\left(\sum_{i=1}^{n} y_i^2\right) \tag{6.4.2}$$

另外, 任意两个向量 $\boldsymbol{x}$, $\boldsymbol{y}$ 也满足闵可夫斯基 (Minkowski) 不等式

$$\left(\sum_{i=1}^{n} |x_i + y_i|^p\right)^{\frac{1}{p}} \leqslant \left(\sum_{i=1}^{n} |x_i|^p\right)^{\frac{1}{p}} + \left(\sum_{i=1}^{n} |y_i|^p\right)^{\frac{1}{p}} \tag{6.4.3}$$

例 6.4.1 用定义式计算向量 $\boldsymbol{x} = [1, 2, -5]^{\mathrm{T}}$ 的向量范数 $\|\boldsymbol{x}\|_1, \|\boldsymbol{x}\|_2, \|\boldsymbol{x}\|_\infty$.

解 根据 1-范数的定义可得

$$\|\boldsymbol{x}\|_1 = 1 + 2 + |-5| = 8$$

根据 2-范数的定义可得

$$\|\boldsymbol{x}\|_2 = \sqrt{1^2 + 2^2 + (-5)^2} = \sqrt{30}$$

根据 ∞-范数的定义可得

$$\|\boldsymbol{x}\|_\infty = \max\{1,2,|-5|\} = 5$$

例 6.4.2 设 $\boldsymbol{A}$ 是 n 阶实对称正定矩阵, $\boldsymbol{x} \in \mathbf{R}^n$, 则

$$\|\boldsymbol{x}\|_{\boldsymbol{A}} = (\boldsymbol{x}^{\mathrm{T}}\boldsymbol{A}\boldsymbol{x})^{1/2}$$

是 $\mathbf{R}^n$ 中的一种向量范数.

证明 只要验证它满足向量范数的三个条件:

(1) 因为 $\boldsymbol{A}$ 对称正定, 因此对 $\forall \boldsymbol{x} \in \mathbf{R}^n, \boldsymbol{x} \neq \mathbf{0}$, $\|\boldsymbol{x}\|_{\boldsymbol{A}} = (\boldsymbol{x}^{\mathrm{T}}\boldsymbol{A}\boldsymbol{x})^{1/2} > 0$;

(2) 对任意实数 λ,

$$\|\lambda\boldsymbol{x}\|_{\boldsymbol{A}} = (\lambda\boldsymbol{x}^{\mathrm{T}}\boldsymbol{A}\lambda\boldsymbol{x})^{1/2} = |\lambda|\,\|\boldsymbol{x}\|_{\boldsymbol{A}}$$

(3) 因为 $\boldsymbol{A}$ 正定, 所以总存在非奇异下三角矩阵 $\boldsymbol{L}$, 使得

$$\boldsymbol{A} = \boldsymbol{L}\boldsymbol{L}^{\mathrm{T}}$$

于是

$$\|\boldsymbol{x}\|_{\boldsymbol{A}} = (\boldsymbol{x}^{\mathrm{T}}\boldsymbol{L}\boldsymbol{L}^{\mathrm{T}}\boldsymbol{x})^{1/2} = ((\boldsymbol{L}^{\mathrm{T}}\boldsymbol{x})^{\mathrm{T}}(\boldsymbol{L}^{\mathrm{T}}\boldsymbol{x}))^{1/2} = \left\|\boldsymbol{L}^{\mathrm{T}}\boldsymbol{x}\right\|_2$$

从而, 对 $\forall \boldsymbol{x}, \boldsymbol{y} \in \mathbf{R}^n$, 恒有

$$\begin{aligned}\|\boldsymbol{x}+\boldsymbol{y}\|_{\boldsymbol{A}} &= \left\|\boldsymbol{L}^{\mathrm{T}}(\boldsymbol{x}+\boldsymbol{y})\right\|_2 = \left\|\boldsymbol{L}^{\mathrm{T}}\boldsymbol{x}+\boldsymbol{L}^{\mathrm{T}}\boldsymbol{y}\right\|_2 \\ &\leqslant \left\|\boldsymbol{L}^{\mathrm{T}}\boldsymbol{x}\right\|_2 + \left\|\boldsymbol{L}^{\mathrm{T}}\boldsymbol{y}\right\|_2 = \|\boldsymbol{x}\|_{\boldsymbol{A}} + \|\boldsymbol{y}\|_{\boldsymbol{A}}\end{aligned}$$

例 6.4.3 证明向量的 ∞-范数满足等式: $\|\boldsymbol{x}\|_\infty = \lim\limits_{p\to\infty}\|\boldsymbol{x}\|_p = \max\limits_{1\leqslant i\leqslant n}|x_i|$.

证明 令 $\boldsymbol{x} = [x_1, \cdots, x_n]^{\mathrm{T}} \in \mathbf{R}^n$, $M = |x_t| = \max\limits_{1\leqslant i\leqslant n}|x_i|$, 则实函数

$$f_p(\boldsymbol{x}) = \left(\sum_{i=1}^{n}|x_i|^p\right)^{\frac{1}{p}} = M\left(\sum_{i=1}^{t-1}\left|\frac{x_i}{M}\right|^p + 1 + \sum_{i=t+1}^{n}\left|\frac{x_i}{M}\right|^p\right)^{\frac{1}{p}}$$

又 $i \neq t$ 时, $\left|\dfrac{x_i}{M}\right| < 1$, 令 $p\to\infty$, 对上式两端求极限, 得

$$\sum_{i=1}^{t-1}\left|\frac{x_i}{M}\right|^p + 1 + \sum_{i=t+1}^{n}\left|\frac{x_i}{M}\right|^p \to 1$$

因此有

$$\begin{aligned}\|\boldsymbol{x}\|_\infty &= \lim_{p\to\infty}\|\boldsymbol{x}\|_p = \lim_{p\to\infty} f_p(\boldsymbol{x}) = \lim_{p\to\infty} M\sqrt[p]{\left(\sum_{i=1}^{t-1}\left|\frac{x_i}{M}\right|^p + 1 + \sum_{i=t+1}^{n}\left|\frac{x_i}{M}\right|^p\right)} \\ &= M = \max_{1\leqslant i\leqslant n}|x_i|\end{aligned}$$

6.4.2 向量范数等价性

定义 6.3 设 $\|\boldsymbol{x}\|_\alpha, \|\boldsymbol{x}\|_\beta$ 是赋范线性空间 $\mathbf{R}^n$ 上的任意两种向量范数, 若存在正数 c_1 与 c_2, 使对一切 $\boldsymbol{x} \in \mathbf{R}^n$ 有

$$c_1\|\boldsymbol{x}\|_\alpha \leqslant \|\boldsymbol{x}\|_\beta \leqslant c_2\|\boldsymbol{x}\|_\alpha \tag{6.4.4}$$

则称向量范数 $\|\boldsymbol{x}\|_\alpha$ 与 $\|\boldsymbol{x}\|_\beta$ **等价**.

定义 6.4 在赋范线性空间 $\mathbf{R}^n$ 中, 称两向量之差的范数 $\|\boldsymbol{x}-\boldsymbol{y}\|$ 为 $\boldsymbol{x}$ 与 $\boldsymbol{y}$ 之间的**距离**, 记为

$$d(\boldsymbol{x},\boldsymbol{y})=\|\boldsymbol{x}-\boldsymbol{y}\| \tag{6.4.5}$$

给定向量 $\boldsymbol{x}^*$, 若向量序列 $\{\boldsymbol{x}_n\}$ 满足

$$d(\boldsymbol{x}_n,\boldsymbol{x}^*)=\|\boldsymbol{x}_n-\boldsymbol{x}^*\|\to 0,\quad n\to\infty$$

则称向量序列 $\{\boldsymbol{x}_n\}$ **收敛到** $\boldsymbol{x}^*$.

定义 6.4 中, 我们用范数 $\|\cdot\|$ 代替了实数域 $\mathbf{R}$ 上的绝对值符号 $|\cdot|$ 来计算两个向量的距离 $d(\boldsymbol{x},\boldsymbol{y})$, 用以刻画两个向量之间的接近程度, 并用向量序列与给定向量之间距离是否趋于 0 来表示向量序列是否“收敛到”给定的向量.

定理 6.5 $\mathbf{R}^n$ 中的三种常用 p-范数满足如下不等式关系:

(1) $\|\boldsymbol{x}\|_\infty\leqslant\|\boldsymbol{x}\|_1\leqslant n\|\boldsymbol{x}\|_\infty$;

(2) $\|\boldsymbol{x}\|_\infty\leqslant\|\boldsymbol{x}\|_2\leqslant\sqrt{n}\|\boldsymbol{x}\|_\infty$;

(3) $\dfrac{1}{n}\|\boldsymbol{x}\|_1\leqslant\|\boldsymbol{x}\|_\infty\leqslant\|\boldsymbol{x}\|_1$;

(4) $\dfrac{1}{\sqrt{n}}\|\boldsymbol{x}\|_1\leqslant\|\boldsymbol{x}\|_2\leqslant\|\boldsymbol{x}\|_1$.

证明 下面证明不等式 (4) 成立, 其他不等式留作习题.

事实上, 如果令 $\boldsymbol{x}=[x_1,\cdots,x_n]^{\mathrm{T}}\in\mathbf{R}^n$, 则应用 Cauchy-Schwarz 不等式 (6.4.2) 得

$$\|\boldsymbol{x}\|_1=\sum_{i=1}^n|x_i|=\sum_{i=1}^n 1\cdot|x_i|\leqslant\sqrt{\left(\sum_{i=1}^n 1^2\right)\cdot\sum_{i=1}^n|x_i|^2}=\sqrt{n}\cdot\|\boldsymbol{x}\|_2$$

即得 $\dfrac{1}{\sqrt{n}}\|\boldsymbol{x}\|_1\leqslant\|\boldsymbol{x}\|_2$, 再次应用 (6.4.2) 式, 得不等式

$$\sum_{i=1}^n|x_i|^2\leqslant\left(\sum_{i=1}^n|x_i|\right)^2$$

上式两边开方, 得 $\|\boldsymbol{x}\|_2\leqslant\|\boldsymbol{x}\|_1$. 综上所述, 得不等式 $\dfrac{1}{\sqrt{n}}\|\boldsymbol{x}\|_1\leqslant\|\boldsymbol{x}\|_2\leqslant\|\boldsymbol{x}\|_1$.

上面的 4 组不等式表明, 三种常用的向量范数是两两等价的. 事实上, 可以证明: 在赋范线性空间 $\mathbf{R}^n$ 中, 任意两个向量范数都是等价的.

定理 6.6 赋范线性空间 $\mathbf{R}^n$ 中的任意两个向量范数都是等价的.

证明 任给两种向量范数 $\|\cdot\|_\alpha$ 和 $\|\cdot\|_\beta$, 下面证明存在非负实数 c_1 和 c_2, 使对一切 $\boldsymbol{x} \in \mathbf{R}^n$ 有 $c_1\|\boldsymbol{x}\|_\alpha \leqslant \|\boldsymbol{x}\|_\beta \leqslant c_2\|\boldsymbol{x}\|_\alpha$.

令 $\boldsymbol{e}_i = [0,0,\cdots,1,\cdots,0]^{\mathrm{T}}$ 为单位坐标向量, 则 $\mathbf{R}^n$ 中的任意向量 $\boldsymbol{x}$ 可表示为 $\boldsymbol{x} = \sum\limits_{i=1}^n x_i\boldsymbol{e}_i$. 根据范数的齐次性和三角不等式性, 并应用 Cauchy-Schwarz 不等式, 有

$$\|\boldsymbol{x}\|_\alpha = \left\|\sum_{i=1}^n x_i\boldsymbol{e}_i\right\|_\alpha \leqslant \sum_{i=1}^n |x_i|\cdot\|\boldsymbol{e}_i\|_\alpha \leqslant C_1\sqrt{\sum_{i=1}^n |x_i|^2} = C_1\|\boldsymbol{x}\|_2$$

其中 $C_1 = \sqrt{\sum\limits_{i=1}^n \|\boldsymbol{e}_i\|_\alpha^2}$. 由向量范数的性质知

$$\left|\|\boldsymbol{x}\|_\alpha - \|\boldsymbol{y}\|_\alpha\right| \leqslant \|\boldsymbol{x}-\boldsymbol{y}\|_\alpha \leqslant C_1\|\boldsymbol{x}-\boldsymbol{y}\|_2 \tag{6.4.6}$$

式 (6.4.6) 说明向量范数 $\|\boldsymbol{x}\|_\alpha$ 是向量 $\boldsymbol{x}$ 的连续函数. 由于 $\mathbf{R}^n$ 中的单位球面

$$\boldsymbol{S} = \{\boldsymbol{x} \mid \|\boldsymbol{x}\|_2 = 1, \boldsymbol{x} \in \mathbf{R}^n\}$$

是有界闭集, 因此实函数 $\|\boldsymbol{x}\|_\alpha$ 在 $\boldsymbol{S}$ 上必能取到最大值 M 和最小值 m, 即

$$M = \max_{\|\boldsymbol{x}\|_2=1}\|\boldsymbol{x}\|_\alpha, \quad m = \min_{\|\boldsymbol{x}\|_2=1}\|\boldsymbol{x}\|_\alpha$$

又由于在闭球面 $\boldsymbol{S}$ 上 $\|\boldsymbol{x}\|_2 = 1$, 知 $\boldsymbol{x} \neq \mathbf{0}$, 从而最大值 M 和最小值 m 都是正数.

任意向量 $\boldsymbol{x} \in \mathbf{R}^n$, 若令 $\boldsymbol{y} = \dfrac{\boldsymbol{x}}{\|\boldsymbol{x}\|_2}$, 则有 $\|\boldsymbol{y}\|_2 = 1$, 从而 $\boldsymbol{y} = \dfrac{\boldsymbol{x}}{\|\boldsymbol{x}\|_2} \in \boldsymbol{S}$, 从而有 $\|\boldsymbol{y}\|_\alpha$ 介于最大值和最小值之间, 即 $m \leqslant \|\boldsymbol{y}\|_\alpha \leqslant M$. 又 $\|\boldsymbol{x}\|_\alpha = \|\boldsymbol{x}\|_2\left\|\dfrac{\boldsymbol{x}}{\|\boldsymbol{x}\|_2}\right\|_\alpha = \|\boldsymbol{x}\|_2\|\boldsymbol{y}\|_\alpha$, 从而得不等式

$$m\|\boldsymbol{x}\|_2 \leqslant \|\boldsymbol{x}\|_\alpha \leqslant M\|\boldsymbol{x}\|_2$$

即 $\|\boldsymbol{x}\|_\alpha$ 与 $\|\boldsymbol{x}\|_2$ 等价.

同理可证 $\|\boldsymbol{x}\|_2$ 与 $\|\boldsymbol{x}\|_\beta$ 等价, 即存在正数 $\tilde{m}, \tilde{M}$, 使 $\tilde{m}\|\boldsymbol{x}\|_\beta \leqslant \|\boldsymbol{x}\|_2 \leqslant \tilde{M}\|\boldsymbol{x}\|_\beta$. 于是成立如下不等式:

$$\tilde{m}\cdot m\|\boldsymbol{x}\|_\beta \leqslant m\|\boldsymbol{x}\|_2 \leqslant \|\boldsymbol{x}\|_\alpha \leqslant M\|\boldsymbol{x}\|_2 \leqslant M\cdot\tilde{M}\|\boldsymbol{x}\|_\beta$$

令实数 $c_1 = \tilde{m} \cdot m, c_2 = M \cdot \tilde{M}$, 则得不等式

$$c_1 \|\boldsymbol{x}\|_\beta \leqslant \|\boldsymbol{x}\|_\alpha \leqslant c_2 \|\boldsymbol{x}\|_\beta$$

由定义 6.3 知：范数 $\|\boldsymbol{x}\|_\alpha$ 与 $\|\boldsymbol{x}\|_\beta$ 等价.

定义 6.4 中并未指明范数 $\|\cdot\|$ 具体属于哪种, 这暗含任意一种向量范数都可以定义一种向量间的距离, 所以在未指定向量范数的前提下, 由式 (6.4.3) 所定义的向量距离也并不是唯一的, 且容易验证用不同范数所定义的向量距离也是等价的.

6.4.3 矩阵范数

假设 $\mathbf{R}^{n\times n}$ 表示全体实数域上 $n \times n$ 阶实方阵构成的线性空间, 本节将向量范数的概念推广到矩阵范数.

定义 6.5 设 $\boldsymbol{A} \in \mathbf{R}^{n\times n}$, 若定义了一种 $\mathbf{R}^{n\times n} \to \mathbf{R}$ 的实函数 $\|\cdot\|$, 记作 $\|\boldsymbol{A}\|$, 它满足如下条件：

(1) **非负性** $\forall \boldsymbol{A} \in \mathbf{R}^{n\times n}, \|\boldsymbol{A}\| \geqslant 0, \|\boldsymbol{A}\| = 0$ 当且仅当 $\boldsymbol{A} = \boldsymbol{0}$;

(2) **齐次性** $\forall \boldsymbol{A} \in \mathbf{R}^{n\times n}, k \in \mathbf{R}, \|k\boldsymbol{A}\| = |k| \cdot \|\boldsymbol{A}\|$;

(3) **三角不等式性** $\forall \boldsymbol{A}, \boldsymbol{B} \in \mathbf{R}^{n\times n}, \|\boldsymbol{A} + \boldsymbol{B}\| \leqslant \|\boldsymbol{A}\| + \|\boldsymbol{B}\|$;

(4) **相容性** $\forall \boldsymbol{A}, \boldsymbol{B} \in \mathbf{R}^{n\times n}, \|\boldsymbol{A}\boldsymbol{B}\| \leqslant \|\boldsymbol{A}\| \cdot \|\boldsymbol{B}\|$,

则称实函数 $\|\boldsymbol{A}\|$ 为矩阵 $\boldsymbol{A}$ 的一种**范数**.

由矩阵范数的三角不等式性易知, 对于任意的 $\boldsymbol{A}, \boldsymbol{B} \in \mathbf{R}^{n\times n}$, 恒有 $|\,\|\boldsymbol{A}\| - \|\boldsymbol{B}\|\,| \leqslant \|\boldsymbol{A} - \boldsymbol{B}\|$ 成立.

可以证明：实函数 $\|\boldsymbol{A}\|_M = n \cdot \max\limits_{1\leqslant i,j\leqslant n} |a_{ij}|$ 与 $\|\boldsymbol{A}\|_F = \sqrt{\sum\limits_{i,j=1}^{n} |a_{ij}|^2}$ 都满足定义 6.5, 因而都是矩阵范数, 其中 $\|\boldsymbol{A}\|_F$ 称为**弗罗贝尼乌斯** (Frobenius) **范数或舒尔** (Schur) **范数**, 因此矩阵范数也是不唯一的.

定义 6.6 设 $\mathbf{R}^{n\times n}$ 上的矩阵范数 $\|\boldsymbol{A}\|_\alpha$ 和 $\mathbf{R}^n$ 上的向量范数 $\|\boldsymbol{x}\|_\beta$ 满足如下关系式

$$\|\boldsymbol{A}\boldsymbol{x}\|_\beta \leqslant \|\boldsymbol{A}\|_\alpha \|\boldsymbol{x}\|_\beta \tag{6.4.7}$$

则称矩阵范数 $\|\boldsymbol{A}\|_\alpha$ 与向量范数 $\|\boldsymbol{x}\|_\beta$ 是**相容的**.

假定矩阵范数 $\|\boldsymbol{A}\|_\alpha$ 与向量范数 $\|\boldsymbol{x}\|_\beta$ 是相容的, 且对每个 $\boldsymbol{A} \in \mathbf{R}^{n\times n}$ 都存在一个非零向量 $\boldsymbol{x}_0 \in \mathbf{R}^n$(与 $\boldsymbol{A}$ 有关), 使得

$$\|\boldsymbol{A}\boldsymbol{x}_0\|_\beta = \|\boldsymbol{A}\|_\alpha \cdot \|\boldsymbol{x}_0\|_\beta \tag{6.4.8}$$

则称 $\|\boldsymbol{A}\|_\alpha$ 是由向量范数 $\|\boldsymbol{x}\|_\beta$ 诱导出的矩阵范数.

下面给出矩阵范数的定义:

定义 6.7 若矩阵 $\boldsymbol{A} \in \mathbf{R}^{n\times n}, \boldsymbol{x} \in \mathbf{R}^n, \|\boldsymbol{x}\|_\alpha$ 是 $\mathbf{R}^n$ 上的某种向量范数, 则称

$$\|\boldsymbol{A}\|_\alpha = \max_{\|\boldsymbol{x}\|_\alpha=1} \|\boldsymbol{A}\boldsymbol{x}\|_\alpha \tag{6.4.9}$$

或

$$\|\boldsymbol{A}\|_\alpha = \max_{\boldsymbol{x}\neq\boldsymbol{0}} \frac{\|\boldsymbol{A}\boldsymbol{x}\|_\alpha}{\|\boldsymbol{x}\|_\alpha} \tag{6.4.10}$$

为矩阵 $\boldsymbol{A}$ 的一种**范数**, 也称 $\|\boldsymbol{A}\|_\alpha$ 是由向量范数 $\|\boldsymbol{x}\|_\alpha$ 诱导出的**矩阵范数**.

事实上, 由 (6.4.10) 得

$$\|\boldsymbol{A}\|_\alpha = \max_{\boldsymbol{x}\neq\boldsymbol{0}} \frac{\|\boldsymbol{A}\boldsymbol{x}\|_\alpha}{\|\boldsymbol{x}\|_\alpha} = \max_{\boldsymbol{x}\neq\boldsymbol{0}} \left\|\frac{\boldsymbol{A}\boldsymbol{x}}{\|\boldsymbol{x}\|_\alpha}\right\|_\alpha = \max_{\boldsymbol{x}\neq\boldsymbol{0}} \left\|\boldsymbol{A}\cdot\frac{\boldsymbol{x}}{\|\boldsymbol{x}\|_\alpha}\right\|_\alpha = \max_{\|\boldsymbol{x}\|_\alpha=1} \|\boldsymbol{A}\boldsymbol{x}\|_\alpha$$

即 (6.4.9) 与 (6.4.10) 是等价的.

根据向量的三种常用 l_p 范数, 可得从属于向量范数 $l_p(p=1,2,\infty)$ 的三种常用矩阵范数:

(1) 矩阵的 **1-范数** (**列范数**)

$$\|\boldsymbol{A}\|_1 = \max_{\|\boldsymbol{x}\|_1=1} \|\boldsymbol{A}\boldsymbol{x}\|_1 = \max_{1\leqslant j\leqslant n} \sum_{i=1}^{n} |a_{ij}| \tag{6.4.11}$$

(2) 矩阵的 **∞-范数** (**行范数**)

$$\|\boldsymbol{A}\|_\infty = \max_{\|\boldsymbol{x}\|_\infty=1} \|\boldsymbol{A}\boldsymbol{x}\|_\infty = \max_{1\leqslant i\leqslant n} \sum_{j=1}^{n} |a_{ij}| \tag{6.4.12}$$

(3) 矩阵的 **2-范数** (**谱范数**)

$$\|\boldsymbol{A}\|_2 = \max_{\|\boldsymbol{x}\|_2=1} \|\boldsymbol{A}\boldsymbol{x}\|_2 = \sqrt{\lambda_{\max}(\boldsymbol{A}^{\mathrm{T}}\boldsymbol{A})} \tag{6.4.13}$$

其中 $\lambda_{\max}(\boldsymbol{A}^{\mathrm{T}}\boldsymbol{A})$ 表示 $\boldsymbol{A}^{\mathrm{T}}\boldsymbol{A}$ 的最大特征值.

定义 6.8 若矩阵 $\boldsymbol{A}\in\mathbf{R}^{n\times n}$, $\rho(\boldsymbol{A})=\max\{|\lambda_i|\,|\boldsymbol{A}\boldsymbol{x}=\lambda_i\boldsymbol{x}, i=1,2,\cdots,n\}$, 则 $\rho(\boldsymbol{A})$ 称为矩阵 $\boldsymbol{A}$ 的**谱半径**.

例 6.4.4 已知矩阵 $\boldsymbol{A}=\begin{bmatrix}1 & -2\\ -3 & 4\end{bmatrix}$, 求 $\|\boldsymbol{A}\|_1$, $\|\boldsymbol{A}\|_\infty$ 和 $\|\boldsymbol{A}\|_2$.

解 由矩阵列范数的定义 (6.4.11) 得 $\|\boldsymbol{A}\|_1=\max\{1+3,2+4\}=6$. 同理, 由矩阵行范数的定义 (6.4.12) 得 $\|\boldsymbol{A}\|_\infty=\max\{1+2,3+4\}=7$. 又由 $\boldsymbol{A}^{\mathrm{T}}\boldsymbol{A}=\begin{bmatrix}10 & -14\\ -14 & 20\end{bmatrix}$ 得

$$\left|\lambda\boldsymbol{I}-\boldsymbol{A}^{\mathrm{T}}\boldsymbol{A}\right|=\lambda^2-30\lambda+4=0$$

求得 $\boldsymbol{A}^{\mathrm{T}}\boldsymbol{A}$ 的两个特征值 $\lambda_{1,2}=15\pm\sqrt{221}$, 从而

$$\|\boldsymbol{A}\|_2=\sqrt{\lambda_{\max}(\boldsymbol{A}^{\mathrm{T}}\boldsymbol{A})}=\sqrt{\max_{i=1,2}|\lambda_i|}=\sqrt{15+\sqrt{221}}\approx 5.46$$

例 6.4.5 设 $\boldsymbol{A}\in\mathbf{R}^{n\times n}$, 证明公式 (6.4.11)—(6.4.13), 即证:

(1) $\|\boldsymbol{A}\|_1=\max\limits_{1\leqslant j\leqslant n}\sum\limits_{i=1}^{n}|a_{ij}|$; (2) $\|\boldsymbol{A}\|_\infty=\max\limits_{1\leqslant i\leqslant n}\sum\limits_{j=1}^{n}|a_{ij}|$;

(3) $\|\boldsymbol{A}\|_2=\sqrt{\lambda_{\max}(\boldsymbol{A}^{\mathrm{T}}\boldsymbol{A})}$.

证明 (1) 记 $\boldsymbol{A}=[\boldsymbol{\alpha}_1,\boldsymbol{\alpha}_2,\cdots,\boldsymbol{\alpha}_n]$, 其中 $\boldsymbol{\alpha}_j=[a_{1j},a_{2j},\cdots,a_{nj}]^{\mathrm{T}}, j=1,2,\cdots,n$, 则有

$$\max_{1\leqslant j\leqslant n}\sum_{i=1}^{n}|a_{ij}|=\max_{1\leqslant j\leqslant n}\|\boldsymbol{\alpha}_j\|_1$$

且对任意 $\boldsymbol{x}=[x_1,\cdots,x_n]^{\mathrm{T}}\in\mathbf{R}^n$, 有

$$\begin{aligned}\|\boldsymbol{A}\boldsymbol{x}\|_1&=\|x_1\boldsymbol{\alpha}_1+x_2\boldsymbol{\alpha}_2+\cdots+x_n\boldsymbol{\alpha}_n\|_1\leqslant\|x_1\boldsymbol{\alpha}_1\|_1+\|x_2\boldsymbol{\alpha}_2\|_1+\cdots+\|x_n\boldsymbol{\alpha}_n\|_1\\&\leqslant|x_1|\cdot\|\boldsymbol{\alpha}_1\|_1+|x_2|\cdot\|\boldsymbol{\alpha}_2\|_1+\cdots+|x_n|\cdot\|\boldsymbol{\alpha}_n\|_1\\&\leqslant(|x_1|+|x_2|+\cdots+|x_n|)\max_{1\leqslant j\leqslant n}\|\boldsymbol{\alpha}_j\|_1\\&=\|x\|_1\cdot\max_{1\leqslant j\leqslant n}\|\boldsymbol{\alpha}_j\|_1\end{aligned}$$

当 $\|\boldsymbol{x}\|_1=1$ 时, 得

$$\|\boldsymbol{A}\boldsymbol{x}\|_1\leqslant\max_{1\leqslant j\leqslant n}\|\boldsymbol{\alpha}_j\|_1=\max_{1\leqslant j\leqslant n}\sum_{i=1}^{n}|a_{ij}|$$

另一方面, 设 $j=k$ 时, 有等式 $\max\limits_{1\leqslant j\leqslant n}\|\boldsymbol{\alpha}_j\|_1=\|\boldsymbol{\alpha}_k\|_1$, 取 $\boldsymbol{x}=\boldsymbol{e}_k$, 显然 $\|\boldsymbol{e}_k\|_1=1$, 且 $\|\boldsymbol{A}\boldsymbol{e}_k\|_1=\|\boldsymbol{\alpha}_k\|_1=\max\limits_{1\leqslant j\leqslant n}\|\boldsymbol{\alpha}_j\|_1$. 故有

$$\|\boldsymbol{A}\|_1=\max_{\|\boldsymbol{x}\|_1=1}\|\boldsymbol{A}\boldsymbol{x}\|_1=\max_{1\leqslant j\leqslant n}\sum_{i=1}^{n}|a_{ij}|$$

(2) 由无穷范数的定义, 知

$$\begin{aligned}\|\boldsymbol{A}\boldsymbol{x}\|_\infty&=\max_{1\leqslant i\leqslant n}\left|\sum_{j=1}^{n}a_{ij}x_j\right|\leqslant\max_{1\leqslant i\leqslant n}\sum_{j=1}^{n}|a_{ij}|\cdot|x_j|\leqslant\max_{1\leqslant i\leqslant n}\sum_{j=1}^{n}|a_{ij}|\cdot\max_{1\leqslant j\leqslant n}|x_j|\\&\leqslant\max_{1\leqslant i\leqslant n}\sum_{j=1}^{n}|a_{ij}|\cdot\|\boldsymbol{x}\|_\infty\end{aligned}$$

于是若 $\|\boldsymbol{x}\|_\infty=1$, 得

$$\|\boldsymbol{A}\boldsymbol{x}\|_\infty\leqslant\max_{1\leqslant i\leqslant n}\sum_{j=1}^{n}|a_{ij}|$$

另一方面, 若能找到向量 $\boldsymbol{x}_0\in\mathbf{R}^n$, 满足 $\|\boldsymbol{x}_0\|_\infty=1$, 且 $\|\boldsymbol{A}\boldsymbol{x}_0\|_\infty=\max\limits_{1\leqslant i\leqslant n}\sum\limits_{j=1}^{n}|a_{ij}|$, 则结论成立. 假设当 $i=k$ 时, $\sum\limits_{j=1}^{n}|a_{ij}|$ 取得最大值, 即有

$$\sum_{j=1}^{n}|a_{kj}|=\max_{1\leqslant i\leqslant n}\sum_{j=1}^{n}|a_{ij}|$$

注意到 $a_{kj}=|a_{kj}|\cdot\mathrm{sign}(a_{kj})$, 取 $x_0=\left[x_1^{(0)},x_2^{(0)},\cdots,x_n^{(0)}\right]^{\mathrm{T}}$, 其中 $x_j^{(0)}=\begin{cases}1, & a_{kj}\geqslant 0,\\-1, & a_{kj}<0,\end{cases}$ 则 $\|\boldsymbol{x}_0\|_\infty=1$, 且当 $i\neq k$ 时, 得

$$\left|\sum_{j=1}^{n}a_{ij}x_j^{(0)}\right|\leqslant\sum_{j=1}^{n}|a_{ij}|\leqslant\sum_{j=1}^{n}|a_{kj}|$$

且有

$$\|\boldsymbol{A}x_0\|_\infty=\left|\sum_{j=1}^{n}a_{kj}x_j^{(0)}\right|=\sum_{j=1}^{n}|a_{kj}|$$

因此得

$$\|\boldsymbol{A}\boldsymbol{x}_0\|_\infty = \sum_{j=1}^{n} |a_{kj}| = \max_{1\leqslant i\leqslant n} \sum_{j=1}^{n} |a_{ij}|$$

(3) 由于 $\boldsymbol{A}^{\mathrm{T}}\boldsymbol{A}$ 是实对称矩阵, 则 $\|\boldsymbol{A}\boldsymbol{x}\|_2^2 = (\boldsymbol{A}\boldsymbol{x}, \boldsymbol{A}\boldsymbol{x}) = \boldsymbol{x}^{\mathrm{T}}\boldsymbol{A}^{\mathrm{T}}\boldsymbol{A}\boldsymbol{x} \geqslant 0$, 从而 $\boldsymbol{A}^{\mathrm{T}}\boldsymbol{A}$ 的特征值皆为实数且非负, 设为

$$\lambda_1 \geqslant \lambda_2 \geqslant \cdots \geqslant \lambda_n \geqslant 0 \tag{6.4.14}$$

由 $\boldsymbol{A}^{\mathrm{T}}\boldsymbol{A}$ 是实对称矩阵, 设 $\boldsymbol{u}_1, \boldsymbol{u}_2, \cdots, \boldsymbol{u}_n$ 为 $\boldsymbol{A}^{\mathrm{T}}\boldsymbol{A}$ 的相应于特征值序列 (6.4.14) 的线性无关的特征向量且 $(\boldsymbol{u}_i, \boldsymbol{u}_j) = \delta_{ij}$, 又设 $\boldsymbol{x} \in \mathbf{R}^n$ 为任意非零向量, 于是有

$$\boldsymbol{x} = \sum_{i=1}^{n} c_i \boldsymbol{u}_i, \quad c_i \in \mathbf{R}$$

则

$$\frac{\|\boldsymbol{A}\boldsymbol{x}\|_2^2}{\|\boldsymbol{x}\|_2^2} = \frac{(\boldsymbol{A}^{\mathrm{T}}\boldsymbol{A}\boldsymbol{x}, \boldsymbol{x})}{(\boldsymbol{x}, \boldsymbol{x})} = \frac{\sum\limits_{i=1}^{n} c_i^2 \lambda_i}{\sum\limits_{i=1}^{n} c_i^2} \leqslant \lambda_1 \tag{6.4.15}$$

另一方面, 取 $\boldsymbol{x} = \boldsymbol{u}_1$, 则 (6.4.15) 式等号成立, 故

$$\|\boldsymbol{A}\|_2 = \max_{\|\boldsymbol{x}\|_2 \neq 0} \frac{\|\boldsymbol{A}\boldsymbol{x}\|_2^2}{\|\boldsymbol{x}\|_2^2} = \sqrt{\lambda_1} = \sqrt{\lambda_{\max}(\boldsymbol{A}^{\mathrm{T}}\boldsymbol{A})}$$

定理 6.7 设 $\|\boldsymbol{A}\|_\alpha$ 和 $\|\boldsymbol{A}\|_\beta$ 是 $\mathbf{R}^{n\times n}$ 上的任意两种矩阵范数, 则存在正常数 c_1 和 c_2, 使

$$c_1 \|\boldsymbol{A}\|_\alpha \leqslant \|\boldsymbol{A}\|_\beta \leqslant c_2 \|\boldsymbol{A}\|_\alpha \tag{6.4.16}$$

即 $\|\boldsymbol{A}\|_\alpha$ 和 $\|\boldsymbol{A}\|_\beta$ 等价.

证明 只要证明 $\|\boldsymbol{A}\|_\alpha$ 和 $\|\boldsymbol{A}\|_\beta$ 都与范数 $\|\boldsymbol{A}\|_M = n \cdot \max\limits_{1\leqslant i,j\leqslant n} |a_{ij}|$ 等价即可, 过程略.

定理 6.8 对于 $\mathbf{R}^{n\times n}$ 中的任意矩阵范数 $\|\boldsymbol{A}\|$, 恒有

$$\rho(\boldsymbol{A}) \leqslant \|\boldsymbol{A}\|_\alpha \tag{6.4.17}$$

证明 设 λ 是 $\boldsymbol{A}$ 的任一特征值, $x \neq \boldsymbol{0}$, 使

$$\boldsymbol{Ax} = \lambda \boldsymbol{x}$$

由相容性条件 (6.4.7) 得

$$|\lambda| \cdot \|\boldsymbol{x}\|_\beta = \|\lambda \boldsymbol{x}\|_\beta = \|\boldsymbol{Ax}\|_\beta \leqslant \|\boldsymbol{A}\|_\alpha \cdot \|\boldsymbol{x}\|_\beta$$

由于 $\|\boldsymbol{x}\|_\beta \neq 0$, 即得 $|\lambda| \leqslant \|\boldsymbol{A}\|_\alpha$, 由 λ 的任意性, 得

$$\rho(\boldsymbol{A}) \leqslant \|\boldsymbol{A}\|_\alpha$$

根据式 (6.4.17) 我们可以估计出矩阵特征值的一个上界, 当然也可以根据式 (6.4.17) 用矩阵的谱半径估计出矩阵范数的一个统一下界, 下面的定理则给出了用谱半径估计矩阵范数上界的一个方法.

定理 6.9 设 $\boldsymbol{A} \in \mathbf{R}^{n\times n}$, 对于任意给定的一个正数 $\varepsilon > 0$, 在 $\mathbf{R}^{n\times n}$ 中至少存在一种矩阵范数 $\|\cdot\|_\alpha$, 使得

$$\|\boldsymbol{A}\|_\alpha \leqslant \rho(\boldsymbol{A}) + \varepsilon \tag{6.4.18}$$

证明 由 $\boldsymbol{A} \in \mathbf{R}^{n\times n}$, 则 $\boldsymbol{A}$ 必然与一个若尔当 (Jordan) 标准型 $\boldsymbol{J}$ 相似, 即存在非奇异矩阵 $\boldsymbol{P}$ 使

$$\boldsymbol{P}^{-1}\boldsymbol{AP} = \boldsymbol{J}$$

令 $\boldsymbol{D} = \mathrm{diag}[1, \varepsilon, \cdots, \varepsilon^{n-1}]$, $\boldsymbol{D}^{-1}\boldsymbol{JD} = \tilde{\boldsymbol{J}}$, 则 $\tilde{\boldsymbol{J}}$ 是将 Jordan 标准型 $\boldsymbol{J}$ 的每个非对角线上的元素由 1 换成 ε 后得到的矩阵. 于是有

$$\tilde{\boldsymbol{J}} = \boldsymbol{D}^{-1}\boldsymbol{JD} = \boldsymbol{D}^{-1}\boldsymbol{P}^{-1}\boldsymbol{APD}$$

由于

$$\left\|\boldsymbol{D}^{-1}\boldsymbol{P}^{-1}\boldsymbol{APD}\right\|_1 = \left\|\tilde{\boldsymbol{J}}\right\|_1 \leqslant \rho(\boldsymbol{A}) + \varepsilon$$

且 $\|\boldsymbol{A}\|_\alpha = \|\boldsymbol{D}^{-1}\boldsymbol{P}^{-1}\boldsymbol{APD}\|_1$ 是 $\mathbf{R}^{n\times n}$ 中的一种矩阵范数, 即结论 (6.4.18) 成立.

定理 6.10 设 $\boldsymbol{A} \in \mathbf{R}^{n\times n}$, $\|\boldsymbol{A}\| < 1$, 则矩阵 $\boldsymbol{I} \pm \boldsymbol{A}$ 为非奇异矩阵, 且

$$\left\|(\boldsymbol{I} \pm \boldsymbol{A})^{-1}\right\| \leqslant \frac{1}{1 - \|\boldsymbol{A}\|} \tag{6.4.19}$$

证明 用反证法. 我们只需对 $\boldsymbol{I}-\boldsymbol{A}$ 的情形证明式 (6.4.19). 若 $\det(\boldsymbol{I}-\boldsymbol{A})=0$, 则 $(\boldsymbol{I}-\boldsymbol{A})\boldsymbol{x}=\boldsymbol{0}$ 有非零解, 即存在 $\boldsymbol{x}_0\neq\boldsymbol{0}$, 使 $\boldsymbol{A}\boldsymbol{x}_0=\boldsymbol{x}_0$, $\dfrac{\|\boldsymbol{A}\boldsymbol{x}_0\|}{\|\boldsymbol{x}_0\|}=1$, 故 $\|\boldsymbol{A}\|\geqslant 1$, 与假设矛盾. 又由于 $\boldsymbol{I}=(\boldsymbol{I}-\boldsymbol{A})^{-1}(\boldsymbol{I}-\boldsymbol{A})$, 有

$$(\boldsymbol{I}-\boldsymbol{A})^{-1}=\boldsymbol{I}-(\boldsymbol{I}-\boldsymbol{A})^{-1}\boldsymbol{A}$$

再次应用矩阵范数的三角不等式性质和相容性, 得

$$\left\|(\boldsymbol{I}-\boldsymbol{A})^{-1}\right\|\leqslant\|\boldsymbol{I}\|+\left\|(\boldsymbol{I}-\boldsymbol{A})^{-1}\right\|\cdot\|\boldsymbol{A}\|=1+\left\|(\boldsymbol{I}-\boldsymbol{A})^{-1}\right\|\cdot\|\boldsymbol{A}\|$$

又由 $\|\boldsymbol{A}\|<1$, 得

$$\left\|(\boldsymbol{I}-\boldsymbol{A})^{-1}\right\|\leqslant\frac{1}{1-\|\boldsymbol{A}\|}$$

6.5 条件数与误差分析

由一个实际问题建立方程组时, 方程组的系数和右端常数项通常都或多或少带有一定的误差 (或扰动), 这种扰动有时使方程组的解面目全非, 有时却对解的影响并不大.

6.5.1 病态方程组与条件数

我们的问题是：是什么因素决定了方程组解的这种形态迥异的特征呢？下面来考察两个例子.

例 6.5.1 设有方程组

$$\begin{cases}2x_1+x_2=5\\2x_1+1.0001x_2=5.0001\end{cases}\tag{6.5.1}$$

易求它的精确解为 $\boldsymbol{x}=[2,1]^{\mathrm{T}}$.

现在考虑系数矩阵及常数项的微小变化对方程组解的影响, 即考察线性方程组

$$\begin{cases}2x_1+x_2=5\\2x_1+0.9999x_2=5.0002\end{cases}\tag{6.5.2}$$

易求它的精确解为 $\boldsymbol{x}=[3.5,-2]^{\mathrm{T}}$.

两个方程组的系数矩阵之差为

$$\begin{bmatrix}2&1\\2&1.0001\end{bmatrix}-\begin{bmatrix}2&1\\2&0.9999\end{bmatrix}=\begin{bmatrix}0&0\\0&0.0002\end{bmatrix}$$

可见, 两方程组的系数矩阵之差非常接近零矩阵, 并且右端向量的差

$$\begin{bmatrix} 5 \\ 5.0001 \end{bmatrix} - \begin{bmatrix} 5 \\ 5.0002 \end{bmatrix} = \begin{bmatrix} 0 \\ -0.0001 \end{bmatrix}$$

也非常接近零向量, 但是两个方程组的解之差

$$\begin{bmatrix} 2 \\ 1 \end{bmatrix} - \begin{bmatrix} 3.5 \\ -2 \end{bmatrix} = \begin{bmatrix} -1.5 \\ 3 \end{bmatrix}$$

相比之下却非常大.

例 6.5.2 设有方程组

$$\begin{cases} x_1 + 2x_2 = 7 \\ 2x_1 - x_2 = -1 \end{cases} \tag{6.5.3}$$

其精确解为 $\boldsymbol{x} = [1, 3]^{\mathrm{T}}$.

考察方程组

$$\begin{cases} x_1 + 2x_2 = 7 \\ 2x_1 - 1.0009x_2 = -1.003 \end{cases} \tag{6.5.4}$$

其近似解为 $\boldsymbol{x} = [0.99988, 3.00006]^{\mathrm{T}}$.

两个方程组系数矩阵之差为

$$\begin{bmatrix} 1 & 2 \\ 2 & -1 \end{bmatrix} - \begin{bmatrix} 1 & 2 \\ 2 & -1.0009 \end{bmatrix} = \begin{bmatrix} 0 & 0 \\ 0 & 0.0009 \end{bmatrix}$$

可见, 两方程组的系数矩阵之差非常接近零矩阵, 并且右端向量的差

$$\begin{bmatrix} 7 \\ -1 \end{bmatrix} - \begin{bmatrix} 7 \\ -1.003 \end{bmatrix} = \begin{bmatrix} 0 \\ 0.003 \end{bmatrix}$$

也非常接近零向量, 而两个方程组的解之差

$$\begin{bmatrix} 1 \\ 3 \end{bmatrix} - \begin{bmatrix} 0.99988 \\ 3.00006 \end{bmatrix} = \begin{bmatrix} 0.00012 \\ 0.00006 \end{bmatrix}$$

也非常接近.

比较例 6.5.1 和例 6.5.2, 我们发现：例 6.5.1 中虽然两个方程组的系数矩阵和右端常数项有微小扰动, 但方程组的解却变化很大, 而例 6.5.2 中两个方程组的系数矩阵及常数项有微小扰动, 但两方程组的解却非常接近, 即, 两个方程组对系数和右端项的改变并不敏感.

定义 6.9 若一个方程组对系数矩阵或右端项的微小扰动而致使其解严重失真, 则称该方程组为**病态方程组**, 并称其系数矩阵为**病态矩阵**. 反之, 则称该方程组为**良态方程组**, 相应地, 称其系数矩阵为**良态矩阵**.

定义 6.10 设 $\boldsymbol{A}\in\mathbf{R}^{n\times n}$ 非奇异, 称

$$\|\boldsymbol{A}\|_\alpha\cdot\left\|\boldsymbol{A}^{-1}\right\|_\alpha$$

为矩阵 $\boldsymbol{A}$ 关于范数 $\|\cdot\|_\alpha$ 的**条件数**, 记作 $\mathrm{cond}(\boldsymbol{A})_\alpha$, 即 $\mathrm{cond}(\boldsymbol{A})_\alpha=\|\boldsymbol{A}\|_\alpha\cdot\|\boldsymbol{A}^{-1}\|_\alpha$.

特别地, 在不需要指明定义条件数所使用的范数时, 可记为 $\mathrm{cond}(\boldsymbol{A})=\|\boldsymbol{A}\|\cdot\|\boldsymbol{A}^{-1}\|$. 常用的条件数有

(1) **无穷条件数** $\mathrm{cond}(\boldsymbol{A})_\infty=\|\boldsymbol{A}\|_\infty\cdot\|\boldsymbol{A}^{-1}\|_\infty$;

(2) **谱条件数** $\mathrm{cond}(\boldsymbol{A})_2=\|\boldsymbol{A}\|_2\cdot\|\boldsymbol{A}^{-1}\|_2=\sqrt{\dfrac{\lambda_{\max}\left(\boldsymbol{A}^{\mathrm{T}}\boldsymbol{A}\right)}{\lambda_{\min}\left(\boldsymbol{A}\boldsymbol{A}^{\mathrm{T}}\right)}}$.

当 $\boldsymbol{A}$ 为实对称矩阵时, 容易计算出谱条件数 $\mathrm{cond}(\boldsymbol{A})_2=\dfrac{|\lambda_1|}{|\lambda_n|}$, 其中 λ_1,λ_n 分别为矩阵 $\boldsymbol{A}$ 的绝对值最大和最小的特征值. 可以证明条件数具有如下性质:

(1) 对任何非奇异矩阵 $\boldsymbol{A}$, 都有 $\mathrm{cond}(\boldsymbol{A})_\alpha\geqslant1$;

(2) 设矩阵 $\boldsymbol{A}$ 非奇异, $c\neq0$, 则 $\mathrm{cond}(c\boldsymbol{A})_\alpha=\mathrm{cond}(\boldsymbol{A})_\alpha$;

(3) 设矩阵 $\boldsymbol{A}$ 非奇异, 则 $\mathrm{cond}(\boldsymbol{A}^{-1})_\alpha=\mathrm{cond}(\boldsymbol{A})_\alpha$;

(4) $\mathrm{cond}(\boldsymbol{A}\boldsymbol{B})_\alpha\leqslant\mathrm{cond}(\boldsymbol{A})_\alpha\mathrm{cond}(\boldsymbol{B})_\alpha$;

(5) 如果 $\boldsymbol{A}$ 为正交矩阵, 则 $\mathrm{cond}(\boldsymbol{A})_2=1$, 如果 $\boldsymbol{A}$ 为非奇异矩阵, $\boldsymbol{P}$ 为正交矩阵, 则

$$\mathrm{cond}(\boldsymbol{P}\boldsymbol{A})_2=\mathrm{cond}(\boldsymbol{A}\boldsymbol{P})_2=\mathrm{cond}(\boldsymbol{A})_2$$

例 6.5.1 两个方程组的系数矩阵分别为 $\boldsymbol{A}=\begin{bmatrix}2&1\\2&1.0001\end{bmatrix}$, $\boldsymbol{B}=\begin{bmatrix}2&1\\2&0.9999\end{bmatrix}$,

例 6.5.2 两个方程组的系数矩阵分别为 $\boldsymbol{C}=\begin{bmatrix}1&2\\2&-1\end{bmatrix}$, $\boldsymbol{D}=\begin{bmatrix}1&2\\2&-1.0009\end{bmatrix}$,

可得四个矩阵关于范数 $\|\cdot\|_1$ 的条件数

$$\mathrm{cond}(\boldsymbol{A})_1=\|\boldsymbol{A}\|_1\cdot\left\|\boldsymbol{A}^{-1}\right\|_1=60004,\quad \mathrm{cond}(\boldsymbol{B})_1=\|\boldsymbol{B}\|_1\cdot\left\|\boldsymbol{B}^{-1}\right\|_1=60000$$

$$\text{cond}(\boldsymbol{C})_1 = \|\boldsymbol{C}\|_1 \cdot \left\|\boldsymbol{C}^{-1}\right\|_1 = \frac{9}{5}, \quad \text{cond}(\boldsymbol{D})_1 = \|\boldsymbol{D}\|_1 \cdot \left\|\boldsymbol{D}^{-1}\right\|_1 \approx \frac{9}{5}$$

可见, 条件数 $\text{cond}(\boldsymbol{C})_1$ 与 $\text{cond}(\boldsymbol{D})_1$ 的绝对值相对小, 则其对应的方程组均为良态方程组; 条件数 $\text{cond}(\boldsymbol{A})_1$ 与 $\text{cond}(\boldsymbol{B})_1$ 的值相对大, 则其对应的方程组均为病态方程组. 据此可得出判断: “条件问题” 和 “病态方程组” 的问题, 均与矩阵的 “条件数” 有莫大的关联.

设 n 阶线性方程组

$$\boldsymbol{Ax} = \boldsymbol{b} \tag{6.5.5}$$

的系数矩阵非奇异, 向量 $\boldsymbol{x}$ 是其精确解. 接下来我们用**摄动法**讨论条件数 $\text{cond}(\boldsymbol{A})$ 对方程组 (6.5.5) 的近似解相对误差的影响, 分三种情况.

(1) **右端项有摄动的情况** 不妨给方程组 (6.5.5) 的右端项加上一个**误差** (或**摄动量**)$\delta\boldsymbol{b}$, 则方程组 (6.5.5) 变为

$$\boldsymbol{A}\tilde{\boldsymbol{x}} = \boldsymbol{b} + \delta\boldsymbol{b}$$

设误差向量为 $\delta\boldsymbol{x}$, 则

$$\boldsymbol{A}(\boldsymbol{x} + \delta\boldsymbol{x}) = \boldsymbol{b} + \delta\boldsymbol{b} \tag{6.5.6}$$

将 $\boldsymbol{Ax} = \boldsymbol{b}$ 代入 (6.5.6), 得

$$\|\delta\boldsymbol{x}\| = \left\|\boldsymbol{A}^{-1}\delta\boldsymbol{b}\right\| \leqslant \left\|\boldsymbol{A}^{-1}\right\| \cdot \|\delta\boldsymbol{b}\| \tag{6.5.7}$$

又 $\|\boldsymbol{b}\| = \|\boldsymbol{Ax}\| \leqslant \|\boldsymbol{A}\| \cdot \|\boldsymbol{x}\|$, 方程 (6.5.5) 中, 若右端项 $\boldsymbol{b} \neq \boldsymbol{0}$, 则其精确解 $\boldsymbol{x} \neq \boldsymbol{0}$, 故得

$$\frac{1}{\|\boldsymbol{x}\|} \leqslant \frac{\|\boldsymbol{A}\|}{\|\boldsymbol{b}\|} \tag{6.5.8}$$

利用式 (6.5.7) 和 (6.5.8), 得

$$\frac{\|\delta\boldsymbol{x}\|}{\|\boldsymbol{x}\|} \leqslant \text{cond}(\boldsymbol{A}) \cdot \frac{\|\delta\boldsymbol{b}\|}{\|\boldsymbol{b}\|}, \tag{6.5.9}$$

这里 $\text{cond}(\boldsymbol{A}) = \|\boldsymbol{A}^{-1}\| \cdot \|\boldsymbol{A}\|$, 上式中 $\dfrac{\|\delta\boldsymbol{x}\|}{\|\boldsymbol{x}\|}$ 表示方程组近似解的相对误差. 不等式 (6.5.9) 给出了解的相对误差的上界, 常数项 $\boldsymbol{b}$ 的相对误差在解中可能放大 $\text{cond}(\boldsymbol{A})$ 倍.

(2) **系数矩阵有摄动的情况** 设方程组 (6.5.5) 的系数矩阵存在摄动量 $\delta\boldsymbol{A}$, 右端向量无摄动. 类似式 (6.5.6) 的分析, 得如下方程组:

$$(\boldsymbol{A} + \delta\boldsymbol{A})(\boldsymbol{x} + \delta\boldsymbol{x}) = \boldsymbol{b} \tag{6.5.10}$$

将 $\boldsymbol{Ax}=\boldsymbol{b}$ 代入上式, 得

$$(\boldsymbol{A}+\delta\boldsymbol{A})\delta\boldsymbol{x}=-(\delta\boldsymbol{A})\boldsymbol{x} \tag{6.5.11}$$

由定理 6.10 知, 当 $\|\boldsymbol{A}^{-1}(\delta\boldsymbol{A})\|<1$ 时, $(\boldsymbol{I}+\boldsymbol{A}^{-1}(\delta\boldsymbol{A}))^{-1}$ 存在. 故由式 (6.5.11) 得

$$\delta\boldsymbol{x}=-\left(\boldsymbol{I}+\boldsymbol{A}^{-1}(\delta\boldsymbol{A})\right)^{-1}\cdot\boldsymbol{A}^{-1}(\delta\boldsymbol{A})\boldsymbol{x}$$

进一步

$$\|\delta\boldsymbol{x}\|\leqslant\left\|\left(\boldsymbol{I}+\boldsymbol{A}^{-1}(\delta\boldsymbol{A})\right)^{-1}\right\|\cdot\|\boldsymbol{A}^{-1}(\delta\boldsymbol{A})\|\cdot\|\boldsymbol{x}\| \tag{6.5.12}$$

由定理 6.10 可得

$$\left\|\left(\boldsymbol{I}+\boldsymbol{A}^{-1}(\delta\boldsymbol{A})\right)^{-1}\right\|\leqslant\frac{1}{1-\|\boldsymbol{A}^{-1}(\delta\boldsymbol{A})\|} \tag{6.5.13}$$

将式 (6.5.13) 代入 (6.5.12), 得

$$\|\delta\boldsymbol{x}\|\leqslant\frac{\|\boldsymbol{A}^{-1}(\delta\boldsymbol{A})\|}{1-\|\boldsymbol{A}^{-1}(\delta\boldsymbol{A})\|}\cdot\|\boldsymbol{x}\|$$

由精确解 $\boldsymbol{x}\neq\boldsymbol{0}$, 得

$$\frac{\|\delta\boldsymbol{x}\|}{\|\boldsymbol{x}\|}\leqslant\frac{\|\boldsymbol{A}^{-1}(\delta\boldsymbol{A})\|}{1-\|\boldsymbol{A}^{-1}(\delta\boldsymbol{A})\|} \tag{6.5.14}$$

进一步, 假设 $\|\boldsymbol{A}^{-1}\|\cdot\|\delta\boldsymbol{A}\|<1$, 则由 (6.5.14) 式得

$$\frac{\|\delta\boldsymbol{x}\|}{\|\boldsymbol{x}\|}\leqslant\frac{\|\boldsymbol{A}^{-1}\delta\boldsymbol{A}\|}{1-\|\boldsymbol{A}^{-1}\delta\boldsymbol{A}\|}\leqslant\frac{\|\boldsymbol{A}^{-1}\|\cdot\|\delta\boldsymbol{A}\|}{1-\|\boldsymbol{A}^{-1}\|\cdot\|\delta\boldsymbol{A}\|}=\frac{\operatorname{cond}(\boldsymbol{A})\cdot\dfrac{\|\delta\boldsymbol{A}\|}{\|\boldsymbol{A}\|}}{1-\operatorname{cond}(\boldsymbol{A})\cdot\dfrac{\|\delta\boldsymbol{A}\|}{\|\boldsymbol{A}\|}} \tag{6.5.15}$$

(3) **右端项和系数矩阵都有摄动的情况** 当方程组的系数矩阵和右端向量都存在摄动量时, 可证明如下结论:

定理 6.11 若方程组 $\boldsymbol{Ax}=\boldsymbol{b}$ 中 $\boldsymbol{A}$ 为非奇异阵, $\boldsymbol{b}\neq\boldsymbol{0}$, $\boldsymbol{A}$ 有扰动 $\delta\boldsymbol{A}$, $\boldsymbol{b}$ 有扰动 $\delta\boldsymbol{b}$, 从而 $\boldsymbol{x}$ 有扰动 $\delta\boldsymbol{x}$, 即有

$$(\boldsymbol{A}+\delta\boldsymbol{A})(\boldsymbol{x}+\delta\boldsymbol{x})=\boldsymbol{b}+\delta\boldsymbol{b} \tag{6.5.16}$$

当 $\|\boldsymbol{A}^{-1}\|\cdot\|\delta\boldsymbol{A}\|<1$ 时, 可得如下误差估计式:

$$\frac{\|\delta\boldsymbol{x}\|}{\|\boldsymbol{x}\|}\leqslant c\cdot\left(\frac{\|\delta\boldsymbol{A}\|}{\|\boldsymbol{A}\|}+\frac{\|\delta\boldsymbol{b}\|}{\|\boldsymbol{b}\|}\right) \tag{6.5.17}$$

其中 $c=\dfrac{\operatorname{cond}(\boldsymbol{A})}{1-\operatorname{cond}(\boldsymbol{A})\cdot\dfrac{\|\delta\boldsymbol{A}\|}{\|\boldsymbol{A}\|}}$.

由此可见, 当条件数 $\operatorname{cond}(\boldsymbol{A})$ 愈小, 由 $\boldsymbol{A}$(或 $\boldsymbol{b}$) 的相对误差引起的解的相对误差就愈小; 当条件数 $\operatorname{cond}(\boldsymbol{A})$ 愈大, 解的相对误差就愈大, 此时方程组是病态的, 于是为了防止方程组近似解误差的扩大, 限制或者改进系数矩阵的条件数, 变得尤为重要, 有关改进系数矩阵条件数的讨论见 6.5.2 节.

特别指出: n 阶 Hilbert 矩阵

$$\boldsymbol{H}_n=\begin{bmatrix}1 & \dfrac{1}{2} & \cdots & \dfrac{1}{n}\\ \dfrac{1}{2} & \dfrac{1}{3} & \cdots & \dfrac{1}{n+1}\\ \vdots & \vdots & & \vdots\\ \dfrac{1}{n} & \dfrac{1}{n+1} & \cdots & \dfrac{1}{2n-1}\end{bmatrix}$$

是 "坏条件数" 矩阵. 当 $n=3$ 时,

$$\boldsymbol{H}_3=\begin{bmatrix}1 & \dfrac{1}{2} & \dfrac{1}{3}\\ \dfrac{1}{2} & \dfrac{1}{3} & \dfrac{1}{4}\\ \dfrac{1}{3} & \dfrac{1}{4} & \dfrac{1}{5}\end{bmatrix},\quad \boldsymbol{H}_3^{-1}=\begin{bmatrix}9 & -36 & 30\\ -36 & 192 & -180\\ 30 & -180 & 180\end{bmatrix}$$

可以求得

$$\operatorname{cond}(\boldsymbol{H}_3)_\infty=\|\boldsymbol{H}_3\|_\infty\cdot\left\|\boldsymbol{H}_3^{-1}\right\|_\infty=\frac{11}{6}\times 408=748$$

同样可以计算 $\operatorname{cond}(\boldsymbol{H}_6)_\infty=\|\boldsymbol{H}_6\|_\infty\cdot\left\|\boldsymbol{H}_6^{-1}\right\|_\infty=2.9\times 10^7, \operatorname{cond}(\boldsymbol{H}_7)_\infty=\|\boldsymbol{H}_7\|_\infty\cdot\left\|\boldsymbol{H}_7^{-1}\right\|_\infty=9.85\times 10^8$, 并且随着矩阵阶数的增加, $\operatorname{cond}(\boldsymbol{H}_n)_\infty=\|\boldsymbol{H}_n\|_\infty\cdot\left\|\boldsymbol{H}_n^{-1}\right\|_\infty$ 迅速增加, 这时 $\boldsymbol{H}_n$ 的病态愈发严重.

因此当一个方程组的系数矩阵是 Hilbert 阵或者是 Hilbert 阵的近似矩阵时, 该方程组的数值解理论上是不可靠的, 因为此时方程组为病态的.

另外, 可验证 Vandermonde 矩阵

$$\boldsymbol{V}_n=\begin{bmatrix}x_0^n & x_0^{n-1} & \cdots & x_0 & 1\\ x_1^n & x_1^{n-1} & \cdots & x_1 & 1\\ \vdots & \vdots & & \vdots & \vdots\\ x_n^n & x_n^{n-1} & \cdots & x_n & 1\end{bmatrix}$$

也是“病态的”矩阵, 并且当矩阵 $\boldsymbol{V}_n$ 中存在较多近似相等的元素 (即 $x_i \approx x_j, i \neq j$) 时, $\boldsymbol{V}_n$ 的病态愈发严重, 这也可以进一步解释“为何我们不推荐使用待定系数法求解 n 次插值多项式”, 最主要的原因是“待定系数法需要求解一个以 Vandermonde 矩阵 $\boldsymbol{V}_n$ 为系数矩阵的非齐次线性方程组”, 且该方程组很可能是病态方程组.

6.5.2 方程组的病态检测与改善

6.5.2 节中的解的相对误差分析方法, 抽象地揭示了方程组右端项以及系数矩阵摄动值与计算解的误差之间的关联, 用于静态的、抽象的分析是可以的, 但是在计算过程中很少用于误差的动态监控与检测, 以及方程组近似解精确度的动态检验. 另一方面, 用计算机进行数值计算, 每时每刻都有可能产生截断误差, 因此设计一个简单有效的误差检测手段必不可少.

设方程组 $\boldsymbol{A}\boldsymbol{x} = \boldsymbol{b}$ 的近似解为 $\tilde{\boldsymbol{x}}$, 检验解向量 $\tilde{\boldsymbol{x}}$ 的精度的一个简单办法是将 $\tilde{\boldsymbol{x}}$ 代回到原方程组, 计算残向量

$$\boldsymbol{r} = \boldsymbol{b} - \boldsymbol{A}\tilde{\boldsymbol{x}}$$

如果残向量 $\boldsymbol{r}$ 的某种范数 $\|\boldsymbol{r}\|$ 比较小, 一般可以认为 $\tilde{\boldsymbol{x}}$ 的精度是能够接受的. 但是, 对于病态方程组而言, 这一检验方法非常不可靠.

事实上, 设方程组 $\boldsymbol{A}\boldsymbol{x} = \boldsymbol{b}$ 的准确解为 $\boldsymbol{x}^*$, 则计算解

$$\tilde{\boldsymbol{x}} = \boldsymbol{x}^* + \delta \boldsymbol{x}$$

由式 (6.5.9), 得

$$\frac{\|\boldsymbol{x}^* - \tilde{\boldsymbol{x}}\|}{\|\boldsymbol{x}^*\|} \leqslant \operatorname{cond}(\boldsymbol{A}) \cdot \frac{\|\boldsymbol{r}\|}{\|\boldsymbol{b}\|}$$

上式表明: 计算解 $\tilde{\boldsymbol{x}}$ 的相对误差取决于 $\operatorname{cond}(\boldsymbol{A})$ 与 $\dfrac{\|\boldsymbol{r}\|}{\|\boldsymbol{b}\|}$ 这 2 个因素, 当 $\operatorname{cond}(\boldsymbol{A})$ 很大时, 即方程组是病态的, 即使 $\dfrac{\|\boldsymbol{r}\|}{\|\boldsymbol{b}\|}$ 接近于 0, 也不能保证相对误差 $\dfrac{\|\boldsymbol{x}^* - \tilde{\boldsymbol{x}}\|}{\|\boldsymbol{x}^*\|}$ 特别小. 因此, 虽然残差向量的相对误差很小, 但是由于方程组为病态的, 所以其解的扰动值很大.

因此要判断一个方程组是否病态方程组, 根据 6.5.1 节的讨论, 还是需要计算系数矩阵的条件数 $\operatorname{cond}(\boldsymbol{A}) = \|\boldsymbol{A}\| \cdot \|\boldsymbol{A}^{-1}\|$, 然而求 $\boldsymbol{A}^{-1}$ 比较困难, 为此, 如果需要及时地、简便地检测出系数矩阵的病态状况, 通常按照如下方法进行:

(1) 如果矩阵 $\boldsymbol{A}$ 在三角化的过程中出现小主元素, 通常来说矩阵 $\boldsymbol{A}$ 是病态的;

(2) 当方程组的系数矩阵的行列式很小, 或者系数矩阵的某些行或列线性相关, 这时 $\boldsymbol{A}$ 可能是病态矩阵;

(3) 当矩阵 $\boldsymbol{A}$ 的元素之间数量级相差比较大, 并且没有一定的规律性, 则矩阵 $\boldsymbol{A}$ 可能是病态矩阵.

编制调试算法程序时, 当发现用选主元素的方法不能解决病态问题时, 可采用**条件预优法**改善方程组系数矩阵的条件数, 条件预优法的**基本思想**为

第一步 用线性变换法, 将方程组 $\boldsymbol{Ax}=\boldsymbol{b}$ 化为等价方程组

$$\boldsymbol{PAQy}=\boldsymbol{Pb} \tag{6.5.18}$$

这里, $\boldsymbol{y}=\boldsymbol{Q}^{-1}\boldsymbol{x}$, 只要选择非奇异矩阵 $\boldsymbol{P},\boldsymbol{Q}$ 使

$$\operatorname{cond}(\boldsymbol{PAQ})<\operatorname{cond}(\boldsymbol{A})$$

则就有可能使新方程组 (6.5.18) 的系数矩阵 $\boldsymbol{PAQ}$ 为良态的, 这里 $\boldsymbol{P},\boldsymbol{Q}$ 一般为对角矩阵或三角矩阵;

第二步 用某算法 (例如带列主元的 Gauss 消元法) 求解方程组 (6.5.18);

第三步 解 $\boldsymbol{y}=\boldsymbol{Q}^{-1}\boldsymbol{x}$, 可得原方程组的计算解 $\tilde{\boldsymbol{x}}$.

特别地, 实践中当发现方程组系数矩阵 $\boldsymbol{A}$ 的元素大小不均匀时, 对 $\boldsymbol{A}$ 的行或列引入适当的比例因子, 也可降低系数矩阵的条件数, 参见下面的例子.

例 6.5.3 用条件预优法降低方程组

$$\begin{bmatrix} 1 & 10^4 \\ 1 & 1 \end{bmatrix}\begin{bmatrix} x_1 \\ x_2 \end{bmatrix}=\begin{bmatrix} 10^4 \\ 2 \end{bmatrix}$$

系数矩阵的条件数, 并求用 Gauss 列主元消元法求解线性方程组.

解 令 $\boldsymbol{A}=\begin{bmatrix} 1 & 10^4 \\ 1 & 1 \end{bmatrix}$, 得 $\boldsymbol{A}^{-1}=\dfrac{1}{10^4-1}\begin{bmatrix} -1 & 10^4 \\ 1 & -1 \end{bmatrix}$, 因此得 $\boldsymbol{A}$ 的条件数

$$\operatorname{cond}(\boldsymbol{A})_\infty=\frac{(10^4+1)^2}{10^4-1}\approx 10^4$$

因此, 矩阵 $\boldsymbol{A}$ 是坏条件数的 “病态” 矩阵. 观察发现: 方程组第一个方程中元素的数量级差别比较大, 这或许是导致系数矩阵 “病态” 的根本原因. 为此, 将方程组中的第一个方程两边同除以 10^4, 得与原方程组等价的方程组:

$$\begin{bmatrix} 10^{-4} & 1 \\ 1 & 1 \end{bmatrix}\begin{bmatrix} x_1 \\ x_2 \end{bmatrix}=\begin{bmatrix} 1 \\ 2 \end{bmatrix} \tag{6.5.19}$$

令 $\boldsymbol{B}=\begin{bmatrix}10^{-4} & 1\\ 1 & 1\end{bmatrix}$, 则 $\boldsymbol{B}^{-1}=\dfrac{1}{1-10^{-4}}\begin{bmatrix}-1 & 1\\ 1 & -10^{-4}\end{bmatrix}$, 于是得方程组 (6.5.19) 系数矩阵的条件数

$$\operatorname{cond}(\boldsymbol{B})_\infty=2+\frac{2}{1-10^{-4}}\approx 4$$

可见矩阵 $\boldsymbol{B}$ 为良态的, 用 Gauss 列主元消元法求方程组 (6.5.19), 结果保留 3 位有效数字, 得

$$[\boldsymbol{B}\,|\,\boldsymbol{b}]\xrightarrow{r_1\leftrightarrow r_2}\left[\begin{array}{cc|c}1 & 1 & 2\\ 10^{-4} & 1 & 1\end{array}\right]\xrightarrow[r_2\div(1-10^{-4})]{r_2-(10^{-4})\cdot r_1}\left[\begin{array}{cc|c}1 & 1 & 2\\ 0 & 1 & 1\end{array}\right]$$

于是计算得原方程组的解 $\boldsymbol{x}=[1,1]^{\mathrm{T}}$.

事实上, 若直接对原方程组用 Gauss 列主元消元法, 结果保留 3 位有效数字, 可得

$$[\boldsymbol{A}\,|\,\boldsymbol{b}]\to\left[\begin{array}{cc|c}1 & 10^4 & 10^4\\ 0 & 2-10^4 & 1-10^4\end{array}\right]$$

因此计算得解 $\boldsymbol{x}=[0,1]^{\mathrm{T}}$.

显然, 用条件预优法确实可以降低系数矩阵的条件数, 改善算法的稳定性, 提高计算解的数值精度.

习 题 6

1. 用 Gauss 消元法解方程组

$$\begin{cases}2x_1+2x_2+2x_3=1\\ 3x_1+2x_2+4x_3=\dfrac{1}{2}\\ x_1+3x_2+9x_3=\dfrac{5}{2}\end{cases}$$

2. 用 Gauss 列主元消元法解方程组

$$\begin{cases}x_1+4x_2+2x_3=24\\ 3x_1+x_2+5x_3=34\\ 2x_1+6x_2+x_3=27\end{cases}$$

3. 应用 Gauss 消元法和 Gauss 列主元消元法解下列方程组:

$$\begin{cases}0.003x_1+59.14x_2=59.17\\ 5.291x_1-6.130x_2=46.78\end{cases}$$

用舍入的四位十进制数算术运算进行计算 (准确解 $x_1 = 10.00, x_2 = 1.000$).

4. 用追赶法解三对角方程组 $\boldsymbol{Ax} = \boldsymbol{d}$, 其中:

(1) $\boldsymbol{A} = \begin{bmatrix} 2 & 1 & 0 & 0 \\ 1 & 2 & -3 & 0 \\ 0 & 3 & -7 & 4 \\ 0 & 0 & 2 & 5 \end{bmatrix}$, $\boldsymbol{d} = [3, -3, -10, 2]^{\mathrm{T}}$;

(2) $\boldsymbol{A} = \begin{bmatrix} -4 & 1 & 0 & 0 \\ 1 & -4 & 1 & 0 \\ 0 & 1 & -4 & 1 \\ 0 & 0 & 1 & -4 \end{bmatrix}$, $\boldsymbol{d} = [1, 1, 1, 1]^{\mathrm{T}}$.

5. 用平方根法求解方程组

(1) $\begin{bmatrix} 16 & 4 & 8 \\ 4 & 5 & -4 \\ 8 & -4 & 22 \end{bmatrix} \begin{bmatrix} x_1 \\ x_2 \\ x_3 \end{bmatrix} = \begin{bmatrix} -4 \\ 3 \\ 10 \end{bmatrix}$;

(2) $\begin{bmatrix} 6 & 7 & 5 \\ 7 & 13 & 8 \\ 5 & 8 & 6 \end{bmatrix} \begin{bmatrix} x_1 \\ x_2 \\ x_3 \end{bmatrix} = \begin{bmatrix} 9 \\ 10 \\ 9 \end{bmatrix}$.

6. 用 $\boldsymbol{LDL}^{\mathrm{T}}$ 分解法分解方程组

$$\begin{bmatrix} 2 & -1 & 1 \\ -1 & -2 & 3 \\ 1 & 3 & 1 \end{bmatrix} \begin{bmatrix} x_1 \\ x_2 \\ x_3 \end{bmatrix} = \begin{bmatrix} 4 \\ 5 \\ 6 \end{bmatrix}$$

7. 试分析下述矩阵

$$\boldsymbol{A} = \begin{bmatrix} 1 & 1 & 1 \\ 2 & 2 & 1 \\ 3 & 3 & 1 \end{bmatrix}, \quad \boldsymbol{B} = \begin{bmatrix} 1 & 2 & 6 \\ 2 & 5 & 14 \\ 6 & 14 & 46 \end{bmatrix}$$

能否进行 LU 分解? 若能分解, 那么分解是否唯一?

8. 设向量 $\boldsymbol{x} = [x_1, x_2, \cdots, x_n]^{\mathrm{T}} \in \mathbf{R}^n$, 证明 $\|\boldsymbol{x}\|_\infty = \max\limits_{1 \leqslant i \leqslant n} |x_i|$ 是一种向量范数.

9. 设 $\boldsymbol{A}$ 是一个 $m \times n$ 阶实矩阵, 且 $\mathrm{rank}\boldsymbol{A} = n$, 若在 $\mathbf{R}^m$ 中规定了一种向量范数 $\|\cdot\|_\alpha$, 试证明 $\|\boldsymbol{x}\|_{\boldsymbol{A}} = \|\boldsymbol{Ax}\|_\alpha, \boldsymbol{x} \in \mathbf{R}^n$ 为 $\mathbf{R}^n$ 上的一种向量范数.

10. 对任意 $\boldsymbol{x} = [x_1, x_2, \cdots, x_n]^{\mathrm{T}} \in \mathbf{R}^n$, $\boldsymbol{A} = [a_{ij}] \in \mathbf{R}^{n \times n}$, 求证:

(1) $\|\boldsymbol{x}\|_\infty \leqslant \|\boldsymbol{x}\|_1 \leqslant n \|\boldsymbol{x}\|_\infty$;

(2) $\|\boldsymbol{x}\|_\infty \leqslant \|\boldsymbol{x}\|_2 \leqslant \sqrt{n} \|\boldsymbol{x}\|_\infty$;

(3) $\dfrac{1}{\sqrt{n}} \|\boldsymbol{A}\|_F \leqslant \|\boldsymbol{A}\|_2 \leqslant \|\boldsymbol{A}\|_F$;

(4) $\dfrac{1}{n} \|\boldsymbol{x}\|_1 \leqslant \|\boldsymbol{x}\|_\infty \leqslant \|\boldsymbol{x}\|_1$.

11. 分别取矩阵

$$\boldsymbol{A}_1 = \begin{bmatrix} 1 & -2 \\ -3 & 4 \end{bmatrix}, \quad \boldsymbol{A}_2 = \begin{bmatrix} 2 & 1 & 0 \\ 1 & 1 & 1 \\ 0 & 1 & 2 \end{bmatrix}$$

求 $\boldsymbol{A}_i(i=1,2)$ 的范数：$\|\boldsymbol{A}_i\|_1, \|\boldsymbol{A}_i\|_2, \|\boldsymbol{A}_i\|_\infty, \|\boldsymbol{A}_i\|_F$ 及 $\rho(\boldsymbol{A}_i)$.

12. 设 $\boldsymbol{A}=[a_{ij}]$ 为 n 阶实对称矩阵, 其特征值为 $\lambda_1, \lambda_2, \cdots, \lambda_n$, 证明

$$\|\boldsymbol{A}\|_F^2=\lambda_1^2+\lambda_2^2+\cdots+\lambda_n^2$$

13. 设

$$\boldsymbol{A}=\begin{bmatrix}1 & 3\\ 2 & 4\end{bmatrix}$$

求 $\operatorname{cond}(\boldsymbol{A})_1$ 及 $\operatorname{cond}(\boldsymbol{A})_\infty$.

14. 设

$$\boldsymbol{A}=\begin{bmatrix}2 & -1 & 0\\ -1 & 2 & -1\\ 0 & -1 & 2\end{bmatrix}$$

计算谱条件数 $\operatorname{cond}(\boldsymbol{A})_2$.

15. 给定二阶方阵 $\boldsymbol{A}=\begin{bmatrix}1 & 2\\ 1.0001 & 2\end{bmatrix}$, 要求：

(1) 研究矩阵 $\boldsymbol{A}$ 的性态;

(2) 分别解方程组 $\boldsymbol{A}\boldsymbol{x}=\begin{bmatrix}3\\ 3.0001\end{bmatrix}$ 与 $\begin{bmatrix}1 & 2\\ 1.00009 & 2\end{bmatrix}\boldsymbol{x}=\begin{bmatrix}3\\ 3.0001\end{bmatrix}$, 分析两个方程组的数值解有何关联.

16. 设 $\boldsymbol{A}, \boldsymbol{B}\in\mathbf{R}^{n\times n}$, 且 $\|\cdot\|_\alpha$ 为 $\mathbf{R}^{n\times n}$ 上的矩阵范数, 证明

$$\operatorname{cond}(\boldsymbol{A}\boldsymbol{B})_\alpha \leqslant \operatorname{cond}(\boldsymbol{A})_\alpha \operatorname{cond}(\boldsymbol{B})_\alpha$$

17. 如果 $\boldsymbol{A}$ 为正交矩阵, 则 $\operatorname{cond}(\boldsymbol{A})_2=1$; 如果 $\boldsymbol{A}$ 为非奇异矩阵, $\boldsymbol{P}$ 为正交矩阵, 则

$$\operatorname{cond}(\boldsymbol{P}\boldsymbol{A})_2=\operatorname{cond}(\boldsymbol{A}\boldsymbol{P})_2=\operatorname{cond}(\boldsymbol{A})_2$$

第 7 章 Chapter 线性方程组的迭代解法

当求解线性方程组 $\boldsymbol{Ax}=\boldsymbol{b}$ 时, 若系数矩阵 $\boldsymbol{A}$ 为低阶的、非奇异的稠密矩阵, 第 6 章所讨论的列主元消元法是求解方程组的有效方法, 但是对于科学和工程中产生的大型稀疏矩阵方程组, 由于其系数矩阵具有阶数高且有稀疏性 (零元素较多) 的特点, 利用迭代法求解线性方程组更为合适.

本章主要介绍 n 阶非齐次线性方程组的经典迭代解法, 包括雅可比 (Jacobi) 迭代法、高斯-赛德尔 (Gauss-Seidel) 迭代法和逐次超松弛迭代法以及它们的收敛性问题.

7.1 迭代法的构造

设矩阵 $\boldsymbol{A}=[a_{ij}]\in\mathbf{R}^{n\times n}$ 为非奇异矩阵, 下面考虑求解 n 阶线性方程组

$$\boldsymbol{Ax}=\boldsymbol{b} \tag{7.1.1}$$

的迭代格式的构造方法.

第一步 选择非奇异的矩阵 $\boldsymbol{M}$, 将矩阵 $\boldsymbol{A}$ 作如下分裂运算:

$$\boldsymbol{A}=\boldsymbol{M}+\boldsymbol{N} \tag{7.1.2}$$

在式 (7.1.2) 中, $\boldsymbol{M}$ 称为**分裂矩阵**. 值得注意的是, 选择分裂阵 $\boldsymbol{M}$ 时, 应尽量做到以下两点:

(1) 确保矩阵 $\boldsymbol{M}$ 非奇异且为矩阵 $\boldsymbol{A}$ 的某种形式的近似;

(2) 使方程组 $\boldsymbol{Mx}=\boldsymbol{d}$ 容易求解.

将分裂公式 (7.1.2) 代入式 (7.1.1), 则方程组 (7.1.1) 变为

$$\boldsymbol{Mx}+\boldsymbol{Nx}=\boldsymbol{b} \tag{7.1.3}$$

第二步 在等式 (7.1.3) 两边同时左乘矩阵 $\boldsymbol{M}^{-1}$ 并移项, 得 $\boldsymbol{x}=-\boldsymbol{M}^{-1}\boldsymbol{Nx}+\boldsymbol{M}^{-1}\boldsymbol{b}$, 故得方程组 (7.1.1) 的等价方程组

$$\boldsymbol{x}=\boldsymbol{Bx}+\boldsymbol{g} \tag{7.1.4}$$

其中 $\boldsymbol{B}=-\boldsymbol{M}^{-1}\boldsymbol{N}=\boldsymbol{I}-\boldsymbol{M}^{-1}\boldsymbol{A}, \boldsymbol{g}=\boldsymbol{M}^{-1}\boldsymbol{b}$.

第三步 构造迭代法

$$\begin{cases} \boldsymbol{x}^{(0)} \text{ (初始向量)} \\ \boldsymbol{x}^{(k+1)}=\boldsymbol{B}\boldsymbol{x}^{(k)}+\boldsymbol{g}, \quad k=0,1,\cdots \end{cases} \tag{7.1.5}$$

可得向量序列

$$\boldsymbol{x}^{(0)}, \boldsymbol{x}^{(1)}, \boldsymbol{x}^{(2)}, \cdots \tag{7.1.6}$$

其中, 向量 $\boldsymbol{x}^{(k)}$ 表示第 k 步迭代所得近似向量.

定义 7.1 公式 (7.1.5) 称为求解线性方程组 (7.1.1) 的**一阶定常迭代法**, 简称**迭代法**或**迭代格式**, 相应地, 称矩阵 $\boldsymbol{B}$ 为迭代法的**迭代矩阵**, 向量序列 (7.1.6) 称为**迭代序列**. 若迭代序列 (7.1.6) 收敛, 则称迭代法 (7.1.5) **收敛**, 否则称迭代法 (7.1.5) **发散**.

定义 7.1 中, “定常” 表示迭代矩阵 $\boldsymbol{B}$ 与迭代次数 k 无关, 即迭代格式不会随着迭代次数的增加而变化; 反之, 若迭代矩阵与迭代次数相关, 这类迭代法称为**非定常迭代法**, 本书仅讨论定常迭代法.

若由迭代法 (7.1.5) 产生的迭代序列 $\left\{\boldsymbol{x}^{(k)}\right\}$ 收敛到向量 $\boldsymbol{x}^*$, 显然有

$$\lim_{k\to\infty}\boldsymbol{x}^{(k+1)}=\lim_{k\to\infty}\boldsymbol{x}^{(k)}=\boldsymbol{x}^*$$

且由矩阵乘法的线性性质得

$$\lim_{k\to\infty}\boldsymbol{x}^{(k+1)}=\boldsymbol{B}\cdot\lim_{k\to\infty}\left(\boldsymbol{x}^{(k)}\right)+\boldsymbol{g}=\boldsymbol{B}\boldsymbol{x}^*+\boldsymbol{g}$$

因此有

$$\boldsymbol{x}^*=\boldsymbol{B}\boldsymbol{x}^*+\boldsymbol{g} \tag{7.1.7}$$

即向量 $\boldsymbol{x}^*$ 为方程组 (7.1.4) 的解向量.

若方程组 (7.1.1) 与方程组 (7.1.4) 同解, 即存在非奇异矩阵 $\boldsymbol{M}\in\mathbf{R}^{n\times n}$, 使得

$$\boldsymbol{M}(\boldsymbol{I}-\boldsymbol{B})=\boldsymbol{A} \quad \text{与} \quad \boldsymbol{M}\boldsymbol{g}=\boldsymbol{b} \tag{7.1.8}$$

同时成立, 则称迭代法 (7.1.5) 与方程组 (7.1.1) 是**相容**的, 称 (7.1.8) 为**相容性条件**.

也就是说, 如果迭代序列 (7.1.6) 收敛, 并且相容性条件 (7.1.8) 成立, 则对一个充分大的正整数 k, 可以将向量 $\boldsymbol{x}^{(k)}$ 作为线性方程组 (7.1.1) 的一个**近似解**.

综上所述, 如果线性方程组存在唯一解, 则用一个收敛的并且与该方程组相容的迭代法定能求出该方程组满足一定精度要求的近似解.

7.1.1 Jacobi 迭代法

假设方程组 (7.1.1) 的系数矩阵 $\boldsymbol{A}=[a_{ij}]\in\mathbf{R}^{n\times n}$, 且 $\boldsymbol{A}$ 的对角线元素 $a_{ii}\neq 0, i=1,\cdots,n$, 则可将矩阵 $\boldsymbol{A}$ 作如下分裂:

$$\boldsymbol{A}=\boldsymbol{L}+\boldsymbol{D}+\boldsymbol{U} \tag{7.1.9}$$

这里, 矩阵

$$\boldsymbol{D}=\begin{bmatrix} a_{11} & & \\ & \ddots & \\ & & a_{nn}\end{bmatrix},\quad \boldsymbol{L}=\begin{bmatrix} 0 & & & & \\ a_{21} & 0 & & & \\ a_{31} & a_{32} & 0 & & \\ \vdots & \vdots & & \ddots & \\ a_{n1} & a_{n2} & \cdots & a_{n,n-1} & 0\end{bmatrix}$$
$$\boldsymbol{U}=\begin{bmatrix} 0 & a_{12} & a_{13} & \cdots & a_{1n} \\ & 0 & a_{23} & \cdots & a_{2n} \\ & & \ddots & & \vdots \\ & & & 0 & a_{n-1,n} \\ & & & & 0\end{bmatrix} \tag{7.1.10}$$

显然, 当 $a_{ii}\neq 0, i=1,2,\cdots,n$ 时, 对角阵 $\boldsymbol{D}$ 可逆, 且 $\boldsymbol{D}^{-1}$ 依然是一个对角阵, 将分解式 (7.1.9) 代入方程组 (7.1.1), 得

$$(\boldsymbol{L}+\boldsymbol{D}+\boldsymbol{U})\boldsymbol{x}=\boldsymbol{b}$$

整理得

$$\boldsymbol{D}\boldsymbol{x}=-(\boldsymbol{L}+\boldsymbol{U})\boldsymbol{x}+\boldsymbol{b} \tag{7.1.11}$$

在等式 (7.1.11) 两边同时左乘矩阵 $\boldsymbol{D}^{-1}$ 得方程组 (7.1.1) 的等价方程组

$$\boldsymbol{x}=-\boldsymbol{D}^{-1}(\boldsymbol{L}+\boldsymbol{U})\boldsymbol{x}+\boldsymbol{D}^{-1}\boldsymbol{b} \tag{7.1.12}$$

因此可建立迭代格式

$$\boldsymbol{x}^{(k+1)}=-\boldsymbol{D}^{-1}(\boldsymbol{L}+\boldsymbol{U})\boldsymbol{x}^{(k)}+\boldsymbol{D}^{-1}\boldsymbol{b} \tag{7.1.13}$$

在上式右端, 任取一个实向量作为初始向量 $\boldsymbol{x}^{(0)}$, 进行迭代, 可得一个近似解序列 $\{\boldsymbol{x}^{(k)}\}, k=0,1,\cdots$. 通常, 式 (7.1.13) 称为解线性方程组 (7.1.1) 的 **Jacobi 迭代法**, 相应地, 矩阵 $\boldsymbol{J}=-\boldsymbol{D}^{-1}(\boldsymbol{L}+\boldsymbol{U})$ 称为 **Jacobi 迭代矩阵**.

若记向量 $\boldsymbol{D}^{-1}\boldsymbol{b}=\boldsymbol{g}$, 则向量

$$\boldsymbol{g}=\begin{bmatrix} \dfrac{b_1}{a_{11}} & \dfrac{b_2}{a_{22}} & \cdots & \dfrac{b_n}{a_{nn}} \end{bmatrix}^{\mathrm{T}}$$

迭代矩阵

$$\boldsymbol{J}=\begin{bmatrix} 0 & -\dfrac{a_{12}}{a_{11}} & -\dfrac{a_{13}}{a_{11}} & \cdots & -\dfrac{a_{1n}}{a_{11}} \\ -\dfrac{a_{21}}{a_{22}} & 0 & -\dfrac{a_{23}}{a_{22}} & \cdots & -\dfrac{a_{2n}}{a_{22}} \\ \vdots & \vdots & \vdots & & \vdots \\ -\dfrac{a_{n1}}{a_{nn}} & -\dfrac{a_{n2}}{a_{nn}} & -\dfrac{a_{n3}}{a_{nn}} & \cdots & 0 \end{bmatrix}$$

于是可得 Jacobi 迭代法 (7.1.13) 的**分量表达形式**

$$x_i^{(k+1)}=\frac{1}{a_{ii}}\left(b_i-\sum_{j=1}^{i-1}a_{ij}x_j^{(k)}-\sum_{j=i+1}^{n}a_{ij}x_j^{(k)}\right),\quad i=1,2,\cdots,n;\quad k=0,1,\cdots \tag{7.1.14}$$

事实上, Jacobi 迭代法的分量表达式 (7.1.14) 可以看作是从方程组 (7.1.1) 的第 i 个方程

$$a_{i1}x_1+\cdots+a_{ii}x_i+\cdots+a_{in}x_n=b_i,\quad i=1,2,\cdots,n$$

中解出分量 x_i 后, 将 x_i 冠以上标 $(k+1)$, 其余的近似解分量 $x_j(j\neq i)$ 冠以上标 (k) 所得到的等式.

显然, 当 $a_{ii}\neq 0(i=1,2,\cdots,n)$ 时, Jacobi 迭代法满足相容性条件 (7.1.8), 因此, Jacobi 迭代法是与方程组 (7.1.1) 相容的迭代法, 继而用该方法可以求得原方程组 (7.1.1) 的近似解向量.

7.1.2 Gauss-Seidel 迭代法

观察 Jacobi 迭代法的分量表达式 (7.1.14), 不难发现: 在进行第 $k+1$ 步迭代求解 $x_i^{(k+1)}$ 的过程中, 使用的是 $x_1^{(k)},\cdots,x_{i-1}^{(k)},x_{i+1}^{(k)},\cdots,x_n^{(k)}$, 并没有使用第 $k+1$ 步迭代所得到的新的近似向量 $\boldsymbol{x}^{(k+1)}$ 的前 $i-1$ 个分量

$$x_1^{(k+1)},\cdots,x_{i-1}^{(k+1)}$$

而当 Jacobi 迭代法收敛时, 新的近似解 $\boldsymbol{x}^{(k+1)}$ 与精确解 $\boldsymbol{x}^*$ 的近似程度, 应该优于上一步迭代所得近似解 $\boldsymbol{x}^{(k)}$ 与精确解 $\boldsymbol{x}^*$ 的近似程度. 也就是说, 利用 Jacobi 迭代法在计算机上执行数值求解时, 不使用变量的最新信息计算 $x_i^{(k+1)}$. 一般来

说, 这样的做法不仅会导致数值求解过程的计算速度比较慢, 而且在计算机的内存储器中, 需要同时保存两个解向量序列 $\boldsymbol{x}^{(k+1)}$ 和 $\boldsymbol{x}^{(k)}$, 时间代价和空间代价均不划算.

然而, 如果我们将第 $k+1$ 步迭代得到的新近似值 $x_j^{(k+1)}, j=1,\cdots,i-1$ 同时代入式 (7.1.14) 的右端求解 $x_i^{(k+1)}$, 则可以得到如下迭代公式:

$$x_i^{(k+1)}=\frac{1}{a_{ii}}\left(b_i-\sum_{j=1}^{i-1}a_{ij}x_j^{(k+1)}-\sum_{j=i+1}^{n}a_{ij}x_j^{(k)}\right),\quad i=1,2,\cdots,n;\quad k=0,1,2,\cdots \tag{7.1.15}$$

我们将式 (7.1.15) 称为求线性方程组 (7.1) 的 **Gauss-Seidel 迭代法**, 简称 **G-S 迭代法**. 由式 (7.1.15) 可知, Gauss-Seidel 迭代法是 Jacobi 迭代法的一种改进.

接下来, 我们来推导 Gauss-Seidel 迭代法的矩阵表达式. 将式 (7.1.15) 整理得

$$\sum_{j=1}^{i-1}a_{ij}x_j^{(k+1)}+a_{ii}x_i^{(k+1)}=b_i-\sum_{j=i+1}^{n}a_{ij}x_j^{(k)} \tag{7.1.16}$$

将式 (7.1.16) 写成矩阵的形式, 得

$$(\boldsymbol{D}+\boldsymbol{L})\boldsymbol{x}^{(k+1)}=\boldsymbol{b}-\boldsymbol{U}\boldsymbol{x}^{(k)},\quad k=0,1,2,\cdots \tag{7.1.17}$$

其中矩阵 $\boldsymbol{L},\boldsymbol{D},\boldsymbol{U}$ 的定义参见式 (7.1.10). 当对角阵 $\boldsymbol{D}$ 可逆时, 下三角矩阵 $(\boldsymbol{D}+\boldsymbol{L})$ 也可逆, 于是得 Gauss-Seidel 迭代法的矩阵表示

$$\boldsymbol{x}^{(k+1)}=-(\boldsymbol{D}+\boldsymbol{L})^{-1}\boldsymbol{U}\boldsymbol{x}^{(k)}+(\boldsymbol{D}+\boldsymbol{L})^{-1}\boldsymbol{b},\quad k=0,1,\cdots \tag{7.1.18}$$

这里, 记矩阵 $\boldsymbol{G}=-(\boldsymbol{D}+\boldsymbol{L})^{-1}\boldsymbol{U}$, 称为 Gauss-Seidel 迭代法的**迭代矩阵**.

与非线性方程 (组) 的迭代法不同的是, 线性方程组的迭代法的收敛性与初始向量的选择没有关系, 这一论断可以从 7.2 节的分析中得出. 因此, 在实际计算时, 可以任意选取一个实向量作为 Jacobi 迭代法或 Gauss-Seidel 迭代法的初始向量 $\boldsymbol{x}^{(0)}$.

虽然收敛性与初始向量的选择无关, 但是当迭代终止时, 迭代法的实际迭代步数却与初始向量 $\boldsymbol{x}^{(0)}$ 的选择是有很大关系的. 因为, 当初始向量 $\boldsymbol{x}^{(0)}$ 越接近方程组 (7.1.1) 的精确解时, 在满足同样精度要求的条件下, 所需要的迭代次数应该越少. 为简便, 一般可取迭代初值 $\boldsymbol{x}^{(0)}=[0,0,\cdots,0]^{\mathrm{T}}$.

在利用 Jacobi 或 Gauss-Seidel 迭代法求解的过程中, 不妨设 ε 为方程组近似解的误差上限, 可以通过动态地检验不等式

$$\max_{1\leqslant i\leqslant n}\left|x_i^{(k+1)}-x_i^{(k)}\right|<\varepsilon \tag{7.1.19}$$

的结果以决定是否终止迭代. 实践中, 为防止迭代法不收敛或者收敛速度太慢, 可以设置迭代次数控制上限 N, 程序中当判断迭代次数 $k > N$ 时, 则预示着迭代求解失败, 可终止算法程序的运行.

例 7.1.1 分别用 Jacobi 和 Gauss-Seidel 迭代法求解方程组

$$\begin{cases} 10x_1 - 2x_2 - x_3 = 3 \\ -2x_1 + 10x_2 - x_3 = 15 \\ -x_1 - 2x_2 + 5x_3 = 10 \end{cases} \tag{7.1.20}$$

解 从原方程组中分别解出 $x_i, i = 1, 2, 3$

$$\begin{cases} x_1 = \dfrac{1}{10}(3 + 2x_2 + x_3) \\ x_2 = \dfrac{1}{10}(15 + 2x_1 + x_3) \\ x_3 = \dfrac{1}{5}(10 + x_1 + 2x_2) \end{cases} \tag{7.1.21}$$

故 Jacobi 迭代公式为

$$\begin{cases} x_1^{(k+1)} = \dfrac{1}{10}\left(3 + 2x_2^{(k)} + x_3^{(k)}\right), \\ x_2^{(k+1)} = \dfrac{1}{10}\left(15 + 2x_1^{(k)} + x_3^{(k)}\right), \qquad k = 0, 1, 2, \cdots \\ x_3^{(k+1)} = \dfrac{1}{5}\left(10 + x_1^{(k)} + 2x_2^{(k)}\right), \end{cases} \tag{7.1.22}$$

Gauss-Seidel 迭代公式为

$$\begin{cases} x_1^{(k+1)} = \dfrac{1}{10}\left(3 + 2x_2^{(k)} + 2x_3^{(k)}\right), \\ x_2^{(k+1)} = \dfrac{1}{10}\left(15 + 2x_1^{(k+1)} + x_3^{(k)}\right), \qquad k = 0, 1, 2, \cdots \\ x_3^{(k+1)} = \dfrac{1}{5}\left(10 + x_1^{(k+1)} + 2x_2^{(k+1)}\right), \end{cases} \tag{7.1.23}$$

取 $\boldsymbol{x}^{(0)} = [0, 0, 0]^{\mathrm{T}}$ 作为初值, 分别代入式 (7.1.22) 和式 (7.1.23), 可得表 7.1 中的近似解向量序列, 其中精确解 $\boldsymbol{x}^* = [1, 2, 3]^{\mathrm{T}}$.

因此, 用 Jacobi 迭代法所得到方程组的近似解向量与误差分别为

$$\boldsymbol{x}^{(9)} = [0.9998, 1.9998, 2.9997]^{\mathrm{T}};$$

表 7.1 Jacobi 迭代法与 Gauss-Seidel 迭代法的近似解向量序列

k	Jacobi 迭代法			Gauss-Seidel 迭代法		
0	0	0	0	0	0	0
⋮	⋮	⋮	⋮	⋮	⋮	⋮
5	0.9894	1.9897	2.9823	0.9997	1.9999	2.9999
6	0.9962	1.9961	2.9938	1.0000	2.0000	3.0000
7	0.9986	1.9986	2.9977			
8	0.9995	1.9995	2.9992			
9	0.9998	1.9998	2.9997			

$$\left\|\boldsymbol{e}^{(9)}\right\|_\infty = 0.0003 \quad (\boldsymbol{e}^{(9)} = \boldsymbol{x}^{(9)} - \boldsymbol{x}^*)$$

用 Gauss-Seidel 迭代法所得到方程组的近似解向量与误差分别为

$$\boldsymbol{x}^{(6)} = [1.0000, 2.0000, 3.0000]^{\mathrm{T}}$$

$$\left\|\boldsymbol{e}^{(6)}\right\|_\infty = 0.0000$$

由此例可知, 用 Gauss-Seidel 方法迭代 6 次所得方程组的数值解比用 Jacobi 迭代法迭代 9 次产生的数值解的效果还要好, 说明在两种迭代法都收敛的前提下, Gauss-Seidel 方法的收敛速度确实比 Jacobi 迭代法要快一些 (即取相同的 $\boldsymbol{x}^{(0)}$, 达到同样精度所需迭代次数较少), 但这结论只有当方程组的系数矩阵 $\boldsymbol{A}$ 满足一定条件时才成立.

7.2 迭代法的收敛性

使用数值算法求解线性方程组时, 算法的收敛性非常重要, 因为一个不收敛的数值算法无法求出方程组的数值解.

例 7.2.1 判断求解二阶线性方程组 $\begin{cases} x_1 + 2x_2 = 3, \\ 3x_1 + x_2 = 4 \end{cases}$ 的 Jacobi 迭代法的收敛性.

解 根据 7.1.1 节的讨论, 可得方程组的 Jacobi 迭代格式

$$\begin{cases} x_1^{(k+1)} = 3 - 2x_2^{(k)}, \\ x_2^{(k+1)} = 4 - 3x_1^{(k)}, \end{cases} \quad k = 0, 1, 2, \cdots$$

取初始值 $\boldsymbol{x}^{(0)} = [0, 0]^{\mathrm{T}}$, 代入迭代公式, 计算结果如表 7.2 所示.

表 7.2 迭代法发散的计算结果

k	0	1	2	3	4	5	6	$\cdots$
$x_1^{(k)}$	0	3	−5	13	−35	73	−215	$\cdots$
$x_2^{(k)}$	0	4	−5	19	−35	109	−215	$\cdots$

不难计算, 本题中方程组的精确解 $\boldsymbol{x}^* = [1,2]^{\mathrm{T}}$. 由此可见, 随着迭代次数 k 的增大, $\boldsymbol{x}^{(k)}$ 与方程组精确解的误差越来越大, 即迭代法

$$\begin{cases} x_1^{(k+1)} = 3 - 2x_2^{(k)}, \\ x_2^{(k+1)} = 4 - 3x_1^{(k)}, \end{cases} \quad k = 0,1,2,\cdots$$

是发散的.

从例 7.1.1 与例 7.2.1 可见, Jacobi 迭代法并不总是收敛或发散的. 事实上, Gauss-Seidel 方法也存在类似的情况, 因此在使用迭代法求解线性方程组时, 应注重分析迭代法的收敛性.

7.2.1 一阶定常迭代法的收敛性

本节讨论一阶定常迭代法的收敛性问题, 本节如不特别说明, 令 $\boldsymbol{J} = -\boldsymbol{D}^{-1} \cdot (\boldsymbol{L} + \boldsymbol{U})$ 表示 Jacobi 迭代法的迭代矩阵, $\boldsymbol{G} = -(\boldsymbol{D} + \boldsymbol{L})^{-1}\boldsymbol{U}$ 表示 Gauss-Seidel 迭代法的迭代矩阵.

设 n 阶线性方程组

$$\boldsymbol{A}\boldsymbol{x} = \boldsymbol{b} \tag{7.2.1}$$

其中, $\boldsymbol{A} \in \mathbf{R}^{n\times n}$ 非奇异, $\boldsymbol{x}^*$ 为方程组 (7.2.1) 的精确解. 由 7.1.1 节的讨论知, 可构造出与方程组 (7.2.1) 相容的一阶定常迭代法

$$\boldsymbol{x}^{(k+1)} = \boldsymbol{B}\boldsymbol{x}^{(k)} + \boldsymbol{g}, \quad k = 0,1,2,\cdots \tag{7.2.2}$$

且若迭代法 (7.2.2) 收敛, 则相应的迭代序列一定收敛到方程组 (7.2.1) 的解 $\boldsymbol{x}^*$, 且满足方程组

$$\boldsymbol{x}^* = \boldsymbol{B}\boldsymbol{x}^* + \boldsymbol{g} \tag{7.2.3}$$

定义 7.2 设向量序列 $\left\{\boldsymbol{x}^{(k)}\right\}, \boldsymbol{x}^{(k)} = [x_1^{(k)}, x_2^{(k)}, \cdots, x_n^{(k)}]^{\mathrm{T}} \in \mathbf{R}^n$, 如果存在 $\boldsymbol{x}^* = [x_1^*, x_2^*, \cdots, x_n^*]^{\mathrm{T}} \in \mathbf{R}^n$, 使得

$$\lim_{k\to\infty} x_i^{(k)} = x_i^*, \quad i = 1,2,\cdots,n$$

则称向量序列 $\left\{\boldsymbol{x}^{(k)}\right\}$ 收敛于 $\boldsymbol{x}^*$, 记作 $\lim\limits_{k\to\infty} \boldsymbol{x}^{(k)} = \boldsymbol{x}^*$.

显然, $\lim\limits_{k\to\infty} \boldsymbol{x}^{(k)} = \boldsymbol{x}^* \Leftrightarrow \lim\limits_{k\to\infty} \left\|\boldsymbol{x}^{(k)} - \boldsymbol{x}^*\right\| = 0$, 其中 $\|\cdot\|$ 为任一种向量范数.

定义 7.3 设矩阵 $\boldsymbol{A}=[a_{ij}]\in\mathbf{R}^{n\times n}$, 如果矩阵序列 $\{\boldsymbol{A}_k\}$ 满足

$$\lim_{k\to\infty} a_{ij}^{(k)}=a_{ij},\quad i=1,2,\cdots,n;j=1,2,\cdots,n \tag{7.2.4}$$

或

$$\lim_{k\to\infty}\|\boldsymbol{A}_k-\boldsymbol{A}\|=0 \tag{7.2.5}$$

则称矩阵序列 $\{\boldsymbol{A}_k\}$ **收敛到矩阵** $\boldsymbol{A}$, 记为

$$\lim_{k\to\infty}\boldsymbol{A}_k=\boldsymbol{A}$$

这里, $\boldsymbol{A}_k=[a_{ij}^{(k)}]\in\mathbf{R}^{n\times n}, k=1,2,\cdots$, $\|\cdot\|$ 是线性空间 $\mathbf{R}^{n\times n}$ 中的任一范数.

定理 7.1 $\lim\limits_{k\to\infty}\boldsymbol{A}_k=\boldsymbol{0}$ 的充分必要条件是

$$\lim_{k\to\infty}\boldsymbol{A}_k\boldsymbol{x}=\boldsymbol{0},\quad\forall\boldsymbol{x}\in\mathbf{R}^n \tag{7.2.6}$$

证明 对任一种矩阵的诱导范数有

$$\|\boldsymbol{A}_k\boldsymbol{x}\|\leqslant\|\boldsymbol{A}_k\|\,\|\boldsymbol{x}\|$$

若 $\lim\limits_{k\to\infty}\boldsymbol{A}_k=\boldsymbol{0}$, 则 $\lim\limits_{k\to\infty}\|\boldsymbol{A}_k\|=0$, 故对一切 $\boldsymbol{x}\in\mathbf{R}^n$, 有 $\lim\limits_{k\to\infty}\|\boldsymbol{A}_k\boldsymbol{x}\|=0$. 所以 (7.2.6) 式成立.

反之, 若式 (7.2.6) 成立, 取 $\boldsymbol{x}=\boldsymbol{e}_j=[0,\cdots,0,1,0,\cdots,0]^{\mathrm{T}}$, 则 $\lim\limits_{k\to\infty}\boldsymbol{A}_k\boldsymbol{e}_j=\boldsymbol{0}$, 即 $\boldsymbol{A}_k$ 的第 j 列元素极限均为零. 当 $j=1,2,\cdots,n$ 时, $\lim\limits_{k\to\infty}\boldsymbol{A}_k=\boldsymbol{0}$ 成立. 证毕.

定理 7.2 设 $\boldsymbol{B}\in\mathbf{R}^{n\times n}$, 则下面三个命题等价:

(1) $\lim\limits_{k\to\infty}\boldsymbol{B}^k=\boldsymbol{0}$;

(2) $\rho(\boldsymbol{B})<1$;

(3) 至少存在一种矩阵范数 $\|\cdot\|_\alpha$, 使得 $\|\boldsymbol{B}\|_\alpha<1$.

证明 (1)⇒(2) 用反证法. 假设 $\boldsymbol{B}$ 有一个特征值 λ, 满足 $|\lambda|\geqslant 1$, 则存在 $\boldsymbol{x}\neq\boldsymbol{0}$, 使 $\boldsymbol{B}\boldsymbol{x}=\lambda\boldsymbol{x}$, 由此可知 $\left\|\boldsymbol{B}^k\boldsymbol{x}\right\|=|\lambda|^k\|\boldsymbol{x}\|$, 当 $k\to\infty$ 时, $\left\{\boldsymbol{B}^k\boldsymbol{x}\right\}$ 不收敛于零向量. 由定理 7.1 知, 矛盾. 从而 $|\lambda|<1$, 即 (2) 成立.

(2) ⇒ (3) 根据第 6 章定理 6.9, 对任意 $\varepsilon > 0$, 存在一种矩阵范数 $\|\cdot\|_\alpha$, 使得 $\|\boldsymbol{B}\|_\alpha \leqslant \rho(\boldsymbol{B}) + \varepsilon$. 由 (2) 知, $\rho(\boldsymbol{B}) < 1$, 适当选择 $\varepsilon > 0$, 可使 $\|\boldsymbol{B}\|_\alpha < 1$, 即 (3) 成立.

(3) ⇒ (1) 由 (3) 给出的矩阵范数 $\|\boldsymbol{B}\|_\alpha < 1$, 又因为 $\|\boldsymbol{B}^k\|_\alpha \leqslant \|\boldsymbol{B}\|_\alpha^k$, 可得 $\lim\limits_{k\to\infty} \|\boldsymbol{B}^k\|_\alpha = 0$, 从而有 $\lim\limits_{k\to\infty} \boldsymbol{B}^k = \boldsymbol{0}$.

下面讨论一阶定常迭代法 (7.2.2) 收敛的充分必要条件.

定义**误差向量**

$$\boldsymbol{e}^{(k)} \triangleq \boldsymbol{x}^{(k)} - \boldsymbol{x}^*, \quad k = 0, 1, 2, \cdots \tag{7.2.7}$$

将式 (7.2.2) 与式 (7.2.3) 两式相减, 得

$$\begin{aligned}
\boldsymbol{e}^{(k+1)} &= \boldsymbol{x}^{(k+1)} - \boldsymbol{x}^* = (\boldsymbol{B}\boldsymbol{x}^{(k)} + \boldsymbol{g}) - (\boldsymbol{B}\boldsymbol{x}^* + \boldsymbol{g}) \\
&= \boldsymbol{B}(\boldsymbol{x}^{(k)} - \boldsymbol{x}^*) = \boldsymbol{B}\boldsymbol{e}^{(k)} = \boldsymbol{B}^2\boldsymbol{e}^{(k-1)} = \cdots \\
&= \boldsymbol{B}^{k+1}\boldsymbol{e}^{(0)}, \quad k = 0, 1, \cdots
\end{aligned}$$

因此, 迭代法 (7.2.2) 收敛等价于

$$\boldsymbol{e}^{(k)} = \boldsymbol{x}^{(k)} - \boldsymbol{x}^* \to \boldsymbol{0} \quad (k \to \infty)$$

即

$$\boldsymbol{e}^{(k)} = \boldsymbol{B}^k\boldsymbol{e}^{(0)} \to \boldsymbol{0} \quad (k \to \infty) \tag{7.2.8}$$

由于向量 $\boldsymbol{e}^{(0)}$ 是常量, 因此由式 (7.2.8), 得到

$$\lim_{k\to\infty} \boldsymbol{B}^k = \boldsymbol{0} \tag{7.2.9}$$

于是得到如下定理.

定理 7.3 设式 (7.2.2) 是与方程组 (7.2.1) 相容的迭代法, 当且仅当迭代矩阵 $\boldsymbol{B}$ 满足 $\lim\limits_{k\to\infty} \boldsymbol{B}^k = \boldsymbol{0}$, 迭代格式 (7.2.2) 收敛.

特别地, 根据定理 7.3, 对 Jacobi 迭代法和 Gauss-Seidel 迭代法, 可得如下推论.

推论 7.1 当且仅当 Jacobi 迭代矩阵 $\boldsymbol{J}$ 满足 $\lim\limits_{k\to\infty} \boldsymbol{J}^k = \boldsymbol{0}$ 时, Jacobi 迭代法收敛.

推论 7.2 当且仅当 Gauss-Seidel 迭代矩阵 $\boldsymbol{G}$ 满足 $\lim\limits_{k\to\infty} \boldsymbol{G}^k = \boldsymbol{0}$ 时, Gauss-Seidel 迭代法收敛.

定理 7.3 给出的判定迭代格式 (7.2.2) 收敛的充分必要条件, 虽然思路简单, 但计算并不简单. 事实上, 实践中我们总是尽量计算出迭代矩阵的谱半径 $\rho(\boldsymbol{B})$ 或某个范数 $\|\boldsymbol{B}\|$, 根据谱半径 $\rho(\boldsymbol{B})$ 或者范数 $\|\boldsymbol{B}\|$ 是否小于 1 来判断迭代格式的收敛性.

由定理 7.2 和定理 7.3, 易得下面定理.

定理 7.4 (基本收敛定理) 设式 (7.2.2) 是与方程组 (7.2.1) 相容的迭代法, 则当且仅当迭代矩阵 $\boldsymbol{B}$ 的谱半径 $\rho(\boldsymbol{B})<1$ 时, 迭代格式 (7.2.2) 收敛.

特别地, 根据定理 7.4, 对 Jacobi 迭代法和 Gauss-Seidel 迭代法, 可得如下推论.

推论 7.3 当且仅当 Jacobi 迭代矩阵 $\boldsymbol{J}$ 满足 $\rho(\boldsymbol{J})<1$ 时, Jacobi 迭代法收敛.

推论 7.4 当且仅当 Gauss-Seidel 迭代矩阵 $\boldsymbol{G}$ 满足 $\rho(\boldsymbol{G})<1$ 时, Gauss-Seidel 迭代法收敛.

定理 7.5 设方程组 (7.2.1) 相容的一阶定常迭代法

$$\boldsymbol{x}^{(k+1)}=\boldsymbol{B}\boldsymbol{x}^{(k)}+\boldsymbol{g}$$

如果有 $\boldsymbol{B}$ 的某种算子范数 $\|\boldsymbol{B}\|<1$, 则有如下结论.

(1) 迭代法收敛, 即对任意 $\boldsymbol{x}^{(0)}$, 有

$$\lim_{k\to\infty}\boldsymbol{x}^{(k)}=\boldsymbol{x}^* \quad 且 \quad \boldsymbol{x}^*=\boldsymbol{B}\boldsymbol{x}^*+\boldsymbol{g} \tag{7.2.10}$$

(2) 方程组的近似解 $\boldsymbol{x}^{(k+1)}$ 与精确解 $\boldsymbol{x}^*$ 之差满足如下不等式:

$$\left\|\boldsymbol{x}^{(k+1)}-\boldsymbol{x}^*\right\|\leqslant\|\boldsymbol{B}\|\cdot\left\|\boldsymbol{x}^{(k)}-\boldsymbol{x}^*\right\| \tag{7.2.11}$$

(3) 方程组的近似解 $\boldsymbol{x}^{(k)}$ 与精确解 $\boldsymbol{x}^*$ 之差满足如下不等式:

$$\left\|\boldsymbol{x}^{(k)}-\boldsymbol{x}^*\right\|\leqslant\frac{\|\boldsymbol{B}\|}{1-\|\boldsymbol{B}\|}\cdot\left\|\boldsymbol{x}^{(k)}-\boldsymbol{x}^{(k-1)}\right\| \tag{7.2.12}$$

(4) 方程组的近似解 $\boldsymbol{x}^{(k)}$ 与精确解 $\boldsymbol{x}^*$ 之差满足如下不等式:

$$\left\|\boldsymbol{x}^{(k)}-\boldsymbol{x}^*\right\|\leqslant\frac{\|\boldsymbol{B}\|^k}{1-\|\boldsymbol{B}\|}\cdot\left\|\boldsymbol{x}^{(1)}-\boldsymbol{x}^{(0)}\right\| \tag{7.2.13}$$

证明 (1) 由基本收敛定理知, 结论 (1) 显然成立.

(2) 将式 (7.2.2) 与式 (7.2.3) 相减, 并求范数, 得不等式

$$\left\|\boldsymbol{x}^{(k+1)}-\boldsymbol{x}^*\right\|=\left\|(\boldsymbol{B}\boldsymbol{x}^{(k)}+\boldsymbol{g})-(\boldsymbol{B}\boldsymbol{x}^*+\boldsymbol{g})\right\|\leqslant\|\boldsymbol{B}\|\cdot\left\|\boldsymbol{x}^{(k)}-\boldsymbol{x}^*\right\|$$

因此结论 (2) 成立.

(3) 由式 (7.2.2) 和范数的相容性得

$$\left\|\boldsymbol{x}^{(k+1)}-\boldsymbol{x}^{(k)}\right\|=\left\|\boldsymbol{B}\boldsymbol{x}^{(k)}+\boldsymbol{g}-(\boldsymbol{B}\boldsymbol{x}^{(k-1)}+\boldsymbol{g})\right\|\leqslant\|\boldsymbol{B}\|\cdot\left\|\boldsymbol{x}^{(k)}-\boldsymbol{x}^{(k-1)}\right\| \tag{7.2.14}$$

于是有

$$\left\|\boldsymbol{x}^{(k)}-\boldsymbol{x}^*\right\|=\left\|\boldsymbol{x}^{(k)}-\boldsymbol{x}^*+\boldsymbol{x}^{(k+1)}-\boldsymbol{x}^{(k+1)}\right\|\leqslant\left\|\boldsymbol{x}^{(k+1)}-\boldsymbol{x}^*\right\|+\left\|\boldsymbol{x}^{(k+1)}-\boldsymbol{x}^{(k)}\right\|$$

上式中应用不等式 (7.2.14), 得

$$\left\|\boldsymbol{x}^{(k)}-\boldsymbol{x}^*\right\|\leqslant\|\boldsymbol{B}\|\cdot\left\|\boldsymbol{x}^{(k)}-\boldsymbol{x}^*\right\|+\left\|\boldsymbol{x}^{(k+1)}-\boldsymbol{x}^{(k)}\right\|$$

由已知条件 $\|\boldsymbol{B}\|<1$, 并应用不等式 (7.2.14), 上式运算得

$$\left\|\boldsymbol{x}^{(k)}-\boldsymbol{x}^*\right\|\leqslant\frac{1}{1-\|\boldsymbol{B}\|}\cdot\left\|\boldsymbol{x}^{(k+1)}-\boldsymbol{x}^{(k)}\right\|\leqslant\frac{\|\boldsymbol{B}\|}{1-\|\boldsymbol{B}\|}\cdot\left\|\boldsymbol{x}^{(k)}-\boldsymbol{x}^{(k-1)}\right\|$$

(4) 应用不等式 (7.2.12), 并反复利用式 (7.2.14), 得

$$\begin{aligned}\left\|\boldsymbol{x}^{(k)}-\boldsymbol{x}^*\right\|&\leqslant\frac{\|\boldsymbol{B}\|}{1-\|\boldsymbol{B}\|}\cdot\left\|\boldsymbol{x}^{(k)}-\boldsymbol{x}^{(k-1)}\right\|\leqslant\frac{\|\boldsymbol{B}\|^2}{1-\|\boldsymbol{B}\|}\cdot\left\|\boldsymbol{x}^{(k-1)}-\boldsymbol{x}^{(k-2)}\right\|\leqslant\cdots\\&\leqslant\frac{\|\boldsymbol{B}\|^k}{1-\|\boldsymbol{B}\|}\cdot\left\|\boldsymbol{x}^{(1)}-\boldsymbol{x}^{(0)}\right\|\end{aligned} \tag{7.2.15}$$

因此结论 (4) 成立.

特别地, 根据定理 7.5, 可得：当 Jacobi 迭代矩阵 $\boldsymbol{J}$ 满足条件 $\|\boldsymbol{J}\|<1$ 时, 则 Jacobi 迭代法收敛; 当 Gauss-Seidel 迭代矩阵 $\boldsymbol{G}$ 满足条件 $\|\boldsymbol{G}\|<1$ 时, 则 Gauss-Seidel 迭代法收敛.

注意定理 7.5 只给出迭代法 (7.2.2) 收敛的充分但不必要条件, 即使条件 $\|\boldsymbol{B}\|<1$ 不成立, 迭代序列仍可能收敛.

例 7.2.2 考察迭代法 $\boldsymbol{x}^{(k+1)}=\boldsymbol{B}\boldsymbol{x}^{(k)}+\boldsymbol{g}$, 其中 $\boldsymbol{B}=\begin{bmatrix}0.8&0.5\\0&0.7\end{bmatrix}$, $\boldsymbol{f}=\begin{bmatrix}1\\2\end{bmatrix}$. 容易求出 $\|\boldsymbol{B}\|_1=1.2, \|\boldsymbol{B}\|_\infty=1.3, \|\boldsymbol{B}\|_2=1.09, \|\boldsymbol{B}\|_F=1.17$. 显然 $\boldsymbol{B}$

的各种范数均大于 1, 但由于 $\rho(\boldsymbol{B}) = 0.8 < 1$, 故此迭代法产生的迭代序列是收敛的.

由于定理 7.4 的条件 $\rho(\boldsymbol{B}) < 1$ 是判定迭代法收敛性的充要条件, 因而是比较有效的方法之一. 然而, 毕竟求迭代矩阵的范数要比求矩阵最大特征值简单方便, 因此在判定一阶定常迭代法是否收敛时, 还是首先要考虑应用定理 7.5, 当该定理不适用时, 可再行考虑应用定理 7.4.

例 7.2.3 考察解方程组

$$\begin{cases} 10x_1 & -x_2 & & = 9 \\ -x_1 & +10x_2 & -2x_3 & = 7 \\ & -4x_2 & +10x_3 & = 6 \end{cases} \tag{7.2.16}$$

的 Jacobi 迭代法及 Gauss-Seidel 迭代法的收敛性.

解 (1) 易得该方程组的 Jacobi 迭代法的迭代法矩阵为

$$\boldsymbol{J} = \begin{bmatrix} 0 & \dfrac{1}{10} & 0 \\ \dfrac{1}{10} & 0 & \dfrac{2}{10} \\ 0 & \dfrac{4}{10} & 0 \end{bmatrix}$$

由于

$$\|\boldsymbol{J}\|_\infty = \max\left\{\frac{1}{10}, \frac{3}{10}, \frac{2}{5}\right\} = \frac{2}{5} < 1$$

应用定理 7.5 得：Jacobi 迭代方法收敛.

(2) Gauss-Seidel 迭代法的迭代矩阵为

$$\boldsymbol{G} = -(\boldsymbol{L}+\boldsymbol{D})^{-1}\boldsymbol{U} = -\begin{bmatrix} \dfrac{1}{10} & 0 & 0 \\ \dfrac{1}{100} & \dfrac{1}{10} & 0 \\ \dfrac{1}{250} & \dfrac{1}{25} & \dfrac{1}{10} \end{bmatrix} \cdot \begin{bmatrix} 0 & -1 & 0 \\ 0 & 0 & -2 \\ 0 & 0 & 0 \end{bmatrix} = \begin{bmatrix} 0 & \dfrac{1}{10} & 0 \\ 0 & \dfrac{1}{100} & \dfrac{1}{5} \\ 0 & \dfrac{1}{250} & \dfrac{2}{25} \end{bmatrix}$$

由于

$$\|\boldsymbol{G}\|_\infty = \max\left\{\frac{1}{10}, \frac{21}{100}, \frac{21}{250}\right\} = \frac{21}{100} < 1.$$

应用定理 7.5 得：Gauss-Seidel 迭代方法收敛.

在算法程序中，常用不等式 (7.2.12) 动态估计方程组近似解与精确解的误差是否满足给定的误差限 ε，当判定相邻两次迭代所得近似解之差满足不等式 $\left\|\boldsymbol{x}^{(k)}-\boldsymbol{x}^{(k-1)}\right\|<\dfrac{1-\|\boldsymbol{B}\|}{\|\boldsymbol{B}\|}\cdot\varepsilon$ 时，则有

$$\left\|\boldsymbol{x}^{(k)}-\boldsymbol{x}^{*}\right\| \leqslant \varepsilon \tag{7.2.17}$$

此时，即可停止算法程序的运行，因此不等式 (7.2.12) 称为**事后误差估计**.

同理，不等式 (7.2.13) 称为**事先误差估计**. 事实上，在算法程序运行之前，根据不等式

$$\frac{\|\boldsymbol{B}\|^{k}}{1-\|\boldsymbol{B}\|}\cdot\left\|\boldsymbol{x}^{(1)}-\boldsymbol{x}^{(0)}\right\|<\varepsilon$$

可求得使近似解向量满足不等式 (7.2.17) 所需要的迭代次数

$$k=\left\lfloor\frac{\ln\dfrac{\varepsilon(1-\|\boldsymbol{B}\|)}{\left\|\boldsymbol{x}^{(1)}-\boldsymbol{x}^{(0)}\right\|}}{\ln\|\boldsymbol{B}\|}\right\rfloor+1$$

这里，符号 $\lfloor\cdot\rfloor$ 表示对括号中表达式的值进行取整运算.

7.2.2 Jacobi 迭代法与 Gauss-Seidel 迭代法的收敛性

一般情况下，同一个方程组的 Jacobi 迭代法与 Gauss-Seidel 迭代法的收敛性之间无任何关联，参见下面的例子.

例 7.2.4 已知方程组 $\boldsymbol{A}\boldsymbol{x}=\boldsymbol{b}$，其中 $\boldsymbol{A}=\begin{bmatrix}1&2&-2\\1&1&1\\2&2&1\end{bmatrix}$. 验证求解该方程组的 Jacobi 迭代法和 Gauss-Seidel 迭代法的收敛性.

解 (1) 易得 Jacobi 迭代法的迭代矩阵

$$\boldsymbol{J}=\begin{bmatrix}0&-2&2\\-1&0&-1\\-2&-2&0\end{bmatrix}$$

由于 $\boldsymbol{J}$ 的特征多项式 $\det(\lambda\boldsymbol{I}-\boldsymbol{J})=\lambda^{3}$，其三个特征值为 $\lambda_1=\lambda_2=\lambda_3=0$. 因此有

$$\rho(\boldsymbol{J})<1$$

所以用 Jacobi 迭代法求解该线性方程组是收敛的.

(2) 同理可得：Gauss-Seidel 迭代法的迭代矩阵

$$G=\begin{bmatrix}0 & -2 & 2\\0 & 2 & -3\\0 & 0 & 2\end{bmatrix}$$

G 的特征多项式 $\det(\lambda I-G)=\lambda(\lambda-2)^2$, 其特征值为 $\lambda_1=0,\lambda_2=\lambda_3=2$. 于是有

$$\rho(G)=2>1$$

因此, 用 Gauss-Seidel 迭代法求解该线性方程组是发散的.

然而, 在科学及工程计算中, 要求解线性方程组 $Ax=b$, 其系数矩阵常常具备某些特性. 例如 A 具有对角占优性质或 A 为不可约矩阵, 或 A 为对称正定矩阵等. 下面讨论这些方程组的收敛性.

定义 7.4 (对角占优矩阵) 若 n 阶矩阵 $A=[a_{ij}]$ 满足:

(1) 如果 A 的元素满足

$$\sum_{\substack{j=1\\j\neq i}}^{n}|a_{ij}|<|a_{ii}|,\quad i=1,2,\cdots,n$$

则称 A 为**严格对角占优矩阵**.

(2) 如果 A 的元素满足

$$\sum_{\substack{j=1\\j\neq i}}^{n}|a_{ij}|\leqslant|a_{ii}|,\quad i=1,2,\cdots,n$$

且上式至少有一个不等式严格成立, 则称 A 为**弱对角占优矩阵**.

定义 7.5 任意实矩阵 $A=[a_{ij}]\in \mathbf{R}^{n\times n}$, $n\geqslant 2$, 如果存在置换阵 (每行每列只有一个元素为 1, 其余元素全为零的方阵)P 使

$$P^{\mathrm{T}}AP=\begin{bmatrix}A_{11} & A_{12}\\O & A_{22}\end{bmatrix}\tag{7.2.18}$$

其中 A_{ij} 为矩阵 $P^{\mathrm{T}}AP$ 的子块, 则称矩阵 A 为**可约矩阵**; 否则, 如果不存在置换阵 P 使式 (7.2.18) 成立, 则称 A 为**不可约矩阵**.

定理 7.6 (图论法) $n(n>1)$ 阶复数方阵 $\boldsymbol{A}$ 是不可约的当且仅当与矩阵 $\boldsymbol{A}$ 对应的有向图 $S(\boldsymbol{A})$ 是强连通的.

定理的证明略.

显然, 如果 $\boldsymbol{A}$ 的所有元素都非零, 则 $\boldsymbol{A}$ 为不可约矩阵.

例 7.2.5 设有矩阵

$$\boldsymbol{A}=\begin{bmatrix}1&0&2\\2&1&2\\1&0&3\end{bmatrix},\quad \boldsymbol{B}=\begin{bmatrix}4&-1&-1&0\\-1&4&0&-1\\-1&0&4&-1\\0&-1&-1&4\end{bmatrix}$$

则 $\boldsymbol{A}$ 为可约矩阵, $\boldsymbol{B}$ 为不可约矩阵.

定理 7.7 (对角占优定理) 如果 $\boldsymbol{A}$ 是严格对角占优矩阵或弱对角占优不可约矩阵, 则矩阵 $\boldsymbol{A}$ 非奇异.

证明 只就 $\boldsymbol{A}$ 为严格对角占优矩阵证明此定理. 设 $\boldsymbol{A}=\boldsymbol{D}+\boldsymbol{L}+\boldsymbol{U}$, 其中矩阵 $\boldsymbol{L},\boldsymbol{D},\boldsymbol{U}$ 的定义参见式 (7.1.10), 因为 $\boldsymbol{A}$ 为严格对角占优矩阵, 所以 $\boldsymbol{D}$ 可逆. 故

$$\boldsymbol{A}=\boldsymbol{D}(\boldsymbol{I}+\boldsymbol{D}^{-1}(\boldsymbol{L}+\boldsymbol{U}))=\boldsymbol{D}(\boldsymbol{I}-\boldsymbol{J})$$

其中 $\boldsymbol{J}$ 表示 Jacobi 迭代法的迭代矩阵, 而且

$$\|\boldsymbol{J}\|_\infty=\max_{1\leqslant i\leqslant n}\sum_{\substack{j=1\\j\neq i}}^{n}\left|\frac{a_{ij}}{a_{ii}}\right|<1$$

因此 $\rho(\boldsymbol{J})\leqslant\|\boldsymbol{J}\|_\infty<1$, 故 $\lambda=1$ 不是 $\boldsymbol{J}$ 的特征值, 从而 $\det(\boldsymbol{I}-\boldsymbol{J})\neq 0$, 所以 $\det(\boldsymbol{A})\neq 0$.

定理 7.8 如果 $\boldsymbol{A}=[a_{ij}]\in\mathbf{R}^{n\times n}$ 为严格对角占优矩阵或弱对角占优不可约矩阵, 则解方程组 $\boldsymbol{Ax}=\boldsymbol{b}$ 的 Jacobi 迭代法和 Gauss-Seidel 迭代法均收敛.

证明 只就 $\boldsymbol{A}$ 为严格对角占优矩阵证明此定理. 由定理 7.7 的证明可知: Jacobi 迭代法的迭代矩阵 $\boldsymbol{J}$ 满足 $\|\boldsymbol{J}\|_\infty<1$, 所以 Jacobi 迭代法收敛.

下面采用反证法来证明 Gauss-Seidel 迭代法的收敛性：假设 Gauss-Seidel 迭代法的迭代矩阵 $\boldsymbol{G}$ 存在绝对值 (模) 大于 1 的特征值 λ, 则存在对应于该特征值的特征向量 $\boldsymbol{x}$, 使

$$\boldsymbol{G}\boldsymbol{x} = \lambda\boldsymbol{x}$$

这里, $\boldsymbol{G} = -(\boldsymbol{L}+\boldsymbol{D})^{-1}\boldsymbol{U}$, $\boldsymbol{A} = \boldsymbol{D}+\boldsymbol{L}+\boldsymbol{U}$. 由于

$$|\lambda\boldsymbol{I}-\boldsymbol{G}| = \left|\lambda\boldsymbol{I}+(\boldsymbol{L}+\boldsymbol{D})^{-1}\boldsymbol{U}\right| = \left|(\boldsymbol{L}+\boldsymbol{D})^{-1}\right|\cdot|\lambda(\boldsymbol{L}+\boldsymbol{D})+\boldsymbol{U}|$$

由矩阵 $\boldsymbol{A}$ 严格对角占优知 $|(\boldsymbol{L}+\boldsymbol{D})^{-1}| \neq 0$, 因此得

$$|\lambda(\boldsymbol{L}+\boldsymbol{D})+\boldsymbol{U}| = 0 \tag{7.2.19}$$

而

$$\lambda(\boldsymbol{L}+\boldsymbol{D})+\boldsymbol{U} = \begin{bmatrix} \lambda a_{11} & a_{12} & \cdots & a_{1n} \\ \lambda a_{21} & \lambda a_{22} & \cdots & a_{2n} \\ \vdots & \vdots & & \vdots \\ \lambda a_{n1} & \lambda a_{n2} & \cdots & \lambda a_{nn} \end{bmatrix}$$

故可由条件 $|\lambda| \geqslant 1$ 和矩阵 $\boldsymbol{A}$ 的严格对角占优性质知：矩阵 $\lambda(\boldsymbol{L}+\boldsymbol{D})+\boldsymbol{U}$ 也是严格对角占优阵. 由对角占优定理 7.7 知, $|\lambda(\boldsymbol{L}+\boldsymbol{D})+\boldsymbol{U}| \neq 0$. 这与式 (7.2.19) 的结论相矛盾, 因此假设错误. 即迭代矩阵 $\boldsymbol{G}$ 所有的特征值的绝对值 (模) 均小于 1, 因此有

$$\rho(\boldsymbol{G}) < 1.$$

由定理 7.4 知：Gauss-Seidel 迭代法收敛.

例 7.2.6 建立解方程组 $\begin{cases} x_1+4x_2-2x_3=2, \\ 5x_1-x_2+2x_3=4, \\ 2x_1+x_2-6x_3=3 \end{cases}$ 的 Gauss-Seidel 迭代格式, 并判断迭代法的收敛性.

解 整理方程组得 $\begin{cases} 5x_1-x_2+2x_3=4, \\ x_1+4x_2-2x_3=2, \\ 2x_1+x_2-6x_3=3, \end{cases}$ 进而将其改写成等价形式

$$\begin{cases} x_1 = \dfrac{1}{5}(4+x_2-2x_3) \\ x_2 = \dfrac{1}{4}(2-x_1+2x_3) \\ x_3 = \dfrac{1}{6}(3+2x_1+x_2) \end{cases}$$

据此, 可建立 Gauss-Seidel 迭代格式为

$$\begin{cases} x_1^{(k+1)} = \dfrac{1}{5}\left(4 + x_2^{(k)} - 2x_3^{(k)}\right), \\ x_2^{(k+1)} = \dfrac{1}{4}\left(2 - x_1^{(k+1)} + 2x_3^{(k)}\right), \qquad k = 0, 1, 2, \cdots \\ x_3^{(k+1)} = \dfrac{1}{6}\left(3 + 2x_1^{(k+1)} + x_2^{(k+1)}\right), \end{cases}$$

由于调整后的线性方程组的系数矩阵: $\boldsymbol{A} = \begin{bmatrix} 5 & -1 & 2 \\ 1 & 4 & -2 \\ 2 & 1 & -6 \end{bmatrix}$ 是严格对角占优的, 由定理 7.8 知 Gauss-Seidel 迭代法收敛.

定理 7.9 如果 $\boldsymbol{A} = [a_{ij}] \in \mathbf{R}^{n \times n}$ 为对称正定矩阵, 则解方程组 $\boldsymbol{Ax} = \boldsymbol{b}$ 的 Gauss-Seidel 迭代法收敛.

定理 7.9 的证明可参见 7.3 节定理 7.13 的证明. 需要指出的是: 根据定理 7.9, 当方程组的系数矩阵 $\boldsymbol{A}$ 为对阵正定阵时, 能够直接判断 Gauss-Seidel 迭代法是收敛的, 但是不能确保 Jacobi 迭代法的收敛性, 然而当给矩阵 $\boldsymbol{A}$ 施加更为严苛的条件时, 比如要求 $2\boldsymbol{D} - \boldsymbol{A}$ 也是正定阵, 则可以证明 Jacobi 迭代法的收敛性, 见如下结论:

定理 7.10 设方程组 (7.2.1) 的系数矩阵 $\boldsymbol{A}$ 为对称正定矩阵, 则当且仅当 $2\boldsymbol{D}-\boldsymbol{A}$ 也是正定阵时, Jacobi 迭代法收敛, 这里 $\boldsymbol{D}$ 的定义参见式 (7.1.10).

定理 7.10 的证明这里先略, 我们将在定理 7.13 证明的后面顺序给出.

例如, 令 $\boldsymbol{A} = \begin{bmatrix} 1 & 2 & 1 \\ 2 & 6 & 1 \\ 1 & 1 & 2 \end{bmatrix}$, 即矩阵 $\boldsymbol{A}$ 为对称正定阵, 此时若使用 Gauss-Seidel 迭代法求解线性方程组 $\boldsymbol{Ax} = \boldsymbol{b}$, 由 $\boldsymbol{A}$ 的对称正定性, 根据定理 7.9 可判定 Gauss-Seidel 迭代法收敛, 然而, 矩阵 $2\boldsymbol{D} - \boldsymbol{A}$ 非正定, 因此可以判定求解该方程组的 Jacobi 迭代法发散.

7.2.3 迭代法的收敛速度

接下来分析迭代法的收敛速度. 由式

$$\boldsymbol{e}^{(k)} = \boldsymbol{B}^k \boldsymbol{e}^{(0)} \to \boldsymbol{0} \quad (k \to \infty) \tag{7.2.20}$$

知：当迭代格式 (7.2.2) 收敛时, 其收敛速度取决于矩阵 $\boldsymbol{B}^k \to \boldsymbol{0}$ 的快慢程度.

设迭代矩阵 $\boldsymbol{B}$ 有 n 个线性无关的特征向量 $\boldsymbol{u}_1, \boldsymbol{u}_2, \cdots, \boldsymbol{u}_n$, 且其相应的特征值满足不等式

$$|\lambda_1| \geqslant |\lambda_2| \geqslant \cdots \geqslant |\lambda_n|$$

则用特征向量系将误差向量 $\boldsymbol{e}^{(0)} = \boldsymbol{x}^{(0)} - \boldsymbol{x}^*$ 展开, 得

$$\boldsymbol{e}^{(0)} = \alpha_1 \boldsymbol{u}_1 + \alpha_2 \boldsymbol{u}_2 + \cdots + \alpha_n \boldsymbol{u}_n$$

故当 $\rho(\boldsymbol{B}) < 1$ 时, 经过 k 步迭代后, $\lambda_i^k \to 0$, 因此第 k 步迭代的误差向量

$$\boldsymbol{e}^{(k)} = \boldsymbol{x}^{(k)} - \boldsymbol{x}^* = \boldsymbol{B}^k(\boldsymbol{x}^{(0)} - \boldsymbol{x}^*) = \sum_{i=1}^{n} \alpha_i \lambda_i^k \boldsymbol{u}_i \to \boldsymbol{0} \quad (k \to \infty)$$

由于 $(\rho(\boldsymbol{B}))^k = |\lambda_1|^k$, 可见 $\boldsymbol{e}^{(k)} \to \boldsymbol{0}$ 的速度又从根本上取决于谱半径 $\rho(\boldsymbol{B})$ 趋于 0 的速度, 即当 $\rho(\boldsymbol{B}) < 1$ 越小时, 迭代法 (7.2.2) 的收敛速度越快, 而当 $\rho(\boldsymbol{B}) \approx 1$, 收敛就比较慢. 因此, 可以用量 $\rho(\boldsymbol{B})$ 来描述迭代法的收敛速度.

定义 7.6 设矩阵 $\boldsymbol{B}$ 为某迭代法的迭代矩阵, 则称

$$R(\boldsymbol{B}) = -\ln \rho(\boldsymbol{B}) \tag{7.2.21}$$

为迭代法的**收敛速度**.

根据定义 7.6 和定理 7.4 知, 当 $R(\boldsymbol{B}) \leqslant 0$ 时, $\rho(\boldsymbol{B}) \geqslant 1$, 则迭代法发散; 当 $R(\boldsymbol{B}) > 0$ 时, $\rho(\boldsymbol{B}) < 1$, 则迭代法收敛, 且 $R(\boldsymbol{B})$ 的代数值越大, 则迭代法的收敛速度就越快.

可以证明在满足某些特殊的条件下, 如果 Jacobi 迭代法和 Gauss-Seidel 迭代法都收敛, 则 Gauss-Seidel 迭代法的收敛速度是 Jacobi 迭代法的两倍.

7.3 超松弛迭代法

在 Gauss-Seidel 迭代法中, 当迭代矩阵的范数 $\|\boldsymbol{B}\| < 1$ 而接近 1 时, 收敛速度很慢, 而且过多的运算又会引起较大的舍入误差. 解决的方法：用 Gauss-Seidel 迭代法得到的相邻两次迭代结果之差, 经加权修正前次迭代结果, 适当选择加权系数, 达到加速收敛的效果.

7.3.1 逐次超松弛迭代法

假设线性方程组

$$\boldsymbol{Ax} = \boldsymbol{b} \tag{7.3.1}$$

的系数矩阵 $\boldsymbol{A}$ 是实矩阵, 仍然按照 7.1 节的分解:

$$\boldsymbol{A} = \boldsymbol{L} + \boldsymbol{D} + \boldsymbol{U} \tag{7.3.2}$$

这里, $\boldsymbol{A} = [a_{ij}]_{n\times n}$, 矩阵 $\boldsymbol{L}, \boldsymbol{D}, \boldsymbol{U}$ 的定义参见式 (7.1.10), 且主对角元 $a_{ii} \neq 0, i = 1, \cdots, n$, $\boldsymbol{b} = [b_1, b_2, \cdots, b_n]^{\mathrm{T}}$, 则求解方程组 (7.3.1) 的 Gauss-Seidel 迭代法 (7.1.18) 等价于

$$\boldsymbol{x}^{(k+1)} = \boldsymbol{D}^{-1}(\boldsymbol{b} - \boldsymbol{L}\boldsymbol{x}^{(k+1)} - \boldsymbol{U}\boldsymbol{x}^{(k)}), \quad k = 0, 1, \cdots \tag{7.3.3}$$

若令 $\Delta\boldsymbol{x} = \boldsymbol{x}^{(k+1)} - \boldsymbol{x}^{(k)}$, 即 $\Delta\boldsymbol{x}$ 表示两次迭代所得近似解向量之差, 则有

$$\boldsymbol{x}^{(k+1)} = \boldsymbol{x}^{(k)} + \Delta\boldsymbol{x} \tag{7.3.4}$$

上式也就是说: 迭代法的近似向量 $\boldsymbol{x}^{(k+1)}$ 可以看作是在第 k 步的近似向量 $\boldsymbol{x}^{(k)}$ 上加上一个修正项 $\Delta\boldsymbol{x}$ 得到的. 如果我们给 (7.3.4) 式中的修正项 $\Delta\boldsymbol{x}$ 添加一个权重系数 ω, 可得

$$\begin{aligned}\boldsymbol{x}^{(k+1)} &= \boldsymbol{x}^{(k)} + \omega\Delta\boldsymbol{x} \\ &= \boldsymbol{x}^{(k)} + \omega(\boldsymbol{x}^{(k+1)} - \boldsymbol{x}^{(k)})\end{aligned}$$

将式 (7.3.3) 代入上式右端, 得到新的一阶定常迭代格式

$$\begin{aligned}\boldsymbol{x}^{(k+1)} &= \boldsymbol{x}^{(k)} + \omega\left(\boldsymbol{D}^{-1}(\boldsymbol{b} - \boldsymbol{L}\boldsymbol{x}^{(k+1)} - \boldsymbol{U}\boldsymbol{x}^{(k)}) - \boldsymbol{x}^{(k)}\right) \\ &= (1-\omega)\boldsymbol{x}^{(k)} + \omega\boldsymbol{D}^{-1}(\boldsymbol{b} - \boldsymbol{L}\boldsymbol{x}^{(k+1)} - \boldsymbol{U}\boldsymbol{x}^{(k)}), \quad k = 0, 1, \cdots\end{aligned} \tag{7.3.5}$$

表达式 (7.3.5) 的分量表示形式为

$$x_i^{(k+1)} = (1-\omega)x_i^{(k)} + \frac{\omega}{a_{ii}}\left(b_i - \sum_{j=1}^{i-1} a_{ij}x_j^{(k+1)} - \sum_{j=i+1}^{n} a_{ij}x_j^{(k)}\right), \tag{7.3.6}$$

$$i = 1, \cdots, n; k = 0, 1, \cdots$$

一般地, 我们将迭代公式 (7.3.6) 称为**逐次超松弛迭代法**, 简称为 SOR 方法, 参数 ω 称为**松弛因子**. 特别地, 当松弛因子 $\omega > 1$ 时, 迭代法 (7.3.6) 称为**逐次**

超松弛迭代法; 当 $\omega < 1$ 时, 迭代法 (7.3.6) 称为**逐次低松弛迭代法**; 当松弛因子 $\omega = 1$ 时, 迭代法 (7.3.6) 即为 Gauss-Seidel 迭代法.

当 $a_{ii} \neq 0(i=1,\cdots,n)$ 时, $(\boldsymbol{D}+\omega\boldsymbol{L})^{-1}$ 存在. 因此可以将式 (7.3.5) 改写为如下形式:

$$\boldsymbol{x}^{(k+1)} = (\boldsymbol{D}+\omega\boldsymbol{L})^{-1}\left((1-\omega)\boldsymbol{D}-\omega\boldsymbol{U}\right)\boldsymbol{x}^{(k)} + \omega(\boldsymbol{D}+\omega\boldsymbol{L})^{-1}\boldsymbol{b}, \quad k=0,1,\cdots \tag{7.3.7}$$

上式即为 SOR 迭代法的矩阵形式, 矩阵 $(\boldsymbol{D}+\omega\boldsymbol{L})^{-1}\left((1-\omega)\boldsymbol{D}-\omega\boldsymbol{U}\right)$ 为 SOR 迭代法的迭代矩阵, 常记为 $\boldsymbol{S}_\omega = (\boldsymbol{D}+\omega\boldsymbol{L})^{-1}\left((1-\omega)\boldsymbol{D}-\omega\boldsymbol{U}\right)$.

7.3.2 SOR 迭代法的收敛性

应用定理 7.4, 容易得到如下结论.

定理 7.11 当且仅当谱半径 $\rho(\boldsymbol{S}_\omega) < 1$ 时, SOR 方法收敛, 这里 $\boldsymbol{S}_\omega$ 是 SOR 方法 (7.3.7) 的迭代矩阵.

定理 7.12 (必要条件) 当系数矩阵 $\boldsymbol{A} = [a_{ij}] \in \mathbf{R}^{n\times n}$ 满足条件 $a_{ii} \neq 0(i=1,2,\cdots,n)$, 若 SOR 方法 (7.3.7) 收敛, 则松弛因子 ω 满足如下不等式:

$$0 < \omega < 2 \tag{7.3.8}$$

证明 记 SOR 迭代法 (7.3.7) 的迭代矩阵 $(\boldsymbol{D}+\omega\boldsymbol{L})^{-1}\left((1-\omega)\boldsymbol{D}-\omega\boldsymbol{U}\right) = \boldsymbol{S}_\omega$, 则迭代矩阵 $\boldsymbol{S}_\omega$ 的行列式

$$\begin{aligned}|\boldsymbol{S}_\omega| &= \left|(\boldsymbol{D}+\omega\boldsymbol{L})^{-1}\right| \cdot |(1-\omega)\boldsymbol{D}-\omega\boldsymbol{U}| = \prod_{i=1}^{n} a_{ii}^{-1} \cdot \prod_{i=1}^{n}\left[(1-\omega)\cdot a_{ii}\right] \\ &= (1-\omega)^n\end{aligned}$$

另一方面, 由于矩阵的行列式等于其所有特征值乘积, 即有

$$|\boldsymbol{S}_\omega| = \prod_{i=1}^{n}\lambda_i$$

于是有

$$|1-\omega|^n = |\det(\boldsymbol{S}_\omega)| = \prod_{i=1}^{n}|\lambda_i| \leqslant (\rho(\boldsymbol{S}_\omega))^n$$

由定理 7.11 知, 当 SOR 方法收敛时, 有 $\rho(\boldsymbol{S}_\omega) < 1$. 因此松弛因子 ω 满足如下不等式:

$$|1-\omega| < 1$$

解之, 得

$$0<\omega<2$$

定理 7.12 指出: 为了使 SOR 迭代法收敛, 松弛因子必须满足不等式 $0<\omega<2$. 然而对于任意一个线性方程组来讲, 当松弛因子满足上述不等式时, 其 SOR 方法未必收敛.

定理 7.13 (充要条件判别法) 若方程组的系数矩阵 $\boldsymbol{A}$ 是实对称正定阵, 则当且仅当 $0<\omega<2$ 时, SOR 迭代法收敛.

证明 **必要性**的证明同定理 7.12, 下面仅证明**充分性**. 令 λ 表示迭代矩阵

$$\boldsymbol{S}_\omega=(\boldsymbol{D}+\omega\boldsymbol{L})^{-1}((1-\omega)\boldsymbol{D}-\omega\boldsymbol{U})$$

的任意一个特征值, $\boldsymbol{x}$ 是与特征值 λ 对应的特征向量, 则成立如下等式:

$$(\boldsymbol{D}+\omega\boldsymbol{L})^{-1}((1-\omega)\boldsymbol{D}-\omega\boldsymbol{U})\boldsymbol{x}=\lambda\boldsymbol{x} \tag{7.3.9}$$

下面证明: 当 $0<\omega<2$ 时, 特征值 λ 满足不等式

$$|\lambda|<1$$

在方程 (7.3.9) 的两边左乘矩阵 $(\boldsymbol{D}+\omega\boldsymbol{L})$, 得

$$((1-\omega)\boldsymbol{D}-\omega\boldsymbol{U})\boldsymbol{x}=\lambda(\boldsymbol{D}+\omega\boldsymbol{L})\boldsymbol{x} \tag{7.3.10}$$

将方程 (7.3.10) 等号两端分别跟向量 $\boldsymbol{x}$ 取内积, 整理得

$$(1-\omega)(\boldsymbol{Dx},\boldsymbol{x})-\omega(\boldsymbol{Ux},\boldsymbol{x})=\lambda((\boldsymbol{Dx},\boldsymbol{x})+\omega(L\boldsymbol{x},\boldsymbol{x}))$$

$$\lambda=\frac{(1-\omega)(\boldsymbol{Dx},\boldsymbol{x})-\omega(\boldsymbol{Ux},\boldsymbol{x})}{(\boldsymbol{Dx},\boldsymbol{x})+\omega(\boldsymbol{Lx},\boldsymbol{x})}$$

由于 $\boldsymbol{A}=\boldsymbol{L}+\boldsymbol{D}+\boldsymbol{U}$ 是对称正定矩阵, 所以 $\boldsymbol{D}$ 是正定矩阵, 且 $\boldsymbol{L}=\boldsymbol{U}^{\mathrm{T}}$, 故记 $(\boldsymbol{Dx},\boldsymbol{x})=\sigma>0$, $(\boldsymbol{Lx},\boldsymbol{x})=\alpha+\mathrm{i}\beta$, 则有

$$(\boldsymbol{Ux},\boldsymbol{x})=(\boldsymbol{x},\boldsymbol{Lx})=\overline{(\boldsymbol{Lx},\boldsymbol{x})}=\alpha-\mathrm{i}\beta$$

$$0<(\boldsymbol{Ax},\boldsymbol{x})=(\boldsymbol{Dx},\boldsymbol{x})+(\boldsymbol{Lx},\boldsymbol{x})+(\boldsymbol{Ux},\boldsymbol{x})=\sigma+2\alpha \tag{7.3.11}$$

所以

$$\lambda=\frac{(1-\omega)\sigma-\omega(\alpha-\mathrm{i}\beta)}{\sigma+\omega(\alpha+\mathrm{i}\beta)}$$

因此, 特征值 λ 的模的平方

$$\begin{aligned}|\lambda|^2 &= \lambda\cdot\bar{\lambda}\\ &= \frac{(1-\omega)\sigma-\omega(\alpha-\mathrm{i}\beta)}{\sigma+\omega(\alpha+\mathrm{i}\beta)}\cdot\frac{\overline{(1-\omega)\sigma-\omega(\alpha-\mathrm{i}\beta)}}{\overline{\sigma+\omega(\alpha+\mathrm{i}\beta)}}\\ &= \frac{(\sigma-\sigma\omega-\omega\alpha)^2+\omega^2\beta^2}{(\sigma+\omega\alpha)^2+\omega^2\beta^2}\end{aligned}$$

且由式 (7.3.11) 知, $\sigma+2\alpha>0$, 则当 $0<\omega<2$ 时, 得

$$(\sigma-\sigma\omega-\omega\alpha)^2-(\sigma+\omega\alpha)^2=-\sigma\omega(\sigma+2\alpha)(2-\omega)<0 \tag{7.3.12}$$

于是, 当 $0<\omega<2$ 时, 可证得不等式 $|\lambda|<1$. 再由特征值 λ 的任意性知

$$\rho(\boldsymbol{S}_\omega)<1$$

即当 $0<\omega<2$ 时, SOR 方法 (7.3.7) 收敛.

定理 7.13 说明, 当 $\omega=1$ 时, Gauss-Seidel 迭代法收敛. 即定理 7.9 成立.

下面我们利用定理 7.13 的证明思想来推导定理 7.10.

设 λ 表示 Jacobi 迭代法的迭代矩阵 $\boldsymbol{J}=-\boldsymbol{D}^{-1}(\boldsymbol{L}+\boldsymbol{U})$ 的任意一个特征值, $\boldsymbol{y}$ 是与特征值 λ 对应的特征向量, 则

$$-(\boldsymbol{L}+\boldsymbol{U})\boldsymbol{y}=\lambda\boldsymbol{D}\boldsymbol{y}$$

于是

$$-(\boldsymbol{L}\boldsymbol{y},\boldsymbol{y})-(\boldsymbol{U}\boldsymbol{y},\boldsymbol{y})=\lambda(\boldsymbol{D}\boldsymbol{y},\boldsymbol{y})$$

这里, 同定理 7.13, 仍有 $\boldsymbol{L}=\boldsymbol{U}^{\mathrm{T}}$, $(\boldsymbol{D}\boldsymbol{x},\boldsymbol{x})=\sigma>0, (\boldsymbol{L}\boldsymbol{x},\boldsymbol{x})=\alpha+\mathrm{i}\beta$, 得

$$\lambda=-2\alpha/\sigma$$

所以 Jacobi 迭代法收敛 $\Leftrightarrow \rho(\boldsymbol{J})<1$, λ 的任意性 $\Leftrightarrow |\lambda|=\left|\dfrac{-2\alpha}{\sigma}\right|<1 \Leftrightarrow \sigma+2\alpha>0$ 且 $2\alpha-\sigma<0$. 又由于 $\boldsymbol{A}$ 对称正定, 即有式 (7.3.11) 成立. 所以 Jacobi 迭代法收敛 $\Leftrightarrow 2\alpha-\sigma<0$, 而

$$((2\boldsymbol{D}-\boldsymbol{A})\boldsymbol{y},\boldsymbol{y})=(\boldsymbol{D}\boldsymbol{y},\boldsymbol{y})-(\boldsymbol{L}\boldsymbol{y},\boldsymbol{y})-(\boldsymbol{U}\boldsymbol{y},\boldsymbol{y})=\sigma-2\alpha>0$$

所以, 当 $\boldsymbol{A}$ 对称正定时, Jacobi 迭代法收敛 $\Leftrightarrow 2\boldsymbol{D}-\boldsymbol{A}$ 正定.

定理 7.14 设 $\boldsymbol{Ax}=\boldsymbol{b}$, 如果

(1) $\boldsymbol{A}$ 为严格对角占优矩阵 (或 $\boldsymbol{A}$ 为弱对角占优不可约矩阵);

(2) $0<\omega\leqslant 1$,

则解 $\boldsymbol{Ax}=\boldsymbol{b}$ 的 SOR 迭代法收敛.

例 7.3.1 用 SOR 方法求解如下线性方程组

$$\begin{bmatrix} -4 & 1 & 1 & 1 \\ 1 & -4 & 1 & 1 \\ 1 & 1 & -4 & 1 \\ 1 & 1 & 1 & -4 \end{bmatrix}\begin{bmatrix} x_1 \\ x_2 \\ x_3 \\ x_4 \end{bmatrix}=\begin{bmatrix} 1 \\ 1 \\ 1 \\ 1 \end{bmatrix}$$

并与方程组的精确解进行比较.

解 由式 (7.3.6) 得 SOR 迭代法:

$$\begin{cases} x_1^{(k+1)}=x_1^{(k)}-\omega(1+4x_1^{(k)}-x_2^{(k)}-x_3^{(k)}-x_4^{(k)})/4 \\ x_2^{(k+1)}=x_2^{(k)}-\omega(1-x_1^{(k+1)}+4x_2^{(k)}-x_3^{(k)}-x_4^{(k)})/4 \\ x_3^{(k+1)}=x_3^{(k)}-\omega(1-x_1^{(k+1)}-x_2^{(k+1)}+4x_3^{(k)}-x_4^{(k)})/4 \\ x_4^{(k+1)}=x_4^{(k)}-\omega(1-x_1^{(k+1)}-x_2^{(k+1)}-x_3^{(k+1)}+4x_4^{(k)})/4 \end{cases}$$

若令 $\omega=1.3$, 并取初始解向量为 $\boldsymbol{x}^{(0)}=[0,0,0,0]^{\mathrm{T}}$, 代入上式右端, 迭代到第 11 步的结果为

$$\boldsymbol{x}^{(11)}=[-0.99999646,-1.00000310,-0.99999953,-0.99999912]^{\mathrm{T}}$$

不难求得方程组的精确解为 $\boldsymbol{x}^*=[-1,-1,-1,-1]^{\mathrm{T}}$. 于是可以计算出数值解 $\boldsymbol{x}^{(11)}$ 的误差为

$$\left\|\boldsymbol{e}^{(11)}\right\|_2=\left\|\boldsymbol{x}^{(11)}-\boldsymbol{x}^*\right\|_2\leqslant 0.46\times 10^{-5}$$

对应松弛因子ω 的其他取值, SOR 方法求出相同精度的数值解所进行的迭代次数如表 7.3 所示.

表 7.3 最佳松弛因子的选择

松弛因子ω	1.0	1.1	1.2	1.3	1.4	1.5	1.6	1.7	1.8	1.9
迭代次数	22	17	12	11	14	17	23	33	53	109

由表 7.3 中数据可知, 本例中 $\omega=1.3$ 是最佳松弛因子, 且松弛因子选择对 SOR 方法的收敛性, 特别是对迭代次数的多少有很大的影响. 因此使用 SOR 迭代法, 松弛因子的选择步骤必不可少.

对于 SOR 迭代法希望选择松弛因子 ω 使迭代过程 (7.3.7) 式收敛较快, 在理论上即确定 ω_{opt} 使

$$\min_{0<\omega<2} \rho(\boldsymbol{S}_\omega) = \rho(\boldsymbol{S}_{\omega_{\text{opt}}})$$

对于某些特殊类型的矩阵, 建立了 SOR 方法最佳松弛因子理论. 例如, 对所谓具有“性质 A”等条件的线性方程组建立了最佳松弛因子公式

$$\omega_{\text{opt}} = \frac{2}{1+\sqrt{1-(\rho(\boldsymbol{J}))^2}}$$

其中 $\rho(\boldsymbol{J})$ 为解 $\boldsymbol{Ax}=\boldsymbol{b}$ 的 Jacobi 迭代法的迭代矩阵的谱半径.

7.4 共轭梯度法

7.4.1 变分问题

设 $\boldsymbol{A}=[a_{ij}]\in\mathbf{R}^{n\times n}$ 是对称正定矩阵, 求解的线性方程组为

$$\boldsymbol{Ax}=\boldsymbol{b} \tag{7.4.1}$$

考虑如下定义的二次函数 $\varphi:\mathbf{R}^n\to\mathbf{R}$,

$$\varphi(\boldsymbol{x}) = \frac{1}{2}(\boldsymbol{Ax},\boldsymbol{x}) - (\boldsymbol{b},\boldsymbol{x})$$

则函数 φ 具有以下性质:

(1) 对一切 $\boldsymbol{x}\in\mathbf{R}^n, \varphi(\boldsymbol{x})$ 的梯度

$$\nabla\varphi(\boldsymbol{x}) = \boldsymbol{Ax}-\boldsymbol{b} \tag{7.4.2}$$

(2) 对一切 $\boldsymbol{x},\boldsymbol{y}\in\mathbf{R}^n$ 及 $\alpha\in\mathbf{R}$,

$$\varphi(\boldsymbol{x}+\alpha\boldsymbol{y}) = \varphi(\boldsymbol{x}) + \alpha(\boldsymbol{Ax}-\boldsymbol{b},\boldsymbol{y}) + \frac{\alpha^2}{2}(\boldsymbol{Ay},\boldsymbol{y}) \tag{7.4.3}$$

(3) 设 $\boldsymbol{x}^*=\boldsymbol{A}^{-1}\boldsymbol{b}$ 是线性方程组 (7.4.1) 的解, 则有

$$\varphi(\boldsymbol{x}^*) = -\frac{1}{2}(\boldsymbol{Ax}^*,\boldsymbol{x}^*)$$

且对一切 $\boldsymbol{x}\in\mathbf{R}^n$, 有

$$\varphi(\boldsymbol{x})-\varphi(\boldsymbol{x}^*) = \frac{1}{2}(\boldsymbol{A}(\boldsymbol{x}-\boldsymbol{x}^*),\boldsymbol{x}-\boldsymbol{x}^*) \tag{7.4.4}$$

定理 7.15 设 $\boldsymbol{A}$ 对称正定, 则 $\boldsymbol{x}^*$ 为线性方程组 (7.4.1) 解的充分必要条件是 $\boldsymbol{x}^*$ 满足

$$\varphi(\boldsymbol{x}^*) = \min_{\boldsymbol{x}\in\mathbf{R}^n} \varphi(\boldsymbol{x}) \tag{7.4.5}$$

证明 **必要性** 设 $\boldsymbol{x}^* = \boldsymbol{A}^{-1}\boldsymbol{b}$, 由式 (7.4.4) 及 $\boldsymbol{A}$ 的正定性得

$$\varphi(\boldsymbol{x}) - \varphi(\boldsymbol{x}^*) = \frac{1}{2}(\boldsymbol{A}(\boldsymbol{x}-\boldsymbol{x}^*), \boldsymbol{x}-\boldsymbol{x}^*) \geqslant 0$$

所以对一切 $\boldsymbol{x}\in\mathbf{R}^n$, 均有 $\varphi(\boldsymbol{x}) \geqslant \varphi(\boldsymbol{x}^*)$, 即 $\varphi(\boldsymbol{x}^*) = \min\limits_{\boldsymbol{x}\in\mathbf{R}^n} \varphi(\boldsymbol{x})$.

充分性 设 $\varphi(\boldsymbol{x}^*) = \min\limits_{\boldsymbol{x}\in\mathbf{R}^n} \varphi(\boldsymbol{x})$, 则 $\varphi(\boldsymbol{x}^*) \leqslant \varphi(\boldsymbol{x})$ 对任意 $\boldsymbol{x}\in\mathbf{R}^n$ 都成立. 假设 $\bar{\boldsymbol{x}}$ 为线性方程组 (7.4.1) 的解, 则 $\varphi(\boldsymbol{x}^*) - \varphi(\bar{\boldsymbol{x}}) = \dfrac{1}{2}(\boldsymbol{A}(\boldsymbol{x}^*-\bar{\boldsymbol{x}}), \boldsymbol{x}^*-\bar{\boldsymbol{x}}) \leqslant 0$, 又由 $\boldsymbol{A}$ 的正定性得

$$\varphi(\boldsymbol{x}^*) - \varphi(\bar{\boldsymbol{x}}) = \frac{1}{2}(\boldsymbol{A}(\boldsymbol{x}^*-\bar{\boldsymbol{x}}), \boldsymbol{x}^*-\bar{\boldsymbol{x}}) = 0$$

因为 $\boldsymbol{A}$ 正定, 上式成立当且仅当 $\bar{\boldsymbol{x}} = \boldsymbol{x}^*$. 证毕.

由定理可知, 求解线性方程组 (7.4.1), 等价于求解方程组 (7.4.1) 的变分问题 (7.4.5), 即求解 $\boldsymbol{x}^*\in\mathbf{R}^n$, 使 $\varphi(\boldsymbol{x})$ 达到最小值.

7.4.2 最速下降法

通常求 $\varphi(\boldsymbol{x})$ 的极小点, 可以从 $\boldsymbol{x}^{(0)}$ 出发, 找一个方向 $\boldsymbol{p}^{(0)}$, 令 $\boldsymbol{x}^{(1)} = \boldsymbol{x}^{(0)} + \alpha\boldsymbol{p}^{(0)}$, 使 $\varphi(\boldsymbol{x}^{(1)}) = \min\limits_{\boldsymbol{x}\in\mathbf{R}^n} \varphi(\boldsymbol{x}^{(0)} + \alpha\boldsymbol{p}^{(0)})$.

一般地, 令 $\boldsymbol{x}^{(k+1)} = \boldsymbol{x}^{(k)} + \alpha_k\boldsymbol{p}^{(k)}$, 使

$$\varphi(\boldsymbol{x}^{(k+1)}) = \min_{\alpha\in\mathbf{R}} \varphi(\boldsymbol{x}^{(k)} + \alpha\boldsymbol{p}^{(k)}) \tag{7.4.6}$$

由于

$$\varphi(\boldsymbol{x}^{(k)} + \alpha\boldsymbol{p}^{(k)}) = \varphi(\boldsymbol{x}^{(k)}) + \alpha(\boldsymbol{A}\boldsymbol{x}^{(k)} - \boldsymbol{b}, \boldsymbol{p}^{(k)}) + \frac{\alpha^2}{2}(\boldsymbol{A}\boldsymbol{p}^{(k)}, \boldsymbol{p}^{(k)})$$

令

$$\frac{\mathrm{d}\varphi(\boldsymbol{x}^{(k)} + \alpha\boldsymbol{p}^{(k)})}{\mathrm{d}\alpha} = (\boldsymbol{A}\boldsymbol{x}^{(k)} - \boldsymbol{b}, \boldsymbol{p}^{(k)}) + \alpha(\boldsymbol{A}\boldsymbol{p}^{(k)}, \boldsymbol{p}^{(k)}) = 0$$

得到

$$\alpha = \alpha_k = -\frac{(\boldsymbol{A}\boldsymbol{x}^{(k)} - \boldsymbol{b}, \boldsymbol{p}^{(k)})}{(\boldsymbol{A}\boldsymbol{p}^{(k)}, \boldsymbol{p}^{(k)})} \tag{7.4.7}$$

则

$$\varphi(\boldsymbol{x}^{(k)}+\alpha_k\boldsymbol{p}^{(k)})\leqslant\varphi(\boldsymbol{x}^{(k)}+\alpha\boldsymbol{p}^{(k)}),\quad\forall\alpha\in\mathbf{R}$$

上述就是求 $\varphi(\boldsymbol{x})$ 极小点的下降算法, 这里 $\boldsymbol{p}^{(k)}$ 是任选的一个方向.

下面考虑如何选择一个方向 $\boldsymbol{p}^{(k)}$ 使 $\varphi(\boldsymbol{x})$ 在 $\boldsymbol{x}^{(k)}$ 沿 $\boldsymbol{p}^{(k)}$ 下降最快, 实际上二次函数 (7.4.2) 的几何意义是一族超椭球面 $\varphi(\boldsymbol{x})=\varphi(\boldsymbol{x}^{(k)})(\varphi(\boldsymbol{x}^{(k)})\geqslant\varphi(\boldsymbol{x}^{(k+1)}))$, $\boldsymbol{x}^*$ 为它的中心, 所以使函数值 $\varphi(\boldsymbol{x})$ 减少最快的方向, 就是正交于椭球面的函数 $\varphi(\boldsymbol{x})$ 的负梯度方向

$$-\nabla\varphi(\boldsymbol{x}^{(\boldsymbol{k})})=-\left[\frac{\partial\varphi(\boldsymbol{x}^{(k)})}{\partial x_1},\frac{\partial\varphi(\boldsymbol{x}^{(k)})}{\partial x_2},\cdots,\frac{\partial\varphi(\boldsymbol{x}^{(k)})}{\partial x_n}\right]^{\mathrm{T}}$$

由式 (7.4.2) 得

$$\boldsymbol{p}^{(k)}=-\nabla\varphi(\boldsymbol{x}^{(k)})=-(\boldsymbol{A}\boldsymbol{x}^{(k)}-\boldsymbol{b})=\boldsymbol{r}^{(k)}$$

由式 (7.4.7) 可得

$$\alpha_k=\frac{(\boldsymbol{r}^{(k)},\boldsymbol{r}^{(k)})}{(\boldsymbol{A}\boldsymbol{r}^{(k)},\boldsymbol{r}^{(k)})}\tag{7.4.8}$$

于是

$$\boldsymbol{x}^{(k+1)}=\boldsymbol{x}^{(k)}+\alpha_k\boldsymbol{r}^{(k)}\tag{7.4.9}$$

其中 $\boldsymbol{r}^{(k)}=\boldsymbol{b}-\boldsymbol{A}\boldsymbol{x}^{(k)}$ 为剩余向量. 由式 (7.4.8) 和式 (7.4.9) 计算得到的向量序列 $\left\{\boldsymbol{x}^{(k)}\right\}$ 称为解的**最速下降法**, 且容易验证

$$(\boldsymbol{r}^{(k+1)},\boldsymbol{r}^{(k)})=(\boldsymbol{b}-\boldsymbol{A}(\boldsymbol{x}^{(k)}+\alpha_k\boldsymbol{r}^{(k)}),\boldsymbol{r}^{(k)})=0$$

这说明两个相邻的搜索方向是正交的.

然而, 最速下降法每次都直接选取当前点的梯度方向, 所以每次求出的极小值点在之前搜索过的方向上又有可能不是极小值了, 这样就导致收敛速度比较慢甚至不收敛. 因此我们需要寻求对整体而言下降更快的算法.

7.4.3 共轭梯度法

共轭梯度法 (CG 方法) 是求解大型线性方程组最有效的方法之一. 这里的系数矩阵是对称正定的大型稀疏矩阵, 它的理论基础仍然是定理 7.15 给出的变分原理.

与最速下降法使用负梯度方向作为搜索方向不同, 共轭梯度法的基本思想是寻找一组共轭梯度方向: $\boldsymbol{p}^{(0)},\boldsymbol{p}^{(1)},\cdots,\boldsymbol{p}^{(k-1)}$, 使得进行 k 次一维搜索后, 求得近似值 $\boldsymbol{x}^{(k)}$.

对于一维极小化问题

$$\min_{\alpha\in\mathbf{R}}\varphi(\boldsymbol{x}^{(k)}+\alpha\boldsymbol{p}^{(k)})$$

令

$$\frac{\mathrm{d}\varphi(x^{(k)}+\alpha\boldsymbol{p}^{(k)})}{\mathrm{d}\alpha}=0$$

得到

$$\alpha=\alpha_k=\frac{(\boldsymbol{r}^{(k)},\boldsymbol{p}^{(k)})}{(\boldsymbol{A}\boldsymbol{p}^{(k)},\boldsymbol{p}^{(k)})}$$

从而下一个近似解和对应的残量分别为

$$\boldsymbol{x}^{(k+1)}=\boldsymbol{x}^{(k)}+\alpha_k\boldsymbol{p}^{(k)}$$

$$\boldsymbol{r}^{(k+1)}=\boldsymbol{b}-\boldsymbol{A}\boldsymbol{x}^{(k+1)}=\boldsymbol{r}^{(k)}-\alpha_k\boldsymbol{A}\boldsymbol{p}^{(k)}$$

在考虑如何选取 $\boldsymbol{p}^{(k)}$ 之前, 先给出共轭梯度方向的定义.

定义 7.7 设 $\boldsymbol{A}$ 是 n 阶对称正定矩阵, 若 $\mathbf{R}^n$ 中的向量组 $\boldsymbol{p}^{(0)},\boldsymbol{p}^{(1)},\cdots,\boldsymbol{p}^{(k)}$ 满足

$$(\boldsymbol{A}\boldsymbol{p}^{(i)},\boldsymbol{p}^{(j)})=0,\quad i\neq j$$

则称它是 $\mathbf{R}^n$ 中的一个 $\boldsymbol{A}$-共轭向量组, 或称这些向量是 $\boldsymbol{A}$-共轭的.

显然, 由上述定义, 当 $\boldsymbol{A}=\boldsymbol{I}$ 时, $\boldsymbol{A}$-共轭向量组退化为一般的正交向量组.

下面讨论 $\boldsymbol{p}^{(k)}$ 的选取. 为了简单, 不妨取

$$\boldsymbol{p}^{(k)}=\boldsymbol{r}^{(k)}+\beta_{k-1}\boldsymbol{p}^{(k-1)},\quad \boldsymbol{p}^{(0)}=\boldsymbol{r}^{(0)},\quad k=1,2,\cdots$$

利用 $(\boldsymbol{p}^{(k)},\boldsymbol{A}\boldsymbol{p}^{(k-1)})=0$, 可求出

$$\beta_{k-1}=-\frac{(\boldsymbol{r}^{(k)},\boldsymbol{A}\boldsymbol{p}^{(k-1)})}{(\boldsymbol{A}\boldsymbol{p}^{(k-1)},\boldsymbol{p}^{(k-1)})}\tag{7.4.10}$$

综合上述推导过程, 可得 CG 算法的描述.

算法 7.1(CG 算法)

第一步 给定初始点 $\boldsymbol{x}_0\in\mathbf{R}^n$, 容许误差 $\varepsilon\geqslant 0$, 计算 $\boldsymbol{r}^{(0)}=\boldsymbol{b}-\boldsymbol{A}\boldsymbol{x}^{(0)}$, 取 $\boldsymbol{p}^{(0)}=\boldsymbol{r}^{(0)}$.

第二步 计算步长因子

$$\alpha_k = \frac{(\boldsymbol{r}^{(k)}, \boldsymbol{p}^{(k)})}{(\boldsymbol{A}\boldsymbol{p}^{(k)}, \boldsymbol{p}^{(k)})}$$

置 $\boldsymbol{x}^{(k+1)} = \boldsymbol{x}^{(k)} + \alpha_k \boldsymbol{p}^{(k)}$, $\boldsymbol{r}^{(k+1)} = \boldsymbol{r}^{(k)} - \alpha_k \boldsymbol{A}\boldsymbol{p}^{(k)}$.

第三步 若 $\left\|\boldsymbol{r}^{(k+1)}\right\| \leqslant \varepsilon$, 停止计算, 输出 $\boldsymbol{x}^{(k+1)}$ 作为近似解.

第四步 计算

$$\beta_k = -\frac{(\boldsymbol{r}^{(k+1)}, \boldsymbol{A}\boldsymbol{p}^{(k)})}{(\boldsymbol{p}^{(k)}, \boldsymbol{A}\boldsymbol{p}^{(k)})}$$

置 $\boldsymbol{p}^{(k+1)} = \boldsymbol{r}^{(k+1)} + \beta_k \boldsymbol{p}^{(k)}, \boldsymbol{p}^{(0)} = \boldsymbol{r}^{(0)}, k := k+1$, 转步二.

定理 7.16 对于 CG 算法中的 $\boldsymbol{p}^{(i)}, \boldsymbol{r}^{(j)}$, 有下列性质:

(1) $(\boldsymbol{p}^{(i)}, \boldsymbol{r}^{(j)}) = 0, 0 \leqslant i < j \leqslant k$;

(2) $(\boldsymbol{r}^{(i)}, \boldsymbol{r}^{(j)}) = 0, 0 \leqslant i < j \leqslant k, i \neq j$;

(3) $(\boldsymbol{p}^{(i)}, \boldsymbol{A}\boldsymbol{p}^{(j)}) = 0, 0 \leqslant i < j \leqslant k, i \neq j$.

定理的证明略.

利用定理 7.16, 可以将 α_k, β_k 的表达式进一步化成

$$\alpha_k = \frac{(\boldsymbol{r}^{(k)}, \boldsymbol{r}^{(k)})}{(\boldsymbol{A}\boldsymbol{p}^{(k)}, \boldsymbol{p}^{(k)})}, \quad \beta_k = -\frac{(\boldsymbol{r}^{(k+1)}, \boldsymbol{r}^{(k+1)})}{(\boldsymbol{r}^{(k)}\boldsymbol{r}^{(k)})}$$

由于 $\left\{\boldsymbol{r}^{(k)}\right\}$ 互相正交, 故在 $\boldsymbol{r}^{(0)}, \boldsymbol{r}^{(1)}, \cdots, \boldsymbol{r}^{(n)}$ 中至少有一个零向量. 若 $\boldsymbol{r}^{(k)} = \boldsymbol{0}$, 则 $\boldsymbol{x}^{(k)} = \boldsymbol{x}^*$. 所以用 CG 算法求解 n 维线性方程组, 理论上最多 n 步便可求得精确解, 因此从这个意义上讲 CG 算法是一种直接解法. 但由于舍入误差的影响, 很难保证 $\left\{\boldsymbol{r}^{(k)}\right\}$ 的正交性, 此外, 当 n 很大时, 实际计算步数 $k \leqslant n$, 即可以达到精度要求而不必计算 n 步. 从这个意义上讲, 它是一种迭代法求解, 可以证明对 CG 算法有估计式

$$\left\|\boldsymbol{x}^{(k)} - \boldsymbol{x}^*\right\|_{\boldsymbol{A}} \leqslant 2\left(\frac{\sqrt{K}-1}{\sqrt{K}+1}\right)^k \left\|\boldsymbol{x}^{(0)} - \boldsymbol{x}^*\right\|_{\boldsymbol{A}} \tag{7.4.11}$$

其中 $\|\boldsymbol{x}\|_{\boldsymbol{A}} = \sqrt{(\boldsymbol{x}, \boldsymbol{A}x)}, K = \operatorname{cond}(\boldsymbol{A})_2$.

由式 (7.4.11) 可以看出, 当 $\boldsymbol{A}$ 的条件数很大时, 即方程组为病态方程组, 这时 CG 法收敛很慢. 为改善收敛性, 可采用预处理方法降低矩阵的条件数, 从而可得到各种预处理共轭梯度法, 此处不再介绍.

例 7.4.1 用 CG 法求解线性方程组

$$\begin{bmatrix} 6 & 3 \\ 3 & 2 \end{bmatrix} \begin{bmatrix} x_1 \\ x_2 \end{bmatrix} = \begin{bmatrix} 0 \\ -1 \end{bmatrix}$$

解 显然系数矩阵 $\boldsymbol{A}$ 是对称正定的, 取 $\boldsymbol{x}^{(0)} = \boldsymbol{0}$, 则 $\boldsymbol{p}^{(0)} = \boldsymbol{r}^{(0)} = \boldsymbol{b} - \boldsymbol{A}\boldsymbol{x}^{(0)} = [0, -1]^{\mathrm{T}}$.

$$\alpha_0 = \frac{(\boldsymbol{r}^{(0)}, \boldsymbol{r}^{(0)})}{(\boldsymbol{A}\boldsymbol{p}^{(0)}, \boldsymbol{p}^{(0)})} = \frac{1}{2}$$

$$\boldsymbol{x}^{(1)} = \boldsymbol{x}^{(0)} + \alpha_0 \boldsymbol{p}^{(0)} = \left[0, -\frac{1}{2}\right]^{\mathrm{T}}$$

$$\boldsymbol{r}^{(1)} = \boldsymbol{r}^{(0)} - \alpha_0 \boldsymbol{A}\boldsymbol{p}^{(0)} = \left[\frac{3}{2}, 0\right]^{\mathrm{T}}$$

$$\beta_0 = -\frac{(\boldsymbol{r}^{(1)}, \boldsymbol{r}^{(1)})}{(\boldsymbol{r}^{(0)}, \boldsymbol{r}^{(0)})} = \frac{9}{4}$$

$$\boldsymbol{p}^{(1)} = \boldsymbol{r}^{(1)} + \beta_0 \boldsymbol{p}^{(0)} = \left[\frac{3}{2}, -\frac{9}{4}\right]^{\mathrm{T}}$$

$$\alpha_1 = \frac{(\boldsymbol{r}^{(1)}, \boldsymbol{r}^{(1)})}{(\boldsymbol{A}\boldsymbol{p}^{(1)}, \boldsymbol{p}^{(1)})} = \frac{2}{3}$$

$$\boldsymbol{x}^{(2)} = \boldsymbol{x}^{(1)} + \alpha_1 \boldsymbol{p}^{(1)} = [1, -2]^{\mathrm{T}}$$

$$\boldsymbol{r}^{(2)} = \boldsymbol{r}^{(1)} - \alpha_1 \boldsymbol{A}\boldsymbol{p}^{(1)} = [0, 0]^{\mathrm{T}}$$

故 $\boldsymbol{x}^{(2)} = [1, -2]^{\mathrm{T}}$ 为方程组的解. 事实上, 因为 $n = 2$, 所以用共轭梯度法两步即可求得方程组的精确解.

习 题 7

1. 对于方程组

$$\begin{cases} 4x_1 - x_2 = 9 \\ -x_1 + 4x_2 + 2x_3 = 7 \\ x_1 - 2x_2 + 4x_3 = 8 \end{cases}$$

分别写出解此方程组的 Jacobi 迭代格式和 Gauss-Seidel 迭代格式以及它们的迭代矩阵.

2. 设方程组的系数矩阵为 $\boldsymbol{A} = \begin{bmatrix} a & -2 & -1 \\ 2 & a & -3 \\ 1 & 3 & a \end{bmatrix}$, 当 Jacobi 迭代法收敛时, 试求参数 a 的取值范围.

3. 对于方程组 $\begin{bmatrix} 1 & 2 & -2 \\ 1 & 1 & 1 \\ 2 & 2 & 1 \end{bmatrix}\begin{bmatrix} x_1 \\ x_2 \\ x_3 \end{bmatrix} = \begin{bmatrix} 1 \\ 1 \\ 1 \end{bmatrix}$, 试考察解此方程组的 Jacobi 迭代法和 Gauss-Seidel 迭代法的收敛性.

4. 设矩阵 $\boldsymbol{A} = \begin{bmatrix} 1 & a & 0 \\ a & 1 & a \\ 0 & a & 1 \end{bmatrix}$ $(a \neq 0)$, 考察方程组 $\boldsymbol{Ax} = \boldsymbol{b}$, 讨论 a 取何值时, 解此方程组的 Jacobi 迭代格式和 Gauss-Seidel 迭代格式均收敛.

5. 对于方程组 $\begin{bmatrix} 1 & 6 & -2 \\ 3 & -2 & 5 \\ 4 & 1 & -1 \end{bmatrix}\begin{bmatrix} x_1 \\ x_2 \\ x_3 \end{bmatrix} = \begin{bmatrix} 1 \\ 1 \\ 1 \end{bmatrix}$, 试建立解此方程组的 Jacobi 迭代格式和 Gauss-Seidel 迭代格式, 并验证其收敛性.

6. 若用迭代法

$$\boldsymbol{x}^{(k+1)} = \boldsymbol{x}^{(k)} + \alpha(\boldsymbol{Ax}^{(k)} - \boldsymbol{b}), \quad k = 0, 1, \cdots$$

求解线性方程组 $\begin{bmatrix} 2 & 1 \\ 1 & 2 \end{bmatrix}\boldsymbol{x} = \begin{bmatrix} 3 \\ -2 \end{bmatrix}$.

(1) α 在什么范围内取值, 迭代法收敛;

(2) α 取何值时, 迭代收敛最快.

7. 设 $\boldsymbol{B} \in \mathbf{R}^{n\times n}$ 满足 $\rho(\boldsymbol{B}) = 0$. 证明：对任意的 $\boldsymbol{g}, \boldsymbol{x} \in \mathbf{R}^n$ 迭代格式

$$\boldsymbol{x}^{(k+1)} = \boldsymbol{Bx}^{(k)} + \boldsymbol{g}, \quad k = 1, 2, \cdots$$

最多迭代 n 次就可得到方程组 $\boldsymbol{x} = \boldsymbol{Bx} + \boldsymbol{g}$ 的精确解.

8. 对于方程组 $\boldsymbol{Ax} = \boldsymbol{b}$, 如果系数矩阵 $\boldsymbol{A} \in \mathbf{R}^{n\times n}$ 为严格对角占优矩阵, 证明此方程组的 Gauss-Seidel 迭代法收敛.

9. 设有方程组 $\boldsymbol{Ax} = \boldsymbol{b}$, 其中 $\boldsymbol{A}$ 为对称正定矩阵, 对于迭代公式

$$\boldsymbol{x}^{(k+1)} = \boldsymbol{x}^{(k)} + \omega(\boldsymbol{b} - 2\boldsymbol{Ax}^{(k)}), \quad k = 0, 1, 2, \cdots$$

试证：当 $0 < \omega < \dfrac{1}{\beta}$ 时, 上述迭代法收敛 (其中 $\boldsymbol{A}$ 的特征值满足 $0 < \alpha \leqslant \lambda(\boldsymbol{A}) \leqslant \beta$).

10. 用 Jacobi 迭代法解方程组

$$\begin{cases} x_1 - 4x_2 + 2x_3 = -1 \\ 4x_1 - x_2 + x_3 = 3 \\ 2x_2 + 4x_3 = 6 \end{cases}$$

是否收敛？若不收敛, 则能否改写此方程组使得 Jacobi 迭代法收敛？

11. 若存在对称正定矩阵 $\boldsymbol{P}$, 使得 $\boldsymbol{B} = \boldsymbol{P} - \boldsymbol{H}^{\mathrm{T}}\boldsymbol{PH}$ 为对称正定矩阵, 试证：迭代法

$$\boldsymbol{x}^{(k+1)} = \boldsymbol{Hx}^{(k)} + \boldsymbol{b}, \quad k = 0, 1, \cdots$$

收敛.

12. 对 Jacobi 迭代法引进迭代参数 $\omega > 0$, 即

$$\boldsymbol{x}^{(k+1)} = \boldsymbol{x}^{(k)} - \omega \boldsymbol{D}^{-1}\left(\boldsymbol{A}\boldsymbol{x}^{(k)} - \boldsymbol{b}\right)$$

或者

$$\boldsymbol{x}^{(k+1)} = \left(\boldsymbol{I} - \omega \boldsymbol{D}^{-1}\boldsymbol{A}\right)\boldsymbol{x}^{(k)} + \omega \boldsymbol{D}^{-1}\boldsymbol{b}$$

称之为 Jacobi 松弛法 (简称 JOR 方法). 证明：当 $\boldsymbol{A}\boldsymbol{x} = \boldsymbol{b}$ 的 Jacobi 迭代法收敛时, JOR 方法对 $0 < \omega \leqslant 1$ 收敛.

13. 用 SOR 方法 (取 $\omega = 1.03, 1$) 求解方程组

$$\begin{cases} 4x_1 - x_2 = 1 \\ -x_1 + 4x_2 - x_3 = 4 \\ -x_2 + 4x_3 = -3 \end{cases}$$

精确解 $\boldsymbol{x}^* = \left[\frac{1}{2}, 1, -\frac{1}{2}\right]^{\mathrm{T}}$. 要求当 $\left\|\boldsymbol{x}^* - \boldsymbol{x}^{(k)}\right\|_\infty < 5 \times 10^{-6}$ 时迭代终止.

14. 用 CG 法求解线性方程组

$$\begin{bmatrix} 3 & 2 \\ 2 & 3 \end{bmatrix} \begin{bmatrix} x_1 \\ x_2 \end{bmatrix} = \begin{bmatrix} 5 \\ 5 \end{bmatrix}$$

第 8 章 Chapter 常微分方程数值解法

8.1 引　　言

在实际工程中，有很多问题都可以用常微分方程来描述，大气科学中的不少现象就满足常微分方程，如洛伦茨方程 (Lorenz equation)，它就是描述空气、流体运动特征的常微分方程组. 1963 年，美国气象学家爱德华 • 洛伦茨 (E. N. Lorenz) 将描述大气热对流的非线性偏微分方程组通过 Fourier 展开，大胆地截断而导出描述垂直速度、上下温差的展开系数 $x(t), y(t), z(t)$ 的三维自治动力系统

$$\begin{cases} x'(t) = P(y - x) \\ y'(t) = R_a x - y - xz \\ z'(t) = xy - bz \end{cases}$$

其中 P 为普朗特数 (Prandtl number)，R_a 为瑞利数 (Rayleigh number)，t 为时间，x 表示对流运动强度，y 正比于上升与下沉气流之间的温度差，x 和 y 同号表示暖流体上升，冷流体下降，变量 z 正比于垂直温度廓线的形变，z 值为正时，表示在边界附近有较大的温度梯度. 洛伦茨发现当 R_a 不断增加时，系统就由定常态 (表示空气静止) 分岔出周期态 (表示对流状态)，最后当 $R_a > 24.74$ 时，又分岔出非周期的混沌态 (表示湍流). 该系统是比较典型的非线性动力系统，由于它有较多非线性特点，已成为许多学者用于研究非线性过程的模型.

常微分方程和定解条件一起组成定解问题，如果定解条件为积分曲线在初始时刻的状态，称为初始条件，相应的问题称为初值问题；如果定解条件是给出积分曲线首尾两端的状态，称为边值条件，相应的定解问题称为边值问题. 求解一般形式的一阶常微分方程 $y'(t) = f(t, y)$ 的定解问题，就是确定满足定解问题的可微函数 $y(t)$. 虽然求解常微分方程有很多解析方法，但大部分实际问题中的常微分方程定解问题比较复杂，很难求出精确表达式 $y(t)$ 因此，在常微分方程的实际应

用中, 主要还是用数值方法来求解. 本章将重点介绍常微分方程初值问题的数值解法, 然后推广到常微分方程组的初值问题.

首先考虑一阶常微分方程的初值问题

$$\begin{cases} y'(t) = f(t, y), \quad a \leqslant t \leqslant b \\ y(a) = y_0 \end{cases} \tag{8.1.1}$$

关于初值问题 (8.1.1) 解的存在唯一性, 有如下结论.

定理 8.1 设在带状区域 $\Omega = \{(t, y)\,|a \leqslant t \leqslant b, -\infty < y < +\infty\}$, 右端函数 $f(t, y)$ 连续, 且关于变量 y 满足 Lipschitz 条件, 即存在常数 $L > 0$, 使得

$$|f(t, y_1) - f(t, y_2)| \leqslant L\,|y_1 - y_2| \tag{8.1.2}$$

对于所有的 $t \in [a, b]$ 以及任意 y_1, y_2 都成立, 则常微分方程初值问题 (8.1.1) 存在唯一连续可微解 $y = y(t)$.

在实际问题中, 常微分方程的右端函数 $f(t, y)$ 以及初值 y_0 常常由观测得到. 因此, 除了保证解的存在唯一性外, 还要保证解对初值的依赖较小, 也就是当 y_0 和 $f(t, y)$ 有微小扰动时, 只能引起初值问题 (8.1.1) 解的微小扰动, 这就是常微分方程初值问题的适定性. 适定性的定义如下:

定义 8.1 假设初值问题 (8.1.1) 有唯一解 $y = y(t)$, 如果存在常数 $K, \bar{\varepsilon}$, 使得对任意 $\varepsilon \leqslant \bar{\varepsilon}$, 当 $|y_0 - z_0| < \varepsilon$ 以及 $|\delta(t)| < \varepsilon$ 时, 扰动初值问题

$$\begin{cases} z'(t) = f(t, z) + \delta(t) \\ z(a) = z_0 \end{cases}$$

有唯一解 $z(t)$, 并且满足

$$|y(t) - z(t)| \leqslant K\bar{\varepsilon}$$

称初值问题 (8.1.1) 是**适定**的.

定理 8.2 若 $f(t, y)$ 在带状区域 $\Omega = \{(t, y)\,|a \leqslant t \leqslant b, -\infty < y < +\infty\}$ 中连续, 且关于 y 满足 Lipschitz 条件, 那么初值问题 (8.1.1) 是适定的.

本章如果没有特别说明, 我们就认为函数 $f(t,y)$ 关于 y 满足 Lipschitz 条件, 常微分方程初值问题 (8.1.1) 是适定的, 即定解问题的解存在、唯一且连续依赖于初值.

常微分方程的数值解法, 常采用差分法, 即把连续的初值问题离散化为一个差分方程, 再利用离散的差分方程, 计算出精确解 $y=y(t)$ 在一系列离散节点

$$a=t_0<t_1<\cdots<t_n<\cdots<t_N=b$$

上的**近似值**, 即数值解

$$y_0,y_1,\cdots,y_n,\cdots,y_N$$

这种差分方程就是求解常微分方程数值解的数值格式. 相邻 2 个节点的间距 $h_n=t_{n+1}-t_n$ 称为**步长**. 为了表述简单, 本章总是采用等步长, 即 $h_n=h$ 为常数, 相应地, 自变量的离散节点可表示为 $t_n=a+nh,n=0,1,\cdots,N$, 网格剖分的个数 N 可以根据需要确定. 利用数值方法计算数值解的过程中, 按因变量标号的次序从小到大一步步向前推进, 逐步求解, 称为**步进式求解**. 比如, 在求解常微分方程初值问题的数值解 y_n 时, 可按下式标记的顺序依次推进, 逐个求出定解问题在每个节点的数值解

$$y_0\to y_1\to y_2\to\cdots\to y_n\to\cdots\to y_N \tag{8.1.3}$$

8.2 简单的数值方法

欧拉 (Euler) 法是常微分方程初值问题最简单的一种数值方法, 它计算方便, 几何意义明了, 易于分析, 是构造其他方法的基础, 并且误差和稳定性分析也比较典型. 本节将介绍 Euler 法及其改进的数值方法.

8.2.1 Euler 法及其几何意义

考虑常微分方程初值问题 (8.1.1), 首先把常微分方程 $y'(t)=f(t,y)$ 离散化, 常用的离散化方法有三种: Taylor 展开法、积分法、差商法, 接下来我们主要介绍 Taylor 展开法.

设 $y(t)$ 为初值问题的精确解, 并且充分光滑, 将 $y(t_{n+1})$ 在节点 t_n Taylor 展开, 有

$$y(t_{n+1})=y(t_n)+hy'(t_n)+\frac{h^2}{2}y''(t_n)+\cdots \tag{8.2.1}$$

当步长 h 充分小时, 展开式 (8.2.1) 右端只保留到 h 的线性项, $y(t_{n+1})\approx y(t_n)+hy'(t_n)$, 分别用近似值 y_{n+1},y_n 代替精确解 $y(t_{n+1}),y(t_n)$, 利用微分方程 (8.1.1),

则有

$$y_{n+1} = y_n + hf(t_n, y_n), \quad n = 0, 1, \cdots, N-1 \tag{8.2.2}$$

这就是 **Euler 法**, 也称向前 Euler 法. 这种关于离散节点的方程又称**差分方程**. 因为初值 y_0 已知, 则由欧拉公式 (8.2.2) 可逐个计算出每个节点的数值解:

$$\begin{aligned} y_1 &= y_0 + hf(t_0, y_0) \\ y_2 &= y_1 + hf(t_1, y_1) \\ &\cdots\cdots \end{aligned} \tag{8.2.3}$$

在图 8.1 中, 设 $y = y(t)$ 为初值问题 (8.1.1) 的精确解, 以 $P_0(t_0, y_0)$ 为起点, 作积分曲线 $y = y(t)$ 的切线, 切线在切点 $P_0(t_0, y_0)$ 处斜率为 $y'(t_0) = f(t_0, y_0)$, 沿切线方向推进到 $t = t_1$ 上的一点, 记为 P_1, P_1 的纵坐标为 y_1, 则 y_1 即为 Euler 法迭代一次所得数值解; 同理, 以 $P_1(t_1, y_1)$ 为起点, 以 $y'(t_1) = f(t_1, y_1)$ 为斜率作切线, 推进到 $t = t_2$ 上的一点 $P_2(t_2, y_2)$; $\cdots$, 如此继续下去, 得到由点列 $\{P_n(t_n, y_n)\}_{n=0}^N$ 连成的折线, 在几何上这条折线就是积分曲线 $y = y(t)$ 的近似曲线, 点列的纵坐标集合 $\{y_n\}_{n=0}^N$ 即为用 Euler 法求得的每个节点上的数值解. 因此, Euler 法又称**折线法**.

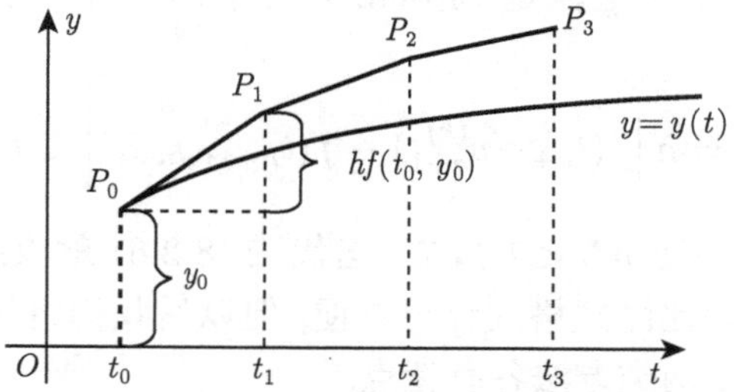

图 8.1 Euler 法的几何意义

8.2.2 后退 Euler 法

考虑初值问题 (8.1.1) 的精确解 $y(t_{n-1})$ 在节点 t_n Taylor 展开,

$$y(t_{n-1}) = y(t_n) - hy'(t_n) + \frac{h^2}{2}y''(t_n) + \cdots \tag{8.2.4}$$

当步长 h 充分小时, 展开式 (8.2.4) 右端只保留到 h 的线性项, $y(t_{n-1}) \approx y(t_n) - hy'(t_n)$, 用数值解 y_{n-1}, y_n 代替精确解 $y(t_{n-1}), y(t_n)$, 利用常微分方程 (8.1.1), 则有

$$y_n = y_{n-1} + hf(t_n, y_n), \quad n = 1, \cdots, N$$

称为**后退 Euler 法**, 或向后 Euler 法, 也可表示为

$$y_{n+1} = y_n + hf(t_{n+1}, y_{n+1}), \quad n = 0, 1, \cdots, N-1 \tag{8.2.5}$$

后退 Euler 法 (8.2.5) 与 Euler 法 (8.2.2) 有着本质区别. 在 Euler 法 (8.2.2) 中, 数值解 y_{n+1} 是关于 t_n 和 y_n 的直接计算公式, 所以在初值已知的条件下, 可以用该数值格式直接计算出之后每一个节点的数值解, 这类格式称为**显式格式**. 然而, 后退 Euler 法 (8.2.5) 中, 等号右端含有未知的 y_{n+1}, 因此一般不能用该数值格式直接计算出 y_{n+1} 的值, 这类格式称为**隐式格式**. 隐式格式通常用迭代法求解, 而迭代过程的实质是逐步显式化. 例如用后退 Euler 法 (8.2.5) 计算 y_{n+1} 时, 先用 Euler 法 (8.2.2) 算出 y_{n+1} 的一个近似值 $y_{n+1}^{(0)}$ 作为迭代初值

$$y_{n+1}^{(0)} = y_n + hf(t_n, y_n)$$

把 $y_{n+1}^{(0)}$ 代入后退 Euler 法 (8.2.5) 的右端, 直接计算得 y_{n+1} 的另一个近似值

$$y_{n+1}^{(1)} = y_n + hf(t_{n+1}, y_{n+1}^{(0)})$$

再把 $y_{n+1}^{(1)}$ 代入后退 Euler 法 (8.2.5) 的右端, 如此反复计算得

$$y_{n+1}^{(k+1)} = y_n + hf(t_{n+1}, y_{n+1}^{(k)}), \quad k = 0, 1, \cdots \tag{8.2.6}$$

由于右端函数 $f(t, y)$ 关于 y 满足 Lipschitz 条件 (8.1.2), 将式 (8.2.6) 和式 (8.2.5) 相减得

$$\left|y_{n+1}^{(k+1)} - y_{n+1}\right| = h\left|f(t_{n+1}, y_{n+1}^{(k)}) - f(t_{n+1}, y_{n+1})\right| \leqslant hL\left|y_{n+1}^{(k)} - y_{n+1}\right|$$

因此, 只要 h 充分小使得 $hL < 1$ 成立, 迭代法 (8.2.6) 就收敛到解 y_{n+1}.

显然, 显式格式要比隐式格式计算方便, 但以后我们将知道, 隐式格式的稳定性要比显式格式更好, 两类方法各有特点.

8.2.3 梯形法

将 Euler 法 (8.2.2) 和后退 Euler 法 (8.2.5) 求算术平均, 可得**梯形法:**

$$y_{n+1} = y_n + \frac{h}{2}\left[f(t_n, y_n) + f(t_{n+1}, y_{n+1})\right], \quad n = 0, 1, \cdots, N-1 \tag{8.2.7}$$

梯形法也是一种隐式格式. 和后退 Euler 法类似, 计算时可考虑先用 Euler 法提供迭代初值, 再用梯形法迭代

$$\begin{cases} y_{n+1}^{(0)} = y_n + hf(t_n, y_n) \\ y_{n+1}^{(k+1)} = y_n + \dfrac{h}{2}\left[f(t_n, y_n) + f(t_{n+1}, y_{n+1}^{(k)})\right], \quad k = 0, 1, 2, \cdots \end{cases} \tag{8.2.8}$$

为了分析迭代的收敛性, 同理让迭代公式 (8.2.8) 和梯形公式 (8.2.7) 相减, 利用函数 $f(t,y)$ 关于 y 的 Lipschitz 连续性有

$$\left|y_{n+1}^{(k+1)}-y_{n+1}\right|=\frac{h}{2}\left|f(t_{n+1},y_{n+1}^{(k)})-f(t_{n+1},y_{n+1})\right|\leqslant\frac{hL}{2}\left|y_{n+1}^{(k)}-y_{n+1}\right|$$

只要 h 充分小使得 $\frac{hL}{2}<1$ 成立, 迭代法 (8.2.8) 就收敛.

使用隐式格式时采用迭代法确实可以提高精度, 但每迭代一次都要重新计算函数 $f(t,y)$ 的值, 计算量较大. 实际计算时, 通常只迭代一两次, 这就简化了算法. 对式 (8.2.8), 如果只迭代一次, 用 Euler 法求得的迭代初值记为 $\bar{y}_{n+1}$, 称为预估值, 再代入梯形公式计算得 y_{n+1}, 称为校正值, 这样建立的预估–校正系统称为**预估–校正法**, 也称为**改进的 Euler 法**:

$$\begin{cases}\bar{y}_{n+1}=y_n+hf(t_n,y_n) & \text{预估}\\ y_{n+1}=y_n+\dfrac{h}{2}[f(t_n,y_n)+f(t_{n+1},\bar{y}_{n+1})] & \text{校正}\end{cases}\tag{8.2.9}$$

改进的 Euler 法也可以写成嵌套的格式

$$y_{n+1}=y_n+\frac{h}{2}[f(t_n,y_n)+f(t_{n+1},y_n+hf(t_n,y_n))]\tag{8.2.10}$$

也可以写成平均化形式

$$\begin{cases}y_p=y_n+hf(t_n,y_n)\\ y_c=y_n+hf(t_{n+1},y_p)\\ y_{n+1}=\dfrac{1}{2}(y_p+y_c)\end{cases}\tag{8.2.11}$$

8.2.4 单步法的局部截断误差与阶

所谓**单步法**, 即是在数值求解过程中, 为了求得节点 t_{n+1} 处的数值解 y_{n+1}, 只需用到前面一点 t_n 的数值解 y_n. 如果计算 y_{n+1} 时, 需要用到前面多点处的数值解, 称为**多步法**. 比如, 计算 y_{n+1} 时, 用到 y_n, y_{n-1} 的信息, 称为两步法, 之后我们将会介绍到这类方法.

初值问题 (8.1.1) 的显式单步法可以表示为一般形式

$$y_{n+1}=y_n+h\varphi(t_n,y_n,h)\tag{8.2.12}$$

其中 $\varphi(t_n,y_n,h)$ 称为**增量函数**.

例如, Euler 法的增量函数为 $\varphi(t,y,h) = f(t,y)$, 改进的 Euler 法的增量函数为

$$\varphi(t,y,h)=\frac{1}{2}\left[f(t,y)+f(t+h,y+hf(t,y))\right]$$

对不同的单步法, 数值解 y_n 与精确解 $y(t_n)$ 的误差各不相同, 所以有必要讨论截断误差. 我们称 $e_n = y(t_n) - y_n$ 为节点 t_n 的整体截断误差. 显然, e_n 不只与当前这一步的计算有关, 它与以前各步的计算也有关, 所以称 e_n 为整体截断误差. 分析整体截断误差比较复杂, 因此, 我们先假设 t_n 处的数值解 y_n 没有误差, 即 $y_n = y(t_n)$, 仅考虑从 t_n 到 t_{n+1} 这一步的误差, 这就是局部截断误差.

定义 8.2 设 $y(t)$ 是初值问题 (8.1.1) 的精确解, 称

$$T_{n+1}=y(t_{n+1})-y(t_n)-h\varphi(t_n,y(t_n),h) \tag{8.2.13}$$

为单步法 (8.2.12) 的**局部截断误差**.

局部截断误差之所以称为局部的, 是假设以前各步都没有误差, 对单步法只需要数值解 y_n 是精确的, 由单步法 (8.2.12) 计算一步所产生的局部截断误差:

$$\begin{aligned}T_{n+1}&=y(t_{n+1})-y_{n+1}=y(t_{n+1})-[y_n+h\varphi(t_n,y_n,h)]\\&=y(t_{n+1})-y(t_n)-h\varphi(t_n,y(t_n),h)\end{aligned}$$

也可以理解为局部截断误差是把精确解 $y(t)$ 代入数值格式中之后等号两端的差, 即数值格式对精确解的满足程度.

定义 8.3 若单步法 (8.2.12) 的局部截断误差 $T_{n+1} = O(h^{p+1})$, 称格式 (8.2.12) 具有 p **阶精度或该方法是** p **阶的**.

对 Euler 法 (8.2.2), 当 $y_n = y(t_n)$ 时, 局部截断误差为

$$\begin{aligned}T_{n+1}&=y(t_{n+1})-y_{n+1}=y(t_{n+1})-[y_n+hf(t_n,y_n)]\\&=y(t_n)+hy'(t_n)+\frac{h^2}{2}y''(t_n)+O(h^3)-[y(t_n)+hy'(t_n)]\\&=\frac{h^2}{2}y''(t_n)+O(h^3)=O(h^2)\end{aligned}$$

因此 Euler 法是一阶格式, 称 $\dfrac{h^2}{2}y''(t_n)$ 为 Euler 法局部截断误差主项.

类似地, 对梯形法 (8.2.7), 当 $y_n = y(t_n)$ 时, 局部截断误差为

$$\begin{aligned}
T_{n+1} =& y(t_{n+1}) - y_{n+1} = y(t_{n+1}) - \left[y_n + \frac{h}{2}\left(f(t_n, y_n) + f(t_{n+1}, y_{n+1})\right)\right] \\
=& y(t_{n+1}) - y(t_n) - \frac{h}{2}\left(y'(t_n) + y'(t_{n+1})\right) \\
=& hy'(t_n) + \frac{h^2}{2}y''(t_n) + \frac{h^3}{6}y'''(t_n) \\
& - \frac{h}{2}\left(y'(t_n) + y'(t_n) + hy''(t_n) + \frac{h^2}{2}y'''(t_n)\right) + O(h^4) \\
=& -\frac{h^3}{12}y'''(t_n) + O(h^4)
\end{aligned}$$

所以梯形法是一个二阶格式, 其局部截断误差主项为 $-\dfrac{h^3}{12}y'''(t_n)$.

例 8.2.1 取步长 $h = 0.02$, 分别用 Euler 法 (8.2.2) 和改进的 Euler 法 (8.2.9) 计算常微分方程初值问题

$$\begin{cases} y' = -\dfrac{0.9y}{1+2t}, & 0 \leqslant t \leqslant 0.1 \\ y(0) = 1 \end{cases}$$

的数值解, 并与精确解 $y(t) = (1+2t)^{-0.45}$ 进行比较.

解 当步长 $h = 0.02$ 时, 因为 $f(t, y) = -\dfrac{0.9y}{1+2t}$, 初值问题的 Euler 法为

$$y_{n+1} = y_n + hf(t_n, y_n) = y_n\left(1 - \frac{0.9h}{1+2t_n}\right), \quad n = 0, 1, 2, 3, 4$$

将 $y_0 = 1$ 代入上式计算五次, 得到的数值解如表 8.1 所示.

表 8.1 显式 Euler 法的数值解

t_n	y_n	$f(t_n, y_n)$	y_{n+1}
0	1	−0.90000	0.982000
0.02	0.982000	−0.849807	0.965004
0.04	0.965004	−0.804170	0.948921
0.06	0.948921	−0.762526	0.933670
0.08	0.933670	−0.724399	0.919182

初值问题的改进的 Euler 法为

$$\begin{cases} \bar{y}_{n+1} = y_n + hf(t_n, y_n), \\ y_{n+1} = y_n + \dfrac{h}{2}[f(t_n, y_n) + f(t_{n+1}, \bar{y}_{n+1})], \end{cases} \quad n = 0, 1, 2, 3, 4$$

将 $y_0 = 1$ 代入上式计算五次, 数值解见表 8.2. 将 Euler 法与改进的 Euler 法的数值解与精确解比较见表 8.3. 从表 8.3 可见, 与 Euler 法相比, 改进的 Euler 法数值解要更接近精确解, 即改进的 Euler 法的误差要更小一些.

表 8.2　改进的 Euler 法的数值解

t_n	y_n	$f(t_n, y_n)$	$\bar{y}_{n+1}$	$f(t_n, \bar{y}_{n+1})$	y_{n+1}
0	1	−0.9	0.982	−0.849808	0.982502
0.02	0.982502	−0.850242	0.965497	−0.804581	0.965954
0.04	0.965954	−0.804962	0.949855	−0.763276	0.950272
0.06	0.950272	−0.763611	0.935000	−0.725431	0.935382
0.08	0.935382	−0.725727	0.920867	−0.690650	0.921218

表 8.3　数值解与精确解的比较

t_n	Euler 法	改进的 Euler 法	精确解
0.02	0.982000	0.982502	0.982506
0.04	0.965004	0.965945	0.965960
0.06	0.948921	0.950272	0.950281
0.08	0.933670	0.935382	0.935393
0.10	0.919182	0.921218	0.921231

事实上, 改进的 Euler 法是二阶格式, 而 Euler 法只是一阶格式, 因此用二阶格式所得数值解自然要比 Euler 法所得数值解的精度高. 但表 8.3 中的误差不是局部截断误差, 而是每一步误差不断累积, 导致的数值解 y_n 和精确解 $y(t_n)$ 的误差, 即为整体截断误差.

例 8.2.2　取步长 $h = 0.1$, 用改进的 Euler 法 (8.2.9) 求如下常微分方程初值问题的数值解

$$\begin{cases} y' = -y + t + 1, 0 \leqslant t \leqslant 1 \\ y(0) = 1 \end{cases}$$

并和精确解 $y(t) = t + \mathrm{e}^{-t}$ 比较, 计算每一节点的绝对误差 $|e_n| = |y(t_n) - y_n|$.

解 求解该初值问题的改进的 Euler 法为

$$\begin{cases} \bar{y}_{n+1} = y_n + h(-y_n + t_n + 1) \\ y_{n+1} = y_n + \dfrac{h}{2}\left((-y_n + t_n + 1) + (-\bar{y}_{n+1} + t_{n+1} + 1)\right) \end{cases}$$

这里, $t_n = nh = 0.1n$, $n = 0, 1, 2, \cdots, 10$.

将初值 $y_0 = 1.0$ 代入上式并迭代 10 次, 数值解和绝对误差 $|e_n|$ 见表 8.4, 可见改进的 Euler 法具有较好的精度, 其误差维持在 $O(10^{-3})$ 量级. 同理, 表 8.4 中的误差不是局部截断误差, 而是整体截断误差.

表 8.4 例 8.2.2 数值解和精确解

t_n	精确解 $y(t_n)$	改进的 Euler 法 y_n	误差 $\|e_n\|$
0.0	1.000 000 00	1.000 000 00	0
0.1	1.004 837 39	1.005 000 00	$0.162\ 6\times10^{-3}$
0.2	1.018 730 76	1.019 025 00	$0.294\ 2\times10^{-3}$
0.3	1.040 818 21	1.041 217 63	$0.399\ 4\times10^{-3}$
0.4	1.070 320 01	1.070 801 95	0.4819×10^{-3}
0.5	1.106 530 67	1.107 075 77	0.5451×10^{-3}
0.6	1.148 811 70	1.149 403 57	0.5919×10^{-3}
0.7	1.196 585 30	1.197 210 23	0.6249×10^{-3}
0.8	1.249 328 97	1.249 975 26	0.6463×10^{-3}
0.9	1.306 569 70	1.307 227 62	0.6579×10^{-3}
1.0	1.367 879 51	1.368 541 00	0.6615×10^{-3}

8.3 Runge-Kutta 法

8.3.1 Runge-Kutta 法的基本思想

从局部截断误差 $O(h^{p+1})$ 可以看出, 当步长 h 较小时, 阶数 p 越高的方法其局部截断误差的绝对值越小, 即所得数值解近似效果越好. 例 8.2.1 表明改进的 Euler 法数值解的精度确实比 Euler 法更好. 一阶 Euler 法的增量函数为 $\varphi(t_n, y_n, h) = f(t_n, y_n)$, 二阶改进的 Euler 法的增量函数为 $\varphi(t_n, y_n, h) = \dfrac{1}{2}[f(t_n, y_n) + f(t_n + h, y_n + hf(t_n, y_n))]$. Euler 法的增量函数只用一个节点的函数值, 改进的 Euler 法的增量函数用两个节点的函数值. 如果增量函数考虑将更多节点的函数值进行适当线性组合, 是否能产生更高阶的数值方法呢?

定义 8.4 对初值问题 (8.1.1), 若单步法

$$y_{n+1} = y_n + h\varphi(t_n, y_n, h) \tag{8.3.1}$$

的增量函数表示为

$$\varphi(t_n, y_n, h) = \sum_{i=1}^{r} c_i K_i \tag{8.3.2}$$

其中

$$K_1 = f(t_n, y_n)$$

$$K_i = f\left(t_n + \lambda_i h, y_n + h\sum_{j=1}^{i-1} \mu_{ij} K_j\right), \quad i = 2, \cdots, r$$

这里 c_i, λ_i, μ_{ij} 均为待定参数, 式 (8.3.1) 和式 (8.3.2) 称为 r 级龙格–库塔 (Runge-Kutta) 法.

当 $r = 1$ 时, $\varphi(t_n, y_n, h) = f(t_n, y_n)$, 一级 Runge-Kutta 法就是 Euler 法.

当 $r = 2$ 时, 二级 Runge-Kutta 法为

$$\begin{cases} y_{n+1} = y_n + h(c_1 K_1 + c_2 K_2) \\ K_1 = f(t_n, y_n) \\ K_2 = f(t_n + \lambda_2 h, y_n + \mu_{21} h K_1) \end{cases} \tag{8.3.3}$$

待定参数 $c_1, c_2, \lambda_2, \mu_{21}$ 的选取要使得 Runge-Kutta 法 (8.3.3) 的阶数尽量高, 下面将说明二级 Runge-Kutta 法 (8.3.3) 有二阶精度.

当 $y_n = y(t_n)$, 式 (8.3.3) 的局部截断误差为

$$\begin{aligned} T_{n+1} &= y(t_{n+1}) - y_{n+1} \\ &= y(t_{n+1}) - y(t_n) - h\left[c_1 f(t_n, y(t_n)) + c_2 f(t_n + \lambda_2 h, y_n + \mu_{21} h f(t_n, y_n))\right] \end{aligned} \tag{8.3.4}$$

将 T_{n+1} 中的各项在 t_n 处 Taylor 展开, 其中第一项的展开式为

$$y(t_{n+1}) = y(t_n) + hy'(t_n) + \frac{h^2}{2} y''(t_n) + O(h^3) \tag{8.3.5}$$

因为 $y_n = y(t_n)$, 式 (8.3.5) 中的各阶导数为

$$y'(t_n) = f(t_n, y_n(t_n)) = f(t_n, y_n) \tag{8.3.6}$$

$$y''(t_n)=\frac{\mathrm{d}}{\mathrm{d}t}f(t_n,y(t_n))=f'_t(t_n,y_n)+f'_y(t_n,y_n)\cdot f(t_n,y_n) \tag{8.3.7}$$

在 (t_n,y_n) 处利用二元 Taylor 展开有

$$\begin{aligned}&f(t_n+\lambda_2 h,y_n+\mu_{21}hf(t_n,y_n))\\ =&f(t_n,y_n)+\lambda_2 hf'_t(t_n,y_n)+\mu_{21}hf(t_n,y_n)\cdot f'_y(t_n,y_n)+O(h^2)\end{aligned} \tag{8.3.8}$$

将式 (8.3.5)—(8.3.8) 代入式 (8.3.4) 并整理得

$$\begin{aligned}T_{n+1}=&hf(t_n,y_n)+\frac{h^2}{2}\left[f'_t(t_n,y_n)+f'_y(t_n,y_n)\cdot f(t_n,y_n)\right]\\ &-h\left[c_1f(t_n,y_n)+c_2\left(f(t_n,y_n)+\lambda_2hf'_t(t_n,y_n)+\mu_{21}hf'_y(t_n,y_n)\cdot f(t_n,y_n)\right)\right]\\ &+O(h^3)\\ =&(1-c_1-c_2)hf(t_n,y_n)+\left(\frac{1}{2}-c_2\lambda_2\right)h^2f'_t(t_n,y_n)\\ &+\left(\frac{1}{2}-c_2\mu_{21}\right)h^2f'_y(t_n,y_n)f(t_n,y_n)+O(h^3)\end{aligned} \tag{8.3.9}$$

如果要求二级 Runge-Kutta 法 (8.3.3) 是二阶方法, 则式 (8.3.9) 中关于 h 和 h^2 项的系数必须为零, 即有关系式

$$\begin{cases}c_1+c_2=1\\ c_2\lambda_2=\dfrac{1}{2}\\ c_2\mu_{21}=\dfrac{1}{2}\end{cases} \tag{8.3.10}$$

4 个待定参数 c_1,c_2,λ_2 与 μ_{21} 仅需满足 3 个方程, 解不唯一, 必定有 1 个自由参量. 因 3 个方程中都含有 c_2, 不妨令 c_2 为自由参量, 于是

$$c_1=1-c_2,\quad \lambda_2=\mu_{21}=\frac{1}{2c_2}$$

当 c_2 取不同实数时, 则可以得到不同的二级 Runge-Kutta 法.

特别地, 若取 $c_2=\dfrac{1}{2}$, 则 $c_1=\dfrac{1}{2},\lambda_2=\mu_{21}=1$, 代入式 (8.3.3) 可得二级 Runge-Kutta 法

$$y_{n+1}=y_n+\frac{h}{2}\left[f(t_n,y_n)+f\left(t_n+h,y_n+hf(t_n,y_n)\right)\right]$$

上式就是改进的 Euler 法 (8.2.10).

若取 $c_2=1$, 则 $c_1=0, \lambda_2=\mu_{21}=\dfrac{1}{2}$, 代入式 (8.3.3) 可得另一个二级 Runge-Kutta 法

$$y_{n+1}=y_n+hf\left(t_n+\frac{h}{2}, y_n+\frac{h}{2}f(t_n,y_n)\right) \tag{8.3.11}$$

也称为**中点公式**.

由局部截断误差 (8.3.9) 可以看出, 满足方程组 (8.3.10) 的参数 $c_1,c_2,\lambda_2,\mu_{21}$ 所对应的计算公式 (8.3.3), 其局部截断误差都为 $O(h^3)$, 即都是二阶方法, 故统称为**二级二阶 Runge-Kutta 法**. 二级 Runge-Kutta 法能否提高到三阶精度呢? 为此需要把 Taylor 展式 (8.3.5) 和式 (8.3.8) 多展开一项, 其中

$$\begin{aligned} y'''(t_n)&=\frac{\mathrm{d}}{\mathrm{d}t}(f'_t+f'_y\cdot f)\,\big|_{(t_n,y(t_n))} \\ &=f''_{tt}(t_n,y_n)+2f''_{ty}(t_n,y_n)\cdot f(t_n,y_n)+f''_{yy}(t_n,y_n)\cdot f^2(t_n,y_n) \\ &\quad+f'_y(t_n,y_n)[f'_t(t_n,y_n)+f'_y(t_n,y_n)\cdot f(t_n,y_n)] \end{aligned} \tag{8.3.12}$$

式 (8.3.12) 中 $y'''(t_n)$ 的展开式中 $f'_y(f'_t+f\cdot f'_y)$ 的项不可能通过选择参数消掉. 事实上, 要使式 (8.3.9) 中 h^3 项的系数为零, 需增加三个方程, 但只有四个参数, 所以这是不可能满足的, 二级 Runge-Kutta 法只能达到二阶精度.

8.3.2 三阶与四阶 Runge-Kutta 法

要得到三阶 Runge-Kutta 法, 必须取 $r=3$, 三级 Runge-Kutta 法的公式为

$$\begin{cases} y_{n+1}=y_n+h(c_1K_1+c_2K_2+c_3K_3) \\ K_1=f(t_n,y_n) \\ K_2=f(t_n+\lambda_2h, y_n+\mu_{21}hK_1) \\ K_3=f(t_n+\lambda_3h, y_n+\mu_{31}hK_1+\mu_{32}hK_2) \end{cases} \tag{8.3.13}$$

类似二级 Runge-Kutta 法的讨论, 三级 Runge-Kutta 法要想达到三阶精度, 在 $y_n=y(t_n)$ 前提下, 式 (8.3.13) 的局部截断误差

$$T_{n+1}=y(t_{n+1})-y_{n+1}=y(t_{n+1})-y(t_n)-h(c_1K_1+c_2K_2+c_3K_3) \tag{8.3.14}$$

各项在 t_n 处 Taylor 展开, 要使局部截断误差 $T_{n+1}=O(h^4)$, 推导可得式 (8.3.13) 中的待定参数 c_1,c_2,c_3, λ_2,λ_3 及 $\mu_{21},\mu_{31},\mu_{32}$ 应满足方程组

$$\begin{cases} c_1+c_2+c_3=1 \\ \lambda_2=\mu_{21} \\ \lambda_3=\mu_{31}+\mu_{32} \\ c_2\lambda_2+c_3\lambda_3=\dfrac{1}{2} \\ c_2\lambda_2^2+c_3\lambda_3^2=\dfrac{1}{3} \\ c_3\lambda_2\mu_{32}=\dfrac{1}{6} \end{cases}$$

8 个待定参数满足 6 个方程, 解不唯一, 常见的三级三阶 Runge-Kutta 法为

$$\begin{cases} y_{n+1}=y_n+\dfrac{h}{6}(K_1+4K_2+K_3) \\ K_1=f(t_n,y_n) \\ K_2=f\left(t_n+\dfrac{h}{2},y_n+\dfrac{h}{2}K_1\right) \\ K_3=f(t_n+h,y_n-hK_1+2hK_2) \end{cases}$$

当 $r=4$ 时, 四级 Runge-Kutta 法可以表示为

$$\begin{cases} y_{n+1}=y_n+h(c_1K_1+c_2K_2+c_3K_3+c_4K_4) \\ K_1=f(t_n,y_n) \\ K_2=f(t_n+\lambda_2h,y_n+\mu_{21}hK_1) \\ K_3=f(t_n+\lambda_3h,y_n+\mu_{31}hK_1+\mu_{32}hK_2) \\ K_4=f(t_n+\lambda_4h,y_n+\mu_{41}hK_1+\mu_{42}hK_2+\mu_{43}hK_3) \end{cases} \tag{8.3.15}$$

当要求四级 Runge-Kutta 法是四阶方法时, 局部截断误差 $T_{n+1}=O(h^5)$, 经过复杂的推导, 得到式 (8.3.15) 中 13 个待定参数应满足的 11 个方程, 方程组有 2 个自由参量, 取定 2 个自由参量值, 即得不同的四级 Runge-Kutta 法, 统称为**四级四阶 Runge-Kutta 法**. 目前工程中常用的四阶 Runge-Kutta 法也称为经典的 Runge-Kutta 法, 公式为

$$
\begin{cases}
y_{n+1} = y_n + \dfrac{h}{6}(K_1 + 2K_2 + 2K_3 + K_4) \\
K_1 = f(t_n, y_n) \\
K_2 = f\left(t_n + \dfrac{h}{2}, y_n + \dfrac{h}{2}K_1\right) \\
K_3 = f\left(t_n + \dfrac{h}{2}, y_n + \dfrac{h}{2}K_2\right) \\
K_4 = f(t_n + h, y_n + hK_3)
\end{cases}
\tag{8.3.16}
$$

值得提出的是, Runge-Kutta 法的推导基于 Taylor 展开, 因此该方法要求初值问题的解具有较好的光滑性. 反之, 如果微分方程解的光滑性不太好时, 用四阶 Runge-Kutta 法求得的数值解, 其精度可能反而不如改进的 Euler 法. 因此, 实际计算时, 应针对具体问题选择合适的算法. 另外, 根据单步法的概念可知, 上面介绍的 Runge-Kutta 法也是单步法. Runge-Kutta 法 (8.3.1)、(8.3.2) 右端项不涉及 y_{n+1}, 属于显式单步法. 另外, 也有隐式 Runge-Kutta 法, 因为使用不便, 这里不再介绍.

例 8.3.1 取步长为 $h=0.2$, 用经典的 Runge-Kutta 法计算初值问题

$$
\begin{cases}
y' = -y + t + 1, \quad 0 \leqslant t \leqslant 3 \\
y(0) = 1
\end{cases}
$$

并与精确解 $y(t) = t + \mathrm{e}^{-t}$ 比较, 计算数值解的误差 $|e_n| = |y(t_n) - y_n|$.

解 用经典的四阶 Runge-Kutta 法 (8.3.16), 可得节点 t_n 处的数值解 y_n, 具体的数值解 y_n、精确解 $y(t_n)$ 与绝对误差 $|e_n| = |y(t_n) - y_n|$ 见表 8.5. 四阶

表 8.5 例 8.3.1 的数值解

t_n	精确解 $y(t_n)$	经典 Runge-Kutta 数值解 y_n	误差 $\|e_n\|$
0.0	1.000 000 00	1.000 000 00	0
0.2	1.018 730 76	1.018 730 90	$0.142\ 5\times10^{-6}$
0.4	1.070 320 01	1.070 320 29	$0.281\ 1\times10^{-6}$
0.6	1.148 811 70	1.148 811 94	$0.240\ 5\times10^{-6}$
0.8	1.249 328 97	1.249 329 30	$0.326\ 0\times10^{-6}$
1.0	1.367 879 51	1.367 879 78	$0.274\ 1\times10^{-6}$
⋮	⋮	⋮	⋮
2.0	2.135 335 21	2.135 335 55	$0.347\ 1\times10^{-6}$
⋮	⋮	⋮	⋮
3.0	3.049 787 04	3.049 787 24	$0.198\ 8\times10^{-6}$

Runge-Kutta 法数值解的误差为 $O(10^{-6})$ 量级, 与表 8.4 中二阶 Runge-Kutta 法的误差 $O(10^{-3})$ 相比小了很多. 因此可知, 与二阶格式相比, 四阶格式的数值解更精确. 同样表 8.5 中的误差是整体截断误差, 不是局部截断误差.

8.3.3 步长的选取

采用数值方法求解微分方程数值解的过程中, 仅考虑计算一步的数值结果, 步长越小, 局部截断误差就越小. 但随着步长的缩小, 同样的定义域所要完成的步数必然增加, 而步数的增加不仅引起计算量的增加, 而且会导致截断误差和舍入误差的积累. 因此与数值积分类似, 微分方程的数值解法也存在选择合适步长的问题.

在选择步长时, 应注意如何检验数值解的精度, 以及如何依据所获得的精度处理步长. 解决的方法是结合误差估计自动选择步长. 为了便于叙述, 以四阶 Runge-Kutta 法为例, 考虑从 (t_n, y_n) 到 (t_{n+1}, y_{n+1}) 的过程, 首先给定一个初始的步长 $h = t_{n+1} - t_n$, $y_{n+1}^{(h)}$ 表示步长为 h 的情况下的数值解, 所以四阶 Runge-Kutta 法的局部截断误差为

$$y(t_{n+1}) - y_{n+1}^{(h)} = Ch^5$$

然后重新计算, 将步长减半为 $\dfrac{h}{2}$, 则从 t_n 到 t_{n+1} 需要经过两步才能完成, $y_{n+1}^{(\frac{h}{2})}$ 表示步长为 $\dfrac{h}{2}$ 时, 用数值方法经过两步计算的数值解, 则有

$$y(t_{n+1}) - y_{n+1}^{(\frac{h}{2})} = C_1\left(\frac{h}{2}\right)^5 + C_2\left(\frac{h}{2}\right)^5$$

若假定 $C \approx C_1 \approx C_2$, 上面两式相除, 则有

$$\frac{y(t_{n+1}) - y_{n+1}^{(h)}}{y(t_{n+1}) - y_{n+1}^{(\frac{h}{2})}} \approx 16$$

即

$$15\left(y(t_{n+1}) - y_{n+1}^{(\frac{h}{2})}\right) \approx y_{n+1}^{(\frac{h}{2})} - y_{n+1}^{(h)}$$

于是有

$$y(t_{n+1}) - y_{n+1}^{(\frac{h}{2})} \approx \frac{1}{15}\left(y_{n+1}^{(\frac{h}{2})} - y_{n+1}^{(h)}\right)$$

记 $\Delta = \left|y_{n+1}^{(\frac{h}{2})} - y_{n+1}^{(h)}\right|$, 如果步长减半前后两个数值解的偏差 Δ 充分小, 也就意味着步长为 $\dfrac{h}{2}$ 的情况下, 所得到的数值解 $y_{n+1}^{(\frac{h}{2})}$ 的误差能满足精度要求, 这样的

步长就是合适的. 因此可以通过检查步长减半前后两个数值解的偏差 Δ 来判断所选步长是否合适. 具体运用时, 由 y_n 计算 y_{n+1} 分以下两种情况处理, 对于给定的精度要求 $\varepsilon > 0$:

(1) 若 $\Delta > \varepsilon$, 则反复减半步长进行计算, 直到 $\Delta < \varepsilon$ 为止, 这时取最终的步长为所需的步长;

(2) 若 $\Delta < \varepsilon$, 则反复将步长加倍, 直到 $\Delta > \varepsilon$ 为止, 此时前一次计算中的步长就是所需的步长.

这种通过步长加倍或减半选择合适步长的手段称为**变步长法**.

8.4 单步法的相容性、收敛性和稳定性

前面介绍了一些求解常微分方程初值问题的单步法, 本节我们将讨论单步法的一些重要性质, 包括相容性、收敛性及稳定性.

8.4.1 单步法的相容性

常微分方程和差分方程的差别随着网格加密而变小, 即步长 $h \to 0$ 时, 差分方程趋于常微分方程, 则称该差分方程是相容的. 这是差分方程的一个基本特征.

考虑常微分方程初值问题 (8.1.1) 的单步法 (8.2.12), 我们用单步法 (8.2.12) 的数值解 y_n 近似初值问题 (8.1.1) 的精确解 $y(t_n)$. 因此只有在初值问题 (8.1.1) 的精确解 $y(t)$ 代入单步法 (8.2.12) 对应的公式

$$\frac{y(t+h)-y(t)}{h}-\varphi(t,y(t),h)$$

逼近 $y'(t)-f(t,y(t)) = 0$ 的左端项时, 才有可能使单步法 (8.2.12) 的数值解逼近初值问题 (8.1.1) 的精确解. 从而, 我们希望对任一固定的 $t \in [a,b]$, 都有

$$\lim_{h\to 0}\left[\frac{y(t+h)-y(t)}{h}-\varphi\left(t,y(t),h\right)\right]=0 \tag{8.4.1}$$

假设 $\varphi(t,y,h)$ 对所含自变量是连续的, 则需要 $y'(t)=\varphi(t,y(t),0)$, 即 $\varphi(t,y(t),0) = f(t,y(t))$.

定义 8.5 若单步法的增量函数满足关系式

$$\varphi(t,y(t),0)=f(t,y(t)) \tag{8.4.2}$$

则称单步法 (8.2.12) 与常微分方程 (8.1.1) 是**相容的**, 称 (8.4.2) 为相容性条件.

假设单步法 (8.2.12) 有 p 阶精度, 局部截断误差 $T=T(t,h)=O(h^{p+1})$, 或 $\dfrac{T(t,h)}{h}=O(h^p)$, 则应有

$$y(t+h)=y(t)+h\varphi(t,y(t),h)+T(t,h)$$

若单步法是相容的, 则有

$$\lim_{h\to 0}\frac{T(t,h)}{h}=y'(t)-\varphi(t,y(t),0)=f(t,y(t))-\varphi(t,y(t),0)=0$$

因为 $\left|\dfrac{T(t,h)}{h}\right|=Ch^p$, 从而 p 至少为 1. 因此有如下定理:

定理 8.3 假设增量函数 $\varphi(t,y(t),h)$ 是连续的, 单步法 (8.2.12) 相容的充分必要条件是它至少是一阶方法.

相容性概念是差分方法中一个非常基本的概念, 一般来说, 要用差分方程求解微分方程问题, 相容性条件必须满足. 否则在步长趋于零的情况下, 差分方程不能趋于微分方程, 差分方程的解就不能代表微分方程的解, 这就失去了数值求解的意义.

8.4.2 单步法的收敛性

差分方程的收敛性是指当步长 $h\to 0$ 时, 差分方程的解 y_n 是否逼近到常微分方程的解 $y(t_n)$, 这是数值方法中一个非常重要的问题.

关于单步法的收敛性, 给出如下定义.

定义 8.6 对任意固定点 $t_n\in[a,b]$, 常微分方程的精确解为 $y(t_n)$, y_n 为点 t_n 处用数值方法所求出的数值解. 当步长 $h\to 0$, 若有 $y_n\to y(t_n)$, 则称该数值格式是**收敛的**; 反之则称数值格式是**发散的**.

定义 8.6 中, 数值格式的收敛性是对任意固定点 $t_n=t_0+nh$ 上的函数值而言, 不是针对固定的 n, 若不然, 则当 $h\to 0$ 时, 应有 $t_n\to t_0$. 显然数值方法收敛是指任一点 t_n 的误差, 即整体截断误差 $e_n=y(t_n)-y_n\to 0$, 对单步法有如下收敛性定理.

定理 8.4 设单步法 (8.2.12) 具有 p 阶精度, 初值问题 (8.1.1) 的精确解满足 $y=y(t)\in C^2[a,b]$, 且增量函数 $\varphi(t,y,h)$ 关于 y 满足 Lipschitz 条件

$$|\varphi(t,y_1,h)-\varphi(t,y_2,h)|\leqslant L\,|y_1-y_2| \tag{8.4.3}$$

则单步法 (8.2.12) 在点 t_n 处的整体截断误差 $e_n = y(t_n) - y_n$ 满足如下误差估计式:

$$|e_n| \leqslant |e_0| \, \mathrm{e}^{(b-a)L} + \frac{C}{L}(\mathrm{e}^{(b-a)L} - 1) \cdot h^p \tag{8.4.4}$$

特别地, 当初始值 y_0 是精确值, 即 $e_0 = 0$ 时, 则单步法 (8.2.12) 的整体截断误差

$$e_n = y(t_n) - y_n = O(h^p) \tag{8.4.5}$$

证明 设 $\bar{y}_{n+1}$ 表示当 $y_n = y(t_n)$ 时, 用单步法 (8.2.12) 计算的数值解, 即有

$$\bar{y}_{n+1} = y(t_n) + h\varphi(t_n, y(t_n), h) \tag{8.4.6}$$

由于所给单步法 (8.2.12) 具有 p 阶精度, 则其局部截断误差满足

$$y(t_{n+1}) - \bar{y}_{n+1} = O(h^{p+1}) \tag{8.4.7}$$

即有常数 C, 使得

$$|y(t_{n+1}) - \bar{y}_{n+1}| = Ch^{p+1}$$

又由式 (8.2.12) 和式 (8.4.6) 得

$$\begin{aligned}|\bar{y}_{n+1} - y_{n+1}| &= |y(t_n) - y_n + h\left(\varphi(t_n, y(t_n), h) - \varphi(t_n, y_n, h)\right)| \\ &\leqslant |y(t_n) - y_n| + h\left|\varphi(t_n, y(t_n), h) - \varphi(t_n, y_n, h)\right|\end{aligned}$$

对上式应用 Lipschitz 条件得

$$|\bar{y}_{n+1} - y_{n+1}| \leqslant (1 + hL)\,|y(t_n) - y_n|$$

从而有整体截断误差

$$\begin{aligned}|e_{n+1}| = |y(t_{n+1}) - y_{n+1}| &= |y(t_{n+1}) - \bar{y}_{n+1} + \bar{y}_{n+1} - y_{n+1}| \\ &\leqslant |\bar{y}_{n+1} - y_{n+1}| + |y(t_{n+1}) - \bar{y}_{n+1}| \\ &\leqslant (1 + hL)\,|y(t_n) - y_n| + Ch^{p+1}\end{aligned}$$

因此整体断截断误差满足如下递推关系

$$|e_{n+1}| \leqslant (1 + hL)\,|e_n| + Ch^{p+1}$$

反复递推, 整理后得

$$|e_n| \leqslant (1+hL)^n |e_0| + \frac{Ch^p}{L}[(1+hL)^n - 1]$$

因为 $t_n - t_0 = nh \leqslant b-a$, 因此有

$$(1+hL)^n = (1+hL)^{\frac{1}{hL}nhL} \leqslant \mathrm{e}^{nhL} \leqslant \mathrm{e}^{(b-a)L}$$

所以整体截断误差满足如下不等式:

$$|e_n| \leqslant |e_0| \mathrm{e}^{(b-a)L} + \frac{C}{L}(\mathrm{e}^{(b-a)L} - 1)h^p$$

因此, 当初始值误差为 0 时, 即当 $e_0 = 0$ 时, 则式 (8.4.5) 成立.

整体截断误差 (8.4.4) 由两部分构成: 第一部分 $|e_0| \mathrm{e}^{(b-a)L}$ 代表初始误差 e_0 的累积对整体截断误差 e_n 的贡献; 第二部分 $\frac{C}{L}(\mathrm{e}^{(b-a)L} - 1)h^p$ 则代表局部截断误差对整体截断误差 e_n 的贡献, 即每步计算新引入误差的累积.

此外, 根据定理 8.4, 不难得到如下结论: 若单步法 (8.2.12) 的局部截断误差为

$$T_n = O(h^{p+1}) \quad (p > 1)$$

且增量函数 $\varphi(t, y, h)$ 关于 y 满足 Lipschitz 条件, 方程的精确解满足光滑性条件 $y(t) \in C^2[a, b]$, $y_0 = y(t_0)$, 当 $h \to 0$ 时, 则单步法 (8.2.12) 的数值解 y_n 一致收敛到初值问题 (8.1.1) 的精确解 $y(t_n)$, 且整体截断误差 $e_n = O(h^p)$, 即整体截断误差比局部截断误差低一阶.

在假设方程精确解满足定理 8.4 中光滑性约束条件与 Lipschitz 条件的前提下, 根据定理 8.4, 易得前面介绍的改进的 Euler 法、Runge-Kutta 法等都是收敛的. 根据定理 8.4, 如果初始误差 $e_0 = 0$, 则整体截断误差的阶完全由局部截断误差的阶决定, 因此在实践过程中, 为了提高数值算法的精度, 往往通过提高数值格式的局部截断误差的阶数入手, 这也是构造高精度数值格式的主要理论依据.

8.4.3 单步法的稳定性

数值方法的稳定性, 是指数值格式本身的计算过程是否准确. 实际计算中, 数值格式的求解会有计算误差, 比如舍入误差引起的小扰动, 随着计算的进行, 小扰动有可能恶意增长, 以至于淹没了数值格式的真解, 这就是稳定性问题. 我们自然希望小扰动随着计算的进行, 能被控制甚至衰减.

下面, 我们给出单步法的稳定性定义.

定义 8.7 存在正常数 C 与 h_0, 对于任意给定的初值 y_0 和初值的扰动 δ, 用数值格式

$$\begin{cases} y_{n+1} = y_n + h\varphi(t_n, y_n, h) \\ y_0 = y(0) \end{cases} \quad 与 \quad \begin{cases} z_{n+1} = z_n + h\varphi(t_n, z_n, h) \\ z_0 = y_0 + \delta \end{cases} \tag{8.4.8}$$

分别得数值解 y_n 和 z_n, 当 $0 < h < h_0, nh \leqslant b - a$ 时, y_n 和 z_n 满足估计式

$$|y_n - z_n| \leqslant C\,|y_0 - z_0| = C\delta \tag{8.4.9}$$

则称单步法 $y_{n+1} = y_n + h\varphi(t_n, y_n, h)$ 是**稳定的**.

这里, y_n, z_n 分别是以 y_0, z_0 为初值代入数值格式得到的准确值, 不考虑舍入误差, 因此这里的稳定性是对初值的稳定性, 即研究初始误差在计算过程中的传播问题.

事实上, 如果数值格式经过一步迭代, 将上一步迭代产生的误差扩大化, 一般来说, 这样的数值格式是不稳定的; 反之, 当初始值存在误差, 经过数值格式的多步迭代后, 数值解的误差不增长; 或者误差虽有增长, 但是总体上误差增长比较缓慢, 并小于给定的误差上限, 则该数值格式是数值稳定的.

定理 8.5 设增量函数 $\varphi(t, y, h)$ 关于自变量 y 满足 Lipschitz 条件, 对 $0 < h < h_0$, 则单步法 (8.2.12) 是稳定的.

证明 因为

$$y_{n+1} = y_n + h\varphi(t_n, y_n, h), \quad z_{n+1} = z_n + h\varphi(t_n, z_n, h)$$

令 $e_n = y_n - z_n$, 则有

$$e_{n+1} = y_{n+1} - z_{n+1} = e_n + h\left[\varphi(t_n, y_n, h) - \varphi(t_n, z_n, h)\right]$$

因此有

$$\begin{aligned} |e_{n+1}| &\leqslant |e_n| + h\,|\varphi(t_n, y_n, h) - \varphi(t_n, z_n, h)| \\ &\leqslant |e_n| + hL\,|y_n - z_n| = (1 + hL)\,|e_n| \\ &\leqslant (1 + hL)^2\,|e_{n-1}| \leqslant \cdots \\ &\leqslant (1 + hL)^{n+1}\,|e_0| \end{aligned}$$

即有

$$|e_n| \leqslant (1+hL)^n |e_0| = (1+hL)^{\frac{1}{hL}nhL} |e_0|$$

因为对所有的 n，有 $nh \leqslant b-a$, 故有 $|e_n| \leqslant \mathrm{e}^{L(b-a)} |e_0|$. 令 $\mathrm{e}^{L(b-a)} = C$, 则当 $0 < h < h_0$ 时, 有

$$|e_n| \leqslant C |e_0|$$

即单步法 (8.2.12) 是稳定的.

定义 8.7 中介绍的稳定性概念, 实际上描述了当步长趋于零时, 初值的误差对计算结果的影响, 这种稳定性称为**渐进稳定性**或**古典稳定性**. 然而, 实际计算中, 我们通常取有限的固定步长, 并且稳定性还和右端函数 $f(t,y)$ 有关, 所以判断起来非常困难. 为了只考察数值方法本身的性质, 通常只检验数值方法用于验证模型方程的稳定性, 为此我们引入绝对稳定性的概念.

定义 8.8 如果单步法 (8.2.12) 以给定的步长 h 求解模型方程

$$y' = \lambda y, \quad \mathrm{Re}(\lambda) < 0 \tag{8.4.10}$$

数值解 $y_{n+1} = E(h\lambda)y_n$, 满足 $|E(h\lambda)| < 1$, 则称单步法 (8.2.12) 对步长 h 是**绝对稳定的**. 在 $h\lambda$ 的平面上, 使 $|E(h\lambda)| < 1$ 的变量围成的区域, 称为**绝对稳定域**. 它与实轴的交称为**绝对稳定区间**.

考察其数值方法的绝对稳定性时, 模型方程中的 λ 为复数, 如果只考虑 λ 为实数的情况, 为了保证模型方程本身的稳定性, 需要 $\lambda < 0$.

接下来, 讨论 Euler 法与后退 Euler 法等简单数值方法的绝对稳定性问题.

求模型方程 (8.4.10) 的 Euler 法为

$$y_{n+1} = (1+h\lambda)y_n \tag{8.4.11}$$

在上式右端, 将数值解 y_n 添加扰动值 ε_n, 并设由于 ε_n 的传播使数值解 y_{n+1} 产生的扰动值为 ε_{n+1}, 则有

$$y_{n+1} + \varepsilon_{n+1} = (1+h\lambda)(y_n + \varepsilon_n)$$

即 $\varepsilon_{n+1} = (1+h\lambda)\varepsilon_n$, 可见扰动值满足原来的数值格式 (8.4.11). 若数值格式 (8.4.11) 稳定, 应该有

$$|\varepsilon_{n+1}| \leqslant |\varepsilon_n|$$

上式等价于要求 $|E(h\lambda)| = |1+h\lambda| \leqslant 1$. 在 $h\lambda$ 的复平面上, 这是以 $(-1,0)$ 为圆心, 1 为半径的单位圆内部, 即为 Euler 法的绝对稳定域, 相应的绝对稳定区间为

$(-2,0)$. 因为 $\lambda<0$, 故步长应满足不等式

$$h \leqslant -\frac{2}{\lambda} \tag{8.4.12}$$

因此, 称模型方程的 Euler 法 (8.4.11) 是**条件稳定**的, 称式 (8.4.12) 为其**绝对稳定性条件**, 即当步长大于 $-\dfrac{2}{\lambda}$ 时数值格式 (8.4.11) 是**不稳定的**.

求模型方程 (8.4.10) 的后退的 Euler 法为

$$y_{n+1}=y_n+h\lambda y_{n+1}$$

解之, 得 $y_{n+1}=\dfrac{1}{1-h\lambda}y_n$. 类似地, $E(h\lambda)=\dfrac{1}{1-h\lambda}$. 由 $|E(h\lambda)|=\left|\dfrac{1}{1-h\lambda}\right|<1$ 可得绝对稳定域为 $|1-h\lambda|>1$, 它是以 $(1,0)$ 为圆心, 1 为半径的单位圆外部, 相应的绝对稳定区间为 $-\infty<h\lambda<0$. 由于 $\lambda<0$, 则 $0<h<\infty$, 即对任意步长 h 均为稳定的. 因此称后退的 Euler 法**无条件稳定**.

例 8.4.1 给定初值问题

$$\begin{cases} y'=-1000(y-t^2)+2t, & 0\leqslant t\leqslant 1 \\ y(0)=0 \end{cases}$$

精确解为 $y=t^2$, 试用 Euler 法计算 $y(1)$ 的数值解, 并解释稳定性与步长之间的关系.

解 分别取步长 $h=1,0.1,0.01,0.001,0.0001,0.00001$, 由 Euler 法:

$$y_{n+1}=y_n+hf(t_n,y_n)$$

计算 $y(1)$ 的数值解见表 8.6, 和精确解 $y(1)=1$ 比较, 可见当 $h\leqslant 0.001$ 时, 计算结果比较精确, 格式是稳定的, 步长越小, 数值解越精确; 当 $h\geqslant 0.01$ 时, 数值解是错误的, 计算过程不稳定.

表 8.6 Euler 法的条件稳定性

h	$y(1)$ 的数值解
1	0
0.1	$0.90423820000\times10^{16}$
0.01	溢出
0.001	0.99999000010
0.0001	0.99999990000
0.00001	0.99999999997

8.5 线性多步法

在 8.3 节中, 通过对 $f(t,y)$ 在 t_n 和 t_{n+1} 之间不同点的函数值进行线性组合得到了高阶的 Runge-Kutta 法, 但每一步都需要对 $f(t,y)$ 在不同点的函数值分别估计, 计算量较大. 事实上, 在逐步推进求解的过程中, 计算 y_{n+1} 之前已经求出了一系列节点的数值解 $y_0, y_1, \cdots, y_n$, 并且通常也已经计算过函数值 $f(t_0,y_0), f(t_1,y_1), \cdots, f(t_n,y_n)$, 若能充分利用这些已经求得的信息, 则可能会得到较高的精度, 这就是**多步法**的基本思想.

一般地, 线性多步法可表示为

$$y_{n+k} = \sum_{i=0}^{k-1} \alpha_i y_{n+i} + h \sum_{i=0}^{k} \beta_i f(t_{n+i}, y_{n+i}), \quad n = 0, 1, \cdots, N-k \tag{8.5.1}$$

式中, α_0, β_0 不同时为零, α_i, β_i 为常数, 称式 (8.5.1) 为线性 k **步法**. 计算时需先给出前 k 个近似值 $y_0, y_1, \cdots, y_{k-1}$ 才可以启动, 然后利用式 (8.5.1) 逐次计算 $y_k, y_{k+1}, \cdots, y_N$. 如果式 (8.5.1) 中 $\beta_k = 0$, 则称式 (8.5.1) 为**显式 k 步法**, 若 $\beta_k \neq 0$, 则称式 (8.5.1) 为**隐式 k 步法**.

构造线性多步法有许多途径, 比如可以基于 Taylor 展开, 根据局部截断误差与精度阶确定系数 α_i, β_i, 这里介绍另一种基于数值积分的 Adams 外推法和内插法.

8.5.1 显式 Adams 法

将常微分方程 $y' = f(t,y)$ 在区间 $[t_n, t_{n+1}]$, $n = 0, 1, 2, \cdots, N-1$ 上积分得

$$y(t_{n+1}) - y(t_n) = \int_{t_n}^{t_{n+1}} f(t, y(t)) \mathrm{d}t \tag{8.5.2}$$

按照步进式原则, 假设我们已经求出数值解 $y_0, y_1, \cdots, y_n$, 以 $f_i = f(t_i, y_i), i = 0, 1, \cdots, n$ 作为 $f(t_i, y(t_i))$ 的数值解, 考虑被积函数 $f(t, y(t))$ 在 $r+1$ 组点 $(t_n, f_n), (t_{n-1}, f_{n-1}), \cdots, (t_{n-r}, f_{n-r})$ 上的 $r(r \leqslant n)$ 次 Newton 插值多项式 $p_r(t)$

$$p_r(t) = f_n + f[t_n, t_{n-1}](t - t_n) + \cdots + f[t_n, t_{n-1}, \cdots, t_{n-r}](t - t_n) \cdots (t - t_{n-r+1})$$

在区间 $[t_n, t_{n+1}]$ 用插值多项式 $p_r(t)$ 近似函数 $f(t, y(t))$(外插!).

注意到插值节点两两等距, 步长为 h, 以及差商和差分的关系, 令 $t = t_n + sh$, 则得 $f(t, y(t))$ 的 Newton 后插公式为

$$p_r(t) = p_r(t_n + sh)$$

$$
\begin{aligned}
&= f_n + s\Delta f_{n-1} + \frac{s(s+1)}{2}\Delta^2 f_{n-2} + \cdots + \frac{s(s+1)\cdots(s+r-1)}{r!}\Delta^r f_{n-r} \\
&= \sum_{j=0}^{r}(-1)^j \mathrm{C}_{-s}^{j}\Delta^j f_{n-j} \qquad (8.5.3)
\end{aligned}
$$

式中, Δ^j 表示 j 阶向前差分算子, 而 $\mathrm{C}_{-s}^{j} = \dfrac{(-s)!}{j!(-s-j)!}$. 用 $\displaystyle\int_{t_n}^{t_{n+1}} p_r(t)\mathrm{d}t$ 近似 $\displaystyle\int_{t_n}^{t_{n+1}} f(t, y(t))\mathrm{d}t$, 得如下显式 Adams-Bashforth 外推公式 (简称显式 Adams 公式)

$$
\begin{aligned}
y_{n+1} &= y_n + \int_{t_n}^{t_{n+1}} p_r(t)\mathrm{d}t = y_n + h\int_0^1 \left[\sum_{j=0}^{r}(-1)^j \mathrm{C}_{-s}^{j}\Delta^j f_{n-j}\right]\mathrm{d}s \\
&= y_n + h\sum_{j=0}^{r} b_j \Delta^j f_{n-j} \qquad (8.5.4)
\end{aligned}
$$

其中系数 $b_j = \displaystyle\int_0^1 (-1)^j \mathrm{C}_{-s}^{j}\mathrm{d}s$, $j = 0, 1, 2, \cdots, r$, 其具体数值见表 8.7. 为便于使用, 利用差分展开式

$$
\Delta^j f_{n-j} = \sum_{i=0}^{j}(-1)^i \mathrm{C}_j^i f_{n-i}
$$

将式 (8.5.4) 中的各阶差分全部展开整理, 得 $r+1$ 步显式 Adams 公式:

$$
y_{n+1} = y_n + h\sum_{j=0}^{r}\beta_{rj} f_{n-j} \qquad (8.5.5)
$$

其中 $\beta_{rj} = (-1)^j \sum\limits_{i=j}^{r}\mathrm{C}_i^j b_i$, 这里的系数 $\beta_{rj}, j = 0, 1, \cdots, r$ 与 r 的值有关, 其具体数值见表 8.8.

表 8.7 Adams 各阶差分系数

j	0	1	2	3	4	5	6	$\cdots$
b_j	1	$\frac{1}{2}$	$\frac{5}{12}$	$\frac{3}{8}$	$\frac{251}{720}$	$\frac{95}{288}$	$\frac{19087}{60480}$	$\cdots$

表 8.8 显式 Adams 法系数表

j	0	1	2	3	4	5	$\cdots$
β_{0j}	1						
$2\beta_{1j}$	3	−1					
$12\beta_{2j}$	23	−16	5				
$24\beta_{3j}$	55	−59	37	−9			
$720\beta_{4j}$	1901	−2774	2616	−1274	251		
$1440\beta_{5j}$	4277	−7923	9982	−7298	2877	−475	
$\vdots$	$\vdots$	$\vdots$	$\vdots$	$\vdots$	$\vdots$	$\vdots$	$\vdots$

当 $r=0$ 时, 显式 Adams 公式 (8.5.5) 即为 Euler 公式.

当 $r=3$ 时, 4 步显式 Adams 公式 (8.5.5) 相应的数值格式为

$$y_{n+1}=y_n+\frac{h}{24}\left[55f_n-59f_{n-1}+37f_{n-2}-9f_{n-3}\right] \tag{8.5.6}$$

由于式 (8.5.5) 最初来自于 $\displaystyle\int_{t_n}^{t_{n+1}} p_r(t)\mathrm{d}t$ 作为 $\displaystyle\int_{t_n}^{t_{n+1}} f(t,y(t))\mathrm{d}t$ 的近似值, 因此, 显式 Adams 法 (8.5.5) 的局部截断误差为

$$\begin{aligned}
T_{n+1}&=\int_{t_n}^{t_{n+1}} f(t,y(t))\mathrm{d}t-\int_{t_n}^{t_{n+1}} p_r(t)\mathrm{d}t\\
&=\int_{t_n}^{t_{n+1}}\frac{f^{(r+1)}(\xi)}{(r+1)!}(t-t_n)\cdots(t-t_{n-r})\mathrm{d}t,\quad \xi\in(t_{n-r},t_n)\\
&=\int_0^1\frac{f^{(r+1)}(\xi)}{(r+1)!}s(s+1)(s+r)h^{r+2}\mathrm{d}s\\
&=\frac{h^{r+2}}{(r+1)!}\int_0^1 f^{(r+1)}(\xi)s(s+1)\cdots(s+r)\mathrm{d}s\\
&=O(h^{r+2})
\end{aligned}$$

因此, 显式 $r+1$ 步 Adams 法 (8.5.5) 是 $r+1$ 阶方法.

8.5.2 隐式 Adams 法

类似地, 如考虑 $f(t,y(t))$ 过 $r+1$ 组点 $(t_{n+1},f_{n+1}),(t_n,f_n),\cdots,(t_{n-r+1},f_{n-r+1})$ 的 r 次插值多项式 $\tilde{p}_r(t)$, 同样在区间 $[t_n,t_{n+1}]$ 以 $\tilde{p}_r(t)$ 作为函数 $f(t,y(t))$ 的近似, 由 $y_{n+1}-y_n=\displaystyle\int_{t_n}^{t_{n+1}}\tilde{p}_r(t)\mathrm{d}t$, 可得 r 步**隐式 Adams 内插法**, 简称隐式

Adams 法

$$y_{n+1}=y_n+h\sum_{j=0}^{r}\tilde{b}_j\Delta^j f_{n-j+1} \tag{8.5.7}$$

式中, $\tilde{b}_j=(-1)^j\int_{-1}^{0}\mathrm{C}_{-s}^{j}\mathrm{d}s,\ j=0,1,\cdots,r$, 其具体数值见表 8.9.

表 8.9 Adams 内插法各阶差分系数

j	0	1	2	3	4	5	6	$\cdots$
$\tilde{b}_j$	1	$-\frac{1}{2}$	$-\frac{1}{12}$	$-\frac{1}{24}$	$-\frac{19}{720}$	$-\frac{3}{160}$	$-\frac{863}{60480}$	$\cdots$

将式 (8.5.7) 中的差分展开, 可得隐式 Adams 公式

$$y_{n+1}=y_n+h\sum_{j=0}^{r}\tilde{\beta}_{rj}f_{n-j+1} \tag{8.5.8}$$

其中 $\tilde{\beta}_{rj}=(-1)^j\sum\limits_{i=j}^{r}\mathrm{C}_i^j\tilde{b}_i$, 同样系数 $\tilde{\beta}_{rj},j=0,1,\cdots,r$ 与 r 的值有关, 具体数值见表 8.10. 在表 8.10 中选定 r, 则系数 $\tilde{\beta}_{rj}$ 随之确定, 即相应的隐式 Adams 公式也就确定了.

表 8.10 隐式 Adams 法系数表

j	0	1	2	3	4	5	$\cdots$
$\tilde{\beta}_{0j}$	1						
$2\tilde{\beta}_{1j}$	1	1					
$12\tilde{\beta}_{2j}$	5	8	−1				
$24\tilde{\beta}_{3j}$	9	19	−5	1			
$720\tilde{\beta}_{4j}$	251	646	−246	106	−19		
$1440\tilde{\beta}_{5j}$	475	1427	−798	482	−173	27	
$\vdots$	$\vdots$	$\vdots$	$\vdots$	$\vdots$	$\vdots$	$\vdots$	$\vdots$

特别地, 当 $r=0$ 时, 即为后退的 Euler 法; 当 $r=1$ 时, 隐式 Adams 公式即为梯形法; 当 $r=3$ 时, 则有

$$y_{n+1}=y_n+\frac{h}{24}\left[9f_{n+1}+19f_n-5f_{n-1}+f_{n-2}\right] \tag{8.5.9}$$

仿照显式 Adams 法的局部截断误差推导, 式 (8.5.8) 的局部截断误差为

$$T=O(h^{r+2})$$

即 r 步隐式 Adams 法 (8.5.8) 也是 $r+1$ 阶方法.

尽管显式 Adams 法 (8.5.5) 与隐式 Adams 法 (8.5.8) 都是 $r+1$ 阶方法, 但是显式格式 (8.5.5) 在计算 y_{n+1} 时用到了前面 $r+1$ 步信息, 是 $r+1$ 步法; 而隐式格式 (8.5.8) 在计算 y_{n+1} 时仅用了前面 r 步的信息, 是 r 步法. 可见, 显式 Adams 格式的精度和步数相同, 隐式 Adams 格式的精度比步数大一阶; 在步数相同的情形下, 隐式 Adams 法比显式 Adams 法的精度高一阶.

8.5.3 Adams 预估–校正格式

对于 Adams 公式而言, 在相同步数情况下, 虽然隐式格式比显式格式有更好的精度, 但隐式格式使用不便, 形式上计算 y_{n+1} 需要解方程. 因此在实际应用中, 总是将两者联合起来使用, 用相同阶数的显式格式先提供一个预估值 $\tilde{y}_{n+1}$, 然后用隐式格式通过迭代手段对其校正. 这样联合起来使用, 就构成了 **Adams 预估–校正格式**.

例如, 可用四步四阶精度的显式 Adams 法 (8.5.6) 作为预估公式, 同样四阶精度的三步隐式 Adams 法 (8.5.9) 作为校正格式, 则可构成如下 **Adams 预估–校正格式**:

$$\begin{cases} \tilde{y}_{n+1} = y_n + \dfrac{h}{24}[55f_n - 59f_{n-1} + 37f_{n-2} - 9f_{n-3}] \\ y_{n+1} = y_n + \dfrac{h}{24}\left[9\tilde{f}_{n+1} + 19f_n - 5f_{n-1} + f_{n-2}\right] \end{cases} \tag{8.5.10}$$

其中 $\tilde{f}_{n+1} = f(t_{n+1}, \tilde{y}_{n+1})$, $f_i = f(t_i, y_i)$, $i = n, n-1, n-2, n-3$.

无论采用 Adams 显式还是隐式公式, 由于在计算 y_{n+1} 的值时, 不仅用前一步 y_n 的信息, 还需要用前面更多步的信息, 而初值问题只提供初值信息, 因此它不是自启动的, 实际计算时, 必须借助某种单步法 (如 Runge-Kutta 法) 为它提供"启动"的初始信息, 为了保持精度, 通常也采用相同阶数的单步法.

例 8.5.1 用四阶 Adams 预估–校正格式 (8.5.10) 求解如下常微分方程初值问题

$$\begin{cases} y' = y - \dfrac{2t}{y}, \quad 0 \leqslant t \leqslant 1 \\ y(0) = 1 \end{cases}$$

并精确解 $y = \sqrt{2t+1}$ 进行比较, 取步长 $h = 0.1$, 计算结果保留 5 位有效数字.

解 已知 $y_0 = 1$, 先用经典的四阶 Runge-Kutta 法 (8.3.16) 求得的数值解 y_1, y_2, y_3 作为初值, 然后启用预估–校正格式 (8.5.10) 进行计算, 预估值 $\tilde{y}_n$ 和校正值 y_n 如表 8.11 所示.

通过比较表 8.11 中校正值 y_n 与精确值 $y(x_n)$ 可见, 预估–校正格式 (8.5.10) 有着较高的精度.

表 8.11　Adams 预估–校正格式计算结果与精确解比较

t_n	$\tilde{y}_n$	y_n	$y(t_n)$
0		1	1
0.1		1.0954	1.0954
0.2		1.1382	1.1382
0.3		1.2649	1.2649
0.4	1.3415	1.3416	1.3416
0.5	1.4141	1.4142	1.4142
0.6	1.4832	1.4832	1.4832
0.7	1.5491	1.5492	1.5492
0.8	1.6125	1.6125	1.6125
0.9	1.6734	1.6734	1.6733
1.0	1.7321	1.7321	1.7321

8.6　常微分方程组与边值问题的数值解法

前面我们研究的是单个一阶常微分方程的数值解法, 在实际问题中, 我们还经常会遇到高阶常微分方程和一阶常微分方程组的初值问题, 本节讨论求解这些问题的数值方法.

8.6.1　一阶常微分方程组

为了便于说明, 以两个方程组成的方程组为例, 考察一阶常微分方程组初值问题

$$\begin{cases} y' = f(t, y(t), z(t)), \\ z' = g(t, y(t), z(t)), \end{cases} \quad \begin{cases} y(a) = y_0, \\ z(a) = z_0, \end{cases} \quad a \leqslant t \leqslant b \tag{8.6.1}$$

引进向量记号

$$\boldsymbol{Y} = \begin{pmatrix} y \\ z \end{pmatrix}, \quad \boldsymbol{F} = \begin{pmatrix} f \\ g \end{pmatrix}, \quad \boldsymbol{Y}_n = \begin{pmatrix} y_n \\ z_n \end{pmatrix}, \quad \boldsymbol{F}_n = \begin{pmatrix} f_n \\ g_n \end{pmatrix}$$

则初值问题 (8.6.1) 可写成

$$\begin{cases} \boldsymbol{Y}' = \boldsymbol{F}(t, \boldsymbol{Y}) \\ \boldsymbol{Y}(a) = \boldsymbol{Y}_0 \end{cases} \tag{8.6.2}$$

只要把单个方程 $y'=f(t,y)$ 数值格式中的 y 和 f 理解为向量 $\boldsymbol{Y}$ 和 $\boldsymbol{F}$, 前面介绍的单个常微分方程初值问题的数值方法都可以推广到方程组 (8.6.2) 上, 即改进的 Euler 法、Runge-Kutta 法、Adams 法等的构造方法与计算过程与单个方程的情况雷同. 比如, 式 (8.6.2) 的 Euler 法为

$$\boldsymbol{Y}_{n+1}=\boldsymbol{Y}_n+h\boldsymbol{F}_n,\quad n=0,1,2,\cdots \tag{8.6.3}$$

即初值问题 (8.6.1) 的分量形式的 Euler 法为

$$\begin{cases} y_{n+1}=y_n+hf(t_n,y_n,z_n)=y_n+hf_n, \\ z_{n+1}=z_n+hg(t_n,y_n,z_n)=z_n+hg_n, \end{cases} \quad n=0,1,2,\cdots \tag{8.6.4}$$

初值问题 (8.6.1) 的四阶 Runge-Kutta 法为

$$\boldsymbol{Y}_{n+1}=\boldsymbol{Y}_n+\frac{h}{6}(\boldsymbol{K}_1+2\boldsymbol{K}_2+2\boldsymbol{K}_3+\boldsymbol{K}_4),\quad n=0,1,2,\cdots$$

其中 $\boldsymbol{K}_i=\begin{pmatrix} K_i \\ L_i \end{pmatrix}$, 也可以表示为分量形式

$$y_{n+1}=y_n+\frac{h}{6}(K_1+2K_2+2K_3+K_4)$$

$$z_{n+1}=z_n+\frac{h}{6}(L_1+2L_2+2L_3+L_4)$$

其中

$$\begin{aligned}
&K_1=f(t_n,y_n,z_n)\\
&K_2=f\left(t_n+\frac{h}{2},y_n+\frac{h}{2}K_1,z_n+\frac{h}{2}L_1\right)\\
&K_3=f\left(t_n+\frac{h}{2},y_n+\frac{h}{2}K_2,z_n+\frac{h}{2}L_2\right)\\
&K_4=f(t_n+h,y_n+hK_3,z_n+hL_3)\\
&L_1=g(t_n,y_n,z_n)\\
&L_2=g\left(t_n+\frac{h}{2},y_n+\frac{h}{2}K_1,z_n+\frac{h}{2}L_1\right)\\
&L_3=g\left(t_n+\frac{h}{2},y_n+\frac{h}{2}K_2,z_n+\frac{h}{2}L_2\right)
\end{aligned}$$

$$L_4 = g(t_n + h, y_n + hK_3, z_n + hL_3)$$

在计算的时候应该顺序计算 $K_1, L_1, K_2, L_2, K_3, L_3, K_4, L_4$, 然后代入经典的 Runge-Kutta 公式即可求得节点 t_{n+1} 处的数值解 y_{n+1}, z_{n+1}.

隐式格式在推广到方程组时, 得到的是关于未知向量 $\boldsymbol{Y}_{n+1}$ 的方程组, 可以通过解方程组来求得 $\boldsymbol{Y}_{n+1}$. 一般地, 对多个方程的一阶常微分方程组, 讨论过程中仅需要把式 (8.6.2) 中的二维向量扩充到多维向量就可以了.

8.6.2 高阶方程的初值问题

对于高阶常微分方程的初值问题, 原则上总可以转化为一阶常微分方程组进行求解. 例如, 考察如下 m 阶常微分方程:

$$y^{(m)} = f(t, y, y', y'', \cdots, y^{(m-1)}), \quad a \leqslant t \leqslant b \tag{8.6.5}$$

初始条件为

$$y(a) = y_0, \quad y'(a) = y_0', \quad \cdots, \quad y^{(m-1)}(a) = y_0^{(m-1)} \tag{8.6.6}$$

只要引进新的变量

$$y_1 = y, \quad y_2 = y', \quad \cdots, \quad y_m = y^{(m-1)}$$

就可以将 m 阶常微分方程 (8.6.5) 转化为如下一阶常微分方程组:

$$\begin{cases} y_1' = y_2 \\ y_2' = y_3 \\ \cdots\cdots \\ y_{m-1}' = y_m \\ y_m' = f(t, y_1, y_2, \cdots, y_m) \end{cases} \tag{8.6.7}$$

相应的初始条件化为

$$y_1(a) = y_0, \quad y_2(a) = y_0', \quad \cdots, \quad y_m(a) = y_0^{(m-1)} \tag{8.6.8}$$

对一阶常微分方程组的初值问题 (8.6.7) 和 (8.6.8), 可应用 8.6.1 节中的数值方法求解.

特别地, 对如下二阶常微分方程的初值问题

$$\begin{cases} y'' = f(t, y, y') \\ y(a) = y_0 \\ y'(a) = y_0' \end{cases}$$

引入新的变量 $z = y'$, 即可化为一阶常微分方程组的初值问题

$$\begin{cases} y' = z \\ z' = f(t, y, z) \\ y(a) = y_0 \\ z(a) = y_0' \end{cases}$$

也可以表示为矩阵和向量的形式

$$\boldsymbol{Y}' = \boldsymbol{F}(t, \boldsymbol{Y})$$

其中 $\boldsymbol{Y} = \begin{pmatrix} y \\ z \end{pmatrix}$, $\boldsymbol{F} = \begin{pmatrix} z \\ f(t, y, z) \end{pmatrix}$.

8.6.3 边值问题的差分解法

许多数学物理问题可抽象为二阶常微分边值问题:

$$\begin{cases} y'' + p(t)y' + q(t)y = f(t), \quad a \leqslant t \leqslant b \\ y(a) = \alpha, y(b) = \beta \end{cases} \tag{8.6.9}$$

其中 $p(t)$, $q(t)$, $f(t)$ 为已知函数, α, β 为给定常数. 上式的定解条件给定的是未知函数 $y(t)$ 在定义域两个边界点的值, 所以称式 (8.6.9) 为常微分方程的边值问题. 下面讨论边值问题 (8.6.9) 的差分求解方法.

仿照初值问题 (8.1.1) 的讨论, 可以采用离散化方法将边值问题式 (8.6.9) 转化为适当的差分方程. 为此, 可将区间 $[a, b]$ 进行 N 等分, 记步长 $h = \dfrac{b-a}{N}$, 则等分节点为

$$t_n = a + nh, \quad n = 0, 1, \cdots, N$$

利用差商近似导数的思想, 取

$$y'(t_n) \approx \frac{y_{n+1} - y_{n-1}}{2h}, \quad y''(t_n) \approx \frac{y_{n+1} - 2y_n + y_{n-1}}{h^2}$$

代入式 (8.6.9), 于是边值问题 (8.6.9) 在点 t_n 的差分方程为

$$\frac{y_{n+1} - 2y_n + y_{n-1}}{h^2} + p_n \frac{y_{n+1} - y_{n-1}}{2h} + q_n y_n = f_n, \quad n = 1, 2, \cdots, N-1 \tag{8.6.10}$$

其中

$$p_n = p(t_n), \quad q_n = q(t_n), \quad f_n = f(t_n)$$

这 $N-1$ 个方程中含有函数 $y(t)$ 在 $N+1$ 个节点的数值解 $y_0, y_1, \cdots, y_N$, 注意到边界条件已知

$$y_0 = y(a) = \alpha, \quad y_N = y(b) = \beta$$

整理可得关于数值解 $y_n, n = 1, 2, \cdots, N-1$ 的线性方程组

$$\boldsymbol{AY} = \boldsymbol{b} \tag{8.6.11}$$

其中, 系数矩阵

$$\boldsymbol{A} = \begin{bmatrix} -2+h^2q_1 & 1+\dfrac{h}{2}p_1 & & & \\ 1-\dfrac{h}{2}p_2 & -2+h^2q_2 & 1+\dfrac{h}{2}p_2 & & \\ & \ddots & \ddots & \ddots & \\ & & 1-\dfrac{h}{2}p_{N-2} & -2+h^2q_{N-2} & 1+\dfrac{h}{2}p_{N-2} \\ & & & 1-\dfrac{h}{2}p_{N-1} & -2+h^2q_{N-1} \end{bmatrix}$$

向量

$$\boldsymbol{Y} = (y_1, y_2, \cdots, y_{N-1})^{\mathrm{T}},$$

$$\boldsymbol{b} = \left(h^2f_1 - \left(1-\frac{h}{2}p_1\right)\alpha,\ h^2f_2,\ \cdots,\ h^2f_{N-2},\ h^2f_{N-1} - \left(1+\frac{h}{2}p_{N-1}\right)\beta\right)^{\mathrm{T}}$$

式 (8.6.11) 是一个三对角线性方程组, 可用追赶法求解, 即得在节点 $t_1, t_2, \cdots, t_{N-1}$ 处 $y(t)$ 的数值解 $y_1, y_2, \cdots, y_{N-1}$. 若 $f(t)$ 不仅和 t 有关, 而且也是 y, y' 的线性函数时, 所得方程组仍然是三对角方程组. 若 $f(t)$ 是关于 y, y' 的非线性函数时, 所得方程组是非线性方程组, 可以用非线性方程组的数值方法求解, 如简单迭代法、Newton 迭代法等.

两点边值问题 (8.6.9) 中的边值属于第一类边值, 也可以是第二类边值

$$y'(a) = \alpha, \quad y'(b) = \beta$$

或第三类边值

$$y'(a) - a_0y(a) = \alpha, \quad y'(b) - b_0y(b) = \beta$$

三类边值问题的有限差分离散方法类似.

例 8.6.1 用差分方法求解两点边值问题

$$\begin{cases} y''-y=t, & 0\leqslant t\leqslant 1 \\ y(0)=0, & y(1)=1 \end{cases}$$

在点 $t=0.1,0.2,\cdots,0.9$ 的值, 结果保留 5 位小数, 并与精确解比较.

解 根据题意取步长 $h=0.1$, 节点为 $t_n=\dfrac{n}{10}, n=0,1,2,\cdots,10$, 由于 $p(t)=0$, $q(t)=-1$, $f(t)=t$, 则差分方程 (8.6.11) 的具体形式为

$$\begin{bmatrix} -2-10^{-2} & 1 & & & \\ 1 & -2-10^{-2} & 1 & & \\ & \ddots & \ddots & \ddots & \\ & & 1 & -2-10^{-2} & 1 \\ & & & 1 & -2-10^{-2} \end{bmatrix}\begin{bmatrix} y_1 \\ y_2 \\ \vdots \\ y_8 \\ y_9 \end{bmatrix}=\begin{bmatrix} 0.001 \\ 0.002 \\ \vdots \\ 0.008 \\ -0.991 \end{bmatrix}$$

具体数值解和精确解如表 8.12 所示. 比较发现数值解 y_n 至少有 4 位有效数字.

表 8.12 例 8.6.1 的数值解与精确解比较

t_n	y_n	$y(t_n)$
0.1	0.07049	0.07047
0.2	0.14268	0.14264
0.3	0.21830	0.21824
0.4	0.29911	0.29903
0.5	0.38690	0.38682
0.6	0.48357	0.48348
0.7	0.59107	0.59099
0.8	0.71148	0.71141
0.9	0.84700	0.84696

8.7 气象案例

案例 美国麻省理工学院的 Lorenz 教授研究长期天气预报问题时, 在计算机上用一组简化模型模拟天气的演变 (伍荣生, 2002). 他原本的意图是利用计算机的高速运算来提高长期预报的准确性. 但事与愿违, 多次计算表明, 初始条件的微小差异, 均会导致计算结果有很大不同. 在定义域 $0\leqslant t\leqslant 50$ 上, 考察 Lorenz 方程

$$\begin{cases} x'(t)=P(y-x) \\ y'(t)=R_a x-y-xz \\ z'(t)=xy-bz \end{cases}$$

参数的适当取值会使系统趋于混沌状态, 取 $P=10$, $R_a=28$, $b=\dfrac{8}{3}$, 当初值为 $(0,20,25)^{\mathrm{T}}$ 时, 利用经典的四阶 Runge-Kutta 法求数值解. 考虑初值的微小变化对结果的影响, 当初值变为 $(0,20.01,25)^{\mathrm{T}}$ 时, 两个初值下 x 随时间变化的曲线见图 8.2, 从图中可以看出一定时刻之后不同的初值下的数值结果 x 几乎完全不同. 两个初值的 z 随 x 变化的曲线见图 8.3, 从图 8.3 可以看出, 轨迹不时地绕过两个平衡点, 显得很无规则, 这种无规则或者混乱轨迹的出现, 称为混沌. Lorenz 得

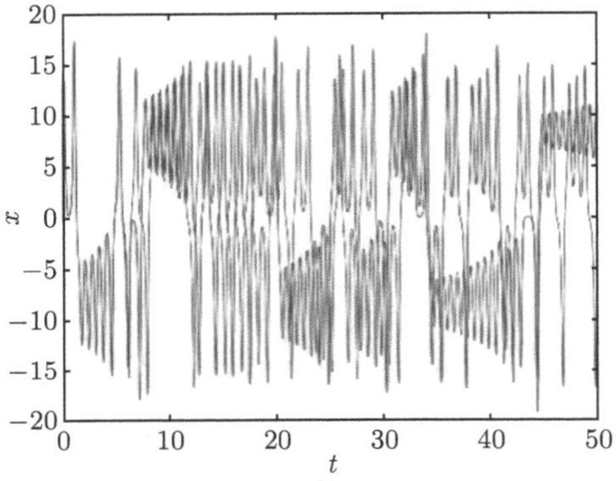

图 8.2　不同初值时 x 随时间变化

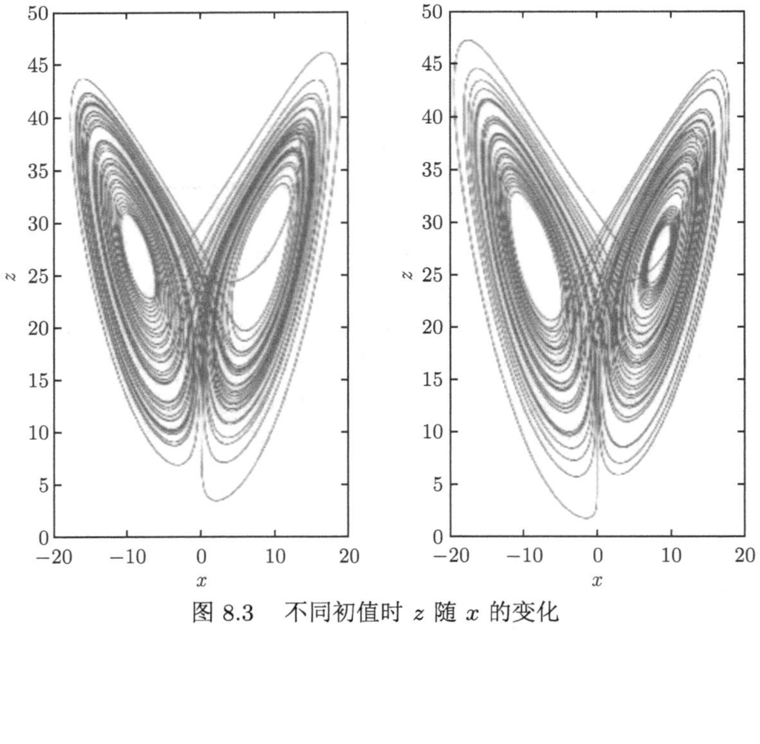

图 8.3　不同初值时 z 随 x 的变化

出结论, 这个方程组的参数取某些值的时候, 轨线运动会变得复杂和不确定, 具有对初始条件的敏感依赖性, 也就是初始条件微小的差异都会导致轨线行为的无法预测. 正是根据数值结果, Lorenz 才得出结论, 天气的长期预报是不可能的, 形象化的说法就是所谓的蝴蝶效应.

习 题 8

1. 证明下列初值问题都是适定的:

(1) $\begin{cases} y' = t^2 y + 1, \\ y(0) = 1, \end{cases} \quad 0 \leqslant t \leqslant 1;$

(2) $\begin{cases} y' = ty, \\ y(0) = 1, \end{cases} \quad 0 \leqslant t \leqslant 1.$

2. 用 Euler 法求初值问题

$$\begin{cases} y' = t + y, \\ y(0) = 1, \end{cases} \quad 0 \leqslant t \leqslant 1$$

的数值解, 取 $h = 0.1$, 结果保留 4 位有效数字, 并与精确解 $y(t) = -t - 1 + 2\mathrm{e}^t$ 比较.

3. 用改进的 Euler 法和梯形法解初值问题 $\begin{cases} y' = t^2 + t - y, \\ y(0) = 0, \end{cases}$ 取步长 $h = 0.1$, 计算到 $t = 0.5$, 并与精确解 $y = -\mathrm{e}^{-t} + t^2 - t + 1$ 比较.

4. 导出中心 Euler 法 $y_{n+1} = y_{n-1} + 2hf(t_n, y_n), n = 1, 2, \cdots$ 的局部截断误差, 给出局部截断误差主项, 并说明该方法的精度阶.

5. 用梯形公式解初值问题

$$\begin{cases} y' + y = 0 \\ y(0) = 1 \end{cases}$$

证明其近似解为

$$y_n = \left(\frac{2-h}{2+h}\right)^n, \quad n = 1, 2, \cdots$$

并证明当 $h \to 0$ 时, 它收敛于原初值问题的精确解 $y = \mathrm{e}^{-t}$.

6. 用经典的四阶 Runge-Kutta 公式求解下列初值问题:

(1) $\begin{cases} y' = y + t, \\ y(0) = 1; \end{cases}$

(2) $\begin{cases} y' = y - \dfrac{2t}{y}, \\ y(0) = 1. \end{cases}$

取步长 $h = 0.2$, 计算 3 步, 结果保留 4 位有效数字.

7. 当函数 $f(t,y)$ 关于 y 满足 Lipschitz 条件时, 对于初值问题

$$\begin{cases} y' = f(t,y), \quad a < t < b \\ y(a) = y_0 \end{cases}$$

验证改进 Euler 法的收敛性.

8. 证明如下 Runge-Kutta 法是二阶的

$$\begin{cases} y_{n+1} = y_n + \dfrac{h}{2}(K_2 + K_3) \\ K_1 = f(t_n, y_n) \\ K_2 = f(t_n + \omega h, y_n + \omega h K_1) \\ K_3 = f\left(t_n + (1-\omega)h, y_n + (1-\omega)hK_1\right) \end{cases}$$

9. 证明如下初值问题 $\begin{cases} y' = f(t,y), \\ y(t_0) = y_0 \end{cases}$ 的隐式单步法为三阶方法

$$y_{n+1} = y_n + \frac{h}{6}\left[4f(t_n, y_n) + 2f(t_{n+1}, y_{n+1}) + hf'(t_n, y_n)\right]$$

10. 求变形的 Euler 法 $y_{n+1} = y_n + hf\left(t_n + \dfrac{h}{2}, y_n + \dfrac{h}{2}f(t_n, y_n)\right)$ 和改进的 Euler 法的绝对稳定区间.

11. 应用 Heun 法 $y_{n+1} = y_n + \dfrac{h}{4}\left[f(t_n, y_n) + 3f\left(t_n + \dfrac{2}{3}h, y_n + \dfrac{2}{3}hf(t_n, y_n)\right)\right]$, 解初值问题 $\begin{cases} y' = -y, \\ y(0) = y_0 \end{cases}$ 时, 为了保证方法的绝对稳定性步长应该如何选取?

12. 分别用二阶显式 Adams 法和二阶隐式 Adams 法解初值问题

$$\begin{cases} y' = 1 - y \\ y(0) = 0 \end{cases}$$

精确解为 $y = 1 - \mathrm{e}^{-t}$. 取 $h = 0.2$, $y_1 = 0.181$, 计算并比较数值解 y_5 与精确解, 结果保留 4 位有效数字.

13. 将下列方程化为一阶方程组:

(1) $\begin{cases} y'' - 3y' + 2y = 0, \\ y(0) = 1, \quad y'(0) = 1; \end{cases}$

(2) $\begin{cases} y'' - 0.1(1-y^2)y' + y = 0, \\ y(0) = 1, \quad y'(0) = 0. \end{cases}$

14. 用经典的四阶 Runge-Kutta 法求初值问题

$$\begin{cases} y'' + 2ty' + t^2 y = \mathrm{e}^t, \quad 0 \leqslant t \leqslant 1 \\ y(0) = 1, \quad y'(0) = -1 \end{cases}$$

的数值解, 取步长 $h = 0.1$.

15. 取步长 $h = 0.25$, 用差分法解二阶常微分方程的边值问题

$$\begin{cases} y'' + y = 0, \quad 0 \leqslant t \leqslant 1 \\ y(0) = 1, \quad y(1) = 1.68 \end{cases}$$

精确至 4 位有效数字.

第 9 章 Chapter 矩阵特征值与特征向量的计算

设 $\boldsymbol{A}$ 是 n 阶方阵, 若存在数 λ 和非零 n 维列向量 $\boldsymbol{x}$, 使得 $\boldsymbol{A}\boldsymbol{x}=\lambda\boldsymbol{x}$, 则数 λ 称为方阵 $\boldsymbol{A}$ 的特征值, $\boldsymbol{x}$ 称为方阵 $\boldsymbol{A}$ 的属于特征值 λ 的特征向量. 许多工程技术问题, 如各种类型的振动问题、控制系统的稳定性问题等, 最后往往归结为求矩阵的特征值和特征向量.

求矩阵特征值和特征向量通常有两类方法. 一类是从原矩阵的特征多项式入手, 由线性代数的理论可知, 理论上矩阵 $\boldsymbol{A}$ 的所有特征值均能从特征方程 $\det(\boldsymbol{A}-\lambda\boldsymbol{I})=0$ 中求得. 但首先特征多项式 $\det(\boldsymbol{A}-\lambda\boldsymbol{I})$ 很难求, 其次, 求特征方程所有根的实施过程并不方便, 有时甚至非常困难, 所以这种办法缺乏实用性. 另一类是迭代法, 它不通过特征多项式求解, 而是将特征值和特征向量作为一个无限序列的极限来求得. 接下来介绍几种运用较多的计算特征值和特征向量的方法.

9.1 特征值的性质和估计

本章涉及线性代数相关知识, 首先进行一些简单回顾.

性质 9.1 (1) 对矩阵 $\boldsymbol{A},\boldsymbol{B}\in\mathbf{R}^{n\times n}$, 若存在非奇异阵 $\boldsymbol{P}$, 使得 $\boldsymbol{B}=\boldsymbol{P}\boldsymbol{A}\boldsymbol{P}^{-1}$, 则称矩阵 $\boldsymbol{A}$ 和 $\boldsymbol{B}$ **相似**, 相似的矩阵有相同的特征值.

(2) 若 $\boldsymbol{B}$ 是上 (下) **三角阵或对角阵**, 则 $\boldsymbol{B}$ 的主对角元素即是 $\boldsymbol{B}$ 的特征值.

(3) 矩阵 $\boldsymbol{A}$ 的主对角元素之和称为 $\boldsymbol{A}$ 的**迹**, 记为 $\mathrm{tr}(\boldsymbol{A})$. 如果 $\lambda_i, i=1,2,\cdots,n$ 是矩阵 $\boldsymbol{A}$ 的特征值, 则有

$$\sum_{i=1}^{n}\lambda_i=\sum_{i=1}^{n}a_{ii}=\mathrm{tr}(\boldsymbol{A}),\quad \det(\boldsymbol{A})=\prod_{i=1}^{n}\lambda_i$$

(4) 若矩阵 $\boldsymbol{P}$ 满足 $\boldsymbol{P}^{\mathrm{T}}\boldsymbol{P}=\boldsymbol{I}$, 则称 $\boldsymbol{P}$ 为**正交阵**. 对正交阵, 显然有 $\boldsymbol{P}^{\mathrm{T}}=\boldsymbol{P}^{-1}$, 而且正交阵 $\boldsymbol{P}_1,\boldsymbol{P}_2,\cdots,\boldsymbol{P}_k$ 的乘积 $\boldsymbol{P}=\boldsymbol{P}_1\boldsymbol{P}_2\cdots\boldsymbol{P}_k$ 仍是正交阵.

(5) 若 $\boldsymbol{A}$ 是实对称矩阵, 则必有**正交相似变换阵** $\boldsymbol{P}$, 使

$$\boldsymbol{PAP}^{\mathrm{T}} = \boldsymbol{D} = \mathrm{diag}(\lambda_1, \lambda_2, \cdots, \lambda_n)$$

其中 $\lambda_i, i = 1, 2, \cdots, n$ 是 $\boldsymbol{A}$ 的特征值, $\boldsymbol{P}^{\mathrm{T}}$ 的列向量 $\boldsymbol{v}^{(i)}$ 是 $\boldsymbol{A}$ 的特征值 λ_i 对应的特征向量.

定义 9.1 设 $\boldsymbol{A}$ 为 n 阶实对称矩阵, 对于任一非零向量 $\boldsymbol{x}$, 称比值

$$R(\boldsymbol{x}) = \frac{(\boldsymbol{Ax}, \boldsymbol{x})}{(\boldsymbol{x}, \boldsymbol{x})} \tag{9.1.1}$$

为对应于向量 $\boldsymbol{x}$ 的 **Rayleigh 商**.

定义 9.2 设 $\boldsymbol{A} = [a_{ij}]_{n\times n}$ 为 n 阶实方阵, 令 $r_i = \sum\limits_{j=1, j\neq i}^{n} |a_{ij}|$, 则称数集

$$Z_i = \{z \,||z - a_{ii}| \leqslant r_i, z \in \mathbf{R}\}, \quad i = 1, 2, \cdots, n$$

为盖尔 (Gerschgorin) **圆盘**.

设 λ 是矩阵 $\boldsymbol{A}$ 的任意一个特征值, $\boldsymbol{x}$ 是 $\boldsymbol{A}$ 的与 λ 对应的特征向量, 将 $\boldsymbol{x}$ 规范化, 使其最大分量等于 1, 不妨设 $x_i = 1$, 则有

$$\begin{bmatrix} a_{11} & \cdots & a_{1i} & \cdots & a_{1n} \\ \vdots & & \vdots & & \vdots \\ a_{i1} & \cdots & a_{ii} & \cdots & a_{in} \\ \vdots & & \vdots & & \vdots \\ a_{n1} & \cdots & a_{ni} & \cdots & a_{nn} \end{bmatrix} \begin{bmatrix} x_1 \\ \vdots \\ x_i \\ \vdots \\ x_n \end{bmatrix} = \lambda \begin{bmatrix} x_1 \\ \vdots \\ x_i \\ \vdots \\ x_n \end{bmatrix}$$

由该方程组的第 i 个方程, 得

$$\lambda - a_{ii} = \sum_{\substack{j=1 \\ j\neq i}}^{n} a_{ij} x_j$$

又由 $|x_j| \leqslant 1$, 这里, $1 \leqslant j \leqslant n, j \neq i$, 知

$$|\lambda - a_{ii}| \leqslant \sum_{\substack{j=1 \\ j\neq i}}^{n} |a_{ij}| = r_i \tag{9.1.2}$$

(9.1.2) 式表明, 矩阵 $\boldsymbol{A}$ 的所有的特征值必然落在以 a_{ii} 为中心以 r_i 为半径的 n 个 Gerschgorin 圆盘 Z_i 内, $i=1,2,\cdots,n$, 该结论即是所谓的 Gerschgorin 圆盘定理.

9.2 幂法及反幂法

9.2.1 幂法

矩阵按模最大的特征值称为该矩阵的**主特征值**. 事实上, 在一些场合, 例如判断线性方程组迭代解法的收敛性时, 不必知道迭代矩阵的全部特征值和特征向量, 仅仅需要求该矩阵的**主特征值**与其相应的特征向量即可.

幂法正是用于求矩阵主特征值及其相应特征向量的一种迭代方法, 尤其适用于稀疏矩阵的情形, 其算法思想基于如下结论.

定理 9.1 设矩阵 $\boldsymbol{A}\in\mathbf{R}^{n\times n}$ 有 n 个线性无关的特征向量 $\boldsymbol{x}^{(j)}(j=1,2,\cdots,n)$, 其对应的特征值 $\lambda_j(j=1,2,\cdots,n)$ 满足

$$|\lambda_1|>|\lambda_2|\geqslant|\lambda_3|\geqslant\cdots\geqslant|\lambda_n|$$

对任取的一个非零的初始向量 $\boldsymbol{v}^{(0)}=\sum\limits_{j=1}^{n}\alpha_j\boldsymbol{x}^{(j)}(\alpha_1\neq 0)$, 构造向量序列

$$\boldsymbol{v}^{(k+1)}=\boldsymbol{A}\boldsymbol{v}^{(k)},\quad k=0,1,2,\cdots \tag{9.2.1}$$

则主特征值

$$\lambda_1=\lim_{k\to\infty}\frac{v_i^{(k)}}{v_i^{(k-1)}},\quad i=1,2,\cdots,n \tag{9.2.2}$$

这里, 实数 $v_i^{(k)}$ 表示向量 $\boldsymbol{v}^{(k)}$ 的第 i 个分量.

证明 因为 $\boldsymbol{A}$ 有 n 个线性无关的特征向量 $\boldsymbol{x}^{(j)}(j=1,2,\cdots,n)$, 所以对任意给定的非零向量 $\boldsymbol{v}^{(0)}$ 都可用 $\boldsymbol{x}^{(j)}(j=1,2,\cdots,n)$ 线性表示, 即有

$$\boldsymbol{v}^{(0)}=\sum_{j=1}^{n}\alpha_j\boldsymbol{x}^{(j)}$$

由 $\boldsymbol{v}^{(0)}$ 的任意性知, 总能找到向量 $\boldsymbol{v}^{(0)}$ 使上述展开式的第一个系数 $\alpha_1\neq 0$, 故在下面的证明过程中, 不妨假设 $\alpha_1\neq 0$. 用 $\boldsymbol{A}$ 构造向量序列

$$
\begin{cases}
\boldsymbol{v}^{(1)}=\boldsymbol{A}\boldsymbol{v}^{(0)}\\
\boldsymbol{v}^{(2)}=\boldsymbol{A}\boldsymbol{v}^{(1)}=\boldsymbol{A}^2\boldsymbol{v}^{(0)}\\
\quad\cdots\cdots\\
\boldsymbol{v}^{(k)}=\boldsymbol{A}\boldsymbol{v}^{(k-1)}=\boldsymbol{A}^k\boldsymbol{v}^{(0)}\\
\quad\cdots\cdots
\end{cases}
$$

由特征值的定义, 知

$$\boldsymbol{A}\boldsymbol{x}^{(j)}=\lambda_j\boldsymbol{x}^{(j)},\quad j=1,2,\cdots,n$$

故有

$$\boldsymbol{v}^{(k)}=\boldsymbol{A}^k\boldsymbol{v}^{(0)}=\sum_{j=1}^n\alpha_j\boldsymbol{A}^k\boldsymbol{x}^{(j)}=\sum_{j=1}^n\alpha_j\lambda_j^k\boldsymbol{x}^{(j)}=\lambda_1^k\left(\alpha_1\boldsymbol{x}^{(1)}+\sum_{j=2}^n\alpha_i\left(\frac{\lambda_j}{\lambda_1}\right)^k\boldsymbol{x}^{(j)}\right)\tag{9.2.3}$$

同理可得

$$\boldsymbol{v}^{(k-1)}=\lambda_1^{k-1}\left(\alpha_1\boldsymbol{x}^{(1)}+\sum_{j=2}^n\alpha_i\left(\frac{\lambda_j}{\lambda_1}\right)^{k-1}\boldsymbol{x}^{(j)}\right)$$

又由于 $\left|\dfrac{\lambda_j}{\lambda_1}\right|<1,\ j=2,3,\cdots,n$, 故对于足够大的 k, 有

$$\frac{v_i^{(k)}}{v_i^{(k-1)}}=\frac{\lambda_1^k\left(\alpha_1\boldsymbol{x}^{(1)}+\sum\limits_{j=2}^n\alpha_j\left(\dfrac{\lambda_j}{\lambda_1}\right)^k\boldsymbol{x}^{(j)}\right)_i}{\lambda_1^{k-1}\left(\alpha_1\boldsymbol{x}^{(1)}+\sum\limits_{j=2}^n\alpha_j\left(\dfrac{\lambda_j}{\lambda_1}\right)^{k-1}\boldsymbol{x}^{(j)}\right)_i}=\lambda_1\frac{(\alpha_1\boldsymbol{x}^{(1)}+\varepsilon^{(k)})_i}{(\alpha_1\boldsymbol{x}^{(1)}+\varepsilon^{(k-1)})_i}\tag{9.2.4}$$

其中 $\varepsilon^{(k)}=\sum\limits_{j=2}^n\alpha_j\left(\dfrac{\lambda_j}{\lambda_1}\right)^k\boldsymbol{x}^{(j)}$, 且当 $k\to\infty$ 时, $\varepsilon^{(k)}\to 0$. 因此, 当 $x_i^{(1)}\neq 0$ 时, 由式 (9.2.4) 得

$$\lim_{k\to\infty}\frac{v_i^{(k)}}{v_i^{(k-1)}}=\lambda_1\lim_{k\to\infty}\frac{(\alpha_1\boldsymbol{x}^{(1)}+\varepsilon^{(k)})_i}{(\alpha_1\boldsymbol{x}^{(1)}+\varepsilon^{(k-1)})_i}=\lambda_1,\quad i=1,2,\cdots,n$$

上述利用已知非零向量 $\boldsymbol{v}^{(0)}$ 及矩阵 $\boldsymbol{A}$ 的幂 $\boldsymbol{A}^k$ 构造向量序列 $\{\boldsymbol{v}^{(k)}\}$ 来计算 $\boldsymbol{A}$ 的主特征值 λ_1 的方法称为**幂法**.

定理 9.1 的证明过程已给出了幂法的计算步骤, 但值得说明的是

(1) 由向量 $\boldsymbol{v}^{(0)}$ 的任意性可知, 总能找到非零向量 $\boldsymbol{v}^{(0)}$ 使 (9.2.3) 中 $\alpha_1 \neq 0$, 通常可取 $\boldsymbol{v}^{(0)} = [1,1,\cdots,1]^{\mathrm{T}}$, 事实上, 因舍入误差的影响, 最终总有 α_1 不等于零;

(2) 当 k 足够大时, 为避免 λ_1 过分依赖所选的第 i 个分量值, 可用各分量比的平均值代替 $\dfrac{v_i^{(k)}}{v_i^{(k-1)}}$, 即可以取主特征值 $\lambda_1 = \dfrac{1}{n}\sum\limits_{i=1}^{n}\dfrac{v_i^{(k)}}{v_i^{(k-1)}}$;

(3) 关于 λ_1 的特征向量: 由于

$$\boldsymbol{v}^{(k)}=\lambda_1^k\left(\alpha_1\boldsymbol{x}^{(1)}+\sum_{j=2}^{n}\alpha_j\left(\frac{\lambda_j}{\lambda_1}\right)^k\boldsymbol{x}^{(j)}\right)=\lambda_1^k(\alpha_1\boldsymbol{x}^{(1)}+\varepsilon^{(k)})\to\lambda_1^k\alpha_1\boldsymbol{x}^{(1)},\quad k\to\infty$$

即向量 $\boldsymbol{v}^{(k)}$ 就是方阵 $\boldsymbol{A}$ 属于特征值 λ_1 的 (近似) 特征向量.

定理 9.1 中, 假定方阵 $\boldsymbol{A}$ 的主特征值不唯一, 即其特征值序列不满足不等式 $|\lambda_1| > |\lambda_2|$ 时, 应根据下列 3 种不同情形分析:

(1) 当 $\lambda_1 = \lambda_2 = \cdots = \lambda_r$ 时, 即主特征值是实数, 且为特征方程的 r 重根时, 仿照定理 9.1 的证明, 可得

$$\begin{aligned}\frac{v_i^{(k)}}{v_i^{(k-1)}} &= \lambda_1\frac{\left(\sum\limits_{j=1}^{r}\alpha_j\boldsymbol{x}^{(j)}+\sum\limits_{j=r+1}^{n}\alpha_j\left(\dfrac{\lambda_j}{\lambda_1}\right)^k\boldsymbol{x}^{(j)}\right)_i}{\left(\sum\limits_{j=1}^{r}\alpha_j\boldsymbol{x}^{(j)}+\sum\limits_{j=r+1}^{n}\alpha_j\left(\dfrac{\lambda_j}{\lambda_1}\right)^{k-1}\boldsymbol{x}^{(j)}\right)_i}\\ &= \lambda_1\frac{\left(\sum\limits_{j=1}^{r}\alpha_j\boldsymbol{x}^{(j)}+\varepsilon^{(k)}\right)_i}{\left(\sum\limits_{j=1}^{r}\alpha_j\boldsymbol{x}^{(j)}+\varepsilon^{(k-1)}\right)_i}\to\lambda_1,\quad k\to\infty\end{aligned}$$

且有

$$\boldsymbol{v}^{(k)}=\lambda_1^k\left(\sum_{j=1}^{r}\alpha_j\boldsymbol{x}^{(j)}+\sum_{j=r+1}^{n}\alpha_j\left(\frac{\lambda_j}{\lambda_1}\right)^k\boldsymbol{x}^{(j)}\right)$$

即有

$$\lim_{k\to\infty}\frac{1}{\lambda_1^k}\boldsymbol{v}^{(k)}=\sum_{j=1}^{r}\alpha_j\boldsymbol{x}^{(j)}$$

因此得与重主特征值相对应的近似特征向量为 $\dfrac{1}{\lambda_1^k}\boldsymbol{v}^{(k)}$.

(2) 当 $|\lambda_1| = |\lambda_2| > |\lambda_i|$ 且 $\lambda_1 = -\lambda_2$ 时, 即特征方程有一对实的主特征值时, 这里, $i = 3, 4, \cdots, n$. 仿照定理 9.1 的证明, 有

$$\boldsymbol{v}^{(k)} = \lambda_1^k \left(\alpha_1 \boldsymbol{x}^{(1)} + (-1)^k \alpha_2 \boldsymbol{x}^{(2)} + \sum_{j=3}^{n} \alpha_j \left(\frac{\lambda_j}{\lambda_1} \right)^k \boldsymbol{x}^{(j)} \right)$$

因此有

$$\frac{v_i^{(k+1)}}{v_i^{(k-1)}} = \frac{\lambda_1^{k+1} \left(\alpha_1 \boldsymbol{x}^{(1)} + (-1)^{k+1} \alpha_2 \boldsymbol{x}^{(2)} + \sum\limits_{j=3}^{n} \alpha_j \left(\frac{\lambda_j}{\lambda_1} \right)^{k+1} \boldsymbol{x}^{(j)} \right)_i}{\lambda_1^{k-1} \left(\alpha_1 \boldsymbol{x}^{(1)} + (-1)^{k-1} \alpha_2 \boldsymbol{x}^{(2)} + \sum\limits_{j=3}^{n} \alpha_j \left(\frac{\lambda_j}{\lambda_1} \right)^{k-1} \boldsymbol{x}^{(j)} \right)_i} \to \lambda_1^2, \quad k \to \infty$$

于是所求主特征值为 $\lambda_{1,2} = \pm \sqrt{\dfrac{v_i^{(k+1)}}{v_i^{(k-1)}}}$. 又由于

$$\begin{cases} \boldsymbol{v}^{(k)} = \lambda_1^k \left(\alpha_1 \boldsymbol{x}^{(1)} + (-1)^k \alpha_2 \boldsymbol{x}^{(2)} + \sum\limits_{j=3}^{n} \alpha_j \left(\dfrac{\lambda_j}{\lambda_1} \right)^k \boldsymbol{x}^{(j)} \right) \\ \qquad \approx \lambda_1^k (\alpha_1 \boldsymbol{x}^{(1)} + (-1)^k \alpha_2 \boldsymbol{x}^{(2)}) \\ \boldsymbol{v}^{(k+1)} = \lambda_1^{k+1} \left(\alpha_1 \boldsymbol{x}^{(1)} - (-1)^k \alpha_2 \boldsymbol{x}^{(2)} + \sum\limits_{j=3}^{n} \alpha_j \left(\dfrac{\lambda_j}{\lambda_1} \right)^{k+1} \boldsymbol{x}^{(j)} \right) \\ \qquad \approx \lambda_1^{k+1} (\alpha_1 \boldsymbol{x}^{(1)} - (-1)^k \alpha_2 \boldsymbol{x}^{(2)}) \end{cases}$$

于是有

$$\begin{cases} \lambda_1 \boldsymbol{v}^{(k)} + \boldsymbol{v}^{(k+1)} \approx 2\lambda_1^{k+1} \alpha_1 \boldsymbol{x}^{(1)} \\ \lambda_1 \boldsymbol{v}^{(k)} - \boldsymbol{v}^{(k+1)} \approx 2\lambda_1^{k+1} (-1)^k \alpha_2 \boldsymbol{x}^{(2)} \end{cases}$$

即向量 $\lambda_1 \boldsymbol{v}^{(k)} + \boldsymbol{v}^{(k+1)}$ 与 $\lambda_1 \boldsymbol{v}^{(k)} - \boldsymbol{v}^{(k+1)}$ 可分别作为主特征值 λ_1 与 $-\lambda_1$ 的特征向量.

(3) 当特征方程有一对复共轭主特征值, 即当 $\lambda_2 = \overline{\lambda_1}$ 时, 在迭代过程中, 如果仔细观察相继的 3 个向量 $\boldsymbol{v}^{(k-1)}, \boldsymbol{v}^{(k)}$ 与 $\boldsymbol{v}^{(k+1)}$ 的第 l 个分量, 便能够发现这 3 个向量的 3 个分量之间满足如下近似关系式:

$$v_l^{(k+1)} + p v_l^{(k)} + q v_l^{(k-1)} \approx 0$$

这里, 参数 p 与 q 为待定常数, $l=1,2,\cdots,n$. 为此, 我们可以任意选定 3 个向量的任意两个分量代入上述关系式, 构成一个二阶线性方程组:

$$\begin{cases} v_l^{(k+1)}+pv_l^{(k)}+qv_l^{(k-1)}=0 \\ v_m^{(k+1)}+pv_m^{(k)}+qv_m^{(k-1)}=0 \end{cases}$$

解之, 可得参数 p,q. 再将参数 p,q 代入如下一元二次方程:

$$\lambda^2+p\lambda+q=0$$

求解上述代数方程, 即得矩阵 $\boldsymbol{A}$ 的一对按模最大的复特征值 $\lambda_{1,2}$.

例 9.2.1 求矩阵

$$\boldsymbol{A}=\begin{bmatrix} -1 & -1 & -2 \\ 1 & 1 & -80 \\ 0 & 1 & 1 \end{bmatrix}$$

的按模最大的特征值.

解 取初始向量 $\boldsymbol{v}^{(0)}=[-1,1,1]^{\mathrm{T}}$, 按式 (9.2.3) 迭代到第 5 步, 得如表 9.1 所示的数据.

表 9.1 例 9.2.1 的迭代结果

k	$v_1^{(k)}$	$v_2^{(k)}$	$v_3^{(k)}$
0	−1	1	1
1	−2	−80	2
2	78	−242	−78
3	320	6076	−320
4	−5756	31996	5756
5	−37752	−434240	37752
⋮	⋮	⋮	⋮

可见, 计算过程中, 相继的 3 个迭代向量 $\boldsymbol{v}^{(n-1)}$, $\boldsymbol{v}^{(n)}$ 与 $\boldsymbol{v}^{(n+1)}$ 的第 1 与第 3 个分量呈现相同的线性关系, 而第 2 个分量呈现不同的线性关系, 于是可选第 1, 2 分量构成方程组

$$\begin{cases} 78-2p-q=0 \\ -242-80p+q=0 \end{cases}$$

解之得 $p=-2, q=82$. 显然实数 p,q 也能使第 3 个分量满足此关系, 由此可以断定 λ_1,λ_2 确为共轭复根, 代入一元二次方程得

$$\lambda^2-2\lambda+82=0$$

解之得 $\lambda_{1,2}=1\pm 9\mathrm{i}$.

事实上, 上题中矩阵 $\boldsymbol{A}$ 的 3 个特征值为 $\lambda_1=1+9\mathrm{i}, \lambda_2=1-9\mathrm{i}, \lambda_3=-1$, 可见幂法能够求出矩阵的一对复共轭特征值. 此外, 在例 9.2.1 中, 若取初始向量 $\boldsymbol{v}^{(0)}=[0.0003,-0.0119,-0.0003]^{\mathrm{T}}$, 按式 (9.2.3) 迭代 5 步, 可得表 9.2 中数据. 可见, 对于幂法来讲, 不论取初始向量为何值, 只要计算过程不溢出, 总能计算出我们希望的特征向量, 但是计算步数的多少却与初始向量的选择有重要关系.

表 9.2 例 9.2.1 不同初始向量的迭代结果

k	$v_1^{(k)}$	$v_2^{(k)}$	$v_3^{(k)}$
0	0.0003	−0.0119	−0.0003
1	0.0122	0.0122	−0.0122
2	0	1	0
3	−1	1	1
4	−2	−80	2
5	78	−242	−78

用幂法求矩阵 $\boldsymbol{A}$ 的主特征值与特征向量过程中, 当 k 足够大时, 由式 (9.2.4), 可得主特征值 λ_1 对应的特征向量

$$\boldsymbol{v}^{(k)} \approx \lambda_1^k \alpha_1 \boldsymbol{x}^{(1)}$$

于是当 $k\to\infty$ 时, 可能有两种异常情况发生: ① 当 $|\lambda_1|>1$ 时, 如例 9.2.1 所示, 随着计算步数的增加, $v_i^{(k)}$ 的绝对值越来越大, 最终有 $v_i^{(k)}\to\infty$, 即计算过程产生向上 "溢出" 现象; ② 当 $|\lambda_1|<1$ 时 $v_i^{(k)}\to 0$, 即计算结果产生 "下溢".

为了克服这一不足, 通常在幂法求解过程中采用**规范化**迭代方式, 这种利用规范化迭代求矩阵主特征值和特征向量的方法称为**规范化幂法**.

规范化幂法的具体做法为: 任取非零向量 $\boldsymbol{v}^{(0)}=\boldsymbol{u}^{(0)}=\sum\limits_{i=1}^{n}\alpha_i\boldsymbol{x}^{(i)}$ (要求 $\alpha_1\neq 0$) 作为初始向量, 习惯上, 常取 $\boldsymbol{v}^{(0)}=[1,1,\cdots,1]^{\mathrm{T}}$. 用记号 $\max(\boldsymbol{v})$ 表示向量 $\boldsymbol{v}$ 的按模或绝对值最大的分量, 构造迭代序列

$$\begin{cases} \boldsymbol{v}^{(1)}=\boldsymbol{A}\boldsymbol{u}^{(0)}=\boldsymbol{A}\boldsymbol{v}^{(0)}, & \boldsymbol{u}^{(1)}=\dfrac{\boldsymbol{v}^{(1)}}{\max(\boldsymbol{v}^{(1)})}=\dfrac{\boldsymbol{A}\boldsymbol{v}^{(0)}}{\max(\boldsymbol{A}\boldsymbol{v}^{(0)})} \\ \boldsymbol{v}^{(2)}=\boldsymbol{A}\boldsymbol{u}^{(1)}=\dfrac{\boldsymbol{A}^2\boldsymbol{v}^{(0)}}{\max(\boldsymbol{A}\boldsymbol{v}^{(0)})}, & \boldsymbol{u}^{(2)}=\dfrac{\boldsymbol{v}^{(2)}}{\max(\boldsymbol{v}^{(2)})}=\dfrac{\boldsymbol{A}^2\boldsymbol{v}^{(0)}}{\max(\boldsymbol{A}^2\boldsymbol{v}^{(0)})} \\ \qquad\cdots\cdots & \qquad\cdots\cdots \\ \boldsymbol{v}^{(k)}=\boldsymbol{A}\boldsymbol{u}^{(k-1)}=\dfrac{\boldsymbol{A}^k\boldsymbol{v}^{(0)}}{\max(\boldsymbol{A}^{k-1}\boldsymbol{v}^{(0)})}, & \boldsymbol{u}^{(k)}=\dfrac{\boldsymbol{v}^{(k)}}{\max(\boldsymbol{v}^{(k)})}=\dfrac{\boldsymbol{A}^k\boldsymbol{v}^{(0)}}{\max(\boldsymbol{A}^k\boldsymbol{v}^{(0)})} \\ \qquad\cdots\cdots & \qquad\cdots\cdots \end{cases} \tag{9.2.5}$$

则迭代序列满足

$$\boldsymbol{u}^{(k)}=\frac{\boldsymbol{v}^{(k)}}{\max(\boldsymbol{v}^{(k)})}=\frac{\boldsymbol{A}^k\boldsymbol{v}^{(0)}}{\max(\boldsymbol{A}^k\boldsymbol{v}^{(0)})}=\frac{\lambda_1^k\left(\alpha_1\boldsymbol{x}^{(1)}+\sum\limits_{i=2}^n\alpha_i\left(\frac{\lambda_i}{\lambda_1}\right)^k\boldsymbol{x}^{(i)}\right)}{\max\left(\lambda_1^k\left(\alpha_1\boldsymbol{x}^{(1)}+\sum\limits_{i=2}^n\alpha_i\left(\frac{\lambda_i}{\lambda_1}\right)^k\boldsymbol{x}^{(i)}\right)\right)}$$

$$=\frac{\alpha_1\boldsymbol{x}^{(1)}+\sum\limits_{i=2}^n\alpha_i\left(\frac{\lambda_i}{\lambda_1}\right)^k\boldsymbol{x}^{(i)}}{\max\left(\alpha_1\boldsymbol{x}^{(1)}+\sum\limits_{i=2}^n\alpha_i\left(\frac{\lambda_i}{\lambda_1}\right)^k\boldsymbol{x}^{(i)}\right)}\to\frac{\boldsymbol{x}^{(1)}}{\max(\boldsymbol{x}^{(1)})},\quad k\to\infty$$

上式说明规范化迭代得到的向量序列 $\{\boldsymbol{u}^{(k)}\}$ 收敛到按模最大特征值 λ_1 对应的特征向量 $\dfrac{\boldsymbol{x}^{(1)}}{\max(\boldsymbol{x}^{(1)})}$, 且这一过程不会溢出. 同时得

$$\max(\boldsymbol{v}^{(k)})=\max(\boldsymbol{A}\boldsymbol{u}^{(k-1)})$$

$$=\max\left(\frac{\lambda_1^k\left(\alpha_1\boldsymbol{x}^{(1)}+\sum\limits_{i=2}^n\alpha_i\left(\frac{\lambda_i}{\lambda_1}\right)^k\boldsymbol{x}^{(i)}\right)}{\max\left(\lambda_1^{k-1}\left(\alpha_1\boldsymbol{x}^{(1)}+\sum\limits_{i=2}^n\alpha_i\left(\frac{\lambda_i}{\lambda_1}\right)^{k-1}\boldsymbol{x}^{(i)}\right)\right)}\right)$$

$$=\max\left(\frac{\lambda_1^k\left(\alpha_1\boldsymbol{x}^{(1)}+\sum\limits_{i=2}^n\alpha_i\left(\frac{\lambda_i}{\lambda_1}\right)^k\boldsymbol{x}^{(i)}\right)}{\max\left(\lambda_1^{k-1}\left(\alpha_1\boldsymbol{x}^{(1)}+\sum\limits_{i=2}^n\alpha_i\left(\frac{\lambda_i}{\lambda_1}\right)^{k-1}\boldsymbol{x}^{(i)}\right)\right)}\right)\to\lambda_1,\quad k\to\infty$$

即规范化迭代向量序列中, 向量 $\boldsymbol{v}^{(k)}$ 的最大分量 $\max(\boldsymbol{v}^{(k)})$ 收敛到方阵 $\boldsymbol{A}$ 的主特征值 λ_1. 综上所述, 关于规范化幂法, 有如下结论:

定理 9.2 设 $\boldsymbol{A}\in\mathbf{R}^{n\times n}$ 有 n 个线性无关的特征向量, 若其按模最大的特征值 λ_1 满足

$$|\lambda_1|>|\lambda_2|\geqslant|\lambda_3|\geqslant\cdots\geqslant|\lambda_n|$$

则对任意的非零向量 $\boldsymbol{u}^{(0)}\in\mathbf{R}^n$, 可按式 (9.2.6) 构造向量序列

$$\begin{cases} \boldsymbol{u}^{(0)} \neq 0, \boldsymbol{v}^{(k)} = \boldsymbol{A}\boldsymbol{u}^{(k-1)}, \\ \boldsymbol{u}^{(k)} = \dfrac{\boldsymbol{v}^{(k)}}{\max(\boldsymbol{v}^{(k)})}, \end{cases} \quad k = 1, 2, \cdots \tag{9.2.6}$$

且有

$$\lim_{k\to\infty} \max(\boldsymbol{v}^{(k)}) = \lambda_1, \quad \lim_{k\to\infty} \boldsymbol{u}^{(k)} = \frac{\boldsymbol{x}^{(1)}}{\max(\boldsymbol{x}^{(1)})} \tag{9.2.7}$$

例 9.2.2 用规范化幂法计算矩阵 $\boldsymbol{A} = \begin{bmatrix} 2 & 4 & 6 \\ 3 & 9 & 15 \\ 4 & 16 & 36 \end{bmatrix}$ 的主特征值和相应的特征向量, 结果精确到第 3 位有效数字.

解 取 $\boldsymbol{v}^{(0)} = \boldsymbol{u}^{(0)} = [1, 1, 1]^{\mathrm{T}}$, 对矩阵 $\boldsymbol{A}$ 按规范化幂法公式 (9.2.6) 构造向量序列, 具体计算结果参见表 9.3.

表 9.3 用规范化幂法计算的结果

k	$v_1^{(k)}$	$v_2^{(k)}$	$v_3^{(k)}$	$u_1^{(k)}$	$u_2^{(k)}$	$u_3^{(k)}$	λ_1
0	1	1	1	1	1	1	
1	12.00	27.00	56.00	0.214 3	0.4820	1.000	56.00
2	8.357	19.98	44.57	0.1875	0.4483	1.000	44.57
3	8.168	19.60	43.92	0.1860	0.4463	1.000	43.92
4	8.157	19.57	43.88	0.185 9	0.4460	1.000	43.88
5	8.156	19.57	43.88	0.185 9	0.4460	1.000	43.88

故矩阵 $\boldsymbol{A}$ 的主特征值为 $\lambda_1 \approx 43.88$, 其相应的特征向量为

$$x^{(1)} = [0.1859, 0.4460, 1.0000]^{\mathrm{T}}$$

如果使用其他方法 (例如调用 MATLAB 语言的 eig() 函数) 易得矩阵 $\boldsymbol{A}$ 的 3 个特征值分别为 $\lambda_1 = 43.8800$, $\lambda_2 = 2.7175$, $\lambda_3 = 0.4025$. 可见, 规范化幂法的确能够有效消除幂法迭代过程中出现的溢出现象, 提高了数值算法的数值稳定性, 确保了数值结果的可靠性.

9.2.2 加速方法

从 9.2.1 节的讨论可知, 用幂法计算矩阵 $\boldsymbol{A}$ 的按模最大特征值的收敛速度取决于比值 $r = \left|\dfrac{\lambda_2}{\lambda_1}\right|$, 当 r 接近于 1 时, 收敛会很慢, 可以考虑用如下方法对幂法迭代过程进行加速.

1. 原点平移法

考察矩阵

$$\boldsymbol{B} = \boldsymbol{A} - p\boldsymbol{I} \tag{9.2.8}$$

式 (9.2.8) 中, $\boldsymbol{I}$ 为与 $\boldsymbol{A}$ 同阶的单位阵, p 为待选参数.

不妨设矩阵 $\boldsymbol{A}$ 的 n 个特征值为 $\lambda_1, \lambda_2, \cdots, \lambda_n$, 则矩阵 $\boldsymbol{B}$ 的相应特征值应为

$$\lambda_1 - p, \quad \lambda_2 - p, \quad \cdots, \quad \lambda_n - p$$

且矩阵 $\boldsymbol{A}$ 与 $\boldsymbol{B}$ 有相同的特征向量.

如果需要计算 $\boldsymbol{A}$ 的按模最大特征值 λ_1, 则可选择适当的 p, 使得 $\lambda_1 - p$ 仍是 $\boldsymbol{B}$ 的按模最大的特征值, 且使

$$\left|\frac{\lambda_2 - p}{\lambda_1 - p}\right| < \left|\frac{\lambda_2}{\lambda_1}\right| \tag{9.2.9}$$

这样对矩阵 $\boldsymbol{B}$ 应用幂法, 可较快地求得 $\boldsymbol{B}$ 的按模最大特征值 $\lambda_1(\boldsymbol{B})$, 从而得矩阵 $\boldsymbol{A}$ 的主特征值 $\lambda_1 = \lambda_1(\boldsymbol{B}) + p$. 上述求矩阵最大特征值的方法称为**原点平移法**.

例 9.2.3 用幂法与原点平移法分别求矩阵 $\boldsymbol{A} = \begin{bmatrix} 17 & 9 & 5 \\ 0 & 8 & 10 \\ -5 & -5 & -3 \end{bmatrix}$ 的主特征值 λ_1, 且使 λ_1 的数值解精确到相邻两次估计的绝对误差小于 5×10^{-4}.

解 方法 1 取 $\boldsymbol{v}^{(0)} = \boldsymbol{u}^{(0)} = [1, 1, 1]^{\mathrm{T}}$, 对 $\boldsymbol{A}$ 按式 (9.2.6) 构造向量序列, 则迭代 25 次可得满足精度要求的估计值 $\lambda_1 \approx 12.0003$.

方法 2 取参数 $p = 4$, 即对矩阵 $\boldsymbol{B} = \boldsymbol{A} - 4\boldsymbol{I}$ 应用幂法, 并按式 (9.2.6) 构造向量序列, 迭代 15 次可得满足精度要求的主特征值 $\lambda_1 \approx 12.0003$.

由此可见, 选取适当的 p 确能使幂法有效地加速. 事实上, 对例 9.2.3 中的矩阵 $\boldsymbol{A}$, 其特征值分别为 $\lambda_1 = 12, \lambda_2 = 8, \lambda_3 = 2$. 因此当 $p = 4$ 时, 显然有

$$\left|\frac{\lambda_2 - p}{\lambda_1 - p}\right| = \frac{1}{2} < \left|\frac{\lambda_2}{\lambda_1}\right| = \frac{2}{3}$$

而且可以看出当 $p = 5$ 时, 即对 $\boldsymbol{C} = \boldsymbol{A} - 5\boldsymbol{I}$ 应用幂法效果会更佳. 事实上, 由于矩阵 $\boldsymbol{C}$ 的特征值分别为

$$\lambda_1(\boldsymbol{C}) = 7, \quad \lambda_2(\boldsymbol{C}) = 3, \quad \lambda_3(\boldsymbol{C}) = -3$$

于是有 $\left|\dfrac{\lambda_2(\boldsymbol{C})}{\lambda_1(\boldsymbol{C})}\right| = \dfrac{3}{7} < \dfrac{1}{2} < \left|\dfrac{\lambda_2}{\lambda_1}\right| = \dfrac{2}{3}$, 因此取 $p = 5$ 时, 应用幂法的效果会更佳.

可见这种矩阵变换容易计算, 且不破坏矩阵 $\boldsymbol{A}$ 的稀疏性, 但 p 的选择好坏决定了加速效果的好坏, 因此需要对矩阵 $\boldsymbol{A}$ 的特征值分布有大致的了解. 由第 6 章的定理 6.8 可知

$$\rho(\boldsymbol{A}) \leqslant \|\boldsymbol{A}\|_\alpha$$

这里, $\rho(\boldsymbol{A})$ 为矩阵 $\boldsymbol{A}$ 的谱半径, $\|\boldsymbol{A}\|_\alpha$ 为矩阵的任意一种范数. 实践中也可用 Gerschgorin 圆盘确定矩阵特征值的大致范围.

2. Rayleigh 商加速法

原点平移法因选择平移参数困难, 因而应用受限, 但当 $\boldsymbol{A}$ 是对称矩阵时, 可用 Rayleigh 商进行有效加速.

在用幂法求矩阵主特征值和特征向量的过程中, 使用式 (9.1.1) 中定义的 Rayleigh 商进行加速迭代的方法称为 **Rayleigh 商加速法**.

由代数学的知识, 知任意的实对称矩阵都存在正交特征向量系, 因此关于 Rayleigh 商加速法, 可证得如下结论.

定理 9.3 设 $\boldsymbol{A} \in \mathbf{R}^{n\times n}$ 为对称矩阵, 其特征值满足 $|\lambda_1| > |\lambda_2| \geqslant |\lambda_3| \geqslant \cdots \geqslant |\lambda_n|$. 相应特征向量 $\boldsymbol{x}^{(i)}(i=1,2,\cdots,n)$ 之间满足正交关系: $(\boldsymbol{x}^{(i)},\boldsymbol{x}^{(j)}) = \begin{cases} 1, & i=j, \\ 0, & i\neq j, \end{cases}$ 则由公式 (9.1.1) 计算得到的 (规范化的) 向量系 $\{\boldsymbol{u}^{(k)}\}$ 的 Rayleigh 商收敛到矩阵 $\boldsymbol{A}$ 的主特征值, 且有

$$\frac{(\boldsymbol{A}\boldsymbol{u}^{(k)},\boldsymbol{u}^{(k)})}{(\boldsymbol{u}^{(k)},\boldsymbol{u}^{(k)})} = \lambda_1 + O\left(\left[\frac{\lambda_2}{\lambda_1}\right]^{2k}\right) \tag{9.2.10}$$

证明 由式 (9.2.5) 得

$$\boldsymbol{u}^{(0)} = \frac{A^k\boldsymbol{u}^{(0)}}{\max(A^k\boldsymbol{u}^{(0)})}, \quad \boldsymbol{A}\boldsymbol{u}^{(k)} = \frac{\boldsymbol{A}^{k+1}\boldsymbol{u}^{(0)}}{\max(\boldsymbol{A}^k\boldsymbol{u}^{(0)})}$$

从而得向量系 $\{\boldsymbol{u}^{(k)}\}$ 的 Rayleigh 商

$$\frac{(\boldsymbol{A}\boldsymbol{u}^{(k)},\boldsymbol{u}^{(k)})}{(\boldsymbol{u}^{(k)},\boldsymbol{u}^{(k)})} = \frac{(\boldsymbol{A}^{k+1}\boldsymbol{u}^{(0)},\boldsymbol{A}^k\boldsymbol{u}^{(0)})}{(\boldsymbol{A}^k\boldsymbol{u}^{(0)},\boldsymbol{A}^k\boldsymbol{u}^{(0)})} = \frac{\left(\sum\limits_{i=1}^n \alpha_i\lambda_i^{k+1}\boldsymbol{x}^{(i)}, \sum\limits_{i=1}^n \alpha_i\lambda_i^k\boldsymbol{x}^{(i)}\right)}{\left(\sum\limits_{i=1}^n \alpha_i\lambda_i^k\boldsymbol{x}^{(i)}, \sum\limits_{i=1}^n \alpha_i\lambda_i^k\boldsymbol{x}^{(i)}\right)}$$

$$\xlongequal{\text{应用特征向量的正交性}} \frac{\sum\limits_{i=1}^{n} \alpha_i^2 \lambda_i^{2k+1}}{\sum\limits_{i=1}^{n} \alpha_i^2 \lambda_i^{2k}} = \lambda_1 \frac{\alpha_1^2 + \sum\limits_{i=2}^{n} \alpha_i^2 \left(\frac{\lambda_i}{\lambda_1}\right)^{2k+1}}{\alpha_1^2 + \sum\limits_{i=2}^{n} \alpha_i^2 \left(\frac{\lambda_i}{\lambda_1}\right)^{2k}}$$

$$= \lambda_1 + O\left(\left(\frac{\lambda_2}{\lambda_1}\right)^{2k}\right)$$

根据式 (9.2.10), 可得: 当 $n \to \infty$, 向量系 $\left\{\boldsymbol{u}^{(k)}\right\}$ 的 Rayleigh 商

$$\frac{(\boldsymbol{A}\boldsymbol{u}^{(k)}, \boldsymbol{u}^{(k)})}{(\boldsymbol{u}^{(k)}, \boldsymbol{u}^{(k)})} \to \lambda_1$$

又由于 Rayleigh 商 $\dfrac{(\boldsymbol{A}\boldsymbol{u}^{(k)}, \boldsymbol{u}^{(k)})}{(\boldsymbol{u}^{(k)}, \boldsymbol{u}^{(k)})}$ 与主特征值 λ_1 的差仅仅等于一个小量 $O\left(\left(\dfrac{\lambda_2}{\lambda_1}\right)^{2k}\right)$, 且该无穷小量的阶高于幂法迭代中所得无穷小量 $O\left(\left(\dfrac{\lambda_2}{\lambda_1}\right)^{k}\right)$ 的阶, 因此利用 Rayleigh 商加速法确实能够提高幂法迭代的收敛速度.

9.2.3 反幂法

与幂法相对应, 用于计算矩阵按模最小特征值及特征向量的方法称为**反幂法**. 设 $\boldsymbol{A} \in \mathbf{R}^{n\times n}$, 且 $\boldsymbol{A}$ 非奇异, 若其特征值 $\lambda_i, i = 1, 2, \cdots, n$ 满足

$$|\lambda_1| \geqslant |\lambda_2| \geqslant \cdots \geqslant |\lambda_{n-1}| > |\lambda_n| > 0$$

相应的特征向量为 $\boldsymbol{x}^{(i)}, i = 1, 2, \cdots, n$, 则 $\boldsymbol{A}^{-1}$ 的 n 个特征值为

$$\lambda_i^{-1}, \quad i = n, n-1, \cdots, 1$$

$\boldsymbol{A}^{-1}$ 的特征向量相应地应为 $\boldsymbol{x}^{(i)}$, $i = n, n-1, \cdots, 1$, 且有

$$\left|\frac{1}{\lambda_n}\right| > \left|\frac{1}{\lambda_{n-1}}\right| \geqslant \cdots \geqslant \left|\frac{1}{\lambda_1}\right|$$

因此 $\boldsymbol{A}$ 的按模最小特征值 λ_n 的倒数 $\dfrac{1}{\lambda_n}$ 就是矩阵 $\boldsymbol{A}^{-1}$ 的主特征值. 于是对 $\boldsymbol{A}^{-1}$ 应用幂法, 可求得矩阵 $\boldsymbol{A}^{-1}$ 的主特征值 $\dfrac{1}{\lambda_n}$, 从而得 $\boldsymbol{A}$ 的按模最小特征值 λ_n, 这种方法称为**反幂法**.

仿照规范化幂法的基本思想, 可得反幂法迭代公式

$$\begin{cases} \boldsymbol{v}^{(0)}=\boldsymbol{u}^{(0)}\neq 0, \quad \alpha_n\neq 0 \\ \boldsymbol{v}^{(k)}=\boldsymbol{A}^{-1}\boldsymbol{u}^{(k-1)}, \quad \boldsymbol{u}^{(k)}=\dfrac{\boldsymbol{v}^{(k)}}{\max(\boldsymbol{v}^{(k)})}, \ k=1,2,3,\cdots \end{cases} \tag{9.2.11}$$

事实上, 为避免公式 (9.2.11) 中的求逆矩阵 $\boldsymbol{A}^{-1}$, 实践过程中迭代向量 $\boldsymbol{v}^{(k)}$ 可通过解线性方程组 $\boldsymbol{A}\boldsymbol{v}^{(k)}=\boldsymbol{u}^{(k-1)}$ 求得.

定理 9.4 设 $\boldsymbol{A}\in \mathbf{R}^{n\times n}$, 且 $\boldsymbol{A}$ 非奇异, 其特征值 $\lambda_i(i=1,2\cdots,n)$ 和特征向量满足如下两个条件:

(1) 特征值的模 (绝对值) 满足不等式

$$|\lambda_1|\geqslant|\lambda_2|\geqslant\cdots\geqslant|\lambda_{n-1}|>|\lambda_n|>0$$

(2) 方阵 $\boldsymbol{A}$ 存在 n 个线性无关的特征向量 $\boldsymbol{x}^{(i)}$, $i=1,2,\cdots,n$, 则由式 (9.2.11) 构造的反幂法向量序列 $\{\boldsymbol{u}^{(k)}\}$ 满足如下结论:

(1) $\lim\limits_{k\to\infty}\boldsymbol{u}^{(k)}=\dfrac{\boldsymbol{x}^{(n)}}{\max(\boldsymbol{x}^{(n)})}$;

(2) $\lim\limits_{k\to\infty}\max(\boldsymbol{v}^{(k)})=\dfrac{1}{\lambda_n}$, 且反幂法迭代 (9.2.11) 的收敛速度依赖于比值 $\left|\dfrac{\lambda_n}{\lambda_{n-1}}\right|$.

反幂法不仅可用于求矩阵按模最小的特征值, 还可以与原点平移法相结合, 用于求任意指定数值附近的特征值及其相应的特征向量. 事实上, 若矩阵 $(\boldsymbol{A}-p\boldsymbol{I})^{-1}$ 存在, 则其 n 个特征值分别为

$$\frac{1}{\lambda_1-p}, \quad \frac{1}{\lambda_2-p}, \quad \cdots, \quad \frac{1}{\lambda_n-p}$$

而矩阵 $(\boldsymbol{A}-p\boldsymbol{I})^{-1}$ 对应的 n 个特征向量仍为 $\boldsymbol{x}^{(i)}, i=1,2,\cdots,n$. 如要求最接近数值 p 的特征值, 不妨设该特征值为 λ_j, 则有

$$|\lambda_j-p|<|\lambda_i-p|, \quad i\neq j$$

即 $(\lambda_j-p)^{-1}$ 是矩阵 $(\boldsymbol{A}-p\boldsymbol{I})^{-1}$ 的主特征值, 仿照反幂法的基本思想, 可用矩阵 $(\boldsymbol{A}-p\boldsymbol{I})^{-1}$ 构造向量序列

$$\begin{cases} \boldsymbol{v}^{(0)}=\boldsymbol{u}^{(0)}\neq 0, \quad \alpha_j\neq 0 \\ \boldsymbol{v}^{(k)}=(\boldsymbol{A}-p\boldsymbol{I})^{-1}\boldsymbol{u}^{(k-1)}, \quad \boldsymbol{u}^{(k)}=\dfrac{\boldsymbol{v}^{(k)}}{\max(\boldsymbol{v}^{(k)})}, \ k=1,2,3,\cdots \end{cases} \tag{9.2.12}$$

综上所述, 得到如下结论.

定理 9.5 设矩阵 $\boldsymbol{A} \in \mathbf{R}^{n\times n}$ 且为非奇异, 并且满足如下 3 个条件:

(1) $\boldsymbol{A}$ 有 n 个特征值 $\lambda_i, i=1,2,\cdots,n$, 且存在 n 个线性无关的特征向量 $\boldsymbol{x}^{(i)}, i=1,2,\cdots,n$;

(2) λ_j 是最接近于 p 的特征值, 且 $(\boldsymbol{A}-p\boldsymbol{I})^{-1}$ 存在;

(3) $\boldsymbol{u}^{(0)}=\sum\limits_{i=1}^{n}\alpha_i\boldsymbol{x}^{(i)}, \alpha_j \neq 0$,

则由式 (9.2.12) 构造的向量序列 $\{\boldsymbol{u}^{(k)}\}$ 满足如下结论:

(1) 向量序列 $\{\boldsymbol{u}^{(k)}\}$ 收敛到 $(\boldsymbol{A}-p\boldsymbol{I})^{-1}$ 的主特征向量 $\dfrac{\boldsymbol{x}^{(j)}}{\max(\boldsymbol{x}^{(j)})}$, 即有 $\lim\limits_{k\to\infty}\boldsymbol{u}^{(k)}=\dfrac{\boldsymbol{x}^{(j)}}{\max(\boldsymbol{x}^{(j)})}$;

(2) $\max(\boldsymbol{v}^{(k)})$ 收敛到 $(\boldsymbol{A}-p\boldsymbol{I})^{-1}$ 的主特征值 $\dfrac{1}{\lambda_j-p}$, 即有

$$\lim_{k\to\infty}\max(\boldsymbol{v}^{(k)})=\frac{1}{\lambda_j-p} \tag{9.2.13}$$

且反幂法迭代 (9.2.12) 的收敛速度依赖于比值 $\max\limits_{i\neq j}\left|\dfrac{\lambda_j-p}{\lambda_i-p}\right|$.

在用公式 (9.2.12) 求矩阵 $(\boldsymbol{A}-p\boldsymbol{I})^{-1}$ 的主特征值与相应的特征向量时, 为了避免矩阵的求逆运算, 可以求解线性方程组 $(\boldsymbol{A}-p\boldsymbol{I})\boldsymbol{v}^{(k)}=\boldsymbol{u}^{(k-1)}$ 以期获得迭代向量 $\boldsymbol{v}^{(k)}$. 此外, 定理 9.5 的结论式 (9.2.13) 等价于等式

$$\lim_{k\to\infty}\frac{1}{\max(\boldsymbol{v}^{(k)})}+p=\lambda_j$$

综上所述, 可以将原点平移法与反幂法法相结合 (即使用公式 (9.2.12)) 求矩阵 $\boldsymbol{A}$ 的最接近数值 p 的特征值 λ_j, $1\leqslant j\leqslant n$.

9.3 正交变换

正交变换是计算矩阵特征值的有力工具, 本节介绍豪斯霍尔德 (Householder) 变换和吉文斯 (Givens) 变换.

9.3.1 Householder 变换

1958 年, 为讨论矩阵特征值的问题, 分析学家 Householder 提出了 Householder 变换, 该变换阵在矩阵的正交三角分解中有着重要的应用. n 阶方阵

$$\boldsymbol{H} = \boldsymbol{I} - 2\boldsymbol{w}\,\boldsymbol{w}^{\mathrm{T}} \tag{9.3.1}$$

称为 **Householder 变换阵**, 其中向量 $\boldsymbol{w} \in \mathbf{R}^n$ 满足 $\|\boldsymbol{w}\|_2 = 1$. 易证, 式 (9.3.1) 所定义的 Householder 变换阵是对称的正交阵, 即 Householder 变换阵 $\boldsymbol{H}$ 同时满足性质

$$\boldsymbol{H}^{\mathrm{T}} = \boldsymbol{H}, \quad \boldsymbol{H}^{\mathrm{T}} = \boldsymbol{H}^{-1}$$

据此易证 $\boldsymbol{H}^2 = \boldsymbol{I}$, 即 Householder 变换阵具有**对合性**.

任给向量 $\boldsymbol{\xi} \in \mathbf{R}^n$, 可以证明: 向量 $\boldsymbol{H\xi}$ 是与向量 $\boldsymbol{\xi}$ 关于超平面 $\operatorname{span}\{\boldsymbol{w}\}^{\perp}$ 呈几何对称分布的向量, 故称 $\boldsymbol{H\xi}$ 为向量 $\boldsymbol{\xi}$ 的**镜面反射**. 这里, 向量 $\boldsymbol{w}$ 即为式 (9.3.1) 中定义变换阵 $\boldsymbol{H}$ 的向量, $\operatorname{span}\{\boldsymbol{w}\}^{\perp} = \{\boldsymbol{x} \mid \boldsymbol{w}^{\mathrm{T}}\boldsymbol{x} = 0\}$.

事实上, $\forall \boldsymbol{\xi} \in \mathbf{R}^n$, 若令 $\boldsymbol{x}$ 为 $\boldsymbol{\xi}$ 在平面 $\operatorname{span}\{\boldsymbol{w}\}^{\perp}$ 内的投影, $\boldsymbol{y} = \boldsymbol{\xi} - \boldsymbol{x}$, 则向量 $\boldsymbol{\xi}$ 存在如下直交分解

$$\boldsymbol{\xi} = \boldsymbol{x} + \boldsymbol{y}$$

且有

$$\boldsymbol{w}^{\mathrm{T}}\boldsymbol{x} = 0, \quad \boldsymbol{y} \in \operatorname{span}\{\boldsymbol{w}\}$$

即 $\exists k \in \mathbf{R}$, 使 $\boldsymbol{y} = k\boldsymbol{w}$. 又由于 $\boldsymbol{w}^{\mathrm{T}}\boldsymbol{w} = 1$, 因此有

$$\begin{aligned}
\boldsymbol{H}(\boldsymbol{x} + \boldsymbol{y}) = \boldsymbol{H\xi} &= \left(\boldsymbol{I} - 2\boldsymbol{w}\boldsymbol{w}^{\mathrm{T}}\right)(\boldsymbol{x} + \boldsymbol{y}) \\
&= \left(\boldsymbol{I} - 2\boldsymbol{w}\boldsymbol{w}^{\mathrm{T}}\right)x + \left(\boldsymbol{I} - 2\boldsymbol{w}\boldsymbol{w}^{\mathrm{T}}\right)\boldsymbol{y} \\
&= \boldsymbol{x} + \boldsymbol{y} - 2k\boldsymbol{w} \\
&= \boldsymbol{x} - \boldsymbol{y}
\end{aligned}$$

上式表明, $\boldsymbol{H\xi}$ 是与向量 $\boldsymbol{\xi}$ 关于超平面 $\operatorname{span}\{\boldsymbol{w}\}^{\perp}$ 对称的镜面反射向量.

因此, Householder 变换阵 $\boldsymbol{H}$ 也称为**镜像变换**或**初等反射阵**, 其几何解释如图 9.1 所示.

此外, 还可以证明 Householder 变换阵的如下性质: $\forall \boldsymbol{x}, \boldsymbol{y} \in \mathbf{R}^n$, 且 $\|\boldsymbol{x}\|_2 = \|\boldsymbol{y}\|_2$, 则存在一个 Householder 矩阵 $\boldsymbol{H}$, 使 $\boldsymbol{Hx} = \boldsymbol{y}$.

该性质表明, 任意给定向量 $\boldsymbol{x}$ 和 $\boldsymbol{y}$, 可以构造一个 Householder 矩阵, 并在该矩阵的映射下将向量 $\boldsymbol{x}$ 映射到 $\boldsymbol{y}$. 下面证明该性质的一个推论, 该推论在矩阵的正交三角分解过程中有着重要的应用.

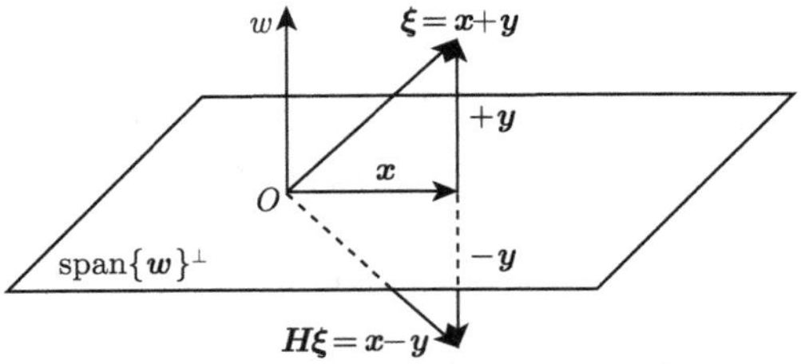

图 9.1　Householder 变换的镜像反射性

定理 9.6　$\forall \boldsymbol{x} \in \mathbf{R}^n(\boldsymbol{x} \neq \mathbf{0})$, 则存在一个 Householder 变换阵 $\boldsymbol{H} = \boldsymbol{I} - 2\boldsymbol{w}\boldsymbol{w}^{\mathrm{T}}$, 满足性质

$$\boldsymbol{H}\boldsymbol{x} = \alpha \boldsymbol{e}_1 \tag{9.3.2}$$

其中, $\alpha = \pm \|\boldsymbol{x}\|_2$, $\boldsymbol{e}_1 = [1, 0, \cdots, 0]^{\mathrm{T}}$ 为与 $\boldsymbol{x}$ 同维数的坐标单位向量,

$$\boldsymbol{w} = \frac{\boldsymbol{x} - \alpha \boldsymbol{e}_1}{\|\boldsymbol{x} - \alpha \boldsymbol{e}_1\|_2} \in \mathbf{R}^n$$

证明　令向量 $\boldsymbol{w} = \dfrac{\boldsymbol{x} - \alpha \boldsymbol{e}_1}{\|\boldsymbol{x} - \alpha \boldsymbol{e}_1\|_2} \in \mathbf{R}^n$, 这里, $\alpha = \pm \|\boldsymbol{x}\|_2$, $\boldsymbol{e}_1 = [1, 0, \cdots, 0]^{\mathrm{T}}$ 为与 $\boldsymbol{x}$ 同维数的坐标单位向量, 则有 $\|\boldsymbol{w}\|_2 = 1$, 于是可构造一个 Householder 变换阵

$$\boldsymbol{H} = \boldsymbol{I} - 2\boldsymbol{w}\,\boldsymbol{w}^{\mathrm{T}}$$

且有

$$\boldsymbol{H}\boldsymbol{x} = (\boldsymbol{I} - 2\boldsymbol{w}\boldsymbol{w}^{\mathrm{T}})\boldsymbol{x} = \left(\boldsymbol{I} - 2\frac{\boldsymbol{x} - \alpha \boldsymbol{e}_1}{\|\boldsymbol{x} - \alpha \boldsymbol{e}_1\|_2} \frac{(\boldsymbol{x} - \alpha \boldsymbol{e}_1)^{\mathrm{T}}}{\|\boldsymbol{x} - \alpha \boldsymbol{e}_1\|_2}\right)\boldsymbol{x}$$

又由 $\alpha = \pm \|\boldsymbol{x}\|_2$ 知 $\|\boldsymbol{x}\|_2 = \|\alpha \boldsymbol{e}_1\|_2$, 于是有

$$\begin{aligned}
\boldsymbol{H}\boldsymbol{x} = (\boldsymbol{I} - 2\boldsymbol{w}\boldsymbol{w}^{\mathrm{T}})\boldsymbol{x} &= \left(\boldsymbol{I} - 2\frac{\boldsymbol{x} - \alpha \boldsymbol{e}_1}{\|\boldsymbol{x} - \alpha \boldsymbol{e}_1\|_2} \frac{(\boldsymbol{x} - \alpha \boldsymbol{e}_1)^{\mathrm{T}}}{\|\boldsymbol{x} - \alpha \boldsymbol{e}_1\|_2}\right)\boldsymbol{x} \\
&= \boldsymbol{x} - \frac{\|\boldsymbol{x}\|_2^2 - 2\alpha \boldsymbol{e}_1^{\mathrm{T}}\boldsymbol{x} + \|\alpha \boldsymbol{e}_1\|_2^2}{\|\boldsymbol{x} - \alpha \boldsymbol{e}_1\|_2^2}(\boldsymbol{x} - \alpha \boldsymbol{e}_1) \\
&= \boldsymbol{x} - (\boldsymbol{x} - \alpha \boldsymbol{e}_1) \\
&= \alpha \boldsymbol{e}_1
\end{aligned}$$

定理 9.6 提示我们: 对任意的非零向量 $\boldsymbol{x} \in \mathbf{R}^n$, 可以构造出一个 Householder 变换阵 $\boldsymbol{H}$, 使得映射向量 $\boldsymbol{Hx}$ 后面的 $n-1$ 个分量为零. 定理还说明了, 如果令

$$\boldsymbol{v} = \boldsymbol{x} - \alpha \boldsymbol{e}_1 = \boldsymbol{x} \pm \|\boldsymbol{x}\|_2 \boldsymbol{e}_1 \tag{9.3.3}$$

$$\boldsymbol{w} = \frac{\boldsymbol{v}}{\|\boldsymbol{v}\|_2} \tag{9.3.4}$$

则将 $\boldsymbol{w}$ 代入式 (9.3.1), 所得矩阵 $\boldsymbol{H}$ 就是我们寻找的 Householder 变换阵.

接下来的问题是, 用式 (9.3.4) 计算单位向量 $\boldsymbol{w}$ 时, 如何选择式 (9.3.3) 中 $\|\boldsymbol{x}\|_2$ 之前的正负号呢?

事实上, 为了使变换后得到的实数 α 为正数, 则应该取 $\boldsymbol{v} = \boldsymbol{x} - \|\boldsymbol{x}\|_2 \boldsymbol{e}_1$. 但如果这样做, 就会出现另一个问题: 即当 $x_1 > 0$ 且 $\boldsymbol{x}$ 非常接近向量 $\boldsymbol{e}_1$ 时, 计算两数的差

$$v_1 = x_1 - \|\boldsymbol{x}\|_2 \tag{9.3.5}$$

时, 会导致两个相近的量相减, 从而严重损失计算过程中的有效数字, 这里 v_1, x_1 分别表示 $\boldsymbol{v}, \boldsymbol{x}$ 的第一个分量.

不过, 此时可以将等式 (9.3.5) 进行等价变形, 得

$$v_1 = x_1 - \|\boldsymbol{x}\|_2 = \frac{x_1^2 - \|\boldsymbol{x}\|_2^2}{x_1 + \|\boldsymbol{x}\|_2} = -\frac{x_2^2 + x_3^2 + \cdots + x_n^2}{x_1 + \|\boldsymbol{x}\|_2} \tag{9.3.6}$$

即当 $x_1 > 0$ 且 $\boldsymbol{x}$ 非常接近向量 $\boldsymbol{e}_1$ 时, 可以使用式 (9.3.6) 计算 v_1, 就能避免出现两个相近的数相减的情况.

9.3.2 Givens 变换

称矩阵

$$\boldsymbol{R}_{ij}(\theta) = \begin{array}{c} \begin{matrix} \quad\quad\quad & i & \quad\quad\quad & j & \quad \end{matrix} \\ \begin{bmatrix} 1 & & & & & & & & \\ & \ddots & & & & & & & \\ & & \cos\theta & & & & \sin\theta & & \\ & & & 1 & & & & & \\ & & & & \ddots & & & & \\ & & & & & 1 & & & \\ & & -\sin\theta & & & & \cos\theta & & \\ & & & & & & & \ddots & \\ & & & & & & & & 1 \end{bmatrix} \begin{matrix} \\ \\ \leftarrow i \\ \\ \\ \\ \leftarrow j \\ \\ \\ \end{matrix} \end{array}$$

为 i, j 轴形成的平面内的一个 **Givens 平面旋转矩阵**, θ 称为**旋转角** (注: 上式中, 等式右边的符号 "i" 与 "j" 是为了指出 $\cos\theta$ 与 $\sin\theta$ 等矩阵元素在该矩阵中出现的行号与列号).

对矩阵 $\boldsymbol{R}_{ij}(\theta)$, 显然有 $(\boldsymbol{R}_{ij}(\theta))^{\mathrm{T}} = (\boldsymbol{R}_{ij}(\theta))^{-1}$, 即 Givens 平面旋转矩阵 $\boldsymbol{R}_{ij}(\theta)$ 是正交相似变换阵.

接下来以二阶矩阵为例, 介绍利用 Givens 平面旋转变换将方阵对角化, 并求出矩阵全部特征值的方法. 设二阶对称矩阵 $\boldsymbol{A} = \begin{bmatrix} a_{11} & a_{12} \\ a_{21} & a_{22} \end{bmatrix}$ 和 Givens 平面旋转变换矩阵 $\boldsymbol{R}_\theta = \begin{bmatrix} \cos\theta & \sin\theta \\ -\sin\theta & \cos\theta \end{bmatrix}$.

考察矩阵 $\boldsymbol{A}$ 的相似矩阵 $\boldsymbol{B}$, 其中

$$\boldsymbol{B} = \boldsymbol{R}_\theta \boldsymbol{A} \boldsymbol{R}_\theta^{\mathrm{T}} = \begin{bmatrix} \cos\theta & \sin\theta \\ -\sin\theta & \cos\theta \end{bmatrix} \begin{bmatrix} a_{11} & a_{12} \\ a_{21} & a_{22} \end{bmatrix} \begin{bmatrix} \cos\theta & -\sin\theta \\ \sin\theta & \cos\theta \end{bmatrix} = \begin{bmatrix} b_{11} & b_{12} \\ b_{21} & b_{22} \end{bmatrix}$$

根据矩阵乘法公式, 应有

$$b_{11} = a_{11}\cos^2\theta + a_{22}\sin^2\theta + a_{12}\sin 2\theta$$

$$b_{12} = b_{21} = \frac{1}{2}(a_{22} - a_{11})\sin 2\theta + a_{12}\cos 2\theta$$

$$b_{22} = a_{11}\sin^2\theta + a_{22}\cos^2\theta - a_{12}\sin 2\theta$$

为使矩阵 $\boldsymbol{B}$ 成为对角阵, 只须适当选取 θ 使

$$b_{12} = b_{21} = \frac{1}{2}(a_{22} - a_{11})\sin 2\theta + a_{12}\cos 2\theta = 0$$

即可. 为此可令

$$\tan 2\theta = \frac{2a_{12}}{a_{11} - a_{22}}, \quad |\theta| \leqslant \frac{\pi}{4} \tag{9.3.7}$$

且当 $a_{11} = a_{22}$ 时, 可取 $\theta = \dfrac{\pi}{4}$.

因此, 只要根据式 (9.3.7) 求出旋转角 θ, 从而旋转矩阵 $\boldsymbol{R}_\theta$ 也就确定了. 进而可得矩阵 $\boldsymbol{A}$ 的特征值为

$$\lambda_1 = a_{11}\cos^2\theta + a_{22}\sin^2\theta + a_{12}\sin 2\theta$$

$$\lambda_2 = a_{11}\sin^2\theta + a_{22}\cos^2\theta - a_{12}\sin 2\theta$$

相应地, 对应于上述特征值的特征向量为 $\boldsymbol{x}^{(1)} = [\cos\theta, \sin\theta]^{\mathrm{T}}$, $\boldsymbol{x}^{(2)} = [-\sin\theta, \cos\theta]^{\mathrm{T}}$.

9.4 QR 方法

任意的实矩阵 $\boldsymbol{A} \in \mathbf{R}^{n\times n}$ 总可以分解成一个 n 阶正交阵 $\boldsymbol{Q}$ 和一个 n 阶上三角阵 $\boldsymbol{R}$ 的乘积, 即有

$$\boldsymbol{A} = \boldsymbol{Q}\boldsymbol{R}$$

且该分解可以通过对矩阵 $\boldsymbol{A}$ 进行一系列的 Householder 变换或 Givens 变换实现. Francis 在 1961 年提出的求一般矩阵全部特征值和特征向量的 QR 方法.

9.4.1 基本的 QR 方法

求一般矩阵 $\boldsymbol{A}$ 全部特征值的 QR 方法, 基本过程如下: 设矩阵 $\boldsymbol{A} \in \mathbf{R}^{n\times n}$, 记 $\boldsymbol{A}_1 = \boldsymbol{A}$ 并对矩阵 $\boldsymbol{A}_1$ 进行 QR 分解, 得

$$\boldsymbol{A}_1 = \boldsymbol{Q}_1\boldsymbol{R}_1$$

对 $\boldsymbol{R}_1$ 和 $\boldsymbol{Q}_1$ 作矩阵乘法, 得到

$$\boldsymbol{A}_2 = \boldsymbol{R}_1\boldsymbol{Q}_1$$

然后, 对新矩阵 $\boldsymbol{A}_2$ 进行 QR 分解, 得到 $\boldsymbol{A}_2 = \boldsymbol{Q}_2\boldsymbol{R}_2$, 再作矩阵乘法得

$$\boldsymbol{A}_3 = \boldsymbol{R}_2\boldsymbol{Q}_2$$

接下来, 再对 $\boldsymbol{A}_3$ 进行 QR 分解, 得到 $\boldsymbol{A}_3 = \boldsymbol{Q}_3\boldsymbol{R}_3$, 按照上面的做法一直进行下去, $\cdots$, 不妨设在求得 $\boldsymbol{A}_k$ 后, 将矩阵 $\boldsymbol{A}_k$ 进行 QR 分解, 有

$$\boldsymbol{A}_k = \boldsymbol{Q}_k\boldsymbol{R}_k \tag{9.4.1}$$

然后作矩阵乘法, 得新矩阵

$$\boldsymbol{A}_{k+1} = \boldsymbol{R}_k\boldsymbol{Q}_k \tag{9.4.2}$$

于是得到一个矩阵序列 $\{\boldsymbol{A}_k\}$, 该序列称为 QR **序列**.

由式 (9.4.1) 得 $\boldsymbol{R}_k = \boldsymbol{Q}_k^{\mathrm{T}}\boldsymbol{A}_k$, 代入式 (9.4.2) 得

$$\begin{aligned}\boldsymbol{A}_{k+1} &= \boldsymbol{R}_k\boldsymbol{Q}_k = \boldsymbol{Q}_k^{\mathrm{T}}\boldsymbol{A}_k\boldsymbol{Q}_k = \boldsymbol{Q}_k^{\mathrm{T}}\boldsymbol{Q}_{k-1}^{\mathrm{T}}\boldsymbol{A}_{k-2}\boldsymbol{Q}_{k-1}\boldsymbol{Q}_k = \cdots \\ &= \boldsymbol{Q}_k^{\mathrm{T}}\cdots\boldsymbol{Q}_1^{\mathrm{T}}\boldsymbol{A}_1\boldsymbol{Q}_1\cdots\boldsymbol{Q}_k\end{aligned}$$

因此 $\{\boldsymbol{A}_k\}$ 是一相似矩阵序列, 从而矩阵 $\boldsymbol{A}_k$ 均与原矩阵 $\boldsymbol{A}$ 有相同的特征值和特征向量.

可以证明, 在一定条件下, 当 $k \to +\infty$ 时, 矩阵 $\boldsymbol{A}_k$ 主对角线以下的元素全都趋向于 0, 即有如下结论.

定理 9.7 (QR 算法的收敛性) 设 $\boldsymbol{A} \in \mathbf{R}^{n\times n}$, 若矩阵 $\boldsymbol{A}$ 满足如下条件:

(1) $\boldsymbol{A}$ 的特征值满足 $|\lambda_1| > |\lambda_2| > \cdots > |\lambda_n| > 0$;

(2) $\boldsymbol{A}$ 有标准形 $\boldsymbol{D}$, 其中 $\boldsymbol{D} = \mathrm{diag}[\lambda_1, \cdots, \lambda_n]$, $\boldsymbol{A} = \boldsymbol{XDX}^{-1}$, 并且设矩阵 $\boldsymbol{X}^{-1}$ 有三角分解 $\boldsymbol{X}^{-1} = \boldsymbol{LU}$($\boldsymbol{L}$ 为单位下三角阵, $\boldsymbol{U}$ 为上三角阵), 则由 QR 算法产生的矩阵序列 $\{\boldsymbol{A}_k\}$ 本质上收敛到一个上三角矩阵, 即有

$$\boldsymbol{A}_k \xrightarrow{\text{本质上收敛到}} \boldsymbol{R} = \begin{bmatrix} \lambda_1 & \times & \cdots & \times \\ & \lambda_2 & \cdots & \times \\ & & \ddots & \vdots \\ & & & \lambda_n \end{bmatrix}, \quad k \to \infty$$

即当 $i > j$ 时, 有 $\lim\limits_{k\to\infty} a_{ij}^{(k)} = 0$; 当 $i = j$ 时, 有 $\lim\limits_{k\to\infty} a_{ii}^{(k)} = \lambda_i$; 当 $i < j$ 时, $\lim\limits_{k\to\infty} a_{ij}^{(k)}$ 不确定.

定理的证明略.

事实上, 若矩阵 $\boldsymbol{A} \in \mathbf{R}^{n\times n}$ 的等模特征值中含有实的重特征值或多重的复共轭特征值, 则由 QR 算法产生的 $\{\boldsymbol{A}_k\}$ 本质上收敛于分块上三角形矩阵 (对角块为一阶或二阶的子块), 且每个 2×2 子块给出矩阵 $\boldsymbol{A}$ 的一对共轭复特征值.

上述求一般矩阵特征值与特征向量的方法称为**基本的 QR 方法**, 该方法每次迭代都要进行一次 QR 分解, 然后再进行一次矩阵乘法, 计算量非常大.

实践过程中, 为了减少计算量, 可将基本的 QR 方法作如下改进: 第一步, 用相似变换, 例如 Givens 变换或 Householder 变换, 将 $\boldsymbol{A}$ 化为一个**拟上三角阵** $\boldsymbol{B}$, 这里将下次对角线以下的元素全都为 0 的矩阵称为**拟上三角阵**, 即 $\boldsymbol{B}$ 为**上海森伯格** (Hessenberg) **阵**. 由矩阵的相似性知: 上 Hessenberg 阵 $\boldsymbol{B}$ 与矩阵 $\boldsymbol{A}$ 有相同的特征值与特征向量. 第二步, 对 $\boldsymbol{B}$ 执行 QR 迭代, 求出矩阵 $\boldsymbol{A}$ 的特征值与特征向量.

虽然应用 Givens 变换可以将实对称矩阵化为三对角矩阵, 然而通过 Householder 变换也可以实现对称矩阵的三对角化, 而且该方法所需要的乘法次数约为 Givens 变换的一半. 类似实对称矩阵的三对角化, 使用 Householder 变换将一般矩阵 $\boldsymbol{A} = [a_{ij}]_{n\times n}$ 化为上 Hessenberg 阵的过程, 也应该比使用 Givens 变换需要更少的乘法运算.

下面介绍用 Householder 变换将实矩阵 $\boldsymbol{A} = [a_{ij}]_{n\times n}$ 变换为一个上 Hessenberg 矩阵 $\boldsymbol{B}$ 的方法, 整个过程需要 $n-2$ 步, 具体步骤如下:

第一步 令

$$b^{\mathrm{T}} = [a_{12}, \cdots, a_{1n}], \quad B_0 = \begin{bmatrix} a_{22} & a_{23} & \cdots & a_{2n} \\ \vdots & \vdots & & \vdots \\ a_{n2} & a_{n3} & \cdots & a_{nn} \end{bmatrix}_{(n-1)\times(n-1)}$$

$$\alpha_1 = -\mathrm{sign}(a_{21})\sqrt{\sum_{i=2}^{n} a_{i1}^2}$$

为了将矩阵 $A = [a_{ij}]_{n\times n}$ 中第一列的元素从 a_{31} 至 a_{n1} 化为 0, 用 Householder 矩阵 H_1 对 A 作相似变换, 得

$$A_1 = H_1 A H_1 = \begin{bmatrix} a_{11} & b^{\mathrm{T}} Q_1 \\ \alpha_1 & \\ 0 & \\ \vdots & Q_1 B_0 Q_1 \\ 0 & \end{bmatrix}$$

这里, Householder 阵

$$H_1 = I_n - \sigma_1^{-1} v_1 v_1^{\mathrm{T}} = \begin{bmatrix} 1 & 0^{\mathrm{T}} \\ 0 & Q_1 \end{bmatrix}$$

实数 $\sigma_1 = \alpha_1^2 - \alpha_1 a_{21}$, $n-2$ 阶方阵 $Q_1 = I_{n-1} - \sigma_1^{-1} u_1 u_1^{\mathrm{T}}$, n 维列向量 $v_1 = [0, u_1^{\mathrm{T}}]^{\mathrm{T}}$, 这里, $n-1$ 维列向量 $u_1 = [a_{21} - \alpha_1, a_{31}, \cdots, a_{n1}]^{\mathrm{T}}$.

第二步 为了将矩阵 A_1 的第 2 列元素中后 $n-3$ 行的元素化为 0, 用 Householder 矩阵 $H_2 = \begin{bmatrix} I_2 & 0^{\mathrm{T}} \\ 0 & Q_2 \end{bmatrix}$, 对 A_1 作相似变换得: 矩阵 $A_2 = H_2 A_1 H_2$, 其中矩阵 A_2 具有如下形状:

$$A_2 = \begin{bmatrix} \times & \times & \times & \cdots & \times \\ \times & \times & \times & \cdots & \times \\ 0 & \times & \times & \cdots & \times \\ 0 & 0 & \times & \cdots & \times \\ \vdots & \vdots & \vdots & & \vdots \\ 0 & 0 & \times & \cdots & \times \end{bmatrix}$$

这里, 矩阵 $\boldsymbol{A}_2$ 中数值可能不为零的元素用符号 “×” 表示.

一般地, 设经过 $k-1$ 步 Householder 变换后得到矩阵 $\boldsymbol{A}_{k-1}$, 接下来的第 k 步就是对 $\boldsymbol{A}_{k-1}$ 作相似变换 $\boldsymbol{H}_k\boldsymbol{A}_{k-1}\boldsymbol{H}_k$ 得到新矩阵

$$\boldsymbol{A}_k = \boldsymbol{H}_k\boldsymbol{A}_{k-1}\boldsymbol{H}_k$$

这里, Householder 变换阵

$$\boldsymbol{H}_k = \boldsymbol{I}_n - \sigma_k^{-1}\boldsymbol{v}_k\boldsymbol{v}_k^{\mathrm{T}} = \begin{bmatrix} \boldsymbol{E}_k & \boldsymbol{0}^{\mathrm{T}} \\ \boldsymbol{0} & \boldsymbol{Q}_k \end{bmatrix}$$

其中, $n-k$ 阶方阵 $\boldsymbol{Q}_k = \boldsymbol{I}_{n-k} - \sigma_k^{-1}\boldsymbol{u}_k\boldsymbol{u}_k^{\mathrm{T}}$, $\boldsymbol{u}_k = [a_{k+1,k}-\alpha_k, a_{k+2,k}, \cdots, a_{nk}]^{\mathrm{T}}$ 为 $n-k$ 维列向量, n 维列向量 $\boldsymbol{v}_k = \begin{bmatrix} \underbrace{0 \quad \cdots \quad 0}_{k} & \boldsymbol{u}_k^{\mathrm{T}} \end{bmatrix}^{\mathrm{T}}$(该向量在实际变换过程中无需构造), 而实数

$$\alpha_k = -\mathrm{sign}(a_{k+1,k})\sqrt{\sum_{i=k+1}^{n} a_{i1}^2}, \quad \sigma_k = \alpha_k^2 - \alpha_k a_{k+1,k}, \quad k = 1, 2, \cdots, n-2$$

值得注意的是, 每次对矩阵 $\boldsymbol{A}_{k-1}$ 作相似变换后, 所得新矩阵具有如下形状:

$$\boldsymbol{A}_k = \begin{bmatrix} \times & \times & \cdots & \times & \times & \cdots & \times \\ \times & \times & \cdots & \times & \times & \cdots & \times \\ 0 & \times & \ddots & \vdots & \vdots & & \vdots \\ 0 & 0 & \ddots & \times & \times & \cdots & \times \\ 0 & 0 & \cdots & \times & \times & \cdots & \times \\ \vdots & \vdots & & 0 & \times & \cdots & \times \\ 0 & 0 & \cdots & \vdots & \times & \cdots & \times \end{bmatrix}$$

(后 $n-k+1$ 列)

为了叙述的方便, 仍将 $\boldsymbol{A}_k$ 的 (i,j) 元素记作 a_{ij}. 于是经过 $n-2$ 步 Householder 变换后, 可将矩阵 $\boldsymbol{A}$ 化为上 Hessenberg 阵

$$\boldsymbol{A}_{n-2} = \boldsymbol{H}_{n-2}\cdots\boldsymbol{H}_2\boldsymbol{H}_1\boldsymbol{A}\boldsymbol{H}_1\boldsymbol{H}_2\cdots\boldsymbol{H}_{n-2}$$

由于矩阵 $\boldsymbol{A}_{n-2}$ 与 $\boldsymbol{A}$ 是相似的, 因此与 $\boldsymbol{A}$ 有相同的特征值与特征向量.

例 9.4.1 试用 Householder 变换, 将矩阵

$$\boldsymbol{A}=\begin{bmatrix}4&-1&-1&0\\-1&4&0&-1\\-1&0&4&-1\\0&-1&-1&4\end{bmatrix}$$

化成一个上 Hessenberg 阵.

解 由题意知, 只要将矩阵 $\boldsymbol{A}$ 的下次对角线以下的元素化成 0, 则可得到一个上 Hessenberg 阵.

第一步 将矩阵 $\boldsymbol{A}$ 的第一列化成 $\left[4,\sqrt{2},0,0\right]^{\mathrm{T}}$, 这里 $\sqrt{2}=\sqrt{\sum\limits_{j=2}^{4}a_{j1}^{2}}=\sqrt{(-1)^2+(-1)^2+0^2}$, 故可令

$$\alpha_1=-\mathrm{sign}(a_{21})\sqrt{\sum_{j=2}^{4}a_{j1}^{2}}=\sqrt{2}$$

$$\boldsymbol{u}_1=[-1,-1,0]^{\mathrm{T}}-\left[\sqrt{2},0,0\right]^{\mathrm{T}}=\left[-1-\sqrt{2},-1,0\right]^{\mathrm{T}}$$

$$\sigma_1=\alpha_1^2-\alpha_1a_{21}=2+\sqrt{2},\quad \boldsymbol{Q}_1=\boldsymbol{I}_3-\sigma_1^{-1}\boldsymbol{u}_1\boldsymbol{u}_1^{\mathrm{T}}$$

于是得到 Householder 变换阵

$$\boldsymbol{H}_1=\begin{bmatrix}1&\\&\boldsymbol{Q}_1\end{bmatrix}=\begin{bmatrix}1&0&0&0\\0&-\frac{\sqrt{2}}{2}&-\frac{\sqrt{2}}{2}&0\\0&-\frac{\sqrt{2}}{2}&-\frac{\sqrt{2}}{2}&0\\0&0&0&1\end{bmatrix}$$

对 $\boldsymbol{A}$ 进行 Householder 变换一次得

$$\boldsymbol{H}_1\boldsymbol{A}\boldsymbol{H}_1=\begin{bmatrix}4&\sqrt{2}&0&0\\\sqrt{2}&4&0&\sqrt{2}\\0&0&4&0\\0&\sqrt{2}&0&4\end{bmatrix}$$

第二步 类似第一步的做法, 可构造 Householder 变换矩阵

$$\boldsymbol{H}_2=\begin{bmatrix}1&&&\\&1&&\\&&0&-1\\&&-1&0\end{bmatrix},$$

将矩阵 $\boldsymbol{A}$ 化为上 Hessenberg 阵, 有

$$\boldsymbol{H}_2\boldsymbol{H}_1\boldsymbol{A}\boldsymbol{H}_1\boldsymbol{H}_2=\boldsymbol{H}_2\begin{bmatrix}4&\sqrt{2}&0&0\\\sqrt{2}&4&0&\sqrt{2}\\0&0&4&0\\0&\sqrt{2}&0&4\end{bmatrix}\boldsymbol{H}_2=\begin{bmatrix}4&\sqrt{2}&&\\\sqrt{2}&4&-\sqrt{2}&\\&-\sqrt{2}&4&0\\&&0&4\end{bmatrix}$$

需要指出的是: 在例 9.4.1 中, 由于所给矩阵 $\boldsymbol{A}$ 是一个实对称矩阵, 因此, 使用两次 Householder 变换, 将该矩阵化为一个三对角矩阵. 实际上, 三对角矩阵就是一类特殊的上 Hessenberg 阵. 用上述方法将矩阵 $\boldsymbol{A}$ 化为上 Hessenberg 阵后, 就可以套用基本的 QR 方法进行求特征值与特征向量的运算.

9.4.2 带原点平移的 QR 方法

从实际计算过程的观察来看, 基本的 QR 方法的收敛速度并不快. 因此, 为了进一步加速 QR 方法的迭代速度, 可以考虑先将原矩阵 $\boldsymbol{A}$ 进行简单的变换, 比如对 $\boldsymbol{A}$ 进行原点平移, 然后再对平移后的矩阵应用 QR 方法, 这种方法称为**带原点平移的 QR 方法**.

记 $\boldsymbol{A}_1=\boldsymbol{A}$, 接下来对矩阵 $\boldsymbol{A}_1$ 作平移变换, 并对变换后的矩阵作 QR 分解, 得

$$\boldsymbol{A}_1-p_1\boldsymbol{I}=\boldsymbol{Q}_1\boldsymbol{R}_1$$

其中 p_1 为待定参数, 称为**原点平移量**. 若令 $\boldsymbol{A}_2=\boldsymbol{R}_1\boldsymbol{Q}_1+p_1\boldsymbol{I}$, 则得到新矩阵

$$\boldsymbol{A}_2=\boldsymbol{R}_1\boldsymbol{Q}_1+p_1\boldsymbol{I}=\boldsymbol{Q}_1^{\mathrm{T}}(\boldsymbol{A}_1-p_1\boldsymbol{I})\boldsymbol{Q}_1+p_1\boldsymbol{I}=\boldsymbol{Q}_1^{\mathrm{T}}\boldsymbol{A}_1\boldsymbol{Q}_1$$

即新矩阵 $\boldsymbol{A}_2$ 仍然与矩阵 $\boldsymbol{A}_1$ 或 $\boldsymbol{A}$ 相似, 因此与矩阵 $\boldsymbol{A}$ 有相同的特征值与特征向量. 接下来, 对矩阵 $\boldsymbol{A}_2$ 作平移变换并进行 QR 分解, 得

$$\boldsymbol{A}_2-p_2\boldsymbol{I}=\boldsymbol{Q}_2\boldsymbol{R}_2$$

然后令 $\boldsymbol{A}_3=\boldsymbol{R}_2\boldsymbol{Q}_2+p_2\boldsymbol{I}$, 其中 p_2 为平移量.

一般地, 设已经得到 $\boldsymbol{A}_m$, 则可适当选取 p_m, 并对 $\boldsymbol{A}_m$ 平移, 并将得到的矩阵作 QR 分解, 得

$$\boldsymbol{A}_m - p_m\boldsymbol{I} = \boldsymbol{Q}_m\boldsymbol{R}_m$$

然后令 $\boldsymbol{A}_{m+1} = \boldsymbol{R}_m\boldsymbol{Q}_m + p_m\boldsymbol{I}$, 于是得到矩阵序列 $\{\boldsymbol{A}_m\}_{m=1}^{\infty}$, 且序列中的每一个矩阵 $\boldsymbol{A}_m$ 都与矩阵是 $\boldsymbol{A}$ 相似的, 从而与 $\boldsymbol{A}$ 有相同的特征值与特征向量.

需要指出的是, 带原点平移的 QR 方法适合求解实对称矩阵的特征值. 特别地, 当矩阵 $\boldsymbol{A}$ 为实对称三对角阵时, 则上述带原点平移的 QR 方法生成的矩阵 $\boldsymbol{A}_m$ 仍旧为实对称三对角阵, 对于这种情形, 若令矩阵 $\boldsymbol{A}_m$ 的 (i,j) 元素为 $a_{i,j}^{(m)}$, 则平移量 p_m 可取为矩阵

$$\begin{bmatrix} a_{n-1,n-1}^{(m)} & a_{n-1,n}^{(m)} \\ a_{n,n-1}^{(m)} & a_{n,n}^{(m)} \end{bmatrix}$$

的两个特征值中靠近元素 $a_{n,n}^{(m)}$ 的那一个, 这样可以提高 QR 方法的收敛速度. 而如果矩阵 $\boldsymbol{A}$ 有复特征值, 则上述采用实运算的带原点平移的 QR 方法并不收敛. 在这种情况下, 可应用对上述过程作了修改的双重步 QR 方法, 这里不再多做介绍.

9.5 实对称矩阵的 Jacobi 方法

设 $\boldsymbol{A}$ 为实对称矩阵, Jacobi 方法是用于求实对称矩阵 $\boldsymbol{A}$ 的全部特征值与相应特征向量的方法. 它是一种迭代法, 其基本思想是把实对称矩阵 $\boldsymbol{A}$ 经一系列相似变换化为一个近似对角阵, 从而将该对角阵的对角元作为 $\boldsymbol{A}$ 的近似特征值.

9.5.1 Jacobi 方法

设矩阵 $\boldsymbol{A} \in \mathbf{R}^{n\times n}$ 是对称矩阵, 记 $\boldsymbol{A}_0 = \boldsymbol{A}$, 对 $\boldsymbol{A}$ 作一系列 Givens 平面旋转相似变换, 即

$$\boldsymbol{A}_1 = \boldsymbol{P}_1\boldsymbol{A}_0\boldsymbol{P}_1^{\mathrm{T}}, \quad \boldsymbol{A}_2 = \boldsymbol{P}_2\boldsymbol{A}_1\boldsymbol{P}_2^{\mathrm{T}}, \quad \cdots, \quad \boldsymbol{A}_k = \boldsymbol{P}_k\boldsymbol{A}_{k-1}\boldsymbol{P}_k^{\mathrm{T}}, \quad \cdots$$

显然, 变换后所得到的 $\boldsymbol{A}_k$ 仍是对称矩阵, 这里 $\boldsymbol{P}_k$ 为 n 阶 Givens 平面旋转变换阵, 即有

$$
\boldsymbol{P}_k = \boldsymbol{R}_{i_k j_k}(\theta_k) = \begin{array}{c} \begin{array}{ccccccccc} & & i_k & & & j_k & & & \end{array} \\ \begin{bmatrix} 1 & & & & & & & & \\ & \ddots & & & & & & & \\ & & \cos\theta_k & & & \sin\theta_k & & & \\ & & & 1 & & & & & \\ & & & & \ddots & & & & \\ & & & & & 1 & & & \\ & & -\sin\theta_k & & & \cos\theta_k & & & \\ & & & & & & \ddots & & \\ & & & & & & & 1 & \end{bmatrix} \end{array} \begin{array}{c} \\ \\ i_k \\ \\ \\ \\ j_k \\ \\ \\ \end{array} \tag{9.5.1}
$$

(注: 在式 (9.5.1) 中, 等式右边的符号 “i_k” 与 “j_k” 是为了指出 $\cos\theta_k$ 与 $\sin\theta_k$ 等矩阵元素在该矩阵中出现的行号与列号), 且有

$$
\left|a_{i_k j_k}^{(k-1)}\right| = \max_{p\neq q}\left|a_{pq}^{(k-1)}\right|, \quad k=1,2,\cdots
$$

这里, 元素 $a_{i_k j_k}^{(k-1)}$ 就是矩阵 $\boldsymbol{A}_{k-1}$ 中要用旋转变换 $\boldsymbol{A}_k = \boldsymbol{P}_k\boldsymbol{A}_{k-1}\boldsymbol{P}_k^{\mathrm{T}}$ 化为 0 的元素.

根据矩阵乘积的运算规则, 可知对 $\boldsymbol{A}_{k-1}$ 进行旋转相似变换, 只有矩阵 $\boldsymbol{A}_{k-1}$ 的第 i_k 行、第 j_k 行和第 i_k 列、第 j_k 列的元素发生变化, 矩阵 $\boldsymbol{A}_{k-1}$ 的其他元素不动, 即

$$
a_{i_k j_k}^{(k)} = a_{j_k i_k}^{(k)} = \frac{1}{2}(a_{j_k j_k}^{(k-1)} - a_{i_k i_k}^{(k-1)})\sin 2\theta_k + a_{i_k j_k}^{(k-1)}\cos 2\theta_k \tag{9.5.2}
$$

$$
\begin{cases} a_{i_k p}^{(k)} = a_{p i_k}^{(k)} = a_{i_k p}^{(k-1)}\cos\theta_k + a_{j_k p}^{(k-1)}\sin\theta_k, p\neq i_k \\ a_{j_k p}^{(k)} = a_{p j_k}^{(k)} = a_{j_k p}^{(k-1)}\cos\theta_k - a_{i_k p}^{(k-1)}\sin\theta_k, p\neq j_k \end{cases} \tag{9.5.3}
$$

$$
\begin{cases} a_{i_k i_k}^{(k)} = a_{i_k i_k}^{(k-1)}\cos^2\theta_k + a_{j_k j_k}^{(k-1)}\sin^2\theta_k + a_{i_k j_k}^{(k-1)}\sin 2\theta_k \\ a_{j_k j_k}^{(k)} = a_{i_k i_k}^{(k-1)}\sin^2\theta_k + a_{j_k j_k}^{(k-1)}\cos^2\theta_k - a_{i_k j_k}^{(k-1)}\sin 2\theta_k \end{cases} \tag{9.5.4}
$$

其余元素

$$
a_{pq}^{(k)} = a_{qp}^{(k)} = a_{pq}^{(k-1)}, \quad p,q\neq i_k, j_k \tag{9.5.5}
$$

则当旋转角 θ_k 满足条件

$$\tan 2\theta_k = \frac{2a_{i_kj_k}^{(k-1)}}{a_{i_ki_k}^{(k-1)} - a_{j_kj_k}^{(k-1)}} = \frac{1}{d_k}, \quad |\theta_k| \leqslant \frac{\pi}{4} \tag{9.5.6}$$

时, 有 $a_{i_kj_k}^{(k)} = a_{j_ki_k}^{(k)} = 0$. 特别地, 当 $a_{i_ki_k}^{(k-1)} = a_{j_kj_k}^{(k-1)}$ 时, 应取 $\theta_k = \dfrac{\pi}{4}$.

一般地, Givens 平面旋转变换阵 $\boldsymbol{P}_k$ 的待定元素 $\sin\theta_k, \cos\theta_k$ 可按下列规则计算:

$$\begin{cases} \sin\theta_k = \dfrac{t_k}{\sqrt{1+t_k^2}} \\ \cos\theta_k = \dfrac{1}{\sqrt{1+t_k^2}} \end{cases} \tag{9.5.7}$$

其中, 参数 $t_k = \dfrac{\mathrm{sign}(d_k)}{|d_k| + \sqrt{d_k^2+1}}$, $d_k = \dfrac{a_{i_ki_k}^{(k-1)} - a_{j_kj_k}^{(k-1)}}{2a_{i_kj_k}^{(k-1)}}$.

事实上, 由式 (9.5.6) 可知 $\tan 2\theta_k = \dfrac{1}{d_k}$, 于是有

$$\tan^2\theta_k + 2d_k \tan\theta_k - 1 = 0$$

解之得 $\tan\theta_k = \dfrac{1}{d_k \pm \sqrt{d_k^2+1}}$. 但是为了让计算过程更加稳定, 应该使 $\tan\theta_k$ 的绝对值尽可能小, 因此可令 $\tan\theta_k = \begin{cases} \dfrac{1}{d_k+\sqrt{d_k^2+1}}, & d_k \geqslant 0, \\ \dfrac{-1}{-d_k+\sqrt{d_k^2+1}}, & d_k < 0, \end{cases}$ 即令

$$t_k = \tan\theta_k = \frac{\mathrm{sign}(d_k)}{|d_k| + \sqrt{d_k^2+1}}$$

然后将参数 t_k 代入式 (9.5.7) 即可得 $\sin\theta_k$ 和 $\cos\theta_k$, 进而可得旋转变换阵 $\boldsymbol{P}_k$.

9.5.2 Jacobi 方法的收敛性

对于矩阵 $\boldsymbol{A}_{k-1}, \boldsymbol{A}_k$ 的元素, 它们的变化具有下列特点:

定理 9.8 相似旋转变换前后, 矩阵全部元素的平方和不变, 即

$$\|\boldsymbol{A}_{k-1}\|_F^2 = \|\boldsymbol{A}_k\|_F^2$$

证明 因为 $\boldsymbol{A}_{k-1}, \boldsymbol{A}_k$ 都是对称矩阵, 而

$$\begin{aligned}\|\boldsymbol{A}_{k-1}\|_F^2 &= \sum_{i,j=1}^{n} (a_{ij}^{(k-1)})^2 = \operatorname{tr}(\boldsymbol{A}_{k-1}^{\mathrm{T}}\boldsymbol{A}_{k-1}) \\ &= \operatorname{tr}(\boldsymbol{A}_{k-1}^2) = \sum_{i=1}^{n} \lambda_i(\boldsymbol{A}_{k-1}^2) = \sum_{i=1}^{n} \lambda_i^2(\boldsymbol{A}_{k-1})\end{aligned}$$

同理可得

$$\|\boldsymbol{A}_k\|_F^2 = \operatorname{tr}(\boldsymbol{A}_k^{\mathrm{T}}\boldsymbol{A}_k) = \sum_{i=1}^{n} \lambda_i^2(\boldsymbol{A}_k)$$

因为 $\lambda_i(\boldsymbol{A}_{k-1}) = \lambda_i(\boldsymbol{A}_k), i = 1, 2, \cdots, n$, 于是有

$$\|\boldsymbol{A}_{k-1}\|_F^2 = \|\boldsymbol{A}_k\|_F^2$$

定理 9.9 相似旋转变换后, 非主对角线元素的平方和变小, 即主对角线元素的平方和增加了.

证明 由式 (9.5.3) 得

$$\begin{cases} (a_{i_k p}^{(k)})^2 = (a_{p i_k}^{(k)})^2 = (a_{i_k p}^{(k-1)} \cos\theta_k)^2 + (a_{j_k p}^{(k-1)} \sin\theta_k)^2 \\ \qquad +2a_{i_k p}^{(k-1)} a_{j_k p}^{(k-1)} \sin\theta_k \cos\theta_k, \quad p \neq i_k \\ (a_{j_k p}^{(k)})^2 = (a_{p j_k}^{(k)})^2 = (a_{p i_k}^{(k-1)} \sin\theta_k)^2 + (a_{p j_k}^{(k-1)} \cos\theta_k)^2 \\ \qquad -2a_{p i_k}^{(k-1)} a_{p j_k}^{(k-1)} \sin\theta_k \cos\theta_k, \quad p \neq j_k \end{cases}$$

因此有

$$(a_{i_k,p}^{(k)})^2 + (a_{j_k,p}^{(k)})^2 = (a_{i_k,p}^{(k-1)})^2 + (a_{j_k,p}^{(k-1)})^2, \quad p \neq i_k, j_k$$

所以有

$$\sum_{p\neq q} (a_{pq}^{(k)})^2 = \sum_{p\neq q} (a_{pq}^{(k-1)})^2 - 2(a_{i_k j_k}^{(k-1)})^2 < \sum_{p\neq q} (a_{pq}^{(k-1)})^2$$

定理 9.10 (Jacobi 法收敛性) 设 $\boldsymbol{A} = [a_{ij}]_{n\times n}$ 为实对称矩阵, 对其施行一系列相似平面旋转变换 $\boldsymbol{A}_k = \boldsymbol{P}_k\boldsymbol{A}_{k-1}\boldsymbol{P}_k^{\mathrm{T}}, k = 1, 2, 3, \cdots$, 则所得矩阵序列 $\{\boldsymbol{A}_k\}$ 收敛到对角阵 $\boldsymbol{D}$, 即有

$$\lim_{k\to\infty} \boldsymbol{A}_k = \boldsymbol{D} = \mathrm{diag}[\lambda_1, \lambda_2, \cdots, \lambda_n]$$

这里, 变换阵 $\boldsymbol{P}_k$ 的定义参见式 (9.5.1).

证明 记 $S(\boldsymbol{A})$ 为矩阵 $\boldsymbol{A}$ 的非主对角线元素平方和, 即 $S(\boldsymbol{A}) = \sum\limits_{p\neq q} (a_{pq})^2$. 由定理 9.9 的证明过程可知

$$S(\boldsymbol{A}_k) = S(\boldsymbol{A}_{k-1}) - 2(a_{i_k j_k}^{(k-1)})^2 \tag{9.5.8}$$

又根据平面旋转变换的实施规则, 应有 $\left|a_{i_k j_k}^{(k-1)}\right| = \max\limits_{p\neq q}\left|a_{pq}^{(k-1)}\right|$. 因此有

$$S(\boldsymbol{A}_{k-1}) = \sum_{p\neq q} (a_{pq}^{(k-1)})^2 \leqslant n(n-1)(a_{i_k j_k}^{(k-1)})^2$$

即

$$\frac{S(\boldsymbol{A}_{k-1})}{n(n-1)} \leqslant (a_{i_k j_k}^{(k-1)})^2 \tag{9.5.9}$$

由式 (9.5.8) 和式 (9.5.9) 得

$$\begin{aligned} S(\boldsymbol{A}_k) &\leqslant S(\boldsymbol{A}_{k-1})\left[1-\frac{2}{n(n-1)}\right] \leqslant S(\boldsymbol{A}_{k-2})\left[1-\frac{2}{n(n-1)}\right]^2 \leqslant \cdots \\ &\leqslant S(\boldsymbol{A}_0)\left[1-\frac{2}{n(n-1)}\right]^k \end{aligned}$$

对高于二阶的矩阵 $\boldsymbol{A}(n>2)$, 有 $\lim\limits_{k\to\infty} S(\boldsymbol{A}_k) = 0$.

根据 Jacobi 收敛性定理 9.10, 当 k 足够大时, 有

$$\boldsymbol{P}_k \cdots \boldsymbol{P}_2 \boldsymbol{P}_1 \boldsymbol{A} \boldsymbol{P}_1^{\mathrm{T}} \boldsymbol{P}_2^{\mathrm{T}} \cdots \boldsymbol{P}_k^{\mathrm{T}} \approx \boldsymbol{D} = \mathrm{diag}[\lambda_1, \lambda_2, \cdots, \lambda_n] \tag{9.5.10}$$

若记 $\boldsymbol{P}^{\mathrm{T}} = \boldsymbol{P}_1^{\mathrm{T}} \boldsymbol{P}_2^{\mathrm{T}} \cdots \boldsymbol{P}_k^{\mathrm{T}}$, 那么矩阵 $\boldsymbol{P}^{\mathrm{T}}$ 的每一列就是 $\boldsymbol{A}$ 的一个近似特征向量.

9.5.3 Jacobi 过关法

由于 Jacobi 方法在每次寻找非对角元的绝对值最大的元素时颇费机时, 因此, 可采用如下过 "关" 措施.

首先计算实对称阵 A 的所有非对角元素的平方和

$$v_0 = \left(2\sum_{i<j}(a_{ij})^2\right)^{1/2}$$

设置第 1 道关 $v_1 = \dfrac{v_0}{n}$, 在 $\boldsymbol{A}$ 的非对角线元素中按行 (或按列) 扫描, 如非对角元素

$$|a_{ij}| \geqslant v_1$$

则使用平面旋转矩阵 $\boldsymbol{R}_{ij}(\theta)$ 使 a_{ij} 化为零, 否则让元素 a_{ij} 过关 (即不进行平面旋转变换). 注意到某次消为零的元素可能在以后的旋转变换中又增长 (变为非零), 甚至几次旋转变换后又可能增长到大于 v_1. 因此, 要经过多遍扫描, 直到 $\boldsymbol{A}_l = \left[a_{ij}^{(l)}\right]_{n\times n}$ 满足

$$\left|a_{ij}^{(l)}\right| < v_1, \quad i \neq j$$

再设置第 2 道关 $v_2 = \dfrac{v_1}{n}$, 重复上述过程, 经过多遍扫描直到 $A_m = \left[a_{ij}^{(m)}\right]_{n\times n}$ 满足

$$\left|a_{ij}^{(m)}\right| < v_2, \quad i \neq j$$

这样经过一系列的关口 $v_1, v_2, \cdots, v_r$, 直到满足

$$v_r \leqslant \frac{\varepsilon}{n}$$

其中 ε 是事先给定的误差限或精度参数.

9.6 气象案例

案例 1 特征值和特征向量的计算是经验正交函数 (empirical orthogonal function, EOF) 分解技术的重要步骤.

某一区域的气候变量场通常由许多个观测站点或网络点构成, 这给直接研究其时空变化特征带来困难. 如果能用个数较少的几个空间分布模态来描述原变量场, 且又能基本涵盖原变量场的信息, 是个具有实用价值的工作, 也就是寻找某种数学表达式将变量场的主要空间分布结构有效地分离出来. 气候统计诊断应用最为普遍的办法是把原变量场分解为正交函数的线性组合, 构成为数很少的不相关典型模态, 代替原始变量场, 每个典型模态都含有尽量多的原始场的信息. 其中 EOF 分解技术就是这样一种方法 (魏凤英, 2007).

EOF 的一般计算步骤如下:

(1) 对原始资料矩阵 $\boldsymbol{X}$ 作距平或标准化处理. 然后计算其协方差矩阵 $\boldsymbol{S} = \boldsymbol{X}\boldsymbol{X}^{\mathrm{T}}$ 是 $n \times n$ 的实对称阵.

(2) 用求实对称体阵的特征值及特征向量方法 (常使用 Jacobi 方法) 求出矩阵 $\boldsymbol{S}$ 的特征值构成的矩阵 $\boldsymbol{\Lambda}$ 和特征向量构成的矩阵 $\boldsymbol{V}$.

(3) 矩阵 $\boldsymbol{\Lambda}$ 为对角阵, 其对角元素即为 $\boldsymbol{X}\boldsymbol{X}^{\mathrm{T}}$ 的特征值 $\lambda_1, \lambda_2, \cdots, \lambda_n$, 将特征值按从大到小排列为 $\lambda_1 \geqslant \lambda_2 \geqslant \cdots \geqslant \lambda_n \geqslant 0$.

(4) 利用公式 $\boldsymbol{T} = \boldsymbol{V}^{\mathrm{T}}\boldsymbol{X}$ 求出时间系数矩阵 $\boldsymbol{T}$.

(5) 计算每个特征向量的方差贡献

$$R_k = \frac{\lambda_k}{\sum\limits_{i=1}^{n} \lambda_i}, \quad k = 1, 2, \cdots, p \quad (p < n)$$

及前 p 个特征向量的累积方差贡献

$$G = \frac{\sum\limits_{i=1}^{p} \lambda_i}{\sum\limits_{i=1}^{n} \lambda_i} \quad (p < n)$$

案例 2 特征值和特征向量的计算是典型相关分析 (canonical correlation analysis) 的重要步骤.

在气候变化研究中, 存在着大量两个变量场之间的相关问题, 即研究两个场之间相关系数的空间结构和它们各自对相关场的贡献. 对于这类问题, 计算普通皮尔逊相关系数难以奏效, 因为皮尔逊相关系数是一种点相关, 无法得到两个场相关的整体概念, 也不能分离出两个变量场的空间相关模态.

典型相关分析是分离两个变量场相关模态的常用方法. 这一方法将两变量场转化为几个典型变量, 通过研究典型变量之间的相关系数来分析两变量场的相关, 这一方法可以有效地分离两个变量场的最大线性相关模态 (魏凤英, 2007). 应用实践表明, 典型相关分析是一种具有坚实数学基础、严谨推理、能有效地提取两组变量或两变量场相关信号的有用工具.

典型相关分析的计算步骤如下:

(1) 对变量场 $\boldsymbol{X}$ 和 $\boldsymbol{Y}$ 进行标准化预处理.

(2) 计算标注化后的变量场 $\boldsymbol{X}$ 的协方差矩阵 $\boldsymbol{S}_{xx} = \dfrac{1}{n}\boldsymbol{X}\boldsymbol{X}^{\mathrm{T}}$, 变量场 $\boldsymbol{Y}$ 的协方差矩阵 $\boldsymbol{S}_{yy} = \dfrac{1}{n}\boldsymbol{Y}\boldsymbol{Y}^{\mathrm{T}}$, 两个变量场交叉协方差矩阵 $\boldsymbol{S}_{xy} = \dfrac{1}{n}\boldsymbol{X}\boldsymbol{Y}^{\mathrm{T}}$ 和 $\boldsymbol{S}_{yx} =$

$\frac{1}{n}\boldsymbol{Y}\boldsymbol{X}^{\mathrm{T}}$.

(3) 解方程

$$\left(\boldsymbol{S}_{yy}^{-1}\boldsymbol{S}_{yx}\boldsymbol{S}_{xx}^{-1}\boldsymbol{S}_{xy}-\lambda\boldsymbol{S}_{yy}\right)\boldsymbol{d}=0$$

求出 $\boldsymbol{S}_{yy}^{-1}\boldsymbol{S}_{yx}\boldsymbol{S}_{xx}^{-1}\boldsymbol{S}_{xy}$ 矩阵的特征值 $\lambda_1\geqslant\lambda_2\geqslant\cdots\geqslant\lambda_q$ 及对应的载荷特征向量 $\boldsymbol{d}_1,\boldsymbol{d}_2,\cdots,\boldsymbol{d}_q$.

(4) 利用特征值 λ_i 和载荷特征向量 $\boldsymbol{d}_i$, 求 $\boldsymbol{c}_i$

$$\boldsymbol{c}_i=\frac{\boldsymbol{S}_{xx}^{-1}\boldsymbol{S}_{xy}\boldsymbol{d}_i}{\sqrt{\lambda_i}},\quad i=1,2,\cdots,q$$

(5) 计算典型变量

$$\begin{cases}\boldsymbol{U}_i=\boldsymbol{c}_i^{\mathrm{T}}\boldsymbol{X},\\ \boldsymbol{V}_i=\boldsymbol{d}_i^{\mathrm{T}}\boldsymbol{Y},\end{cases}\quad i=1,2,\cdots,q$$

(6) 求典型相关系数

$$r_i=\sqrt{\lambda_i},\quad i=1,2,\cdots,q$$

(7) 对典型相关系数进行显著性分析.

习 题 9

1. 用 (规范化) 幂法计算下列矩阵按模最大的特征值及对应的特征向量:

(1) $\boldsymbol{A}=\begin{bmatrix}1&2&3\\2&3&4\\3&4&5\end{bmatrix}$;　　(2) $\boldsymbol{B}=\begin{bmatrix}-4&14&0\\-5&13&0\\-1&0&2\end{bmatrix}$.

精确到第 3 位小数稳定.

2. 如果定理 9.1 中的特征值 $\lambda_i(i=1,2,\cdots,n)$ 满足条件

$$\lambda_1=\lambda_2=\cdots=\lambda_r,\quad |\lambda_1|>|\lambda_{r+1}|\geqslant\cdots\geqslant|\lambda_n|$$

即按模最大的特征是 r 重的, 证明其结论仍成立.

3. 用 Rayleigh 商加速幂法求下列矩阵按模最大的特征值:

(1) $\boldsymbol{A}=\begin{bmatrix}3&4\\4&5\end{bmatrix}$;　　(2) $\boldsymbol{B}=\begin{bmatrix}4&-1&1\\-1&3&-2\\1&-2&3\end{bmatrix}$.

精确到第 3 位小数稳定.

4. 利用反幂法求矩阵

$$A=\begin{bmatrix}6&2&1\\2&3&1\\1&1&1\end{bmatrix}$$

最接近于 6 的特征值及对应的特征向量.

5. 用 Jacobi 方法求矩阵

$$A=\begin{bmatrix}5&1\\1&5\end{bmatrix}$$

的全部特征值和相应的特征向量.

6. 对矩阵

$$A=\begin{bmatrix}7&3&-2\\3&4&-1\\-2&-1&3\end{bmatrix}$$

求出使其第 1 行第 2 列的元素约化为零的旋转变换矩阵 $\boldsymbol{R}_{12}(\theta)$, 并以其对 $\boldsymbol{A}$ 作正交相似变换.

7. 假设 $\boldsymbol{x},\boldsymbol{y}\in\mathbf{R}^n(n>1)$. 如果 $\|\boldsymbol{x}\|_2=\|\boldsymbol{y}\|_2$, 证明存在一个 Householder 阵 $\boldsymbol{H}$, 使

$$\boldsymbol{Hx}=\boldsymbol{y}$$

8. 用 Householder 变换将对称阵

$$A=\begin{bmatrix}1&4&3\\4&5&5\\3&5&10\end{bmatrix}$$

化为相似的三对角阵.

9. 用 Householder 变换将矩阵

$$A=\begin{bmatrix}1&2&2\\2&\frac{2}{3}&-1\\2&\frac{1}{3}&-1\end{bmatrix}$$

化为一上三角形矩阵, 从而作出 $\boldsymbol{A}=\boldsymbol{QR}$ 的分解.

10. 用 QR 算法求矩阵

$$A=\begin{bmatrix}2&4&6\\3&9&15\\4&16&36\end{bmatrix}$$

的全部特征值 (迭代 2 次).

第 10 章 Chapter 气象应用

10.1 气象中的动力预报数值模式

10.1.1 数值天气预报中的偏微分方程组

大气控制方程由控制大气运动状态的四个物理定律组成, 分别表示大气动量守恒、质量守恒、能量守恒和水汽守恒, 它们的数学表达式是 (Zou, 2020)

$$\frac{\mathrm{d}\boldsymbol{v}}{\mathrm{d}t} = -\frac{1}{\rho}\nabla p - g\boldsymbol{k} - 2\boldsymbol{\Omega} \times \boldsymbol{v} + \boldsymbol{F}_f \tag{10.1.1}$$

$$\frac{\partial \rho}{\partial t} = -(\nabla \cdot \rho \boldsymbol{v}) \tag{10.1.2}$$

$$\frac{\mathrm{d}\theta}{\mathrm{d}t} = S_\theta \tag{10.1.3}$$

$$\frac{\mathrm{d}q}{\mathrm{d}t} = S_q \tag{10.1.4}$$

其中, $\boldsymbol{v}$ 是大气三维运动速度, ρ 是大气密度, θ 是大气位温, q 是大气中的比湿, $\boldsymbol{F}_f$ 是大气受到的摩擦力, S_θ 是热源、热汇项, S_q 是水汽的源汇项. 水汽的位相变化, 由于分子运动而产生的动能耗散, 都对 S_θ 和 S_q 项有贡献. S_θ 还包含辐射通量的辐合和辐散贡献. 除了预报变量 $\boldsymbol{v}$, ρ, θ, q 外, 大气控制方程组 (10.1.1)—(10.1.4) 中出现的 p 是气压变量, $\boldsymbol{\Omega}$ 和 g 分别代表地球自转角速度向量和重力常数.

大气物理定律的数学表达——大气控制方程组——是一组复杂非线性偏微分方程. 把大气控制方程进行简化, 研究不同天气条件下的特殊大气运动、时空离散化后对描述大气中波动传播等物理现象的改变, 是气象研究惯例. 10.1.2 节, 我们将用可以描述大气中的非色散高频惯性重力波和低频罗斯贝 (Rossby) 波的浅水方程作为例子, 首先讨论在什么简化条件下, 通过怎样的数学运算, 可以把大气控制方程简化为浅水方程, 然后讨论如何对浅水方程中的空间偏导数进行离散化, 不同空间差分方案对反映波动传播特征的频散关系的影响.

10.1.2 空间差分方案对大气中惯性重力波频散关系的影响

在典型天气条件下, 大气控制方程描述两种可分离的大气运动类型, 一类是高频惯性重力波, 另一类是低频准地转运动 (譬如 Rossby 波). 后者要求 Rossby 数 $R_0 \ll 1$, 其中 $R_0 = \dfrac{U}{fL}$, U 是水平速度量纲, L 是水平尺度量纲, f 是科里奥利参数 ($f = 2\boldsymbol{\Omega}\sin\varphi$, φ 是纬度). 局地地形和异常加热等可激发重力波, 重力波能量很快扩散到更广阔的空间, 留下缓慢变化的准地转运动. 这个过程被称为"地转调整". 因此, 用大气控制方程对大尺度运动进行模拟时, 要同时模拟好地转调整和地转调整建立的准地转、准无辐散运动的缓慢变化. 有限差分方案能否正确模拟地转调整过程在很大程度上取决于变量在离散网格点上的分布方式.

浅水方程模式可描述地转调整、高频惯性重力波、低频 Rossby 波. 具体来讲, 它描述的是静力平衡下具有自由表面的一层不可压缩流体在平坦地形下的运动. 静力平衡、自由表面、不可压缩、平坦地形、一层流体这五个假定的数学表达式如下:

$$-\frac{1}{\rho}\frac{\partial p}{\partial z} - g = 0 \tag{10.1.5}$$

$$p|_{z=h} = 0 \tag{10.1.6}$$

$$\rho = \bar{\rho} = \text{常数} \tag{10.1.7}$$

$$w_0 = 0 \tag{10.1.8}$$

$$u = u(x,y,t), \quad v = v(x,y,t) \tag{10.1.9}$$

根据假定 (10.1.5)—(10.1.7), 我们得到关系式 $p = g\bar{\rho}h$. 因此, 动量方程 (10.1.1) 右端的 $-\dfrac{1}{\bar{\rho}}\nabla p$ 可以表示为

$$-\frac{1}{\bar{\rho}}\nabla p = -g\nabla h \tag{10.1.10}$$

由于 $w \ll v$, 省略包含垂直速度 w 项后的动量方程 (10.1.1) 简化为如下形式:

$$\frac{\partial \boldsymbol{v}}{\partial \boldsymbol{t}} + \boldsymbol{v} \cdot \nabla \boldsymbol{v} - f\boldsymbol{k} \times \boldsymbol{v} + g\nabla h = 0 \tag{10.1.11}$$

利用 (10.1.7), 质量守恒方程 (10.1.2) 简化为

$$\frac{\partial \boldsymbol{w}}{\partial z} = -\frac{\partial \boldsymbol{u}}{\partial x} - \frac{\partial \boldsymbol{v}}{\partial y} \tag{10.1.12}$$

对等式 (10.1.12) 两边进行垂直积分运算 $\int_0^z \mathrm{d}z$, 并利用假定条件 (10.1.8)—(10.1.9), 我们得到流体表面、高度 h 处的垂直速度表达式:

$$w_h = \left(-\frac{\partial u}{\partial x} - \frac{\partial v}{\partial y}\right) h \tag{10.1.13}$$

另一方面, 流体自由表面高度 h 上的垂直速度还可以表示为

$$w_h = \frac{\mathrm{d}h}{\mathrm{d}t} = \frac{\partial h}{\partial t} + u\frac{\partial h}{\partial x} + v\frac{\partial h}{\partial y} \tag{10.1.14}$$

将 (10.1.14) 式代入 (10.1.13) 式的右边项, 我们得到简化质量守恒方程 (也称连续方程)

$$\frac{\partial h}{\partial t} + u\frac{\partial h}{\partial x} + v\frac{\partial h}{\partial y} + h\left(\frac{\partial u}{\partial x} + \frac{\partial v}{\partial y}\right) = 0 \tag{10.1.15}$$

浅水方程组由 (10.1.11) 和 (10.1.15) 构成.

气象上广泛应用的空间离散方案是荒川 (Arakawa) C 网格交错方案. 这里, 我们利用浅水波方程, 讨论该方案所具有的一些优良特性. Arakawa 和 Lamb (1977) 使用一维和二维浅水波方程, 在一维直线和二维平面网格上, 使用不同的模式变量分布, 比较了空间离散误差对惯性重力波频率的影响. 他们得出的结论是 Arakawa 交错 C 网格方案比其他方案能更好地模拟地转调整. Arakawa C 网格交错方案将模式变量 v 和 h 分布在网格点 $i-1$, i 和 $i+1$ 处, u 分布在半网格 $i-1/2$ 和 $i+1/2$ 处. 在二维平面网格上, Arakawa C 网格交错方案将模式变量 h 分布在网格点 (i,j) 上, u 分布在 i 的半网格点 $(i-1/2,j)$ 上, v 分布在 j 的半网格点 $(i,(j-1/2))$ 上, 其中 i 和 j 是整数. 下面, 我们采用最简单的二阶有限差分格式, 讨论 Arakawa C 网格交错方案得到的惯性重力波频散关系数值解与真实频散关系之间的差别, 并指出与其他形式的变量网格分布相比, 该方案对地转调整的模拟最好.

因为 $R_0 = U/fL \ll 1$, 方程 (10.1.11) 和 (10.1.15) 中的非线性项 U^2/L 远小于科里奥利力项 fU, 可以忽略, 从而得到如下二维线性浅水模式方程组:

$$\frac{\partial u}{\partial t} - fv + g\frac{\partial h}{\partial x} = 0 \tag{10.1.16}$$

$$\frac{\partial v}{\partial t} + fu + g\frac{\partial h}{\partial y} = 0 \tag{10.1.17}$$

$$\frac{\partial h}{\partial t} + H\left(\frac{\partial u}{\partial x} + \frac{\partial v}{\partial y}\right) = 0 \tag{10.1.18}$$

假设 k 是 x 方向的波数, l 是 y 方向的波数, 模式变量 u, v, h 可以表示为

$$u \sim u_{k,l} = A_{k,l} \exp(\mathrm{i}(kx + ly - \omega t)) \tag{10.1.19}$$

$$v \sim v_{k,l} = B_{k,l} \exp(\mathrm{i}(kx + ly - \omega t)) \tag{10.1.20}$$

$$h \sim v_{k,l} = C_{k,l} \exp\left(\mathrm{i}(kx + ly - \omega t)\right) \tag{10.1.21}$$

把 (10.1.19)—(10.1.21) 代入 (10.1.16)—(10.1.18), 得到二维线性浅水方程惯性重力波解的频散关系

$$\left(\frac{\omega}{f}\right)_t^2 = 1 + L_d^2\left(k^2 + l^2\right) \tag{10.1.22}$$

使用 Arakawa C 网格交错方案和最简单的二阶有限差分格式, 得到以下离散二维线性浅水数值模式:

$$\left(\frac{\partial u}{\partial t}\right)_{i-1/2,j} - f\frac{v_{i-1,j-1/2} + v_{i-1,j+1/2} + v_{i,j-1/2} + v_{i,j+1}}{4} + g\frac{h_i - h_{i-1}}{d} = 0 \tag{10.1.23}$$

$$\left(\frac{\partial v}{\partial t}\right)_{i,j-1} + f\frac{u_{i-1/2,j-1} + u_{i+1/2,j-1} + u_{i,j-1/2} + u_{i,j+1/2}}{4} + g\frac{h_{i,j} - h_{i,j-1}}{d} = 0 \tag{10.1.24}$$

$$\left(\frac{\partial h}{\partial t}\right)_{i,j} + H\left(\frac{u_{i+1/2,j} - u_{i-1/2,j}}{d} + \frac{v_{i,j+1/2} - v_{i,j-1/2}}{d}\right) = 0 \tag{10.1.25}$$

假设

$$u \sim u_{k,l} = A_{k,l} \exp(\mathrm{i}(km\Delta x + lj\Delta y - \omega t)) \tag{10.1.26}$$

$$v \sim v_{k,l} = B_{k,l} \exp(\mathrm{i}(km\Delta x + lj\Delta y - \omega t)) \tag{10.1.27}$$

$$h \sim h_{k,l} = C_{k,l} \exp(\mathrm{i}(km\Delta x + lj\Delta y - \omega t)) \tag{10.1.28}$$

并代入 (10.1.25)—(10.1.27), 我们可以推导出使用 Arakawa C 网格交错方案的二维线性浅水数值模式中的惯性重力波频散关系

$$\left(\frac{\omega}{f}\right)_C^2 = \cos^2\frac{k\Delta x}{2}\cos^2\frac{l\Delta y}{2} + \left(\frac{2L_d}{\Delta x}\right)^2 \sin^2\frac{k\Delta x}{2} + \left(\frac{2L_d}{\Delta y}\right)^2 \sin^2\frac{l\Delta y}{2} \tag{10.1.29}$$

如果使用 Arakawa 的 B 网格交错方案, 将变量 h 放在网格点 (i,j) 上, 变量 u 和 v 同时放在 i 和 j 的半网格点 $(i+1/2,\ j+1/2)$ 上, 得到的惯性重力波频散关系是

$$\left(\frac{\omega}{f}\right)_B^2 = 1 + \left(\frac{2L_d}{\Delta x}\right)^2 \sin^2\frac{k\Delta x}{2}\cos^2\frac{l\Delta y}{2} + \left(\frac{2L_d}{\Delta y}\right)^2 \sin^2\frac{l\Delta y}{2}\cos^2\frac{k\Delta x}{2} \tag{10.1.30}$$

Arakawa B、C 网格交错方案当 $\Delta x \to 0$ 和 $\Delta y \to 0$ 时, 数值频散关系 (10.1.29) 和 (10.1.30) 都收敛到真实频散关系 (10.1.22).

Arakawa C 网格交错方案得到的惯性重力波无量纲频率 $(\omega/f)_C$ 随 $k\Delta x/\pi$ 和 $l\Delta y/\pi$ 的变化最接近真实频率 $(\omega/f)_t$, 与 $(\omega/f)_t$ 一样 (图 10.1(a)), $(\omega/f)_C$ 在二维波数域 $(0 < k\Delta x/\pi < 1,\ 0 < l\Delta y/\pi < 1)$ 内 (图 10.1(b)、(c)) 也没有极大或极小值 (图 10.1). 然而, Arakawa B 交错方案的无量纲频率 $(\omega/f)_B$, $(\omega/f)_D$ 随 $k\Delta x/\pi$ 和 $l\Delta y/\pi$ 的变化在二维波数域 $(0 < k\Delta x/\pi < 1,\ 0 < l\Delta y/\pi < 1)$ 中有虚假极大值 (图 10.1(d)、(e)). 在二维波数域 $(0 < k\Delta x/\pi < 1,\ 0 < l\Delta y/\pi < 1)$ 中真实解没有极值、不用 Arakawa C 网格交错方案的其他变量网格分布方案的数值解也有类似的 B 网格极值问题, 意味着在有些波数区域 (如图 10.1(d)、(e) 的左上角和右下角), 二维浅水数值模式中的重力波传播群速度与真解相反.

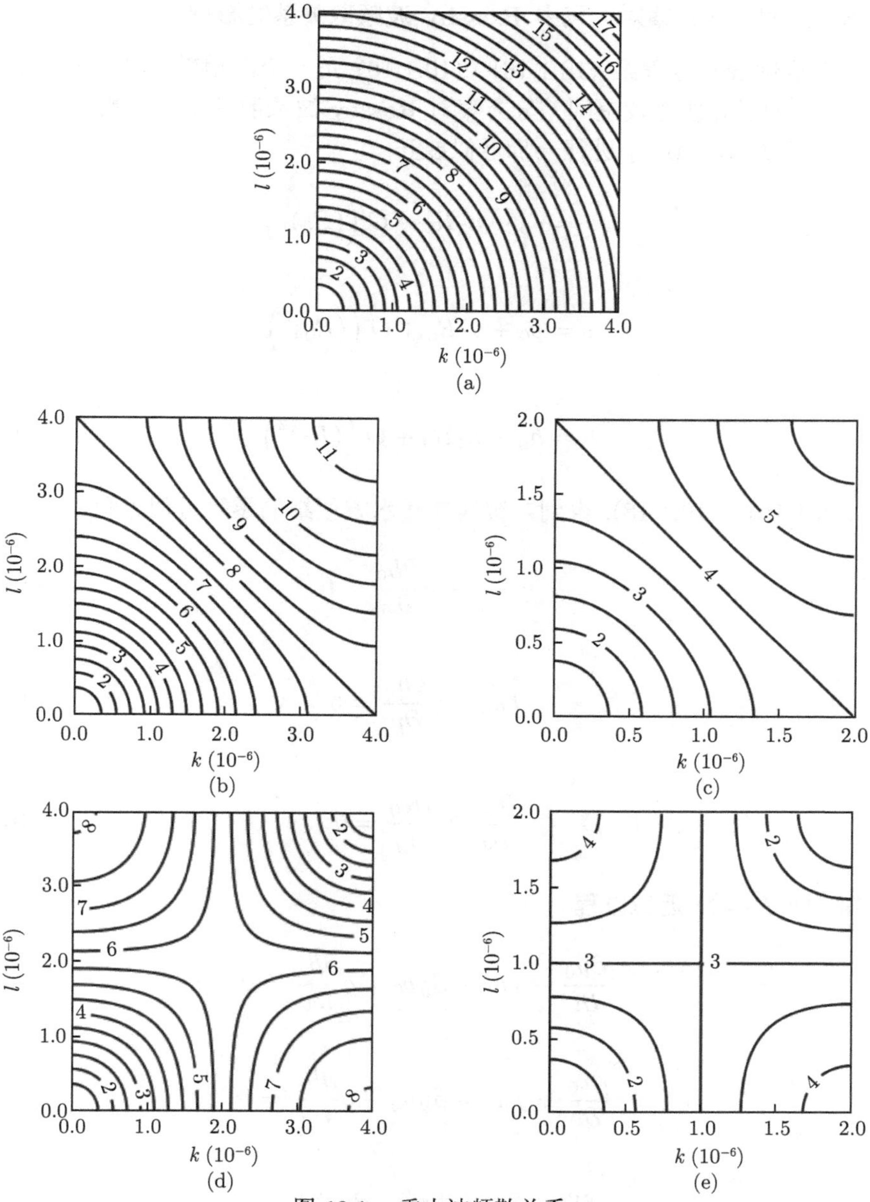

图 10.1 重力波频散关系

(a) 浅水方程惯性重力波频率 $(\omega/f)_t$ 随水平波数 k 和 l 的真实变化. (b) $n=4$ Arakawa C 网格交错方案得到的数值近似. (c) $n=2$ Arakawa C 网格交错方案得到的数值近似. (d) $n=4$ Arakawa B 网格交错方案得到的数值近似. (e) $n=2$ Arakawa B 网格交错方案得到的数值近似. 这里, $\Delta x=\Delta y=L_d/n$, 网格最大可分辨波数是 $K=\pi/\Delta x$, $L=\pi/\Delta y$. 频散关系中其他参数取值是$g=8.9\ \mathrm{m\cdot s^{-2}}$, $H=10^4$ m, $f=10^{-4}\mathrm{s}^{-1}$, $L_d=\sqrt{gh}/f=3.1\times10^6$ m

10.1.3 空间差分方案对大气中 Rossby 波频散关系的影响

二维线性浅水方程组 (10.1.16)—(10.1.18) 是一个准地转模式, 允许 Rossby 波的存在. 为了方便比较空间差分方案对 Rossby 波频散关系的影响, 我们将模式变量对小量 $R_0\,(\approx 10^{-1})$ 进行一阶近似展开

$$u = u_0 + u_1 R_0 + O\left((R_0)^2\right) \tag{10.1.31}$$

$$v = v_0 + v_1 R_0 + O\left((R_0)^2\right) \tag{10.1.32}$$

$$h = h_0 + h_1 R_0 + O\left((R_0)^2\right) \tag{10.1.33}$$

代入 (10.1.16)—(10.1.18), 得到二维线性浅水方程组的零阶近似方程

$$-fv_0 + g\frac{\partial h_0}{\partial x} = 0 \tag{10.1.34}$$

$$fu_0 + g\frac{\partial h_0}{\partial y} = 0 \tag{10.1.35}$$

$$\frac{\partial u_0}{\partial x} + \frac{\partial v_0}{\partial y} = 0 \tag{10.1.36}$$

和一阶 (即 R_0 阶) 近似方程

$$\frac{\partial u_0}{\partial t} - fv_1 - \beta y v_0 + g\frac{\partial h_1}{\partial x} = 0 \tag{10.1.37}$$

$$\frac{\partial v_0}{\partial t} + fu_1 + \beta y u_0 + g\frac{\partial h_1}{\partial y} = 0 \tag{10.1.38}$$

$$\frac{\partial h_0}{\partial t} + H\left(\frac{\partial u_1}{\partial x} + \frac{\partial v_1}{\partial y}\right) = 0 \tag{10.1.39}$$

根据 (10.1.34)—(10.1.36), 我们得到关系式

$$f\zeta_0 = g\nabla^2 h_0 \tag{10.1.40}$$

根据 (10.1.37)—(10.1.39), 我们得到

$$\frac{\partial \zeta_0}{\partial t}-\frac{f}{H}\frac{\partial h_0}{\partial t}+\beta v_0=0 \tag{10.1.41}$$

将 (10.1.34) 和 (10.1.40) 式代入 (10.1.41) 式, 我们得到二维线性浅水方程组的一阶近似方程

$$\frac{\partial}{\partial t}\left(L_d^2\nabla^2 h_0-h_0\right)+\beta L_d^2\frac{\partial h_0}{\partial x}=0 \tag{10.1.42}$$

其中 $L_d=\sqrt{gh}/f$ 是变形半径. 把 (10.1.21) 代入 (10.1.42) 得到二维线性浅水方程 Rossby 波解的频散关系

$$\omega_\ell=-\frac{\beta L_d^2 k}{1+L_d^2\left(k^2+l^2\right)} \tag{10.1.43}$$

使用 Arakawa C 网格交错方案和二阶有限差分格式, 得到以下离散二维线性浅水数值模式:

$$\frac{\partial}{\partial t}\left(\frac{L_d^2}{(\Delta x)^2}\delta_{ii}h_0+\frac{L_d^2}{(\Delta y)^2}\delta_{jj}h_0-\overline{h_0}^{iijj}\right)+\frac{\beta L_d^2}{\Delta x}\overline{\delta_i h_0}^{ijj}=0 \tag{10.1.44}$$

其中

$$\delta_{ii}h_0=h_{0,i+1,j}+h_{0,i-1,j}-2h_{o,i,j},\quad \delta_{jj}h_0=h_{0,i,j+1}+h_{0,i,j-1}-2h_{o,i,j} \tag{10.1.45}$$

$$\overline{h_0}^{iijj}=\frac{1}{8}(h_{0,i-1,j}+h_{0,i+1,j}+h_{0,i,j-1}+h_{0,i,j+1}+4h_{0,i,j}) \tag{10.1.46}$$

$$\begin{aligned}\overline{\delta_i h_0}^{ijj}=&\frac{1}{8}((h_{0,i+1,j+1}-h_{0,i-1,j+1})+(h_{0,i+1,j-1}-h_{0,i-1,j+1})\\&+2(h_{0,i+1,j}-h_{0,i-1,j}))\end{aligned} \tag{10.1.47}$$

将 (10.1.28) 代入 (10.1.44), 得到采用 Arakawa C 网格交错方案和二阶有限差分格式的离散二维线性浅水数值模式中 Rossby 波频散关系

$$\omega_{FD}^C=-\frac{\beta L_d^2\dfrac{2}{\Delta x}\sin\dfrac{k\Delta x}{2}\cos\dfrac{k\Delta x}{2}\cos^2\dfrac{l\Delta y}{2}}{\cos^2\dfrac{k\Delta x}{2}\cos^2\dfrac{l\Delta y}{2}+L_d^2\left(\dfrac{4}{(\Delta x)^2}\sin^2\dfrac{k\Delta x}{2}+\dfrac{4}{(\Delta y)^2}\sin^2\dfrac{l\Delta y}{2}\right)} \tag{10.1.48}$$

作为比较, 我们给出使用 Arakawa B 网格交错方案的离散数值模式中的 Rossby 波色散关系

$$\omega_{FD}^{B}=-\frac{\beta L_d^2\dfrac{2}{\Delta x}\sin\dfrac{k\Delta x}{2}\cos\dfrac{k\Delta x}{2}}{1+L_d^2\left(\dfrac{4}{(\Delta x)^2}\sin^2\dfrac{k\Delta x}{2}\cos^2\dfrac{l\Delta y}{2}+\dfrac{4}{(\Delta y)^2}\sin^2\dfrac{l\Delta y}{2}\cos^2\dfrac{k\Delta x}{2}\right)} \tag{10.1.49}$$

浅水方程组中 Rossby 波频率随二维水平波数 k 和 l 的变化如图 10.2(a) 所示. 与真实频率 (图 10.2(a)) 相比, 高分辨率情况下的 Arakawa C 网格交错差分方案的 Rossby 波二维频率分布 ($n=4$, 图 10.2(b)) 最佳; 低分辨率情况下的 Arakawa B 网格交错方案的 Rossby 波二维频率分布 (图 10.2(a)) 最差, 尤其是对波数较高的 Rossby 波.

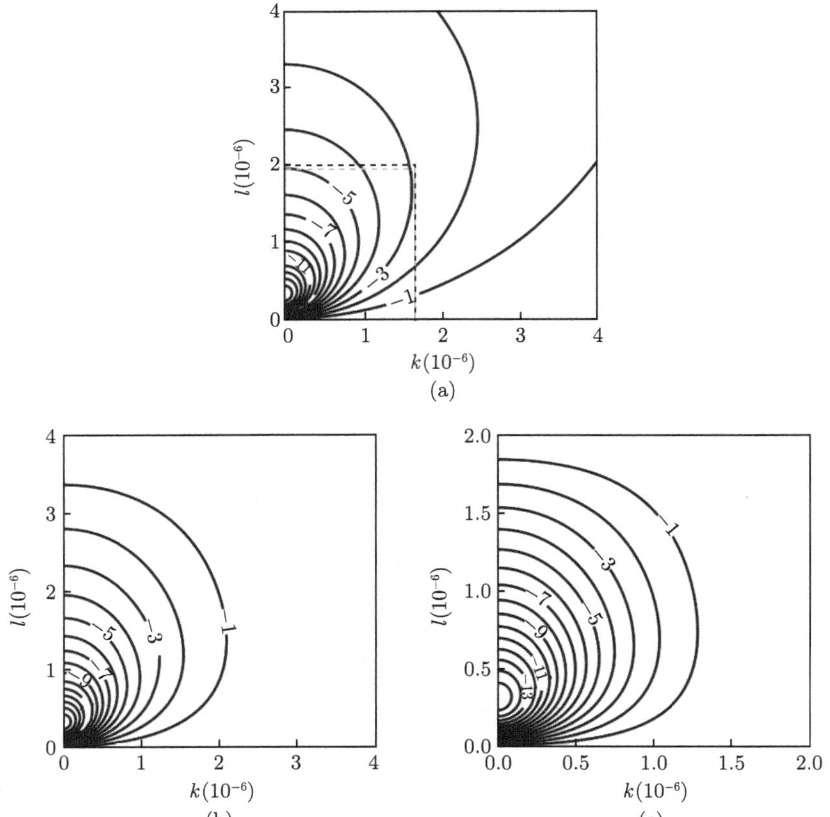

(a) (b) (c)

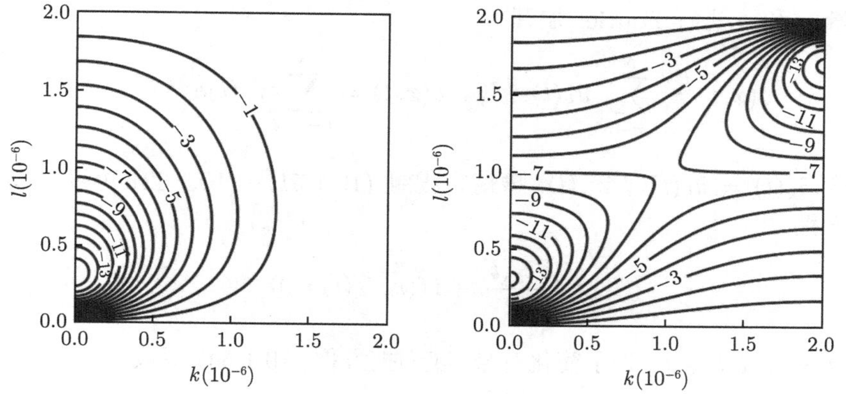

(d) (e)

图 10.2 Rossby 波频散关系

(a) 浅水方程 Rossby 波频率 ω_t (单位: $10^{-6}\ s^{-1}$) 随水平波数 k 和 l 的真实变化. (b) n=4, Arakawa C 网格交错方案得到的数值近似. (c) n=2, Arakawa C 网格交错方案得到的数值近似. (d) n=4, Arakawa B 网格交错方案得到的频散关系数值近似. (e) n=2, Arakawa B 网格交错方案得到的频散关系数值近似. 这里, $\Delta x = \Delta y = (L_d/n)$, 最大波数是 $K = (\pi/\Delta x)$, $L = (\pi/\Delta y)$

10.1.4 时间差分方案对振荡方程计算稳定性的影响

上节中, 我们描述了空间差分方案对数值模拟大气中不同波长传播速度的影响. 本节我们将用简单的振荡方程作为例子, 讨论两种时间差分方案对计算稳定性的影响. 在讨论空间差分方案对二维浅水方程中的重力波和 Rossby 波频散关系的影响时 (10.1.2 节和 10.1.3 节), 保留了时间的偏导数项 $\partial/\partial t$, 但没有对这项进行时间差分. 类似地, 讨论时间差分方案的计算稳定性时, 可以只对时间导数实施离散方案, 保留空间偏导数项. 为简单起见, 我们首先对浅水方程做进一步简化, 推导出一个一维振荡方程, 然后讨论显式和隐式时间差分方案对振荡方程的计算稳定性影响.

在浅水动量方程 (10.1.11) 中省略气压梯度力项, 得

$$\frac{\partial \boldsymbol{v}}{\partial t} + \boldsymbol{v} \cdot \nabla \boldsymbol{v} - f\boldsymbol{k} \times \boldsymbol{v} = 0 \tag{10.1.50}$$

考虑一维空间, 并把方程关于基本态 U 进行线性化, 得以下振荡方程组:

$$\frac{\partial u}{\partial t} + U\frac{\partial u}{\partial x} - fv = 0 \tag{10.1.51}$$

$$\frac{\partial v}{\partial t} + U\frac{\partial v}{\partial x} + fu = 0 \tag{10.1.52}$$

对变量 u 和 v 进行 Fourier 展开

$$u(x,t)=\sum_{k=-N}^{N}\tilde{u}_k(t)\mathrm{e}^{\mathrm{i}kx},\quad v(x,t)=\sum_{k=-N}^{N}\tilde{v}_k(t)\mathrm{e}^{\mathrm{i}kx} \tag{10.1.53}$$

并且令 $\tilde{z}_k(t)=\tilde{u}_k(t)+\mathrm{i}\tilde{v}_k(t)$, 振荡方程组 (10.1.51)—(10.1.52) 可以写成一个变量的方程

$$\frac{\partial\tilde{z}_k(t)}{\partial t}+\mathrm{i}\tilde{f}(k)\tilde{z}_k(t)=0 \tag{10.1.54}$$

其中 $\tilde{f}(k)=Uk+f$. 为了简化符号, 我们把方程 (10.1.54) 写成

$$\frac{\partial z(t)}{\partial t}+\mathrm{i}fz(t)=0 \tag{10.1.55}$$

上述方程的分析解为

$$z(t)=z_0\mathrm{e}^{-\mathrm{i}ft} \tag{10.1.56}$$

利用显式向前差分格式, 方程 (10.1.55) 的数值方程是

$$z^{n+1}-z^n=-\mathrm{i}fz^n\Delta t,\quad z^{n+1}=(1-\mathrm{i}f\Delta t)z^n \tag{10.1.57}$$

其中 $z^n=z(t_0+n\Delta t)$.

我们利用冯 • 诺依曼方法, 分析数值方法的计算稳定性, 即无限增长的存在性. 假设

$$z^n\sim\mathrm{e}^{-(\lambda+\mathrm{i}\omega)n\Delta t} \tag{10.1.58}$$

将其代入数值方程 (10.1.57), 得

$$\mathrm{e}^{-\mathrm{i}\omega\Delta t}\mathrm{e}^{-\lambda\Delta t}=1-\mathrm{i}f\Delta t \tag{10.1.59}$$

上式的共轭方程是

$$\mathrm{e}^{\mathrm{i}\omega\Delta t}\mathrm{e}^{-\lambda\Delta t}=1+\mathrm{i}f\Delta t \tag{10.1.60}$$

将方程 (10.1.59) 和 (10.1.60) 等号两边相乘, 得到计算稳定性方程

$$\mathrm{e}^{-\lambda\Delta t}=\sqrt{1+f^2(\Delta t)^2} \tag{10.1.61}$$

增长因子 $\mathrm{e}^{-\lambda\Delta t}>1$, 随着时间积分, $\lim\limits_{n\to\infty}\mathrm{e}^{-\lambda n\Delta t}=\infty$. 因此, 显式向前差分格式对于振荡方程是无条件不稳定的. 虽然真解的振荡振幅随时间恒定, 数值解的振荡振幅随时间虚假地增长, 积分时间步长越大, 虚假增长越快.

利用隐式向前差分格式, 方程 (10.1.55) 的数值方程是

$$z^{n+1}-z^{n}=-\mathrm{i}fz^{n+1}\Delta t,\quad (1+\mathrm{i}f\Delta t)z^{n+1}=z^{n} \tag{10.1.62}$$

将 (10.1.58) 代入上式, 得

$$\mathrm{e}^{\mathrm{i}\omega\Delta t}\mathrm{e}^{\lambda\Delta t}=1+\mathrm{i}f\Delta t \tag{10.1.63}$$

上式的共轭方程是

$$\mathrm{e}^{-\mathrm{i}\omega\Delta t}\mathrm{e}^{\lambda\Delta t}=1-\mathrm{i}f\Delta t \tag{10.1.64}$$

将方程 (10.1.63) 和 (10.1.64) 等号两边相乘, 得到计算稳定性方程

$$\mathrm{e}^{-\lambda\Delta t}=\frac{1}{\sqrt{1+f^{2}(\Delta t)^{2}}} \tag{10.1.65}$$

增长因子 $\mathrm{e}^{-\lambda\Delta t}<1$, 随着时间积分, $\lim\limits_{n\to\infty}\mathrm{e}^{-\lambda n\Delta t}=0$. 因此, 隐式向前差分格式对于振荡方程是无条件稳定的. 然而, 虽然真解的振荡振幅随时间恒定, 数值解的振荡振幅随时间减小, 积分时间步长越大, 振荡振幅越小, 偏离真解越大.

顺便指出, 显式向前差分格式和隐式向前差分格式得到的振荡频率方程是一样的. 将方程 (10.1.59) 和 (10.1.60) 等号两边相除, 或将方程 (10.1.63) 和 (10.1.64) 等号两边相除, 得到相同的频率方程 $\tan\omega\Delta t=f\Delta t$.

10.1.5 数值天气预报模式的创新性非结构球面质心网格特点

非结构球面质心网格动力学框架是过去几十年来数值天气预报最激动人心的重要进展之一. 我们选择美国国家大气研究中心 (NCAR) 的跨尺度大气预报模式 (MPAS-A) 来描述非结构球面质心网格与传统经纬度网格的差别 (Skamarock et al., 2012). MPAS-A 全球预报模式适用于天气和气候研究. 它对地球面进行准均匀、非结构球面质心细分, 所得网格主要由不规则六边形组成. 在不同垂直高度的二维模式平面上, 采用 Arakawa C 网格交错差分方案. 此外, 根据需要, 可以对某个特定区域提高模式水平分辨率, 网格大小从高分辨率区域平滑增加到粗分辨率区域.

传统的谱模式经纬度网格在赤道最大、极地最小. 与谱模式网格不同, MPAS-A 非结构球面质心网格的全球分布是均匀的 (图 10.3). 每个 MPAS-A 非结构球面质心网格单元 C_i 对应它的一个质心点 x_i, 连接两个相邻网格单元质心点的线垂直平分这两个相邻网格单元共享的边. 对于分辨率为 480 公里的 MPAS-A, 全球球面被 12 个五边形和连接任意两个五边形的最短距离曲线 (15 个六边形网格单元) 准均匀地划分为总共 20 个等边三角形. 在每个这样的等边三角形中, 都有规律地均匀分布着六边形网格单元.

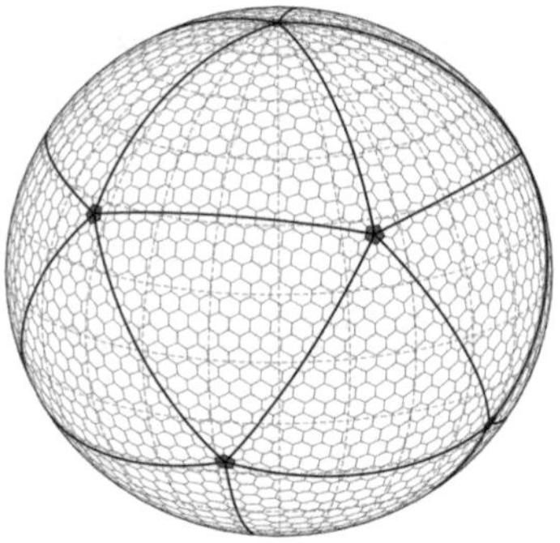

图 10.3 非结构球面质心网格

分辨率为 480 公里的准均匀非结构质心网格分布. 有五条边的单元网格用灰色阴影显示. 任意两个五边形之间的最短距离连线 (黑色曲线) 经过 15 个单元网格中心

与经纬度网格相比, 跟踪非结构球面质心网格具有很大的挑战性. 每个网格单元的确定需要明确以下三类网格元素 (图 10.4): ① 网格单元质心位置 (内含数字的三个小圆圈中心); ② 网格单元顶点位置 (内含数字的许多小三角形中心); ③ 网格单元的边 (实线) 的位置, 即连接两个相邻网格质心的线 (虚线) 与该边相交的点.

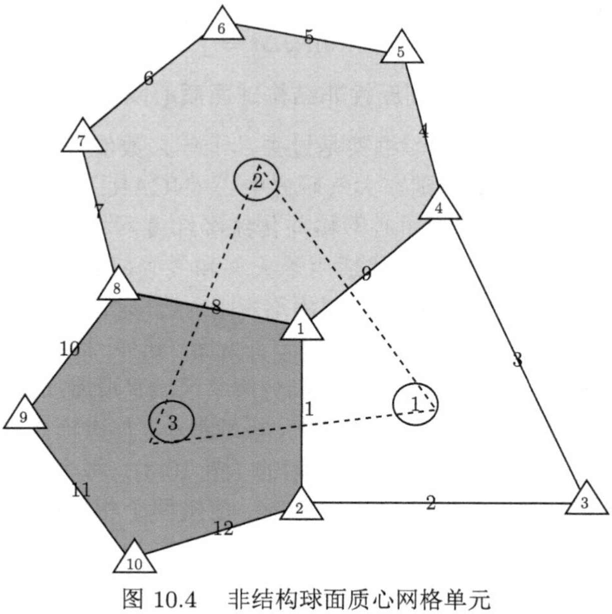

图 10.4 非结构球面质心网格单元

三个相邻非结构多边形网格质心 (内含数字的小圆圈中心)、连接三个相邻多边形网格质心的三角形 (虚线)、网格边缘 (实线)、网格顶点 (内含数字的小三角形) 示意图

图 10.5 给出 240 公里分辨率下的 MPAS-A 准均匀非结构质心网格中心 (10.5(a)) 和网格顶点 (10.5(b)) 的球面分布. 12 个五边形网格单元和均匀分布在 20 个等边三角形的 30 个边上的 90 个六边形网格的质心编号为 0—101, 图中用红色表示. 在 20 个等边三角形中, 每个三角形内有 3 个网格单元, 编号为 102—161, 图中用蓝色表示. 编号为 162—641 的网格单元, 均匀分布在 0—161 之间, 相当于把网格分辨率增加一倍, 图中用绿色表示. 紧邻编号为 0—161 的网格单元编号为 642—1601, 图中用黑色表示. 最后将剩余单元从 1602 编号到 2561, 图中用灰色表示. 我们注意到, 0—11、0—161、0—641、0—2561 网格分布在球面上是均匀的, 分辨率逐渐增加. 多边形网格顶点序号 (图 10.5(b)) 是按照网格单元编号顺序逐个编号的. 对应多边形网格质心序号 0—101 的顶点序号是 0—599, 102—161 网格的顶点序号是 560—959, 162—641 网格的顶点序号是 960—3839, 642—1601 网格的顶点序号是 3840—4799, 1602—2561 网格的顶点序号是 4800—5619. 多边形网格的边的编号从南极增加到北极 (图略).

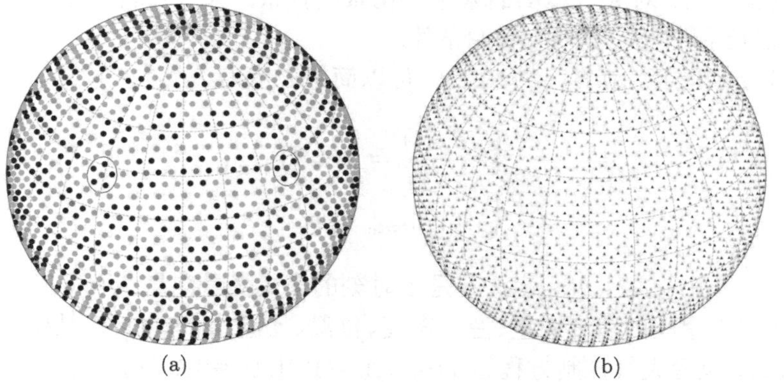

图 10.5　240 公里分辨率下的 MPAS-A 准均匀非结构质心网格中心和网格顶点的球面分布
(a) 多边形网格质心分布和序号: 0—101 (红色)、102—161 (蓝色)、162—641 (绿色)、642—1601 (黑色)、1602—2561 (灰色). (b) 多边形网格顶点分布和序号: 多边形网格质心序号 0—101 的顶点 0—599 (红色)、102—161 网格的顶点 560—959 (蓝色)、162—641 网格的顶点 960—3839 (绿色)、642—1601 网格的顶点 3840—4799 (黑色)、1602—2561 网格的顶点 4800—5619 (灰色)

在模式的每个垂直层的二维平面上, 利用 Arakawa C 网格交错差分方案, MPAS-A 中的法向速度分量 (u_e) 放在网格单元边上, 其他大气状态变量 (即密度、湿空气位温、比湿度等) 放在网格单元质心. 如 10.1.2 节和 10.1.3 节所述, Arakawa C 网格交错差分方案最初是为有限差分浅水模式研发的, 该模式中的科里奥利参数是常数. 把它应用到全球非结构球面质心网格不是一个简单的问题. 科里奥利力项需要网格单元边上的切向速度, 若对科里奥利力项进行简单的离散化, 地转模态会变成不定常, 从而产生虚假数值解. Thuburn 等 (2009) 解决了这一极具挑战性的问题. 他们把网格边上的切向速度, 表达为共享该边的两个网格上所有法向速度的加权平均值. 权重系数的选择满足以下两个条件: ① 科里奥利力项的数值计算不产生虚假的能量源或汇; ② 地转模态是定常的.

数值天气预报是根据离散网格点上模式变量的给定初始条件, 对数值离散后的大气控制方程组进行时间积分, 得到对未来大气状态的预报. 一般情况下, 初始条件越精确, 预报水平越高.

10.2 四维变分气象资料同化起源、伴随映射和伴随微分方程

10.2.1 气象资料同化问题是数学反问题

控制大气运动的偏微分方程组 (10.1.1)—(10.1.4) 的左边项是对模式变量 v, ρ, θ, q 的一阶时间导数, 所以, 只有提供了这些变量的初始条件, 数值天气预报才能通过时间积分, 对大气运动的未来变化做出预报. 大气资料同化的目的之一是为数值天气预报提供 "最优" 初始条件.

偏微分方程组 (10.1.1)—(10.1.4) 可以简单表示为

$$\begin{cases} \dfrac{\partial \boldsymbol{x}(t)}{\partial t} = \boldsymbol{f}(\boldsymbol{x}(t)) \\ \boldsymbol{x}(t)|_{t=t_0} = \boldsymbol{x}_0 \end{cases} \tag{10.2.1}$$

其中 $\boldsymbol{x}(t) = [\boldsymbol{v}(t), \rho(t), \theta(t), q(t)]^{\mathrm{T}}$ 是 t 时刻的模式变量向量, $\boldsymbol{v}(t)$, $\rho(t)$, $\theta(t)$, $q(t)$ 分别表示三维空间的速度向量、空气密度、位温、比湿, $\boldsymbol{x}_0 = \boldsymbol{x}(t_0)$ 是模式的初始条件, $\boldsymbol{f}(\boldsymbol{x}(t))$ 包含大气控制方程组 (10.1.1)—(10.1.4) 中除了时间倾向项 $\partial \boldsymbol{x}(t)/\partial t$ 外的所有其他项, 包括大气动力过程、热力过程、显式和隐式参数化物理过程 (积云对流、边界层过程、微物理过程、辐射参数化等)、外源强迫 (地形、太阳辐射).

对方程 (10.2.1) 中所有模式变量关于时间和空间的偏导数进行有限差分近似后得到的离散数值天气预报模式可以表示为

$$\boldsymbol{x}_n = M_n(\boldsymbol{x}_0), \quad n = 1, 2, \cdots, N \tag{10.2.2}$$

给定模式变量初始条件 $\boldsymbol{x}_0$, 通过时间积分步骤, 就能得到未来时刻 $t_n(t_n > t_0)$ 的大气状态 $\boldsymbol{x}_n(\boldsymbol{x}_n = \boldsymbol{x}(t_n, \boldsymbol{r}),\ n = 1, 2, \cdots, N)$. 这样的一个数值求解问题在数学上叫正问题. 因此, 数值天气预报解决的是数学上的正问题.

若给定一组观测资料 $\boldsymbol{y}_n^{obs}$, $n = 0, 1, 2, \cdots, N$ 和一个观测算子 H_n:

$$\boldsymbol{y}_n = H_n(\boldsymbol{x}_n) \tag{10.2.3}$$

其中 $\boldsymbol{x}_n(n=1,2,\cdots,N), t_n > t_{n-1}$ 满足方程 (10.2.1). 我们需要解决的问题是根据这些观测资料估计模式变量的初始条件 $\boldsymbol{x}_0$. 这是数值天气预报中遇到的逆问题. 因此, 气象资料同化要解决的是数学上的逆问题. 它要根据模式 (10.2.2) 和已知资料 $\boldsymbol{y}_n^{obs}$, $n=0,1,2,\cdots,N$, 寻找真实大气在指定时间、给定模式网格上的一个"最优"估计值. 这里的"最优"估计或者是最大似然估计, 或者是最小方差估计 (Zou, 2020).

气象中的大部分逆问题比对应的正问题难解决. 求解逆问题的数学理论和方法 (Tarantola, 1987) 可以解决数值天气预报中的许多问题. 譬如, 为数值天气预报模式物理过程参数化方案中的经验参数提供最优估计, 验证模式的正确性, 在几个数值模式或物理过程参数化方案中选出一个最佳模式或参数化方案, 为决策层设计外场试验的最佳目标观测方案, 从大数据中获取关键信息. 当然, 逆问题理论和逆问题方法不能提供新模式, 而只能对一个已有模式进行改进或者多个模式进行选择, 对逆问题进行深入分析.

10.2.2 四维变分气象资料同化方法的起源和在 20 世纪 90 年代的蓬勃发展

法国数学教授 F. X. LeDimet 利用一维浅水模式偏微分方程于 1986 年首次提出把伴随模式应用于气象资料同化 (LeDimet and Talagrand, 1986), 开启了四维变分气象资料同化方法. 欧洲中期天气预报中心 (ECMWF) 和美国几乎同时开拓性地研发了中期天气预报模式的伴随模式 (Thepaut and Courtier, 1992; Navon et al., 1992) 和四维变分气象资料同化系统 (Rabier et al., 1998; Zou et al., 2000). 1997 年 11 月, 世界上第一个 4D-Var 系统在 ECMWF 投入了业务运行 (Rabier et al., 2000). 随后, 日本、英国、加拿大、中国等国家的数值天气预报业务系统相继采用四维变分气象资料同化方法.

四维变分资料同化得到的大气变量最优估计 $\boldsymbol{x}_0^*$ 是下述代价函数的极小值:

$$\begin{aligned} J(\boldsymbol{x}_0) = & (\boldsymbol{x}_0-\boldsymbol{x}_b)^{\mathrm{T}}\boldsymbol{B}^{-1}(\boldsymbol{x}_0-\boldsymbol{x}_b) \\ & +\sum_{n=0}^{N}(H_n(\boldsymbol{x}_n)-\boldsymbol{y}_n^o)^{\mathrm{T}}(\boldsymbol{O}+\boldsymbol{F})_n^{-1}(H_n(\boldsymbol{x}_n)-\boldsymbol{y}_n^o) \end{aligned} \tag{10.2.4}$$

其中 $\boldsymbol{x}_0$ 是代价函数的控制变量, $\boldsymbol{x}_b$ 是背景场向量, $\boldsymbol{B}$ 是背景场误差协方差矩阵, $\boldsymbol{y}_n^o$ 是 t_n 时刻的观测资料向量, $\boldsymbol{O}$ 是观测资料误差协方差矩阵, H 是观测算子, $\boldsymbol{F}$ 是观测算子误差协方差矩阵. 在四维变分气象资料同化中, 观测资料在观测时间与相同时间的模式预报作比较.

用于四维变分资料同化的所有极小化迭代算法, 都要求用户对于 $\boldsymbol{x}_0$ 的每次迭代值 $\boldsymbol{x}_0^{(k)}$(k 表示迭代次数), 提供 $J(\boldsymbol{x}_0^{(k)})$ 和代价函数关于控制变量的梯度 $\nabla_{\boldsymbol{x}_0^{(k)}}J$

的值. 若使用有限差分方法获得梯度的近似值, 则梯度的第 n 个分量的近似计算公式为

$$(\nabla_{\boldsymbol{x}_0} R)_n = \frac{R(\boldsymbol{x}_0 + \delta_n \boldsymbol{x}_0) - R(\boldsymbol{x}_0)}{\delta x_0^{(n)}}, \quad n = 1, 2, \cdots, N \tag{10.2.5}$$

其中

$$\delta_n x_0^{(m)} = \begin{cases} \delta x_0^{(n)}, & m = n \\ 0, & m \neq n \end{cases}$$

由于数值预报模式变量 $\boldsymbol{x}_0$ 的维数很大 ($\gg 10^8$), 有限差分近似计算一次梯度向量需要对数值预报模式进行 N 次积分, 这是不可行的.

利用伴随模式有效地计算梯度是使四维变分资料同化能在现有计算机上实现的关键技术. 代价函数 (10.2.3) 的梯度可以表示为

$$\nabla_{\boldsymbol{x}_0} J = 2\boldsymbol{B}^{-1}(\boldsymbol{x}_0 - \boldsymbol{x}_b) + \sum_{n=0}^{N} 2\boldsymbol{M}_n^{\mathrm{T}} \boldsymbol{H}^{\mathrm{T}} (\boldsymbol{O} + \boldsymbol{F})^{-1} (H(\boldsymbol{x}_0) - \boldsymbol{y}_n^o) \tag{10.2.6}$$

其中 $\boldsymbol{H}^{\mathrm{T}}$ 是观测算子的伴随映射, $\boldsymbol{M}_n^{\mathrm{T}}$ 是数值预报模式 (10.2.2) 的伴随模式. 在 (10.2.6) 式中, $\partial J/\partial \boldsymbol{x}_n = 2\boldsymbol{H}^{\mathrm{T}}(\boldsymbol{O} + \boldsymbol{F})^{-1}(H(\boldsymbol{x}_n) - \boldsymbol{y}_n^o)$ 被称为强迫项. 在把伴随模式从 t_N 积分到 t_0 的过程中, 强迫项 $\partial J/\partial \boldsymbol{x}_n$ 被叠加到 t_n 时刻的伴随模式变量 $\hat{\boldsymbol{x}}_n$ 上. $\boldsymbol{H}^{\mathrm{T}}$ 和 $\boldsymbol{M}_n^{\mathrm{T}}$ 的定义见下两节.

10.2.3 数值天气预报模式和观测算子的线性伴随映射

假设我们有两个非线性数值模式预报 $\boldsymbol{x}_n$ 和 $\boldsymbol{x}_n^p$, $n = 1, 2, \cdots, N$, 满足方程 (10.2.2), 即

$$\boldsymbol{x}_n = M_n(\boldsymbol{x}_0), \quad n = 1, 2, \cdots, N \tag{10.2.7}$$

$$\boldsymbol{x}_n^p = M_n(\boldsymbol{x}_0^p), \quad n = 1, 2, \cdots, N \tag{10.2.8}$$

其中 $\boldsymbol{x}_0^p = \boldsymbol{x}_0 + \boldsymbol{x}_0'$. 换句话说, $\boldsymbol{x}_n^p$ 是在初始条件 $\boldsymbol{x}_0$ 上加一个小扰动 $\boldsymbol{x}_0'$ 后得到的非线性数值模式预报结果.

利用 Taylor 展开, 我们可以得到两个非线性数值模式预报之差 $\boldsymbol{x}'(t_l) = \boldsymbol{x}_n^p - \boldsymbol{x}_n$ 的一阶近似表达式

$$\boldsymbol{x}_n' = M_n(\boldsymbol{x}_0^p) - M(\boldsymbol{x}_0) = \frac{\partial M_n(\boldsymbol{x}_0)}{\partial \boldsymbol{x}_0} \boldsymbol{x}_0' + O\left(\|\boldsymbol{x}_0'\|^2\right) \tag{10.2.9}$$

忽略二阶和更高阶项, 我们得到所谓的切线线性数值模式

$$\boldsymbol{x}_n' = \boldsymbol{M}_n(\boldsymbol{x}_0, \cdots, \boldsymbol{x}_n)\boldsymbol{x}_0', \quad \boldsymbol{M}_n(\boldsymbol{x}_0, \cdots, \boldsymbol{x}_n) = \frac{\partial M_n(\boldsymbol{x}_0)}{\partial \boldsymbol{x}_0} \tag{10.2.10}$$

在线性代数中, 对于任何一个线性映射算子, 都可以定义一个伴随映射算子. 设 E 为任意一个向量空间, 该空间内任意两个向量 $\boldsymbol{x}_1$ 和 $\boldsymbol{x}_2$ 的内积是一个标量, 用符号表示为 $(\boldsymbol{x}_1, \boldsymbol{x}_2)$. 假定 σ 是向量空间 E 中的一个线性映射, 它把 E 中的每个向量 $\boldsymbol{x}$ 与同一空间 E 中的另一个向量 $\sigma(\boldsymbol{x})$ 建立起一个一对一的对应关系. 那么, 在向量空间 E 中存在这样的一个线性映射算子变换 σ^*, 它不仅满足以下等式 (Hummel, 1967)

$$(\sigma^*(\boldsymbol{x}), \boldsymbol{y}) = (\boldsymbol{x}, \sigma(\boldsymbol{y})), \quad \forall \boldsymbol{x}, \boldsymbol{y} \in E \tag{10.2.11}$$

而且还是唯一的. 我们称线性映射算子 σ^* 为 σ 的伴随映射算子, 简称伴随算子. 如果 σ 是由一个矩阵 $\boldsymbol{A}$ 定义的, 即 $\sigma(\boldsymbol{x}) = \boldsymbol{A}\boldsymbol{x}$, 则 σ^* 就是矩阵 $\boldsymbol{A}$ 的共轭转置矩阵 $\boldsymbol{A}^*$ 定义的线性算子: $\sigma^*(\boldsymbol{x}) = \boldsymbol{A}^*\boldsymbol{x}$. 如果矩阵 $\boldsymbol{A}$ 是实矩阵, 则 σ^* 就是矩阵 $\boldsymbol{A}$ 的转置矩阵 $\boldsymbol{A}^{\mathrm{T}}$ 定义的线性算子: $\sigma^*(\boldsymbol{x}) = \boldsymbol{A}^{\mathrm{T}}\boldsymbol{x}$.

把切线线性数值模式 (10.2.10) 看成是矩阵 $\boldsymbol{M}_n$ 定义的一个线性映射算子, 伴随数值模式便是由矩阵 $\boldsymbol{M}_n^{\mathrm{T}}$ 定义的一个伴随映射算子

$$\hat{\boldsymbol{x}}_0 = \boldsymbol{M}_n^{\mathrm{T}}(\boldsymbol{x}_0, \cdots, \boldsymbol{x}_n)\hat{\boldsymbol{x}}_n \tag{10.2.12}$$

其中 $\hat{\boldsymbol{x}}_0$ 和 $\hat{\boldsymbol{x}}_n$ 分别是 t_0 和 t_n 时刻的伴随数值模式变量. 值得指出的是, 由于模式变量的维数太大, 我们没有也不能存储矩阵 $\boldsymbol{M}_n$ 和 $\boldsymbol{M}_n^{\mathrm{T}}$, 但有两套计算代码, 分别用来计算矩阵 $\boldsymbol{M}_n$ 和 $\boldsymbol{M}_n^{\mathrm{T}}$ 与任意输入向量的乘积.

数值天气预报非线性模式由一系列数学运算组成, 相应地, (10.2.2) 式可以分解成如下形式:

$$\boldsymbol{x}_n = \boldsymbol{M}_n(\boldsymbol{x}_0) = \boldsymbol{M}_L\left(\boldsymbol{M}_{L-1}\cdots(\boldsymbol{M}_1(\boldsymbol{x}_0))\right) \tag{10.2.13}$$

其中 $\boldsymbol{M}_l$, $l = 1, 2, \cdots, L$ 可以是简单的算术运算、矩阵与向量相乘、子程序或若干不同运算的组合. 输出变量 $\boldsymbol{x}_{l-1} = \boldsymbol{M}_{l-1}\left(\boldsymbol{M}_{l-2}\cdots(\boldsymbol{M}_1(\boldsymbol{x}_0))\right)$ 是模式中间变量, 依赖于模式初始条件 $\boldsymbol{x}_0$, 是接下来的运算 $\boldsymbol{M}_l$ 的输入变量.

直接对非线性模式进行逐步线性化得到的切线线性模式的离散化方案与非线性模式一致. 对应非线性模式中的数学运算 (10.2.13), 切线线性模式中的数学运算表示为

$$\boldsymbol{x}_n' = \boldsymbol{M}_n(\boldsymbol{x}_0)\boldsymbol{x}_0' = \boldsymbol{M}_L\boldsymbol{M}_{L-1}\cdots\boldsymbol{M}_1\boldsymbol{x}_0' \tag{10.2.14}$$

其中 $\boldsymbol{M}_l$ 定义为 $\boldsymbol{M}_l = \partial\boldsymbol{M}_l(\boldsymbol{x}_{l-1})/\partial\boldsymbol{x}_{l-1}$. 切线线性数值模式 (10.2.14) 中预报扰动量的时间变化的计算顺序与非线性模式 (10.2.13) 中的计算顺序相同.

对应切线线性数值模式中的数学运算 (10.2.14), 伴随数值模式完成以下一系列计算:

$$\hat{\boldsymbol{x}}_0=\boldsymbol{M}_n^{\mathrm{T}}\hat{\boldsymbol{x}}_n=\mathbf{M}_1^{\mathrm{T}}\boldsymbol{M}_2^{\mathrm{T}}\cdots\boldsymbol{M}_L^{\mathrm{T}}\hat{\boldsymbol{x}}_n \tag{10.2.15}$$

伴随数值模式 (10.2.15) 中的伴随变量的运算顺序与切线线性数值模式 (10.2.14) 中对应部分的扰动变量运算正好相反.

通常, 切线线性模式的计算时间大于非线性模式所需的时间, 但略小于非线性模式计算时间的两倍. 伴随数值模式的计算时间是非线性数值模式的 3 至 6 倍. 计算代价函数的梯度向量 (10.2.6) 只需积分一次伴随数值模式, 远比有限差分近似计算一次梯度向量所需的计算时间少.

类似地, 我们可以得到观测算子的一阶近似表达式

$$\boldsymbol{y}'(t_n)=\boldsymbol{H}_n(\boldsymbol{x}_n)\boldsymbol{x}_n',\quad \boldsymbol{H}_n(\boldsymbol{x}_n)=\frac{\partial H_n(\boldsymbol{x}_n)}{\partial\boldsymbol{x}_n} \tag{10.2.16}$$

观测算子的一阶近似 (10.2.16) 也可以看成是矩阵 $\boldsymbol{H}_n$ 定义的一个线性映射算子, 伴随观测算子便是由矩阵 $\boldsymbol{H}_n^{\mathrm{T}}$ 定义的一个伴随映射算子

$$\hat{\boldsymbol{x}}_n=\boldsymbol{H}_n^{\mathrm{T}}(\boldsymbol{x}_n)\hat{\boldsymbol{y}}_n \tag{10.2.17}$$

其中 $\hat{\boldsymbol{y}}_n$ 是 t_n 时刻的伴随观测变量.

三维变分气象资料同化中的代价函数

$$J(\boldsymbol{x}_0)=(\boldsymbol{x}_0-\boldsymbol{x}_b)^{\mathrm{T}}\boldsymbol{B}^{-1}(\boldsymbol{x}_0-\boldsymbol{x}_b)+(H(\boldsymbol{x}_0)-\boldsymbol{y}^o)^{\mathrm{T}}(\boldsymbol{O}+\boldsymbol{F})^{-1}(H(\boldsymbol{x}_0)-\boldsymbol{y}^o) \tag{10.2.18}$$

$$\nabla_{\boldsymbol{x}_0}J=2\boldsymbol{B}^{-1}(\boldsymbol{x}_0-\boldsymbol{x}_b)+2\boldsymbol{H}^{\mathrm{T}}(\boldsymbol{O}+\boldsymbol{F})^{-1}(H(\boldsymbol{x}_0)-\boldsymbol{y}^o) \tag{10.2.19}$$

因此, 三维变分气象资料同化虽不需要数值天气预报模式的伴随模式, 但需要观测算子的伴随映射算子.

10.2.4 推导偏微分方程的伴随方程的拉格朗日方法

利用线性映射的伴随映射数学定义研发数值天气预报模式的伴随数值模式这一概念同时适用于简单和复杂模式. 对于简单模式的偏微分方程, 可以利用拉格朗日方法, 先推导出伴随偏微分方程, 再对偏导数实施离散方案, 得到伴随数值模式. 此方法在海洋变分资料同化中有广泛应用.

在最早提出利用伴随模式进行四维变分气息资料同化的开篇论文中, Le Dimet 和 Talagrand(1986) 使用的是一维浅水方程, 自变量是 $x \in [x_0, x_b]$, 由以下两个偏微分方程组成:

$$\begin{cases} \dfrac{\partial \Phi}{\partial t} + \dfrac{\partial}{\partial x}(\Phi u) = 0 \\ \dfrac{\partial u}{\partial t} + \dfrac{\partial}{\partial x}\left(\Phi + \dfrac{1}{2}u^2\right) = 0 \end{cases} \tag{10.2.20}$$

上述两个变量 Φ (位势高度) 和 u (纬向速度) 的方程组虽然简单, 但它不仅包含非线性项, 还包含偏导数, 是描述如何利用拉格朗日方法推导伴随偏微分方程的理想示例.

对满足方程 (10.2.20) 的任何两个由一维浅水方程变量组成的向量

$$\boldsymbol{x}_1 = [u_1(x,t), \Phi_1(x,t)]^{\mathrm{T}}, \quad \boldsymbol{x}_2 = [u_2(x,t), \Phi_2(x,t)]^{\mathrm{T}} \tag{10.2.21}$$

我们定义它们的内积为

$$(\boldsymbol{x}_1, \boldsymbol{x}_2) = \int_{x_a}^{x_b} (\Phi_1\Phi_2 + \Phi_0 u_1 u_2)\, \mathrm{d}x \tag{10.2.22}$$

为了导出内积为 (10.2.22) 的向量空间中的一维浅水偏微分方程 (10.2.18) 的伴随偏微分方程, 我们构造以下拉格朗日函数:

$$\begin{aligned} L &= J + \int_{t_0}^{t_N} \int_{x_a}^{x_b} \left(\hat{\boldsymbol{x}}, \frac{\partial \boldsymbol{x}}{\partial t} - \boldsymbol{f}(\boldsymbol{x})\right) \mathrm{d}x\mathrm{d}t \\ &= J + \int_{t_0}^{t_N} \int_{x_a}^{x_b} \left(\hat{\Phi}\left(\frac{\partial \Phi}{\partial t} + \frac{\partial}{\partial x}(\Phi u)\right) + \Phi_0 \hat{u}\left(\frac{\partial u}{\partial t} + \frac{\partial}{\partial x}\left(\Phi + \frac{1}{2}u^2\right)\right)\right) \mathrm{d}x\mathrm{d}t \end{aligned} \tag{10.2.23}$$

其中 $\hat{\boldsymbol{x}} = (\hat{\Phi}, \hat{u})^{\mathrm{T}}$ 是 Lagrange 乘子, 也是伴随变量. 在下面的推导中, 我们将省略代价函数 J 项, 因为它不影响伴随方程的推导. 伴随方程定义为 $\partial L/\partial \boldsymbol{x} = 0$. 但是, Lagrange 函数的表达式 (10.2.23) 中的每一项都包含对变量 Φ 或 u 的一阶偏导数, 对这些项不能直接求出 $\partial L/\partial x$ 的表达式. 我们可以对这些项做一次分部积分, 把伴随变量 $\hat{\Phi}$ 和 $\hat{u}$ 换到一阶偏导数运算中, 把变量 Φ 和 u 换出偏导数运算. 这样, 就能对分部积分后的 Lagrange 函数求出导数 $\partial L/\partial x$. 譬如

$$\int_{t_0}^{t_N} \int_{x_a}^{x_b} \hat{\Phi} \frac{\partial \Phi}{\partial t} \mathrm{d}x\mathrm{d}t = \int_{t_0}^{t_N} \int_{x_a}^{x_b} \left(\frac{\partial (\hat{\Phi}\Phi)}{\partial t} - \Phi \frac{\partial \hat{\Phi}}{\partial t}\right) \mathrm{d}x\mathrm{d}t$$

$$= \int_{t_0}^{t_N} \int_{x_a}^{x_b} \left(-\Phi \frac{\partial \hat{\Phi}}{\partial t}\right) \mathrm{d}x\mathrm{d}t + \int_{x_a}^{x_b} \left((\hat{\Phi}\Phi)\Big|_{t_N} - (\hat{\Phi}\Phi)\Big|_{t_0} \right) \mathrm{d}x \tag{10.2.24}$$

$$\int_{t_0}^{t_N} \int_{x_a}^{x_b} \Phi \frac{\partial(\Phi u)}{\partial x} \mathrm{d}x\mathrm{d}t = \int_{t_0}^{t_N} \int_{x_a}^{x_b} \left(\frac{\partial(\hat{\Phi}\Phi u)}{\partial x} - \Phi u \frac{\partial \hat{\Phi}}{\partial x} \right) \mathrm{d}x\mathrm{d}t$$

$$= \int_{t_0}^{t_N} \int_{x_a}^{x_b} \left(-\Phi u \frac{\partial \hat{\Phi}}{\partial x}\right) \mathrm{d}x\mathrm{d}t + \int_{t_0}^{t_N} \left((\hat{\Phi}\Phi u)\Big|_{x_b} - (\hat{\Phi}\Phi u)\Big|_{x_a} \right) \mathrm{d}t \tag{10.2.25}$$

$$\int_{t_0}^{t_N} \int_{x_a}^{x_b} \hat{u} \frac{\partial u}{\partial t} \mathrm{d}x\mathrm{d}t = \int_{t_0}^{t_N} \int_{x_a}^{x_b} \left(\frac{\partial(\hat{u}u)}{\partial t} - u \frac{\partial \hat{u}}{\partial t} \right) \mathrm{d}x\mathrm{d}t$$

$$= \int_{t_0}^{t_N} \int_{x_a}^{x_b} \left(-u \frac{\partial \hat{u}}{\partial t}\right) \mathrm{d}x\mathrm{d}t + \int_{x_a}^{x_b} \left((\hat{u}u)|_{t_N} - (\hat{u}u)|_{t_0} \right) \mathrm{d}x \tag{10.2.26}$$

$$\int_{t_0}^{t_N} \int_{x_a}^{x_b} \hat{u} \frac{\partial}{\partial x} \left(\Phi + \frac{1}{2}u^2\right) \mathrm{d}x\mathrm{d}t$$

$$= \int_{t_0}^{t_N} \int_{x_a}^{x_b} \left(\frac{\partial}{\partial x} \hat{u} \left(\Phi + \frac{1}{2}u^2\right) - \left(\Phi + \frac{1}{2}u^2\right) \frac{\partial \hat{u}}{\partial x} \right) \mathrm{d}x\mathrm{d}t$$

$$= \int_{t_0}^{t_N} \int_{x_a}^{x_b} \left(- \left(\Phi + \frac{1}{2}u^2\right) \frac{\partial \hat{u}}{\partial x} \right) \mathrm{d}x\mathrm{d}t$$

$$+ \int_{t_0}^{t_N} \left(\left(\hat{u} \left(\Phi + \frac{1}{2}u^2\right)\right)\Big|_{x_b} - \left(\hat{u} \left(\Phi + \frac{1}{2}u^2\right)\right)\Big|_{x_a} \right) \mathrm{d}t \tag{10.2.27}$$

令 $\hat{\Phi}\Big|_{x_a} = \hat{\Phi}\Big|_{x_b} = \hat{\Phi}\Big|_{t_0} = \hat{\Phi}\Big|_{t_N} = 0$, $\hat{u}|_{x_a} = \hat{u}|_{x_b} = \hat{u}|_{t_0} = \hat{u}|_{t_N} = 0$, (10.2.24)~(10.2.27) 式中的最后一项积分都为零, 把其余项代入 (10.2.23) 式, 我们得到 Lagrange 函数的一个新的表达式

$$L = \int_{t_0}^{t_N} \int_{x_a}^{x_b} \left(\Phi \left(-\frac{\partial \hat{\Phi}}{\partial t} - u \frac{\partial \hat{\Phi}}{\partial x} - \Phi_0 \frac{\partial \hat{u}}{\partial x} \right) + \Phi_0 \left(-u \frac{\partial \hat{u}}{\partial t} - \frac{1}{2} u^2 \frac{\partial \hat{u}}{\partial x} \right) \right) \mathrm{d}x\mathrm{d}t \tag{10.2.28}$$

对 L 求关于 Φ 和 u 的导数如下:

$$\frac{\partial L}{\partial \Phi} = \int_{t_0}^{t_N} \int_{x_a}^{x_b} \left(-\frac{\partial \hat{\Phi}}{\partial t} - u \frac{\partial \hat{\Phi}}{\partial x} - \Phi_0 \frac{\partial \hat{u}}{\partial x} \right) \mathrm{d}x\mathrm{d}t \tag{10.2.29}$$

$$\frac{\partial L}{\partial u}=\int_{t_0}^{t_N}\int_{x_a}^{x_b}\left(-\Phi_0\frac{\partial\hat{u}}{\partial t}-\Phi_0 u\frac{\partial\hat{u}}{\partial x}-\Phi\frac{\partial\hat{\Phi}}{\partial x}\right)\mathrm{d}x\mathrm{d}t \tag{10.2.30}$$

要让 (10.2.29) 和 (10.2.30) 等号右边的两个积分对于任意大小的区域 $[t_0, t_N; x_a, x_b]$ 都等于零, 被积函数必须为零. 因此, 由 L 驻点条件方程 $\partial L/\partial\Phi=0$ 和 $\partial L/\partial u=0$ 定义的伴随方程是

$$-\frac{\partial\hat{\Phi}}{\partial t}=u\frac{\partial\hat{\Phi}}{\partial x}+\Phi_0\frac{\partial\hat{u}}{\partial x} \tag{10.2.31}$$

$$-\frac{\partial\hat{u}}{\partial t}=u\frac{\partial\hat{u}}{\partial x}+\frac{\Phi}{\Phi_0}\frac{\partial\hat{\Phi}}{\partial x} \tag{10.2.32}$$

一维浅水方程 (10.2.20) 中只包含对变量 Φ 和 u 的一阶偏导数, 对这些项做一次分部积分, 便可以把变量 Φ 和 u 换出偏导数运算, 由伴随变量 $\tilde{\Phi}$ 和 $\tilde{u}$ 的一阶偏导数代替. 若其他模式方程中包含对变量的二阶偏导数项, 那么, 对这些项要做两次分部积分, 才能把变量 Φ 和 u 换出偏导数运算. 若包含对变量的三阶偏导数项, 那么, 对这些项要做三次分部积分. 最后, 就能求出导数 $\partial L/ax$ 和伴随方程 $\partial L/\partial x=0$.

10.2.5 插值和最小二乘法在早期气象资料分析方法中的应用

在世界上第一台电子数字计算机 ENIAC (The Electronic Numerical Integrator and Computer) 出现以前, 为了根据不规则分布的气象观测资料, 产生离散规则网格点上的气象变量分析场, 最常用方法是插值和最小二乘拟合方法的结合. 多项式函数拟合是插值方法之一, 也是气象资料分析先驱性工作中所使用的插值方法 (Panofsky, 1949).

多项式函数拟合基于 Taylor 展开. 在任意网格点 x_i 附近连续可微函数 $f(x)$ 可以表示成级数形式

$$f(x)=\sum_{n=0}^{N-1}\frac{1}{n!}\frac{\mathrm{d}^n f(x_i)}{\mathrm{d}x^n}(x-x_i)^n+O\left((x-x_i)^N\right) \tag{10.2.33}$$

其中 N 是 Taylor 级数截断项的最高阶数. 我们注意到 (10.2.33) 式实际上是一组关于变量 x 的多项式函数展开式,

$$f(x)=\sum_{n=0}^{N-1}a_n(x-x_i)^n+O\left((x-x_i)^N\right) \tag{10.2.34}$$

$$a_n = \left(\frac{\mathrm{d}f(x_i)}{\mathrm{d}x}, \frac{\mathrm{d}^2 f(x_i)}{\mathrm{d}x^2}, \cdots, \frac{\mathrm{d}^{n-1} f(x_i)}{\mathrm{d}x^{n-1}}\right), \quad n \geqslant 1 \tag{10.2.35}$$

其中 a_n, $n = 0, 1, 2, \cdots, N-1$ 是 N 个系数, 它们的值依赖于函数 $f(x)$ 和阶数小于 $N-1$ 的所有导数在网格点 x_i 的值. 在 x_i 附近, (10.2.34) 式中的最后一项很小, 可以忽略.

表达式 (10.2.34)—(10.2.35) 是使用多项式函数拟合方法进行插值的理论基础. 多项式函数拟合分以下三个步骤完成.

第一步 把大气变量 f 表示为多项式展开基函数 $\{1, x, x^2, \cdots, x^{N-1}\}$ 的线性组合

$$f(x) = \sum_{n=0}^{N-1} a_n x^n \tag{10.2.36}$$

其中 $a_n, n = 0, 1, 2, \cdots, N-1$ 是待定系数.

第二步 计算 $f(x)$ 在 K 个观测资料 $f^o(x_k)$, $k = 1, 2, \cdots, K$ 的观测位置 x_k 上的值

$$f(x_k) = \sum_{n=0}^{N-1} a_n x_k^n, \quad k = 1, 2, \cdots, K \tag{10.2.37}$$

第三步 若 $K = N$, 令多项式函数拟合值等于观测值 $f^o(x_k)$, 得到所谓的精确拟合下的系数 $a_n, n = 0, 1, 2, \cdots, N-1$ 满足

$$\sum_{n=0}^{N-1} a_n x_k^n = f^o(x_k), \quad k = 1, 2, \cdots, K \tag{10.2.38}$$

若 $K > N$, 使用最小二乘拟合得到不精确拟合下的系数 a_n, 这些系数是下述代价函数的极小值点:

$$J(a_0, a_1, \cdots, a_{N-1}) = \sum_{k=1}^{K} \frac{1}{\sigma_o^2} \left(\sum_{n=0}^{N-1} a_n x_k^n - f^o(x_k)\right)^2 \tag{10.2.39}$$

因为多项式函数 (10.2.36) 是空间坐标 x 的连续函数. 一旦求出系数 $a_n, n = 0, 1, 2, \cdots, N-1$ 的值, 就可以计算大气变量 f 在任何网格点 x_i 上的值 $f(x_i)$.

由上可见, 在多项式函数拟合过程中, 并不需要知道变量的一阶和高阶导数, 而是利用不规则分布位置 x_k 上的多个观测值 $f(x_k)$, $k = 1, 2, \cdots, K$, 就能求得多项式拟合系数 $a_n, n = 0, 1, 2, \cdots, N-1$.

Gilchrist 和 Cressman(1954) 引入了局部拟合, 利用分析网格点周围临近区域的观测资料, 生成该网格点的分析值. 假设在区间 $[x_a, x_b]$ 中有 K 个不同位置的观测资料 x_k^o 和观测误差方差 $\sigma_k^2, k=1,2,\cdots,K, x_a \leqslant x_1^o < x_2^o < \cdots < x_K^o \leqslant x_b$. 我们对与网格点 x_i 距离最近的三个观测点 $\left(x^o_{k_1^{(i)}}, x^o_{k_2^{(i)}}, x^o_{k_3^{(i)}}\right)$ 进行线性多项式函数拟合, 得到 x_i 邻域的分析函数

$$f_i^a(x) = a_0^{(i)} + a_1^{(i)}(x - x_i) \tag{10.2.40}$$

其中 $x \in \left\{x, \left||x-x_i| \leqslant \max\left\{\left|x_i - x^o_{k_1^{(i)}}\right|, \left|x_i - x^o_{k_2^{(i)}}\right|, \left|x_i - x^o_{k_3^{(i)}}\right|\right\}\right.\right\}$, $a_0^{(i)}$ 和 $a_1^{(i)}$ 是两个待定系数.

根据三个观测值估计两个系数是一个超定问题. 最小二乘拟合是解决此类问题的有效工具. 具体而言, 求解使以下代价函数达到最小值的 $a_0^{(i)}$ 和 $a_1^{(i)}$:

$$\min J\left(a_0^{(i)}, a_1^{(i)}\right) = \sum_{j=1}^{3} \frac{1}{\sigma^2_{k_j^{(i)}}} \left(f_i^a(x^o_{k_j^{(i)}}) - f^o_{k_j^{(i)}}\right)^2 \tag{10.2.41}$$

其中 $\sigma^2_{k_j^{(i)}}, j=1,2,3$ 是观测误差方差.

把式 (10.2.40) 代入式 (10.2.41), 代价函数 J 是 $a_0^{(i)}$ 和 $a_1^{(i)}$ 的显函数:

$$\begin{aligned} J\left(a_0^{(i)}, a_1^{(i)}\right) = & \sum_{i=1}^{3} \frac{1}{\sigma^2_{k_j^{(i)}}} \left((a_0^{(i)})^2 + 2a_0^{(i)}a_1^{(i)}(x^o_{k_j^{(i)}} - x_i) + (a_1^{(i)})^2(x^o_{k_j^{(i)}} - x_i)\right) \\ & + \sum_{j=1}^{3} \frac{1}{\sigma^2_{k_j^{(i)}}} \left(-2f^o_{k_j^{(i)}}\left(a_0^{(i)} + a_1^{(i)}(x^o_{k_j^{(i)}} - x_i)\right) + (f^o_{k_j^{(i)}})^2\right) \end{aligned} \tag{10.2.42}$$

令 $\partial J/\partial a_0^{(i)} = 0$ 和 $\partial J/\partial a_1^{(i)} = 0$ (即 J 在极小点要满足的必要条件), 得到以下线性方程组:

$$\left\{\begin{array}{l} \sum\limits_{j=1}^{3} \sigma^{-2}_{k_j^{(i)}} \left(a_0^{(i)} + (x^o_{k_j^{(i)}} - x_i)a_1^{(i)}\right) = \sum\limits_{j=1}^{3} \sigma^{-2}_{k_j^{(i)}} f^o_{k_j^{(i)}} \\ \sum\limits_{j=1}^{3} \sigma^{-2}_{k_j^{(i)}} \left((x^o_{k_j^{(i)}} - x_i)a_0^{(i)} + (x^o_{k_j^{(i)}} - x_i)^2 a_1^{(i)}\right) = \sum\limits_{j=1}^{3} \sigma^{-2}_{k_j^{(i)}} (x^o_{k_j^{(i)}} - x_i) f^o_{k_j^{(i)}} \end{array}\right. \tag{10.2.43}$$

表示成矩阵形式

$$\boldsymbol{G}\begin{bmatrix} a_0^{(i)} \\ a_1^{(i)} \end{bmatrix} = \boldsymbol{B}\begin{bmatrix} f_{k_1^{(i)}}^o \\ f_{k_2^{(i)}}^o \\ f_{k_3^{(i)}}^o \end{bmatrix} \tag{10.2.44}$$

其中

$$\boldsymbol{G} = \begin{bmatrix} \sum\limits_{j=1}^{3} \sigma_{k_j^{(i)}}^{-2} & \sum\limits_{j=1}^{3} \sigma_{k_j^{(i)}}^{-2} \delta_j^o \\ \sum\limits_{j=1}^{3} \sigma_{k_j^{(i)}}^{-2} \delta_j^o & \sum\limits_{k=k_i}^{k_i+2} \sigma_{k_j^{(i)}}^{-2} (\delta_j^o)^2 \end{bmatrix}$$

$$\boldsymbol{B} = \begin{bmatrix} \sigma_{k_1^{(i)}}^{-2} & \sigma_{k_2^{(i)}}^{-2} & \sigma_{k_3^{(i)}}^{-2} \\ \sigma_{k_1^{(i)}}^{-2}\delta_1^o & \sigma_{k_2^{(i)}}^{-2}\delta_2^o & \sigma_{k_3^{(i)}}^{-2}\delta_3^o \end{bmatrix}, \quad \delta_j^o = x_{k_j^{(i)}}^o - x_i$$

如果方程 (10.2.44) 中的系数矩阵 $\boldsymbol{G}$ 是可逆的, 我们可以求出待定系数

$$\begin{bmatrix} a_0^{(i)} \\ a_1^{(i)} \end{bmatrix} = \boldsymbol{G}^{-1}\boldsymbol{B}\begin{bmatrix} f_{k_1^{(i)}}^o \\ f_{k_2^{(i)}}^o \\ f_{k_3^{(i)}}^o \end{bmatrix} \tag{10.2.45}$$

在局部多项式函数拟合中, 因为 $f_i^a(x_i) = a_0^{(i)}$, 故我们只需要 $f_i^a(x_i)$ 的值, 即 $a_0^{(i)}$ 的值.

局部多项式函数拟合思路与普通天气图分析一致, 只使用网格点临近观测值, 不关注远距离处的资料, 得到的变量 f 在整个分析区域内的平滑性较差. 为了保证平滑性, 可采用区域多项式函数拟合. 将整个分析区域划分为若干较小的非重叠子区域, 在每个子区域中分别进行多项式函数拟合, 并要求这些多项式拟合函数在子区域边界处连续. 线性和二次多项式拟合函数没有足够的自由度来满足所有这些约束条件, 可以使用三次多项式拟合函数. 具体推导过程见 Zou(2020).

麻省理工学院的两位气象学教授 Jule Charney 和 Alfred P. Sloan 首次将电子计算机应用于数值天气预报. 多项式插值虽然看起来简单, 但插值中需要考虑资料分布、资料选择、观测误差、网格分辨率、缺测区域、分析场平滑度等诸多问题, 因而插值过程相当复杂、推导冗长、计算量大. 利用计算机进行气象资料分析和同化成为必要选择. 而且, 后来在计算机上运行的气象客观资料分析方法和资料同化系统都延续了早期气象资料插值分析中提出的关于背景场、动力约束和后验权重等重要思想.

10.3 矩阵特征向量和线性回归在气象卫星资料研究中的应用

10.3.1 微波湿度计沿轨条纹噪声去除

中国风云三号极轨气象卫星 B 星 (FY-3B) 微波湿度计 (MWHS) 在 183GHz 水汽吸收线附近有三个湿度探测通道 (即通道 3—5). Zou 等 (2012) 发现 MWHS 三个探测通道的观测资料呈现明显的沿轨条纹噪声, 噪声大小在沿着轨道方向不变, 在跨轨方向随扫描角变化. 即使是对足够长时间内的大量数据进行平均时, 条纹噪声随扫描角的变化仍然明显, 显然不是与大气和地表辐射有关的随机噪声. 为了找出 FY-3B MWHS 沿轨条纹噪声随扫描角变化的变化频率, Zou 等 (2012) 对 2011 年 4 月一个月的 MWHS 资料计算出了功率谱密度函数随频率的变化, 发现功率谱密度函数随频率增加而减弱, 但在周期为 2.6 个视场所对应的高频率附近有一个局地极大值 (图 10.7(a)). 采用特征值、特征向量分析方法, Zou 等 (2012) 指出亮温数据矩阵的第一特征模态能解释资料总方差的 99.91%, 能表征观测亮温随扫描角的变化, 即跨轨微波湿度计的独特特征, 还能提取沿轨条纹噪声. 若对第一特征向量进行简单的五点平滑, 就能有效地去除 FY-3B MWHS 第一特征模态中的沿轨条纹噪声随扫描角的快变部分, 但不影响观测亮温第一特征模态随扫描角的慢变部分. 把去除了沿轨条纹噪声的第一特征模态与其他特征模态分量相加得到的 FY-3B MWHS 亮温观测资料, 没有沿轨条纹噪声, 功率谱密度函数平滑, 资料偏差随扫描角变化平缓. 这些特征与 NOAA-18 微波湿度计对应通道的亮温观测资料特征一致.

提取、去除微波湿度计资料中的沿轨条纹噪声的计算方法可以分为五个步骤.

第一步 根据连续 N 条扫描线的 ATMS 观测亮温资料构建一个数据矩阵:

$$\boldsymbol{A} = \begin{bmatrix} T_b^o(1,1) & \cdots & T_b^o(1,N) \\ \vdots & & \vdots \\ T_b^o(M,1) & \cdots & T_b^o(M,N) \end{bmatrix}_{M\times N} \tag{10.3.1}$$

其中 $T_b^o(k,j)$ 表示第 k 个视场、第 j 根扫描线上的亮温观测值. 在 MWHS 一条扫描线上总共有 98 个视场, 所以, $M=98$. 再构造维数为 98×98 的对称协方差矩阵

$$\boldsymbol{S} = [\boldsymbol{A}\boldsymbol{A}^{\mathrm{T}}]_{M\times M} \tag{10.3.2}$$

第二步 求对称矩阵 $\boldsymbol{S}$ 的特征值 λ_i 和特征向量 $\boldsymbol{e}_i$:

$$\boldsymbol{S}\boldsymbol{e}_i = \lambda_i \boldsymbol{e}_i, \quad i=1,2,\cdots,M \tag{10.3.3}$$

其中 $\lambda_1 > \lambda_2 > \cdots > \lambda_M$. 特征值 λ_i 反映第 i 个特征向量对数据矩阵 $\boldsymbol{A}$ 的总方差的相对贡献. 可以把方程 (10.3.3) 写成矩阵形式

$$\boldsymbol{S}\boldsymbol{I} = \boldsymbol{I}\boldsymbol{\Lambda} \tag{10.3.4}$$

其中

$$\boldsymbol{I} = [\boldsymbol{e}_1, \boldsymbol{e}_2, \cdots, \boldsymbol{e}_M], \quad \boldsymbol{\Lambda} = \begin{bmatrix} \lambda_1 & 0 & \cdots & 0 \\ 0 & \lambda_2 & \cdots & 0 \\ \vdots & \vdots & & \vdots \\ 0 & 0 & \cdots & \lambda_M \end{bmatrix}$$

因为特征向量 $\boldsymbol{e}_i, i = 1, 2, \cdots, M$ 相互正交, 所以, $\boldsymbol{I}^{-1} = \boldsymbol{I}^{\mathrm{T}}$, $\boldsymbol{S} = \boldsymbol{I}\boldsymbol{\Lambda}\boldsymbol{I}^{\mathrm{T}}$.

第三步 将数据矩阵 $\boldsymbol{A}$ 投影 (分解) 到特征向量构成的正交空间上, 得所谓的特征分析系数

$$\boldsymbol{U} = \boldsymbol{I}^{\mathrm{T}}\boldsymbol{A}, \quad \boldsymbol{U} = \begin{bmatrix} \boldsymbol{u}_1^{\mathrm{T}} \\ \boldsymbol{u}_2^{\mathrm{T}} \\ \vdots \\ \boldsymbol{u}_M^{\mathrm{T}} \end{bmatrix}, \quad \boldsymbol{u}_i = \begin{bmatrix} u_{i1} \\ u_{i2} \\ \vdots \\ u_{iN} \end{bmatrix} \tag{10.3.5}$$

其中 $\boldsymbol{u}_i$ 是第 i 个特征向量的系数构成的一个向量.

第四步 把数据矩阵 $\boldsymbol{A}$ 表示为

$$\boldsymbol{A} = \boldsymbol{I}\boldsymbol{U} = \sum_{i=1}^{M} \boldsymbol{e}_i \boldsymbol{u}_i^{\mathrm{T}} \tag{10.3.6}$$

FY-3B/MWHS 沿轨条纹噪声出现在第一特征向量 $\boldsymbol{e}_i$ 上.

第五步 对 $\boldsymbol{e}_1$ 进行五点平滑, 生成 $\boldsymbol{e}_1^s$. 在 (10.3.7) 式中把 $\boldsymbol{e}_1$ 替换成 $\boldsymbol{e}_1^s$ 后再还原亮温观测资料:

$$\boldsymbol{A}^r = \boldsymbol{e}_1^s \boldsymbol{u}_1^{\mathrm{T}} + \sum_{i=2}^{M} \boldsymbol{e}_i \boldsymbol{u}_i^{\mathrm{T}} \tag{10.3.7}$$

矩阵 $\boldsymbol{A}^r$ 代表去除条纹噪声后的重建的 ATMS 亮温观测资料.

图 10.6 给出了 2011 年 4 月 2 日 MWHS 一条扫描带上通道 5 的沿轨条纹噪声的空间分布 (Zou et al., 2012). 观测时间是 0114–0255UTC.

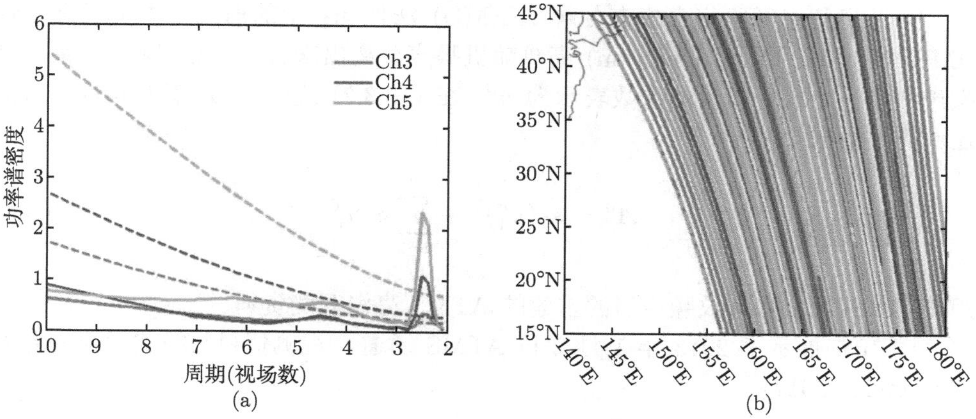

图 10.6　MWHS 一条扫描带上通道 5 的沿轨条纹噪声的空间分布示例

(a) MWHS 通道 3、4 和 5 的全球、月平均观测资料与模式模拟亮温差的功率谱密度 (实线) 和 95%置信度 (虚线), 所用资料是 2011 年 4 月. (b) 2011 年 4 月 2 日 MWHS 通道 5 沿轨条纹噪声在一小段上的空间分布.

10.3.2　微波温度计跨轨条纹噪声去除

美国 S-NPP(Suomi National Polar-orbiting Partnership) 卫星上搭载的先进技术微波探测仪 (ATMS) 是新一代微波辐射计, 它首次将搭载在极轨气象业务卫星 NOAA-15 至 NOAA-19 上的先进微波温度计 (AMSU-A) 和微波湿度计 (MHS) 两个仪器组合到了一个仪器上. 与 AMSU-A 和 MHS 相比, ATMS 的扫描范围更宽, 两个相邻轨道之间的间隙更小, 增加了一个温度探测通道和两个水汽探测通道, 能更好地提供对流层下层热力结构细节. 然而, ATMS 温度通道视场积分时间比 AMSU-A 的短, 所以观测噪声更高. 不仅如此, 让人们始料未及的是对流层上层通道 (譬如 ATMS 通道 10) 的观测 (O) 和模式模拟 (B) 亮温差 (O-B) 的全球分布图中出现清晰的条纹噪声, 噪声大小沿着扫描线 (即跨轨方向) 不变, 沿着轨道方向 (即不同扫描线之间) 有变化 (Bormann et al., 2013). 这种现象在 AMSU-A 资料的 (O-B) 全球分布图中从未出现过. 为了去除 ATMS 资料中的条纹噪声, Qin 等 (2013) 和 Zou 等 (2017) 利用主成分分析方法把条纹噪声从亮温观测资料中分离出来, 然后使用集合经验模态分解 (EEMD) 去除沿轨方向有高频振荡特征的条纹噪声. 对于温度探测通道, ATMS 温度探测通道的跨轨条纹噪声约为 ±0.3K, 湿度探测通道的条纹噪声在 ±1.0K 左右.

在 ATMS 观测亮温资料中提取、去除跨轨条纹噪声的计算方法也可以分成五个步骤. 前四个步骤与 10.3.1 节中描述的一样, 只需在公式 (10.3.1)—(10.3.6) 中 M 改为 ATMS 一条扫描线上的视场总数 96. 与 FY-3B MWHS 不同, ATMS 跨轨条纹噪声出现在第一特征向量 $\boldsymbol{u}_1$ 的系数上, 它随扫描线的变化呈现高频随机噪声的特征.

第五步利用经验集合模态分解 (EEMD) 法把 $\boldsymbol{u}_1$ 中的前三个本征模态函数 (IMF, Intrinsic Mode Function) 高频随机噪声分离出来去除, 把去除了高频随机噪声的第一个特征向量的系数表示为 $\boldsymbol{u}_1^d$. 在 (10.3.7) 式中把 $\boldsymbol{u}_1$ 替换成 $\boldsymbol{u}_1^d$ 后再还原亮温数据:

$$\boldsymbol{A}^d = \boldsymbol{e}_1(\boldsymbol{u}_1^d)^{\mathrm{T}} + \sum_{i=2}^{96} \boldsymbol{e}_i \boldsymbol{u}_i^{\mathrm{T}} \tag{10.3.8}$$

矩阵 $\boldsymbol{A}^d$ 代表去除条纹噪声后的重建的 ATMS 亮温观测资料.

图 10.7 展示了 2013 年 1 月 2 日 ATMS 通道 9 观测资料与模式模拟亮温差 (Zou et al., 2017).

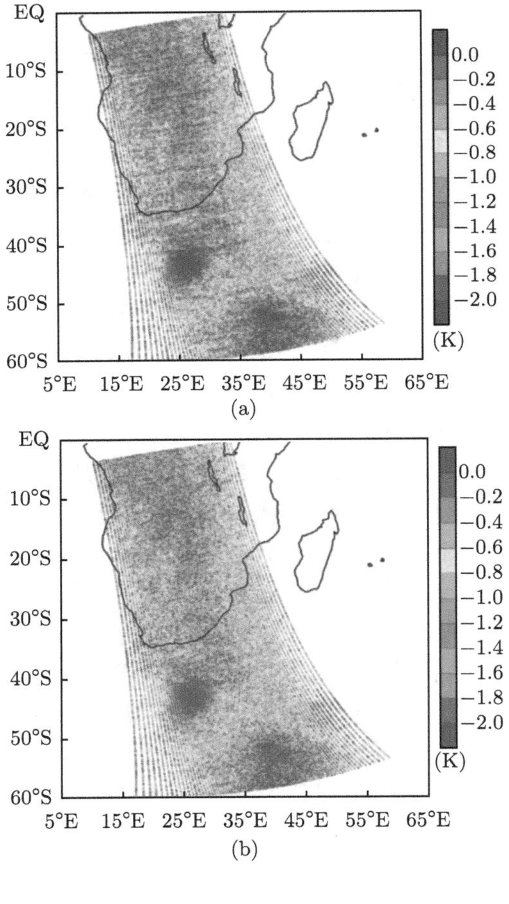

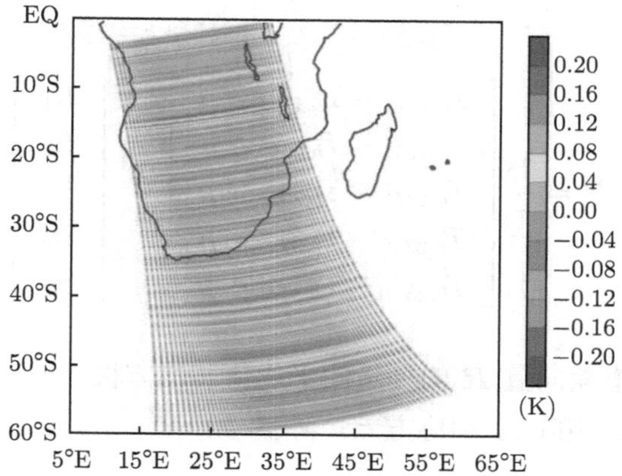

(c)

图 10.7 2013 年 1 月 2 日 ATMS 通道 9 观测资料与模式模拟亮温差

(a) 原始资料. (b) 去除了沿轨条纹噪声后的资料. (c) 沿轨条纹噪声, 即 (a) 减 (b)

10.3.3 微波成像仪资料无线电信号干扰检测

微波辐射成像仪 (MWRI) 搭载于 2010 年 11 月 5 日发射的中国第二代极轨卫星 (FY-3) 上. MWRI 最低通道频率通道是 10.7GHz, 在 X 波段, 主要用于反演地表参数, 如土壤湿度、植被含水量、地表温度和积雪 (Njoku and Li, 1999). 但是, X 波段也被用于主动遥感, 如天气监测、空中和地面交通控制、车库遥控和雷达技术, 公路、国防跟踪和车速检测的全球定位系统 (GPS). 因此, MWRI X-波段在不受保护的频段中运行, 地球、大气的自然热辐射很容易被这些主动遥感微波仪器发射的信号所干扰 (Zou et al., 2012). 卫星仪器 MWRI 接收到的是大气微波热辐射与主动遥感器信号相混合的信号, 这个现象称为无线电信号干扰 (RFI, radio-frequency interference). RFI 问题日益严重, 成功检测和去除资料中 RFI 噪声的影响, 可以提高地表参数反演精度.

通常情况下, 地表发射平稳超宽带微波辐射, 不同频率通道之间的 MWRI 资料相关性很高. 另一方面, RFI 仅发生在 10.7GHz 频率上, 使该通道亮温增加, 与其他通道的光谱差异异常增大、相关性降低, 传统的光谱差异 RFI 检测方法 (Li et al., 2004) 没有利用地表辐射引起的通道之间的相关性. 为了有效地将 RFI 与地表辐射分离, Zou 等 (2012) 针对中国 FY-3B MWRI X 波段陆地资料, 研发了适用于各个季节的 RFI 检测新方法, 并讨论了 RFI 特点, 包括强度、范围和分布位置. 下面, 我们简要描述这一 RFI 检测方法.

为了识别 10.65GHz 水平极化通道资料 $T_{b,10H}$ 的 RFI 分布情况, 我们首先定

义光谱差向量

$$\boldsymbol{R}=\frac{1}{\sigma}\begin{bmatrix} T_{b,10H}-T_{b,18H}-\mu \\ T_{b,10V}-T_{b,23V}-\mu \\ T_{b,18H}-T_{b,23H}-\mu \\ T_{b,23V}-T_{b,37V}-\mu \\ T_{b,23H}-T_{b,37H}-\mu \end{bmatrix} \triangleq \begin{bmatrix} R_1 \\ R_2 \\ R_3 \\ R_4 \\ R_5 \end{bmatrix} \tag{10.3.9}$$

其中 μ 和 σ 是光谱差向量 $\boldsymbol{R}$ 的分量的平均值和均方根误差.

然后, 构建数据矩阵 $\boldsymbol{A}$ 和协方差矩阵 $\boldsymbol{S}$ 如下:

$$\boldsymbol{A}=\begin{bmatrix} R_{11} & R_{12} & \cdots & R_{1N} \\ R_{21} & R_{22} & \cdots & R_{2N} \\ \vdots & \vdots & & \vdots \\ R_{51} & R_{52} & \cdots & R_{5N} \end{bmatrix}_{5\times N}, \quad \boldsymbol{S}=[\boldsymbol{A}\boldsymbol{A}^{\mathrm{T}}]_{5\times 5} \tag{10.3.10}$$

其中 N 是研究区域上的数据点总数.

以上是第一步.

第二步 求对称矩阵 $\boldsymbol{S}$ 的特征值 λ_i 和特征向量 $\boldsymbol{e}_i$:

$$\boldsymbol{S}\boldsymbol{e}_i=\lambda_i\boldsymbol{e}_i, \quad i=1,2,\cdots,5 \tag{10.3.11}$$

其中 $\lambda_1>\lambda_2>\cdots>\lambda_5$. 特征值 λ_i 反映第 i 个特征向量对数据矩阵 A 的总方差的相对贡献. 可以把方程 (10.3.11) 写成矩阵形式

$$\boldsymbol{S}\boldsymbol{I}=\boldsymbol{I}\boldsymbol{\Lambda} \tag{10.3.12}$$

其中

$$\boldsymbol{I}=[\boldsymbol{e}_1,\boldsymbol{e}_2,\cdots,\boldsymbol{e}_5], \quad \boldsymbol{\Lambda}=\begin{bmatrix} \lambda_1 & 0 & \cdots & 0 \\ 0 & \lambda_2 & \cdots & 0 \\ \vdots & \vdots & & \vdots \\ 0 & 0 & \cdots & \lambda_5 \end{bmatrix}$$

因为特征向量 $\boldsymbol{e}_i(i=1,2,\cdots,5)$ 相互正交, 所以, $\boldsymbol{I}^{-1}=\boldsymbol{I}^{\mathrm{T}}$, $\boldsymbol{S}=\boldsymbol{I}\boldsymbol{\Lambda}\boldsymbol{I}^{\mathrm{T}}$.

第三步 将数据矩阵 $\boldsymbol{A}$ 投影 (分解) 到特征向量构成的正交空间上, 得到所

谓的特征分析系数

$$\boldsymbol{U}=\boldsymbol{I}^{\mathrm{T}}\boldsymbol{A},\quad \boldsymbol{U}=\begin{bmatrix}\boldsymbol{u}_1^{\mathrm{T}}\\ \boldsymbol{u}_2^{\mathrm{T}}\\ \vdots\\ \boldsymbol{u}_5^{\mathrm{T}}\end{bmatrix},\quad \boldsymbol{u}_i=\begin{bmatrix}u_{i1}\\ u_{i2}\\ \vdots\\ u_{iN}\end{bmatrix} \tag{10.3.13}$$

其中 $\boldsymbol{u}_i$ 是第 i 个特征向量的系数. 第一特征向量指向数据最大方差的方向, 第二特征向量指向第一特征向量未描述的数据剩余最大方差的方向, 以此类推.

第四步 把数据矩阵 $\boldsymbol{A}$ 表示为

$$\boldsymbol{A}=\boldsymbol{IU}=\sum_{i=1}^{5}\boldsymbol{e}_i\boldsymbol{u}_i^{\mathrm{T}} \tag{10.3.14}$$

RFI 出现在第一特征向量的分量 $(\boldsymbol{e}_1\boldsymbol{u}_1^{\mathrm{T}})$ 上. 根据 $\boldsymbol{u}_1=\begin{bmatrix}u_{11}\\ u_{12}\\ \vdots\\ u_{1N}\end{bmatrix}$ 的空间分布, 可以判断 $u_{1k},\ k=1,2,\cdots,N$ 的值越高的地方, RFI 存在的可能性越高.

10.3.4 微波温度计资料的台风暖核反演

由于台风眼区绝热下沉运动引起的绝热增温、台风内外雨带中水汽凝结产生的潜热释放、对流爆发引起的气流下沉变暖, 在对流层中高层, 台风中心附近的温度比环境温度可以高 10°C 左右, 称为台风暖核 (warm core). 飞机、浮标、船舶、空投探空仪、岛屿上的气象观测站资料, 都证实了台风暖核的存在. 当热带低压升级为热带风暴和飓风时, 暖核形成并维持.

卫星微波温度计可提供除强降水以外几乎所有天气条件下不同高度层的大气热辐射观测值. 基于辐射亮温在微波波段对大气温度的线性响应这一物理考虑, 以及微波温度计探测通道的权重函数的垂直分布均匀这一特征, 可以把在某个气压 p 层上的大气温度 T^r 表述为不同通道 i 的观测亮温 $T_{b,i}^o$ 的线性回归方程如下 (Tian and Zou, 2016):

$$T^r(p,\lambda,\varphi,t)=C_0(p,\theta)+\sum_{i=i_{1,p}}^{i_{2,p}}C_i(p,\theta)T_{b,i}^o(\lambda,\varphi,t) \tag{10.3.15}$$

其中求和符号 $\sum\limits_{i=i_{1,p}}^{i_{2,p}}$ 代表对 AMSU-A 通道 5—14 的通道子集求和, 通道子集 $(i_{1,p},i_{2,p})$, 中的不同通道的亮温观测资料与大气温度 $T\,(p)$ 之间的相关系数大于

0.5, λ, φ, t 分别表示观测资料的经度、纬度、时间, C_0 和 C_i 是待定回归系数 $(i = i_{1,p}, \cdots, i_{2,p})$. 利用暖核反演时间的前两周时间内的微波温度计亮温观测资料和气象资料同化得到的全球大气温度分析资料 T^a 数据集, 通过最小二乘拟合, 可以获得回归系数的值. 最小二乘拟合的代价函数定义为

$$J(C_0, C_{i_1}, \cdots, C_{i_2}) = \sum_{k,n} (T^r(p, \lambda_k, \varphi_m, t_n) - T^a(p, \lambda_k, \varphi_m, t_n))^2 \qquad (10.3.16)$$

为了消除对流层下部大气温度反演中的雨水污染, 在有云条件下不使用 ATMS 通道 5—7 和 AMSU-A 通道 4—6 (Zou and Tian, 2018).

利用上述微波温度计资料进行台风暖核反演方法的研究有很多. Tian 和 Zou (2016) 利用 ATMS 温度探测通道 5-15, 研究了从热带向中纬度移动过程中飓风 Sandy 的暖核结构的演变. 飓风 Sandy 的暖核在增强阶段并位于热带时仅限于对流层上部, 进入亚热带和中纬度地区时暖核扩申伸展到整个对流层. 利用欧美多个极轨卫星 ATMS 和 AMSU-A 资料, Tian 和 Zou(2018) 研究了飓风 Irma 和 Maria 暖核强度的日变化. 这两个飓风发生在 2017 年极度活跃的大西洋飓风季节. 暖核最大值的时间演变与飓风中心最低海平面气压变化一致. 随着飓风内雨带潜热释放增强, 暖核增强的同时向低层延伸, 暖核垂直厚度随着强度的增加而增加. 对流层 250 毫巴① 高度附近的暖核有明显的日变化, 最大值发生在午夜.

Niu 和 Zou(2021) 把上述台风暖核反演方法应用于中国风云 3D(FY-3D) 微波温度探测器-2 (MWTS-2) 亮温观测资料, 得到了 2019 年 8 月西北太平洋台风 Francisco、Lekima 和 Krosa 的三维暖核结构. 由于 FY-3D MWTS-2 没有频率在 23.8GHz 和 31.4GHz 附近的两个窗区通道, 他们采用了基于 50.3GHz 通道的云检测算法 (Niu and Zou, 2019), 识别受到雨水污染的卫星资料. 多通道线性回归系数是根据 MWTS-2 亮温资料和欧洲中心中期天气预报再分析-5 (ERA5) 在目标台风发生月份前三周数据获得的. MWTS-2 反演暖核能够很好地捕捉到 Francisco、Lekima 和 Krosa 台风内温度异常的径向和垂直时间演变. 与欧洲中期天气预报再分析资料-5 (ERA5) 相比, MWTS-2 反演的台风 Lekima 和 Krosa 暖核在水平和垂直方向的大小相似, 但强度更强, 250 毫巴高度的暖核最大值位置比 ERA5 的更接近最佳路径. 图 10.8 给出了 2019 年 8 月 7 日 1724UTC FY-3D MWTS-2 反演得到的台风利奇马暖核在 250hPa 的水平分布和垂直剖面图 (Niu and Zou, 2021).

① 1 毫巴 = 100 帕.

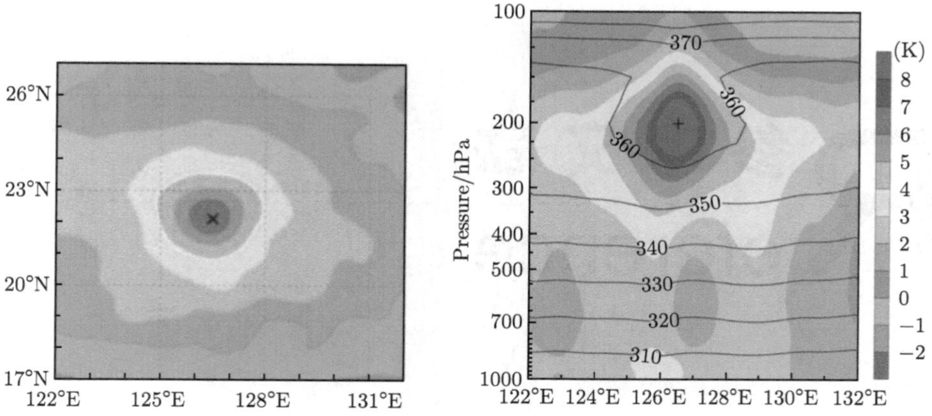

(a) (b)

图 10.8 台风利奇马暖核 (彩色阴影) 的 250hPa 分布

(a) 水平分布; (b) 东西向垂直剖面图, 图中的黑色曲线是位温. 台风中心由 “×” 和 “+” 表示

10.4 结 束 语

在物理世界, 数学是从一个定理走到另一个定理的桥梁. 气象是物理的一个分支. 在气象中, 数学无处不在. 只有深入了解气象问题, 才能研发精美实用的数学工具, 从而精准有效地解决气象中的数学问题. 一个典型示例是 10.1 节中介绍的 Arakawa C 网格交错差分方案, 通过变量在网格点上的合理分布, 才能让数值天气预报模式更精确地模拟大气运动中的重要地转调整过程. 虽然该差分方案的这个优点早在 1977 年就利用浅水模式展示了, 但在今天, 仍然被应用于非结构球面质心网格创新性动力框架中. 在 10.2 节中, 我们看到线性代数和常微分、偏微分方程中定义的伴随线性映射和伴随微分方程概念, 怎样神奇地解决了四维变分气象资料同化的计算瓶颈问题. 在 10.3 节中, 我们展示了如何利用同样一个矩阵特征值、特征向量计算方法, 可以解决与三类气象卫星仪器有关的三个不同的卫星资料问题. 因此, 数学在气象中的应用, 不是越复杂越好, 而是要恰到好处, 越简单越好.

第 10 章彩图

参考文献 Reference

何汉林, 李薇, 王炜. 2016. 数值计算方法. 北京: 科学出版社.
黄云清, 舒适, 陈艳萍, 等. 2022. 数值计算方法. 2 版. 北京: 科学出版社.
李庆扬, 王能超, 易大义. 2008. 数值分析. 5 版. 北京: 清华大学出版社.
林成森. 2005. 数值计算方法: 上册. 2 版. 北京: 科学出版社.
林成森. 2005. 数值计算方法: 下册. 2 版. 北京: 科学出版社.
马东升, 董宁. 2017. 数值计算方法. 3 版. 北京: 机械工业出版社.
时小虎, 孙延风, 丰小月. 2020. 计算方法. 北京: 人民邮电出版社.
孙文瑜, 杜其奎, 陈金如. 2007. 计算方法. 北京: 科学出版社.
魏凤英. 2007. 现代气候统计诊断与预测技术. 2 版. 北京: 气象出版社.
魏毅强, 张建国, 张洪斌. 2004. 数值计算方法. 北京: 科学出版社.
伍荣生. 2002. 大气动力学. 北京: 高等教育出版社.
徐振亚, 任福民, 杨修群, 等. 2012. 日最高温度统计降尺度方法的比较研究. 气象科学, 32(4): 395-402.
张池平. 2006. 计算方法. 2 版. 北京: 科学出版社.
张平文, 李铁军. 2007. 数值分析. 北京: 北京大学出版社.
Arakawa A, Lamb V. 1977. Computational design of the basic dynamical processes of the UCLA general circulation model. Methods in Computational Physics, 17: 173-265.
Burden R L, Faires J D, Burden A M. 2015. Numerical analysis. Boston: Cengage learning.
Gilchrist B, Cressman G P. 1954. An experiment in objective analysis. Tellus, 6(4): 309-318.
Le Dimet F X, Talagrand O. 1986. Variational algorithms for analysis and assimilation of meteorological observations: theoretical aspects. Tellus A, 38(2): 97-110.
Li L, Njoku E, Im E, et al. 2004. A preliminary survey of radio：frequency interference over the U.S. in Aqua AMSR-E data. IEEE Trans. Geo. Remote Sens., 42: 380-390.
Navon I M, Zou X, Derber J, et al. 1992. Variational data assimilation with an adiabatic version of the NMC spectral model. Mon. Weather Rev., 120: 1433-1446.
Niu Z, Zou X. 2019. Development of a new algorithm to identify clear sky MSU data using AMSU-A data for verification. IEEE Trans. Geo. Remote Sens., 57: 700-708.
Niu Z, Zou X, Ray P S. 2020. Development and testing of a clear-sky data selection algorithm for FY-3C/D Microwave Temperature Sounder-2. Remote Sens., 12: 1478.
Niu Z, Zou X. 2021. Typhoon warm-core structures derived from FY-3D MWTS-2 observations. Remote Sens., 13: 3730.

Njoku E, Li L. 1999. Retrieval of land surface parameters using passive microwave measurements at 6-18 GHz. IEEE Trans. Geo. Remote Sens., 37: 79-93.

Panofskey H A. 1949. Objective weather-map analysis. J. Meteorol., 6: 386-392.

Qin Z, Zou X, Weng F. 2013. Analysis of ATMS striping noise from its Earth scene observations. J. Geophy. Res., 118(13): 214-229.

Rabier F, Mcnally A, Anderson E, et al. 1998. The ECMWF implementation of three-dimensional variational assimilation (3DVar). II: Structure functions. Quart. J. Roy. Meteor. Soc., 124: 1809-1829

Rabier F, Jarvinen H, Klinker E, et al. 2000. The ECMWF operational implementation of four-dimensional variational assimilation. Part I: experimental results with simplified physics. Quart. J. Roy. Meteor. Soc., 26: 1143-1170.

Skamarock W C, Klemp J B, Duda M G, et al. 2012. A multiscale nonhydrostatic atmospheric model using centroidal Voronoi tesselations and C-grid staggering. Monthly Weather Review, 140: 3090-3105.

Thepaut J N, Courtier P. 1991. 4-Dimensional variational data assimilation using the adjoint of a multilevel primitive-equation model. Quart. J. Roy. Meteor. Soc., 117: 1225-1254.

Thuburn J, Ringler T, Skamarock W C , et al. 2009. Numerical representation of geostrophic modes on arbitrarily structured C-grids. Journal of Computational Physics, 228: 8321-8335.

Tian X, Zou X. 2016. An empirical model for television frequency interference correction of AMSR2 data over ocean near U. S. and Europe. IEEE Trans. Geo. Remote Sens., 54(7): 3856-3867.

Tian X, Zou X. 2018. Polar-orbiting satellite microwave radiometers capturing size and intensity changes of Hurricane Irma and Maria (2017). J. Atmos. Sci., 75: 2509-2522.

Zou X, Wang B, Liu H, et al. 2000: Use of GPS/MET refraction angles in 3D variational analysis. Quart. J. Roy. Meteor. Soc., 126: 3013-3040.

Zou X, Dong H, Qin Z. 2017. Striping noise reduction for ATMS window channels using a modified destriping algorithm. Quart. J. Roy. Meteor. Soc., 143: 2567-2577.

Zou X, Ma Y, Qin Z. 2012. FengYun-3B Microwave Humidity Sounder (MWHS) data noise characterization and filtering using principle component analysis. IEEE Trans. Geo. Remote Sens., 50: 4892-4902.

Zou X, Tian X. 2018. Hurricane warm core retrievals from AMSU-A and remapped ATMS measurements with rain contamination eliminated. J. Geophy. Res., 123(10): 815-829.

Zou X, Zhao J, Weng F, Qin Z. 2012. Detection of radio-frequency interference signal over land from FY-3B Microwave Radiation Imager (MWRI), IEEE Trans. Geo. Remote Sens., 50: 4986-4993.

Zou X. 2020. Atmospheric Satellite Observations: Variational Assimilation and Quality Assurance. New York: Academic Press, Elsevier Inc.